智能制造关键技术
与工业应用丛书

多智能体协同控制及应用

Cooperative Control of Multi-Agent systems and Its Applications

向峥嵘　王荣浩　编著

·北京·

内容简介

本书旨在尽可能系统而全面地向读者展示多智能体协同控制相关的内容。首先简要且清晰地介绍了学习多智能体协同控制必备的知识，包含图论、矩阵理论和 Lyapunov 稳定性理论等，从第 3 章开始直至第 17 章，分别介绍了经典或热门的多智能体系统协同控制问题，其中第 3～13 章所介绍的控制方案适用范围较广，而第 14～17 章则分别以具体的实际系统为例，介绍了常见多智能体系统协同控制方法。本书在编写时尽量避免章节之间的交叉，因此读者可根据兴趣或需求阅读部分章节，但并不会影响其对相关控制思想的学习和理解。

本书可供人工智能、智能制造、自动化、航空航天、兵器科学与技术、应用数学等相关学科领域的高年级本科生和硕士、博士研究生阅读使用，也可供理工类相关领域的科研工作者和工程技术人员参考。

图书在版编目（CIP）数据

多智能体协同控制及应用/向峥嵘，王荣浩编著. —北京：化学工业出版社，2023.12

（智能制造关键技术与工业应用丛书）

ISBN 978-7-122-44229-1

Ⅰ. ①多… Ⅱ. ①向…②王… Ⅲ. ①智能系统-协调控制 Ⅳ. ①TP273②TP18

中国国家版本馆 CIP 数据核字（2023）第 181999 号

责任编辑：金林茹　　文字编辑：王　硕

责任校对：王　静　　装帧设计：王晓宇

出版发行：化学工业出版社（北京市东城区青年湖南街 13 号　邮政编码 100011）

印　　装：北京科印技术咨询服务有限公司数码印刷分部

710mm×1000mm　1/16　印张 17¾　字数 332 千字　2024 年 2 月北京第 1 版第 1 次印刷

购书咨询：010-64518888　　售后服务：010-64518899

网　　址：http://www.cip.com.cn

凡购买本书，如有缺损质量问题，本社销售中心负责调换。

定　　价：99.00 元

前言

多智能体协同控制问题日渐成为许多专家、学者们研究的焦点，解决该问题的思路与方法在实际生产、生活中的应用越来越广泛。就多智能体系统协同控制而言，其内涵丰富，是多学科交叉、融合的产物，因此想要入门或者进一步研究，需要研究者们扎实掌握如图论、矩阵理论与线性系统理论等诸多相关学科理论知识。此外，由于多无人机、多无人艇和多无人车等实际系统的控制都可以转化为多智能体系统控制的问题，因此注重理论与实际应用相结合的读者还需要具备一定的数学分析及建模等基础知识。综上可知，多智能体协同控制问题涉及的其他领域或学科范围较广泛，入门要求较高，但是一旦在该方向上取得成果，则对于在理论上推进各学科融合，在实际工程中提高相应系统工作效率等均具有重要意义。可以预见的是，随着智能单体发展日趋完善及其使用逐渐普及，在未来相当长的一段时间里，该理论将广泛而深刻地影响如农业、交通、运输等诸多领域，因此多智能体协同控制理论具备极高的研究价值和发展意义。

笔者团队在从事多智能体系统控制、线性/非线性系统控制及应用等诸多课题的长期科学研究中，深刻了解并感受到多智能体协同控制理论给人们生活方式带来的改变与提升，同时该理论的发展对促进学科融合和发展同样有着巨大意义。与此同时，笔者团队意识到如今国内外均缺少较为全面系统、高质量地介绍多智能体协同控制理论的书籍。倘若每个希望了解多智能体协同控制理论的研究者在起步时都需逐一翻阅浩如烟海的相关成果文献，而无法高效而全面地对该理论有一个整体的把握，这将是一个消磨研究者兴趣、消耗研究者大量时间而收效甚微的过程，这催发了笔者团队编写本书的意愿。笔者团队希望编撰出一本能够包含当前多智能系统协同控制理论的典型及主要研究和发展方向的指南及入门类学习书籍，帮助那些对多智能体系统协同控制理论充满兴趣、想要全面了解该理论内容并从中选取适合自己研究方向的读者们梳理多智能体协同控制理论主体脉络并了解各子问题的典型处理方法，通过仿真结果图，直观地理解各个控制方案的特点。

本书共有 17 章，主要内容涵盖多智能体系统及其协同控制发展历程（第 1 章）；多智能体协同控制理论基础知识（第 2 章）；多智能体协同控制理论及其应用的细分方向（第 3~13 章）；多智能体协同控制理论在具体工程案例上的应用（第 14~17 章）。

本书试图在以下方面形成特点：

（1）追求选材深度和广度，力求充分体现内容的全面性和先进性。本书充分考虑了参考材料的语言表达、贡献大小以及是否容易理解等多方面因素，尽量选取既能够体现该类（细分问题）的控制算法特点，同时文字和语言又不晦涩难懂的材料作为参考。与此同时，本书中部分章节内容如网络化多智能体系统的协同控制（第 9 章）、多智能体系统的优化协同控制（第 11 章）、智能微电网的分布式协同控制（第 17 章）等，均为近几年才受到人们广泛关注的较为新颖的类别。

（2）突出理论与实际相结合，强调理论到实践的可转化性。尽管多智能体系统的许多控制方案和思想目前还没有大规模应用于实际的生产生活中，但是为了尽可能表现这些控制方法的实用性，笔者团队对各章介绍的算法都逐一进行了较为精确的仿真，并将仿真结果图展示给读者。此外，在本书的最后四章中，笔者团队专门选择了多无人艇、（多）四旋翼无人机、多移动机器人及智能微电网四类多智能体系统作为特定的研究对象，应用相关的控制算法对其进行编队或协同控制，同样意在体现多智能体协同控制理论的实用性。

（3）强调培养自主思考意识和创新思维。本书在介绍算法时以典型的多智能体系统协同控制细分问题为分类依据进行章节划分，实际上许多章节研究的问题可以融合成为一个新的研究方向，因此读者在学习本书时可以积极思考哪些章节研究的问题可以融合并创新，从而引导读者更深入地了解多智能体系统协同控制理论。

在本书的编写过程中，得到了南京理工大学邹文成、温州大学黄世沛、中国计量大学毛骏、南京铁道职业技术学院冯再勇（南京理工大学博士后）等的支持和指导，也得到了笔者所在研究团队许多研究生的支持，如陈晨、张燕、金东洋、张海英、郑荪禹、李平川、文晓、高星宇、邱星星、刘小楠、吴婷、丛茂杰、朱静怡、鲁继承等，他们帮助收集并整理了大量文献资料，在此感谢他们为本书所提供的各种帮助及所做出的贡献。另外，在编撰本书的过程中参阅了大量的论著与文献，主要部分已列入了参考文献中，在此也对参考文献的作者表示衷心的感谢。

本书由南京理工大学向峥嵘教授和陆军工程大学王荣浩教授主持编写。本书的研究工作得到了国家自然科学基金项目“切换非线性系统的采样控制及应用研究”（编号 61873128），“切换非线性系统的优化控制及其在水空两栖航行器中的应用”（编号 62373191），“非结构化环境下随机切换多智能体基于虚拟化配置的事件触发协同控制”（编号 62173341），江苏省自然科学基金项目“基于采样数据的异步切换系统有限时间控制及在变拓扑多智能体协同中的应用”（编号 BK20231487），以及“江苏省高校青蓝工程中青年学术带头人培养项目”（2021 年），“江苏省高职院校教师专业带头人高端研修项目”（2022 年）的支持，在此表示衷心的感谢。

限于笔者学识和经验，书中难免会出现不足之处，敬请广大读者批评指正。

向峥嵘

2023 年 9 月于南京理工大学

目录

第1章

绪论

1.1 概述

自然界中有着这样一些有趣的群集现象：天空中，雁群为了躲避严寒，每年固定时节都会进行集体迁徙，飞向温暖地区，在这个过程中，雁群或成“人”字形，或成“一”字形，井然有序；陆地上，蚁群常常集群活动，或筑巢、觅食或搬迁，它们虽不似雁群行动之整齐，却也遵循着一定的行为规律；海洋里，鱼群常常结伴游行，遇到捕食者时也能“抱团取暖”而试图抵抗……在这些动物的群体行为当中，是否能给人类带来一些来自自然的启示？而这些启示对于人类而言又有何可取之处？

可能这也是麻省理工学院人工智能科学家Minsky曾经思考过的问题，而不同于以往的是，他找到了一个答案：1986年，Minsky通过对这些现象观察和总结，在*Society of Mind*一书中提出了多智能体的概念。自此，牛顿时代以来以单一系统为研究中心的状况悄然发生了改变。诸多领域的学者结合各自的专业特点，对多智能体这一概念从零开始研究，如：生物学家在生物群体层面，对这些具有群体行为的每个个体进行观察、研究，分析其群体行为实现的内在规律；数学家提取出这些自然的群集行为的特点，从中抽象构建出具体的数学模型并加以分析；而物理学家、系统控制研究者则借助数学模型进行模拟仿真并解释其群体行为逻辑，进而依此设计出满足人类工程需要的系统。由此，便引出了多智能体系统（multi-agent system，MAS）的概念。

多智能体概念的提出距今并不久远，人类研究多智能体系统的时间更是短暂。但是就在这几十年间，多智能体系统的发展却快得让人目不暇接：在机器人探测、无人机编队、(无线)移动传感器网络、智能电网和智能交通管理等领域均有多智能体系统的应用和发展。这当然是因为多智能体系统相比于传统的单个复杂智能体系统(如无人机和各类机器人等)而言，在效率、成本以及可执行任务的复杂程度上具有明显的优势，随着相关的技术设备等硬件以及有关算法的发展，多智能体系统的应用必将带给人类更多的便捷和高效。

1.2 多智能体系统简介

在自然界的任意生物群体中，个体即组成这个群体的每一个生命体。而组成多智能体系统的所谓“智能体”(agent)一词，最初仅是人工智能领域的概念，代表着具有一定特点和功能的软件程序。随着研究的不断发展，这一概念逐步发展到其他层面并不断完善，如今在控制领域中，也即在多智能体系统的概念中，智能体通常用来指一类具有一定的动力学和运动学特性，能够借助一些通信及传感器感知自身周围环境并与其他个体进行通信交流的实体。

诚如前言，多智能体系统的建模源自自然界中各种生物集群运动的现象，故而多智能体系统是一类群系统(swarm system)。在自然界中这许多群体行为相互之间看似毫无关联，但研究者经过长期的观察、分析和总结，归纳出了群体行为的一些显著且具有普遍性的特征：首先，任何一个群体都有着明确的群体目标，如雁群之迁徙、蚁群之建造和鱼群之防御；其次，每一个群体都是由若干个独立个体组成的，每一个独立个体通常无法获取和感知全局信息，往往只能获得与之相邻的其他个体(即邻居)的信息，尽管如此，这些独立个体依然可以只通过跟邻居进行信息交流和协调合作来完成相关任务；最后，每个独立个体本身都具有一定的能力，如有限的感知、记忆和推理等能力。根据这些自然世界中真实存在的生物集群运动的特性，研究者们发展出了多智能体系统的概念，即：由若干个独立单体组成，每个单体之间只能够与其邻居进行信息交流、协调合作，通过这种局部协作的方式完成复杂任务目标。

需要说明的是，多智能体系统的灵感虽然源于自然界的生物群体，但多智能体系统并不是单纯的多个个体的叠加，而是根据实际工程需要，将个体功能有差异、类型不同的智能体灵活组合，目的是使任务执行更加高效，同时降低成本，最大化呈现“1+1>2”的群体优势。

1.3　多智能体系统的特点和基本问题

1.3.1　多智能体系统的特点

多智能体系统的特点可以从两方面来阐述：一方面是多智能体系统因自身定义、概念而发展出的特点；另一方面是相较于传统的复杂的个体系统而言，多智能体系统的优势所在。这两部分共同构成了多智能体系统的特点：

① 组成多智能体系统的每一个智能体都是独立的，且具有感知、推理能力，但这些能力又是有限的，每个智能体通常不能够获得全局的信息，而只能与其邻居进行信息交换和协同合作。比如，在无人机编队控制中，单个无人机个体无法计算出（通常情况下任务目标也不需要）自己在整个世界坐标系下的绝对位置信息，其通过自身装备的传感器（相机）只能够推测出自己对于邻居无人机而言的相对位置信息，也仅以此作为依据来调整自身位姿或速度，但是最终整个无人机群依然可以凭借这样的局部协同达成对于队形、速度等信息的控制要求。

② 现今研究的多智能体系统，几乎都采用分布式控制规律。上文所举的无人机编队的例子，同样也可作为多智能体系统主要应用分布式控制规律这一特点的例子。正因为采用的是分布式控制方法，所以对于智能体个体（无人机）在功能上的需求就降低了不少，即体现为无人机不需要能够探知全局信息，不需要计算出自己的绝对坐标，同时也不需要将自己获得的信息上传至一个集中控制网络或从集中控制网络下载复杂的数据信息。因此其需要采集的信息和相应的计算量，相比于应用集中控制方法而言减少了很多。而这些硬件设备要求的降低和计算量及计算时间的减少对于多智能体系统成本的节省，更重要的是对于任务效率的提高是显而易见同时又是举足轻重的（此处关于分布式和集中式的提及仅用以简单介绍多智能体系统采取分布式控制方法的优点之一，从而说明多智能体系统普遍使用分布式控制律是其特点。事实上分布式协议和集中式协议内容丰富，在此暂不展开）。

③ 每个智能个体由于有着独立的计算、决策能力，因此均以使自身利益最大化为行为准则和决策目的。虽然理论上会因此出现多智能体之间抢夺资源，甚至如无人机编队例子中，若干架无人机可能会出现轨道重合以致出现摩擦甚至碰撞，但由于在特点①中提到的多智能体中每个个体会进行局部协同合作这一特点，所以在实际设计和实践时，每个智能体并不会仅仅依靠使自身利益最大化这一行为准则来执行任务。

接下来将通过与传统的复杂智能体单体系统进行对比，进一步说明多智能体系统的相关特点。

① 具有较强的灵活性。这种灵活性是多方面的，既包括可执行的任务复杂度，又包括对于同一任务而言所设计的系统构成。对于一个复杂智能体个体系统而言，其可执行的任务种类及难度等对于任务的要求是明确的，即必须在该个体系统的执行能力范围内；然而由于一个多智能体系统内部可以包含多种类型、不同功能的智能体，因此设计和使用多智能体系统能够执行的任务种类和复杂度范围有所扩展。当需要完成一个明确任务目标时，若使用一个复杂智能体个体系统，也许该个体系统恰好可以满足任务需要并完成任务，但也可能由于任务需要或实际硬件限制，该个体系统有设备和功能上的冗余或是不足。设计一个多智能体系统时，我们可以根据任务要求来逐个选用每个需要的功能所对应的智能体个体，从而更易得到一个完全符合要求的可执行系统。

② 具有更强的鲁棒性。由于多智能体系统有着特点①和②，即采用分布式控制，通过局部协调合作的形式来完成任务，且每个智能体个体是独立的，因此，当多智能体系统中某个个体出现如通信之类的硬件或软件故障时，并不需要终止整个多智能体系统的运行，这种影响是有限的。同样，对于来自外部环境的干扰或阻碍，多智能体系统具有更强的抗干扰性，即便某个局域网络被干扰或阻碍至停止执行任务状态，其余局域网络的通信和任务执行也仍在继续进行。

③ 成本更低，可操作性更强。成本问题向来是实际工程应用必须考虑的关键问题之一。由于多智能体系统有较强的灵活性，因此在设计和制作成本方面可以根据工程需要有所节约；又由于其鲁棒性强，且系统内每一智能体个体功能通常并不复杂，当某个个体出现故障时，仅需维护或更换故障个体，所需的成本也并不高。面对一个任务时，如果能够将成本控制在可接受范围内，那么该任务的可执行性就大大提高。

④ 系统整体的性能有所提高。在前文中提到，多智能体系统的目的是最大化呈现出“1＋1＞2”的群体优势。分布式控制使得任务进一步被分解并分工，相较于单个复杂智能体个体执行任务而言，多智能体系统无论是对于任务执行的速度、准确度还是完成度等各项指标，通常都能够取得一定的提高和优化。

1.3.2 多智能体系统研究的基本问题

由于实际应用需求的与日俱增以及对于多智能体系统的要求不断增多，现今多智能体系统涉及的研究方向或领域也较为丰富。但是其中最为基本的问题当属多智能体的协同控制问题。在此（即多智能体协同控制）基础上，又主要研究群集（swarming）、蜂拥（flocking）、分布式滤波（distributed filter）、编队

(formation) 和一致性 (consensus) 等问题。在诸多研究方向中，一致性问题是最基础也是最关键的问题。因为多智能体系统中的所有智能体个体达到状态一致，是实现对多智能体系统协同控制的首要前提。

多智能体系统协同控制具体来讲是需要研究者设计控制器，目的是实现每个智能体通过与“邻居”之间的信息通信，并根据交流得到的信息对自身行为进行调整，从而实现整个多智能体系统中所有智能体个体的某种协同行为。可设计的协同控制律有两种，即：一种是集中式协同控制，另一种是分布式协同控制。具体来说：对于前者而言，需设计一个“控制中心”(通常是虚拟的而非真实存在的)，集中式协同控制要求多智能体系统内所有的智能体个体将自己采集或拥有的信息上传至控制中心并由控制中心向所有个体发送控制命令；至于后者，仅需每个智能体能够与邻居通信，即进行局部通信即可。从实际工程应用角度出发，不论是考虑数据量还是考虑计算量，使用“控制中心”的做法都存在着相当的局限性。相对地，采取局部通信方式使得任务执行效率更高、性能更好的分布式控制律自然就备受青睐。

一致性问题是多智能体系统协同控制的重要基础，最早由 Vicsek 等提出并研究 (智能体的朝向一致性问题)。一致性问题是指：多智能体系统网络中的各个智能体单体，在自身缺乏全局信息的情况下通过与邻居的协调合作，并根据预设的一致性协议进行相关的调整、动作，最终达成所有智能体的状态 (如位姿、速度等相关参数) 趋于一致。所谓一致性协议，是人为设计的，也是解决一致性问题的核心，是以全部智能体最终达成状态一致为目的，以智能体相互之间的信息交互为手段的控制算法。一般来说，一致性控制可以进一步分成两种类型：无领导者一致性 (leaderless consensus) 和领导者-跟随者一致性 (leader-follower consensus/leader-following consensus)。前者是指在多智能体协同控制的任务中不涉及任何领导者 (即不以某一个智能体的参数为一致标准)；后者则要求一个协同任务由一个领导者 (有时也称领航者) 指引 (希望其他所有智能体的最终一致性指标达到领导者的标准)。具体来说，无领导者一致性旨在引导一些智能体就共同点或状态参数达成一致；领导者-跟随者一致性的目标是通过设计一个恰当的一致性协议，使一组跟随者智能体能够跟随领导者智能体，即跟随者智能体达成一致时其一致状态是系统内一个或多个领导者的期望状态。因为领导者-跟随者控制方法是多智能体系统协同控制的重要方法，所以领导者-跟随者一致性研究一直以来都是多智能体编队控制研究的重点。但是这种分类方法也只是诸多分类依据的一种，在后续的章节中会陆续介绍以各种指标为依据，将多智能体系统一致性进行分类并展开研究的内容，在此暂不赘述。

总之，在一致性问题的基础上，前面所提其他方面的研究，即群集、蜂拥等问题，几乎都是在整个系统达到一致的基础上进一步考虑额外要求而产生的研究方向，如需在规定时间内达成一致、保持距离、避障避碰等符合实际工程情况的工程要求。

随着对于多智能体系统各方面研究的不断深入，虽然多智能体协同控制的一致性问题仍然是其中基础而重要的问题，但是该问题可以说是“与时俱进”的，而非一成不变。这是因为多智能体系统的运动是由其包含的所有智能体的初态、网络通信拓扑、各智能体的动力学模型以及一致性协议等因素共同影响和控制的。其中网络通信拓扑根据其连接方式和连接权重的不同，可分为有向图和无向图，也可分为固定拓扑、切换拓扑、时变拓扑和随机拓扑等；多智能体系统根据不同动力学方程的特征又可分为无领导者系统和领导-跟随系统，也可分为离散系统和连续系统；再加上上文所述的集中式控制和分布式控制两种控制协议等，这些方面研究课题的多样性不是短期之内就如此丰富的，而是随着理论的发展渐渐形成的，这也就导致一致性问题的内容和方向也在不断扩充；同时也正是由于这些方面的多样性和复杂性，即便是在今天，一致性问题也仍然具有广阔的研究空间以及巨大的研究价值。

1.4 国内外研究现状

多智能体的协同控制，即设计一个适当的控制策略，是一个重要的研究和应用课题。多智能体协同控制离不开代数图论。代数图论的作用，在多智能体系统中是用数学（图）的语言描述几种各个智能体之间的拓扑结构，这给多智能体系统的理论研究带来了极大的便捷。关于图论的具体内容，在下一章将具体展开并仔细讲述，这里不做过多说明。而之所以在这里暂时提到图论，是因为在多智能体协同控制的研究过程中，有一些重要的研究成果最终以代数图论的形式呈现了出来：Olfati-Saber 等[1] 指出，如果多智能体系统的拓扑结构是强连通的有向图，则在任意初始状态，系统的状态都是渐近收敛的；在强连通的有向拓扑结构前提下，系统平均一致收敛的充分必要条件是信息交换图为平衡图。而 Ren 和 Beard[2] 等在研究中发现：时不变信息交换拓扑结构下，连续或者离散时间协议达到渐近一致的充分必要条件是信息交换图中包含生成树。显然，在分析多智能体系统的拓扑结构时常常需要借助代数图论，而随着研究进程的不断发展，一些重要的结论又“恰好”能够映射为图论的形式。

对于控制领域中的一致性的研究由来已久，可追溯到 1982 年，Borkar 等[3] 利用分布式方法对系统渐近一致性作出了分析总结。此后，Reynolds[4] 对群体的行为进行模拟，采用的模型是 Boid 模型，同时得到：保持距离以避碰、相邻个体相互接近和保持同速是群体行为最终能够达到一致的前提条件。基于此研究，Vicsek 等[5] 于1995年简化了 Boid 模型，提出 Vicsek 模型，并指出如果粒子群中的每个粒子均朝着邻居和自身的平均方向移动，则所有粒子运动的方向都会趋于并保持一致。Vicsek 模型时至今日仍在被研究者广泛采用。之后，Jadbabaie 等[6] 利用图论以及矩阵相关知识在理论上证明了 Vicsek 模型趋于一致，并提出在通信拓扑结构连通的情况下，粒子运动的方向会趋于一致。从时间线来看，后续研究和发表的一些重要成果便是前面提到的 Olfati-Saber、Ren 等所做的工作。

在前期研究的基础上，科学家们对多智能体不同的动态特性、网络拓扑结构、网络带来的时间延迟和扰动等一系列收敛问题展开广泛而深入的研究。

相关学者对 MAS 的各类网络拓扑结构进行了研究，比如文献 [7，8] 对固定拓扑结构的二阶多智能体系统一致性问题进行了研究。Lin 等[9] 提出了时变拓扑结构下的二阶多智能体系统的一致性算法。Yu 等[10] 利用离散采样的位置和速度信息，研究了二阶系统的一致性问题。而在不断的实际应用中发现，由于网络节点或边的故障、重连、丢包等实际问题，或者在某些特定问题背景下，多智能体系统的网络拓扑结构并不是始终如一，甚至是经常变化的，从而形成一种动态拓扑结构，这种结构称为网络切换拓扑结构。自然，研究者们开始了对于这一新型拓扑结构的研究。Ni 等[11] 便针对线性领导者跟随多智能体系统在固定拓扑及切换拓扑两种情况分别提出了一种一致性控制协议；Olfati-Saber 及其研究团队又给出了 MAS 在切换拓扑结构下的一致性协议的具体表达形式，以及在这种结构中系统在任意切换信号下平均一致收敛的充分条件等一系列相关的重要研究成果。

还有一些研究是基于含有时间延迟的一致性问题，如 Yu 等[8] 给出了二阶多智能体动力系统在时间延迟的影响下一致收敛的充分必要条件。Lin 等[12] 利用频域分析的方法，研究了非统一时延的二阶多智能体系统的一致性问题，给出了系统收敛可容忍的最大时间延迟上界。Tian 等[13] 对系统的输入延迟和通信延迟进行了研究，并指出如果仅在输入延迟的作用下，系统的稳定性不会发生改变。同时，文献 [9，14-16] 也针对时间延迟下的一致性进行了多方面的研究和讨论。

考虑延迟的同时，研究者们也考虑到了非常具有实际意义的含有扰动的一致性问题。如 Yu 等[7] 在线性多智能体系统中考虑未知有界扰动的影响，对该系统进行分析。Sun 等[17] 依靠自适应算法，研究非线性系统的含扰动的一致性问题。Wang 等[18] 研究并讨论了一阶多智能体系统在含有扰动时的鲁棒性问题。Huang 等[19] 则把目光聚焦于处于网络中的多智能体系统如何处理可测的邻居噪声信息来降低噪声对于控制目标（也即整个系统实现一致性）的负面影响；而 Li 等[20] 考虑了一类符合 Lipschitz 条件的一阶非线性多智能体系统的一致性控制问题。

随着科技和需求的发展，多智能体系统的规模以及任务的复杂性和难度都在不断提高，其通信传输数据的量级也在不断提高。传统的针对多种通信问题所设计的一致性协议已经渐渐不能满足系统需求。Ellis[21] 早在 20 世纪 50 年代末就已经思考并提出了一种当测量值超过一定限度才进行采样并且依赖于信号的采样方案[22]，这是事件触发采样的第一次亮相，同时也是事件采样的特例[23]，并为如今广受关注的事件触发控制方法打下了一定的基础。1962 年，Dorf 等[24] 指出，在给定的时间间隔内，与固定频率系统相比，可变频率系统所需的样本更少，同时保持了与前者基本相同的响应特性。真正将事件触发技术引入控制领域是在 1999 年的 IFAC 会议之后。Dimarogonas 等[25] 基于事件触发控制研究了一阶多智能体系统的一致性问题，他们的研究是全面的且其研究成果在事件触发控制领域意义重大，因为他们不仅分别在集中式和分布式控制情况中给出了触发函数以及达成一致性的条件，同时也证明了事件触发控制方式在整个系统运行过程中不存在 Zeno 行为。基于他们的研究成果，后续诸多研究者们受到启发，涌现出大量的该领域的研究成果。如 Yi 等[26] 针对拓扑结构为无向图的一阶连续时间多智能体系统的一致性问题，提出了两种新的动态事件触发律。Seyboth 等[27] 研究了多智能体系统中的事件触发协同控制问题。Yang 等[28] 针对分布式的高阶非线性多智能体系统，研究了基于观测器的事件触发领导者-跟随者输出一致问题。Guo 等[29] 研究了具有未知非线性动态、受干扰的多智能体系统基于事件触发控制的领导者-跟随者一致性问题。Weng 等[30] 针对具有外部干扰的不确定线性多智能体系统，研究了基于事件的分布式鲁棒 H_∞ 一致控制方法。

以上介绍的内容，主要是关于多智能体系统的一致性误差渐近收敛问题，而这种需要较长时间才有可能完全使误差收敛的特性不符合现代工业快速性与实时性的要求，与此同时，在对多智能体系统的一致性控制协议的有效性进行证明时，大多数情况下得到的结论是：在时间趋于正无穷时系统（才）能够实现一致性。而研究者们希望提出一类在相比之下较短的时间长度内就能确保控制效果的一致性控制协议，由此就产生了多智能体系统的有限时间一致性这类针对实现控制目标的时间进行限制或约束的一致性控制问题。如果能够确保多智能体系统的有限时间一致性，则不但可以显著提高对系统的控制效率，同时在有限时间控制下的闭环系统通常表现出更好的抗扰性质[31]。Li 等[32] 则将有限时间一致性算法推广到具有二阶积分器形式的多智能体系统当中，设计了没有抖振行为的连续有限时间一致性算法。

而近些年，随着各种优化算法的流行，研究者们也希望将优化算法的思想引入对多智能体系统一致性问题的研究，目的包括节省各种通信或计算资源、减少控制时间、优化控制效果等。在实际的工程应用中，多智能体系统中的每个智能体个体都难免受到如承重限制、通信限制或是动态模型限制等约束条件，为了更贴近实际，研究者们往往会量化其中可以被量化的一些约束量并将其作为理论分析时必须考虑的约束条件。因此，基于这些约束条件，一类受到约束的多智能体系统一致性问题得到了人们的关注。而解决这类问题的方法就是引入优化算法的思想。如 Nedic 等[33] 研究了一种智能体的状态输出被约束在一个闭凸集当中的协同控制问题，提出了一种分布式一致性控制算法。Chang 等[34] 引入交替方向乘子法（alternating direction method of multipliers，ADMM）来对多智能体系统的分布式一致性进行优化处理，并且用一种低复杂度算法来规避 ADMM 的计算成本过高的问题。

需要注意的是，现有的大多数工作研究的对象都是整数阶（如一阶、二阶或高阶）多智能体系统，但是同时也有许多研究人员指出，很多实际的物理系统适合用分数阶系统来描述，例如，在黏弹性材料（如沙子、泥泞的道路）上行驶的车辆，或在受颗粒（如雨、雪）影响的环境中高速飞行的飞机[35]。尽管对于如今的工程实践而言或许绝大多数情况下研究整数阶系统就已足够，但是这并不意味着分数阶的存在对当前研究就是毫无意义的。Cao 等[36] 就研究了一类分数阶系统的分布式协同控制问题。Shen 等[37] 考虑了带有不均匀输入和通信延迟的分数阶系统一致性问题。而文献［38］中虽然没有直接研究分数阶系统，但是提出将针对二阶多智能体系统的观测器设计为分数阶形式来实现该多智能体系统的领导者跟随一致性。

本书中还将展示多智能体系统一致性控制问题在实际工程中的诸多应用：智能体的避障问题[38]、水面多无人艇的控制问题[39]、多四旋翼无人机的控制问题[40]、多移动机器人的控制问题[41]，以及多智能体系统在微电网当中的应用等。

第2章

基础知识

本章主要介绍全书所用到的部分基础概念和相关定理，为后续章节奠定理论基础。本章内容主要有三部分：图论、矩阵理论以及 Lyapunov 稳定性理论。先从图论开始说明。

2.1 图论基础

2.1.1 基本概念

首先，图论（graph theory）最早是由瑞士数学家欧拉（Leornhard Euler）于 1736 年在其论著中提出的，而后，他在 1738 年解决了一个经典的问题——柯尼斯堡问题，由此图论正式诞生，作为数学的一个分支、应用数学的一部分。后来历史上又有许多位数学家各自独立地建立过图论。顾名思义，图论以图为研究对象。当然，图论中的图有所限定：这种图是由若干个给定的点以及若干条仅能连接两点的线所构成的。因此，这种图形很直观地描述了一些事件与事件之间的某种相关的联系——以点代表事物、以线代表两事物之间的关系。图论与多智能体系统的联系在于：多智能体系统中各个智能体可以被视为一个“节点”，各智能体之间的信息交换路径可由一条（可能具有方向性的）“边”表示，从而整个多智能体系统之间的网络通信关系就可以映射为一张具有节点和边的图。

而图论的内容具体为：

一个图 $G=(\boldsymbol{E}(G),\boldsymbol{V}(G))$ 由一系列给定的节点（即代表事物的点）构成的集合 $\boldsymbol{V}(G)=\{v_1,v_2,\cdots,v_N\}$ 和一系列相应的边（即描述事物两两之间关系的线）构成的集合 $\boldsymbol{E}(G)\subseteq\{(v_i,v_j)\mid v_i,v_j\in\boldsymbol{V}(G),i\neq j\}$ 两部分组成。为使表达准确、直观，图中的每条边 e_{ij} 用其连接的那一对节点（v_i,v_j）来表示，并称节点 v_i 为父（母）节点，节点 v_j 为子节点。同时，节点 v_i 的邻居（点）构成

的集合（邻居集）用 $\boldsymbol{N}_i=\{v_j\in\boldsymbol{V}(G):(v_j,v_i)\in\boldsymbol{E}(G)\}$来表示。

需要说明的是：连接两节点的边可能是有方向的。即根据边的有无方向性，可以将图分为无向图和有向图两类。无向图是指图 G 中的边（v_i，v_j）没有方向，$(v_i,v_j)\in\boldsymbol{E}(G)\Leftrightarrow(v_j,v_i)\in\boldsymbol{E}(G)$。在无向图中，如果任意两个节点之间都可以直接或者通过其他节点的间接相连而实现边连接，即不存在孤立节点，则称该无向图为完全图。此外，如果在无向图中任意两个节点之间均有一条边，则称该无向图是连通（connected）的。反之，如果图 G 中的边（v_i,v_j）有方向，此时$(v_i,v_j)\in\boldsymbol{E}(G)$与$(v_j,v_i)\in\boldsymbol{E}(G)$不再等价，图 G 为有向图。相应地，如果在一个有向图中存在一个节点，满足至少存在一个有向路径能够通往其他所有节点，那么称该有向图包含生成树（spanning tree）。常常也会出现这样的定义：在图 G 中取一个节点，称其为根（root）节点，如果其余每个节点均有且仅有一个父节点，且对于除根节点以外的任意一个节点，都存在一条有向路径从根节点到达该节点，则称图 G 为一个有向树（directed tree）。如果有向树包含了图中所有的节点，则构成该图的一个有向生成树（directed spanning tree）。显然图包含生成树和包含有向生成树在大多数情况下是等价的定义，但是由于后者对于有向树也有所定义，故常用的定义是后者，但是常用的说法为“图 G 含有生成树”而无须特别说明含有“有向生成树”。此外，如果一个有向图中任意两个节点之间均存在至少一个有向路径，则称该有向图是强连通（strong connected）的（图 2.1）。

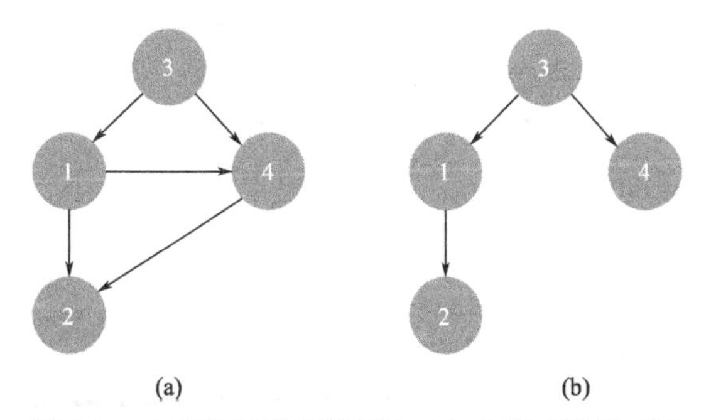

图 2.1　含有生成树的有向图（a）与强连通图（b）

接着，定义图 G 的邻接矩阵$\boldsymbol{A}$ 为

$$\boldsymbol{A}=\begin{bmatrix}a_{11} & \cdots & a_{1N}\\ \vdots & & \vdots\\ a_{N1} & \cdots & a_{NN}\end{bmatrix}\in\mathbf{R}^{N\times N} \tag{2-1}$$

在这种形式的矩阵中，$a_{ij}\geqslant 0$ 表示边（v_i,v_j）的权值，对角线元素 $a_{ii}=0$。$i\neq j$ 时，若（v_j,v_i）$\in\boldsymbol{E}(G)$，则 $a_{ij}>0$，否则 $a_{ij}=0$。由于有向图和无向图的

区别，显然在无向图中有 $a_{ij}=a_{ji}$，因此无向图的邻接矩阵具有更整齐的形式(对称)。此外，在有向图中还有入度和出度的概念。由于有向图中每一条连接两个节点的边都是有方向的，因此将指向同一个节点的全部边的数目称为该节点(即这些边的终点在的节点）的入度（in-degree)，用 $\deg_{\text{in}}(v_i)=\sum_{j=1}^{N}a_{ji}$ 表示。以各节点的入度值作为对角元的对角矩阵称为该图的入度矩阵 $\boldsymbol{D}$：

$$\boldsymbol{D}=\operatorname{diag}(d_1,d_2,\cdots,d_N) \tag{2-2}$$

式中，$d_i=\deg_{\text{in}}(v_i)=\sum_{j=1,\ i\neq j}^{N}a_{ji}$。相应地，定义从同一个节点出发的所有边的数目为该节点（即这些边的起点所在的节点）的出度（out-degree)，用 $\deg_{\text{out}}(v_i)=\sum_{j=1}^{N}a_{ij}$ 来表示。如果一个节点的入度和出度值相等，即 $\deg_{\text{in}}(v_i)=\deg_{\text{out}}(v_i)$，此时该节点被称为平衡节点；当且仅当图中所有的节点都是平衡节点时，该图 G 为平衡（balanced）图（定义所有的无向图均为平衡图)。如果根据入度来对邻接矩阵进行归一化，则可得归一化邻接矩阵，形式为：$\overline{\boldsymbol{A}}=\boldsymbol{D}^{-1}\boldsymbol{A}$。若图 G 中某一节点的入度 $\deg_{\text{in}}(v_i)=0$，则设定矩阵 $\boldsymbol{D}$ 对角线上的元素 $d_{ii}=0$。此外，定义归一化拉普拉斯矩阵：$\overline{\boldsymbol{L}}=\boldsymbol{D}^{-1}\boldsymbol{L}$。

回到入度矩阵的定义，更加严谨地说，$\boldsymbol{D}$ 应当是一个图对应的度矩阵，既可以指出度矩阵，也可以指入度矩阵。对于无向图的节点来说，出度和入度可以看作是相同的；而对于有向图而言，度矩阵只需考虑出度矩阵或者入度矩阵之一即可。而在研究多智能体系统的过程中，往往习惯上使用入度矩阵来充当度矩阵，从而得到拉普拉斯矩阵 $\boldsymbol{L}$（接下来就将介绍)，所以前文在定义时就直接用符号 $\boldsymbol{D}$ 作为入度矩阵的标志。

需要说明的是，由于在分析多智能体系统时，邻接矩阵 $\boldsymbol{A}$ 也是一个几乎每次都要提及和用到的重要参数，因此在大多数情况下，一个系统对应的图的定义形式往往较上文的定义形式 $G=(\boldsymbol{E}(G),\boldsymbol{V}(G))$ 有所扩充，一般写成 $G=(\boldsymbol{E}(G),\boldsymbol{V}(G),\boldsymbol{A}(G))$ 或简写为 $G=(\boldsymbol{E},\boldsymbol{V},\boldsymbol{A})$（写法上省略了 $\boldsymbol{E}$、$\boldsymbol{V}$、$\boldsymbol{A}$ 与 G 的关系，但是事实上三者仍必须依照对应的图 G 来书写；三者的排列顺序可以更换)。

关于邻接矩阵，有着这样一个定义[42]：对于矩阵 $\boldsymbol{A}=[a_{ij}]\in\mathbf{R}^{N\times N}$，如果对任意 $i\neq j$，都有 $a_{ij}<0$，且其所有特征值均具有非负（正）实部，则称其为非奇异矩阵。

这个定义在此处暂不需用到，但是在下一节中介绍拉普拉斯矩阵的性质时，很多性质其实是由此定义得到的引理，因此在此先进行声明。

为了便于对已经说明的部分进行理解，在这里提出一个简单的例子辅助读者理解。

假设存在一个多智能体系统，系统中共包含 4 个独立的智能体，且该系统对应的图结构如图 2.2 所示（假定每条边对应的权值为 1）。

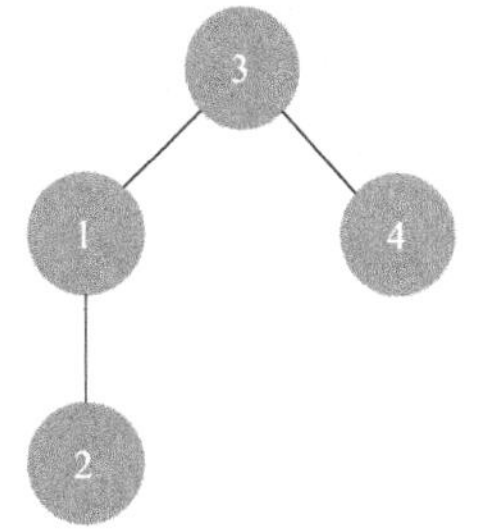

图 2.2　无向图 G_1 结构

不难发现，由于多智能体系统中一共包含 4 个独立的智能体个体，根据前文介绍的图 G 参数的对应关系，显然此时 4 个智能体应对应图 G_1 中的 4 个节点，假设其序号依次为 1、2、3、4，均已标注在图中，且 $\boldsymbol{V}(G)=\boldsymbol{V}=\{v_1,v_2,v_3,v_4\}(=\{1,2,3,4\})$，而边的集合 $\boldsymbol{E}=\{(v_1,v_2),(v_1,v_3),(v_2,v_1),(v_3,v_1),(v_3,v_4),(v_4,v_3)\}(=\{(1,2),(1,3),(2,1),(3,1),(3,4),(4,3)\})$。从图特点可以看出，以节点 3、4 为例，两节点间有一条连接彼此的线（应称为边），但是该线段并未带有指向性，即并不带有箭头，并不是单纯地从 3 指向 4 或反之，拥有这样特点的边的图，即为无向图。而这种不带方向的边的实际意义可先简单理解为：3 能得知 4 的信息，4 也能得知 3 的信息，甚至说 3 和 4 可以进行信息交换。回顾无向图的有关定义可以判定：

① 因为节点 1、2、3、4 之中的任意一个节点均可以通过不带方向的边直接或间接到达其他所有的节点（如 1 经由 3 可到达 4，4 依次经由 3、1 可到达 2），因此图 2.2 所示，即此时该多智能体系统对应的无向图是完全图；

② 由于此时并非任意两节点之间均存在一条边（节点 1、4 之间，节点 2、4 之间和节点 2、3 之间均无边），所以该完全图并不是连通的。

至此，对于该多智能体系统的图结构特点便已分析完毕。

入度矩阵、出度矩阵的定义与上文完全一致，此处重点分析图 G_1 对应的邻接矩阵 $\boldsymbol{A}_1$ 的写法：根据对邻接矩阵中元素 a_{ij} 的定义，可以写出 $\boldsymbol{A}_1$ 的具体形式为

$$\boldsymbol{A}_1=\begin{bmatrix} a_{11}=0 & a_{12}=1 & a_{13}=1 & a_{14}=0 \\ a_{21}=1 & a_{22}=0 & a_{23}=0 & a_{24}=0 \\ a_{31}=1 & a_{32}=0 & a_{33}=0 & a_{34}=1 \\ a_{41}=0 & a_{42}=0 & a_{43}=1 & a_{44}=0 \end{bmatrix}$$

也即

$$\boldsymbol{A}_1=\begin{bmatrix} 0 & 1 & 1 & 0 \\ 1 & 0 & 0 & 0 \\ 1 & 0 & 0 & 1 \\ 0 & 0 & 1 & 0 \end{bmatrix}$$

对照图 2.2 不难看出，对于无向图 G 而言，只要两节点之间有一条边（已假定权值为 1），则该图对应的邻接矩阵中 $a_{ij}=a_{ji}=1$，而 $a_{ii}=0$。而对于无向图对应的邻接矩阵 $\boldsymbol{A}_1$，从矩阵层面观察则有这样几个显著特点：主对角线元素为 0，且整个矩阵 $\boldsymbol{A}_1$ 关于主对角线对称。

最后还有另一个重要的参数矩阵，即图 G_1 对应的入度（度）矩阵 $\boldsymbol{D}_1$。

同样，根据前文对于 $\boldsymbol{D}$ 矩阵的定义，可以轻松得到

$$\boldsymbol{D}_1=\text{diag}(d_1=2,d_2=1,d_3=2,d_4=1)$$

或者写成矩阵形式：

$$\boldsymbol{D}_1=\begin{bmatrix}2&0&0&0\\0&1&0&0\\0&0&2&0\\0&0&0&1\end{bmatrix}$$

由于此时系统对应的图 G_1 是无向图，以节点 1 为例，其与节点 2、3 之间分别有一条无向边，无向边此时也可以看作双向边，因此既可以理解为从节点 1 出发，有两条有向边分别指向并终止于节点 2 和节点 3，则对于节点 1 而言其出度值为 2；反之，如果看作两条边是分别从节点 2 和 3 出发指向并终止于节点 1，则节点 1 的入度值为 2。因此可以简单理解为：对于无向图而言，其每一节点的出度值和入度值相等，但由于前文的介绍，习惯上我们使用节点的入度值，因此此处的度矩阵 $\boldsymbol{D}_1$ 是按照入度值书写的。

有了以上对于无向图的举例说明，接下来将以有向图为例做简要说明。

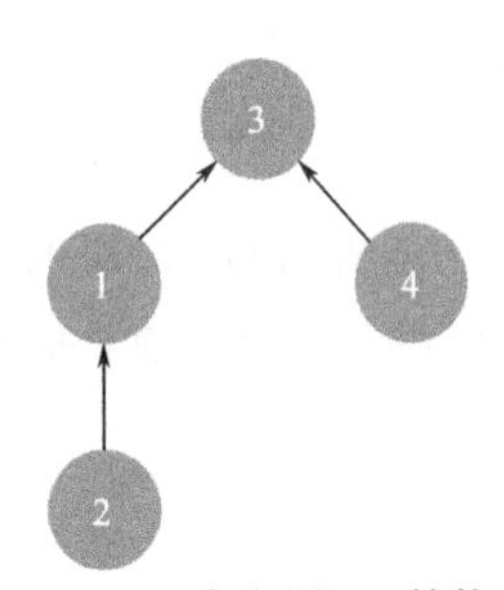

图 2.3　有向图 G_2 结构

同样假设有一多智能体系统，且含有 4 个独立的智能体个体，该系统对应的图结构如图 2.3 所示（假定边的权值仍为 1）。

因为有向图和无向图大同小异，因此对于该有向图的分析将尽量从简。

同样以节点 1、2、3、4 为核心构成图 2.3，但与图 2.2 不同之处在于，此时该系统的图结构中，因为节点间的边带有方向性（有箭头），因此该系统的图 G_2 为有向图。可以将带有箭头，即有方向的边简单理解为：以节点 1、2 为例，二者之间的边由节点 2 出发指向并终止于节点 1，则说明节点 1 可以接收来自节点 2 的信息，反之则不成立。同时节点 1 的入度值和出度值均为 1，节点 2 有且仅有出度值为 1。

又根据有向图生成树和强连通的定义，对比可知：此时图 G_2 既不满足任意两节点之间至少有一条有向路径（如节点 1、4 和节点 2、4），也不满足有一个节点可以通过有向路径直接或间接到达其他所有节点（如节点 1 无法到达 2、4，

节点 2 无法到达 4，节点 3 无法到达其他任一节点，以及节点 4 无法到达 1、2），因此该有向图 G_2 既不包含生成树，也不是强连通的。

不难得到该有向图对应的邻接矩阵 $\boldsymbol{A}_2$ 和度矩阵（入度矩阵）$\boldsymbol{D}_2$ 依次为

$$\boldsymbol{A}_2=\begin{bmatrix}0&0&1&0\\1&0&0&0\\0&0&0&0\\0&0&1&0\end{bmatrix},\quad \boldsymbol{D}_2=\begin{bmatrix}1&0&0&0\\0&0&0&0\\0&0&2&0\\0&0&0&0\end{bmatrix}$$

由于相应的计算并不复杂，因此此处不再赘述。

2.1.2　拉普拉斯矩阵的定义及其性质

在上一小节中，我们提到了入度矩阵 $\boldsymbol{D}$ 的定义，而拉普拉斯（Laplacian）矩阵的定义正是在此基础上得到的：

$$\boldsymbol{L}=[l_{ij}]\quad (i,j=1,2,\cdots,N) \tag{2-3}$$

式中：

$$l_{ij}=\begin{cases}\sum\limits_{j=1}^{N}a_{ij},i=j\\-a_{ij},i\neq j\end{cases} \tag{2-4}$$

通过对入度矩阵 $\boldsymbol{D}$ 和拉普拉斯矩阵 $\boldsymbol{L}$ 的定义，不难发现这样一个等式：$\boldsymbol{L}=\boldsymbol{D}-\boldsymbol{A}$。其中矩阵 $\boldsymbol{A}$ 指的是图 G 对应的邻接矩阵。

此处沿用上一小节中所举的第一种情况，即系统的图结构对应于图 2.2 为例：

已经得到

$$\boldsymbol{A}_1=\begin{bmatrix}0&1&1&0\\1&0&0&0\\1&0&0&1\\0&0&1&0\end{bmatrix},\quad \boldsymbol{D}_1=\begin{bmatrix}2&0&0&0\\0&1&0&0\\0&0&2&0\\0&0&0&1\end{bmatrix}$$

根据定义，该系统对应的拉普拉斯矩阵 $\boldsymbol{L}_1$ 应为

$$\boldsymbol{L}_1=\boldsymbol{D}_1-\boldsymbol{A}_1=\begin{bmatrix}2&0&0&0\\0&1&0&0\\0&0&2&0\\0&0&0&1\end{bmatrix}-\begin{bmatrix}0&1&1&0\\1&0&0&0\\1&0&0&1\\0&0&1&0\end{bmatrix}=\begin{bmatrix}2&-1&-1&0\\-1&1&0&0\\-1&0&2&-1\\0&0&-1&1\end{bmatrix}$$

同理可得，当系统对应的图结构为图 2.3 所示结构时，此时的拉普拉斯矩阵

$\boldsymbol{L}_2$ 为

$$\boldsymbol{L}_2=\boldsymbol{D}_2-\boldsymbol{A}_2=\begin{bmatrix}1&0&0&0\\0&0&0&0\\0&0&2&0\\0&0&0&0\end{bmatrix}-\begin{bmatrix}0&0&1&0\\1&0&0&0\\0&0&0&0\\0&0&1&0\end{bmatrix}=\begin{bmatrix}1&0&-1&0\\-1&0&0&0\\0&0&2&0\\0&0&-1&0\end{bmatrix}$$

回到等式 $\boldsymbol{L}=\boldsymbol{D}-\boldsymbol{A}$，由于这样一个简洁、方便的等式存在，有时也将这个等式作为拉普拉斯矩阵 $\boldsymbol{L}$ 的定义。需要说明的是，通过上面的例子我们不难发现：无向图的拉普拉斯矩阵 $\boldsymbol{L}_1$ 是对称的，直接称 $\boldsymbol{L}_1$ 为拉普拉斯矩阵即可；但是有向图的拉普拉斯矩阵 $\boldsymbol{L}_2$ 不一定是对称的，往往称之为非对称拉普拉斯矩阵或有向拉普拉斯矩阵。两者定义相同，只不过习惯的说法不同。

拉普拉斯矩阵是在入度矩阵的基础上定义的，而入度矩阵就是一种描述图中节点与边关系的矩阵，不难看出拉普拉斯矩阵是另外一种，但同样描述节点与边关系的矩阵。拉普拉斯矩阵 $\boldsymbol{L}$，有着这样一些性质[43,44]：

① 拉普拉斯矩阵 $\boldsymbol{L}$ 至少具有一个特征根为 0，并且对应该特征根（0）的特征向量为 $\mathbf{1}=(1,\cdots,1)^{\mathrm{T}}$，因为 $\mathbf{1}$ 属于 $\boldsymbol{L}$ 的零空间（$\boldsymbol{L}\mathbf{1}=\mathbf{0}$）；

② 如果有向拓扑图 G 包含生成树（在前文已经说明了何为包含生成树），则 0 是拉普拉斯矩阵 $\boldsymbol{L}$ 的单一特征根，反之亦然，其余的 $N-1$ 个特征根均具有正实部；

③ 如果有向拓扑图 G 不包含生成树，那么 $\boldsymbol{L}$ 至少有两个几何重复度大于或等于 2 的 0 特征值；

④ 如果无向拓扑图 G 是连通的，那么 0 是该图对应的拉普拉斯矩阵 $\boldsymbol{L}$ 的单一特征根，其余 $N-1$ 个特征根均为正数；

⑤ 如果无向拓扑图 G 不是连通的，那么 $\boldsymbol{L}$ 至少有两个几何重复度等于代数重复度的 0 特征值；

⑥ 拉普拉斯矩阵 $\boldsymbol{L}$ 的所有特征根均为非负实数，并且满足以下关系：

$$0=\lambda_1(\boldsymbol{L})<\lambda_2(\boldsymbol{L})\leqslant\cdots\leqslant\lambda_n(\boldsymbol{L})\leqslant 2\Delta$$

式中，$\lambda_i(\boldsymbol{L})$ 是拉普拉斯矩阵的特征根；$\lambda_2(\boldsymbol{L})$ 是拉普拉斯矩阵的第二小特征根，其被称为所对应的图的代数连通度。$\lambda_2(\boldsymbol{L})$ 越大，则该网络图收敛速度越快，因此 $\lambda_2(\boldsymbol{L})$ 常被用来衡量一致性算法的收敛速度；而 $\Delta=\max_i d_i$ 是特征根分布的圆盘半径。

2.2 矩阵理论知识

如果一个向量 $\boldsymbol{x}$ 或一个矩阵 $\boldsymbol{A}$ 的所有元素或项都是非负的（正的），称向量 $\boldsymbol{x}$ 或矩阵 $\boldsymbol{A}$ 是非负的（正的），并记为 $\boldsymbol{x}\geqslant\mathbf{0}(\boldsymbol{x}>\mathbf{0})$ 或 $\boldsymbol{A}\geqslant\mathbf{0}(\boldsymbol{A}>\mathbf{0})$。给定两个

非负矩阵 $\boldsymbol{A}$，$\boldsymbol{B} \in \mathbf{R}^{m \times n}$，$\boldsymbol{A} \geqslant \boldsymbol{B}(\boldsymbol{A} > \boldsymbol{B})$ 表示 $\boldsymbol{A}-\boldsymbol{B}$ 是非负定的（正定的）。如果方阵 $\boldsymbol{A}$ 所有特征值的实部都严格小于零，则 $\boldsymbol{A}$ 为 Hurwitz 矩阵（连续时间意义下的稳定矩阵）。如果方阵 $\boldsymbol{A}$ 所有特征值的幅值都严格小于 1，则 $\boldsymbol{A}$ 为 Schur 矩阵（离散时间意义下的稳定矩阵）。当对于 $p \in [1, \infty$[1]$)$，有 $\left(\int_0^{\infty} |f(\tau)|^p \mathrm{d}\tau\right)^{1/p}$ 存在时，称 $f \in \boldsymbol{L}_p$；当 $\sup\limits_{t \geqslant 0} |f(t)|$ 存在时，称 $f \in \boldsymbol{L}_{\infty}$。

对一个非负的方阵来说，如果它的行和都为 1，就称其是行随机的。任意一个 $N \times N$ 维的行随机矩阵都有一个特征值为 1，且其右特征向量为 $\mathbf{1}_N$。行随机矩阵的谱半径为 1。由 Gershgorin 圆理论可知行随机矩阵的所有特征值都在单位圆内。

对于高阶的多智能体系统而言，当研究其一致性问题时，往往将所有智能体的动态方程描述为一个矩阵形式是比较便于分析的，因此常用到克罗内克（Kronecker）积。Kronecker 积是一种能够在两个任意大小的矩阵之间进行的特定运算。具体来说：对于矩阵 $\boldsymbol{A}=[a_{ij}] \in \mathbf{R}^{m \times n}$，$\boldsymbol{B}=[b_{ij}] \in \mathbf{R}^{p \times q}$，它们的 Kronecker 积，即 $\boldsymbol{A} \otimes \boldsymbol{B}$ 为

$$\boldsymbol{A} \otimes \boldsymbol{B}=\begin{bmatrix} a_{11}\boldsymbol{B} & a_{12}\boldsymbol{B} & \cdots & a_{1n}\boldsymbol{B} \\ a_{21}\boldsymbol{B} & a_{22}\boldsymbol{B} & \cdots & a_{2n}\boldsymbol{B} \\ \vdots & \vdots & & \vdots \\ a_{m1}\boldsymbol{B} & a_{m2}\boldsymbol{B} & \cdots & a_{mn}\boldsymbol{B} \end{bmatrix} \in \mathbf{R}^{(m+p) \times (n+q)}$$

Kronecker 积的性质和一个重要的不等式如下所示，这些将在多智能体系统闭环稳定性分析中用到。

引理 2.1：

考虑如下矩阵：$\boldsymbol{U}$，$\boldsymbol{X} \in \mathbf{R}^{m \times m}$；$\boldsymbol{V}$，$\boldsymbol{Y} \in \mathbf{R}^{n \times n}$。则有以下命题成立。

- $(\boldsymbol{U}+\boldsymbol{X}) \otimes \boldsymbol{V}=\boldsymbol{U} \otimes \boldsymbol{V}+\boldsymbol{X} \otimes \boldsymbol{V}$；
- $(\boldsymbol{U} \otimes \boldsymbol{V})(\boldsymbol{X} \otimes \boldsymbol{Y})=\boldsymbol{U}\boldsymbol{X} \otimes \boldsymbol{V}\boldsymbol{Y}$；
- $(\boldsymbol{U} \otimes \boldsymbol{V})^{\mathrm{T}}=\boldsymbol{U}^{\mathrm{T}} \otimes \boldsymbol{V}^{\mathrm{T}}$；
- 若 $\boldsymbol{U}$ 和 $\boldsymbol{V}$ 都是可逆的，则有 $(\boldsymbol{U} \otimes \boldsymbol{V})^{-1}=\boldsymbol{U}^{-1} \otimes \boldsymbol{V}^{-1}$；
- 若 $\boldsymbol{U}$ 和 $\boldsymbol{V}$ 都是对称的，则 $\boldsymbol{U} \otimes \boldsymbol{V}$ 也是对称的；
- 若 $\boldsymbol{U}$ 和 $\boldsymbol{V}$ 都是对称正定（半正定）的，则 $\boldsymbol{U} \otimes \boldsymbol{V}$ 也是对称正定（半正定）的；
- 若 $\boldsymbol{U}$ 的特征值为 β_i，特征向量为 $\boldsymbol{f}_i \in \mathbf{C}^m (i=1,2,\cdots,m)$，且 $\boldsymbol{V}$ 的特征值为 ρ_j，特征向量为 $\boldsymbol{g}_j \in \mathbf{C}^n (j=1,2,\cdots,n)$，则 $\boldsymbol{U} \otimes \boldsymbol{V}$ 的特征值为 $\beta_i \rho_j$，特征向量为 $\boldsymbol{f}_i \otimes \boldsymbol{g}_j (i=1,2,\cdots,m; j=1,2,\cdots,n)$。

---

[1] 本书中，若没有特别指出是 $-\infty$，则 ∞ 默认为 $+\infty$。

引理 2.2：对于任意的 $\boldsymbol{a}$，$\boldsymbol{b}\in\mathbf{R}^N$ 和任意的对称正定矩阵 $\boldsymbol{\Phi}\in\mathbf{R}^{N\times N}$，有 $2\boldsymbol{a}^{\mathrm{T}}\boldsymbol{b}\leqslant\boldsymbol{a}^{\mathrm{T}}\boldsymbol{\Phi}^{-1}\boldsymbol{a}+\boldsymbol{b}^{\mathrm{T}}\boldsymbol{\Phi}^{-1}\boldsymbol{b}$ 成立。

引理 2.3（Schur 补引理）：不等式

$$\begin{bmatrix}\boldsymbol{S}_{11} & \boldsymbol{S}_{12}\\ \boldsymbol{S}_{21}^{\mathrm{T}} & \boldsymbol{S}_{22}\end{bmatrix}>\mathbf{0} \tag{2-5}$$

成立的条件是满足以下二者之一（其中$\boldsymbol{S}_{11}$、$\boldsymbol{S}_{22}$ 均为对称阵）：

① $\boldsymbol{S}_{11}>\mathbf{0}$，$\boldsymbol{S}_{22}-\boldsymbol{S}_{12}^{\mathrm{T}}\boldsymbol{S}_{11}^{-1}\boldsymbol{S}_{12}>\mathbf{0}$；

② $\boldsymbol{S}_{22}>\mathbf{0}$，$\boldsymbol{S}_{11}-\boldsymbol{S}_{12}\boldsymbol{S}_{22}^{-1}\boldsymbol{S}_{12}^{\mathrm{T}}>\mathbf{0}$。

Schur 补引理，在后续解决多智能体系统协同控制问题时，用于将非线性矩阵不等式转化为线性矩阵不等式。

2.3 Lyapunov 稳定性

通常，一个控制系统的稳定性是指在该系统的外部扰动作用停止后，系统能够恢复到开始时状态的性能。因此，控制系统的稳定性在控制理论分析和控制设计中是一个基本的问题。一般工程上较多关心系统在平衡点周围的一类稳定性问题，可以使用李雅普诺夫（Lyapunov）函数来描述分析。被控系统的状态满足下列状态方程：

$$\dot{\boldsymbol{x}}=f(\boldsymbol{x},t) \tag{2-6}$$

式中，$\boldsymbol{x}\in\mathbf{R}^n$，为该系统的状态向量；$t$ 是连续时间变量。如果该系统状态方程的状态空间中存在某一个状态 $\boldsymbol{x}_e$，满足等式：

$$\mathbf{0}=f(\boldsymbol{x}_e,t) \tag{2-7}$$

那么称 $\boldsymbol{x}_e$ 是该被控系统的一个平衡状态，即：如果没有外力作用于该系统，该系统会永远处在这个平衡状态 $\boldsymbol{x}_e$；但是在该被控系统受外力作用的情况下，系统是处在这个平衡状态周围还是离平衡状态越来越远就关系到控制系统的稳定性问题了。

可以注意到，任意一个孤立的平衡状态都能够通过坐标变换变换到坐标原点处，即 $f(\mathbf{0},t)=\mathbf{0}$，故现在需要讨论的只是坐标原点处平衡状态的稳定性问题。

定义 2.1（Lyapunov 意义下的稳定性）：

任意给定一个实数 ε，如果存在一个与 ε 以及 t_0 都有关系的实数 $\delta(\varepsilon,t_0)>0$，只要满足：

$$\|\boldsymbol{x}(t_0)\|\leqslant\delta(\varepsilon,t_0) \tag{2-8}$$

就存在：

$$\|\boldsymbol{x}(t)\|\leqslant\varepsilon,t\geqslant0 \tag{2-9}$$

则可以称该系统的平衡点 $\boldsymbol{x}(t)=\mathbf{0}$ 是稳定的。上式中，$\|\boldsymbol{x}\|$，即 $\|\boldsymbol{x}(t)\|$，表示向量 $\boldsymbol{x}$ 的 Euclid 范数，为状态点到平衡点的距离。换句话说，只要 $\boldsymbol{x}(t_0)$ 不超过领域范围 $\Omega(\delta)$，那么 $\boldsymbol{x}(t)$ 就会不超越邻域 $\Omega(\varepsilon)$。

定义 2.2（Lyapunov 意义下的渐近稳定性）：

当系统满足以下条件时，系统的平衡状态是渐近稳定的。

① 系统的平衡状态是 Lyapunov 意义下稳定的；

② 存在一个 t_0 与相关的实数 $\delta(t_0)>0$，使得

$$\|\boldsymbol{x}(t_0)-\boldsymbol{x}_e\|\leqslant\delta(t_0)\Rightarrow\|\phi(t,\boldsymbol{x}_0,t_0)-\boldsymbol{x}_e\|=0 \tag{2-10}$$

式中，$\phi(t,\boldsymbol{x}_0,t_0)$ 是被控系统［式(2-6)］的解，换句话说，系统足够靠近从 $\boldsymbol{x}_0$ 处出发的每一个解 $\phi(t,\boldsymbol{x}_0,t_0)$，当 $t\to\infty$时系统收敛到 $\boldsymbol{x}_e$。

定义 2.3：

如果被控系统［式(2-6)］的某一个平衡状态 $\boldsymbol{x}_e$ 对所有 $\boldsymbol{x}_0\in\mathbf{R}^n$ 都有：

① $\boldsymbol{x}_e$ 是稳定的；

② $\lim\limits_{t\to\infty}\|\phi(t,\boldsymbol{x}_0,t_0)-\boldsymbol{x}_e\|=0$。

则称该系统在平衡状态 $\boldsymbol{x}_e$ 是大范围渐近稳定的。但很明显，大范围渐近稳定性的必要条件是在整个系统状态空间中只存在一个平衡状态。

值得注意的是，以上这些定义并非平衡状态的稳定性唯一确定的概念。比如在古典控制理论中，只有当系统是渐近稳定的才可以叫作稳定系统，但是如果系统在 Lyapunov 意义下稳定却不是渐近稳定的，则叫作不稳定系统。李雅普诺夫针对系统稳定性提出了两种判定方法，分别为李雅普诺夫第一方法和李雅普诺夫第二方法，利用这两种方法判定常微分方程组描述的动力学系统的稳定性。一般，李雅普诺夫第一方法需要用系统微分方程的显式表达式解对系统的稳定性进行分析，如果非线性系统的精确解无法求得，则李雅普诺夫第一方法不方便运用；而李雅普诺夫第二方法并不需要求出微分方程的显式表达式解，因此一般利用李雅普诺夫第二方法判断系统的稳定性。

李雅普诺大第二方法引入了一个虚构的能量函数，即 Lyapunov 函数，该函数与 $\boldsymbol{x}$ 中的元素 $x_1,x_2,\cdots,x_n$ 和 t 相关，可以用 $V(x_1,x_2,\cdots,x_n,t)$ 或简单地用 $V(\boldsymbol{x},t)$ 来表示该函数。在李雅普诺夫函数中不显含时间 t 的情况下，则用 $V(x_1,x_2,\cdots,x_n)$ 或 $V(\boldsymbol{x})$ 来进行表示。李雅普诺夫第二方法中利用 Lyapunov 函数 $V(\boldsymbol{x},t)$ 的符号特征以及对时间 t 的导数 $\dot{V}(\boldsymbol{x},t)$ 来给出一种不需要直接求出方程的解，进而判定被控动态系统平衡状态的稳定性、渐近稳定性或者不稳定性。

现建立一个由系统状态变量描述的能量函数 $V(\boldsymbol{x})$ 作为该系统的 Lyapunov 函数，根据以上的描述分析，只需要所选择能量函数满足以下两个条件：

$$\begin{cases} V(\boldsymbol{x})>0, \boldsymbol{x} \neq \mathbf{0} \\ V(\boldsymbol{x})=0, \boldsymbol{x}=\mathbf{0} \end{cases} \quad \boldsymbol{x}_e=\mathbf{0} \tag{2-11}$$

$$\dot{V}(\boldsymbol{x})<0 \tag{2-12}$$

那么就能在不用明确知道系统运动方程的解的情况下也仍然可以判定系统平衡状态的稳定性。

现给出李雅普诺夫稳定性定理如下：

定理 2.1（连续时间系统的 Lyapunov 稳定性定理）：

对于如下的一个被控系统：

$$\begin{cases} \dot{\boldsymbol{x}}=f(\boldsymbol{x}, t) \\ f(\mathbf{0}, t)=\mathbf{0}, \forall t \end{cases} \tag{2-13}$$

如果该系统满足以下两个条件：

(1) 存在一个正定函数 $V(\boldsymbol{x}, t)$；

(2) 该正定函数 $V(\boldsymbol{x}, t)$ 对时间求导后的函数 $\dot{V}(\boldsymbol{x}, t)$ 是负半定函数。

那么系统的平衡状态 $\boldsymbol{x}_e=\mathbf{0}$ 是渐近稳定的。

若系统平衡状态是渐近稳定的，而且当状态向量的 Euclid 范数 $\|\boldsymbol{x}\| \rightarrow \infty$ 时，有 Lyapunov 函数 $V(\boldsymbol{x}, t) \rightarrow \infty$，那么可以称系统平衡状态 $\boldsymbol{x}_e=\mathbf{0}$ 是大范围渐近稳定的。

第3章

固定拓扑情况下线性多智能体系统的协同控制

近年来，多智能体系统的研究已经成为计算机科学、控制科学、信息科学等领域的热点问题之一。与传统的单个智能体系统相比，多智能体系统具有更好的分布性、自主性、灵活性、经济性、抗干扰性和鲁棒性等优势。同时，多智能体系统也面临着诸多问题，其中最基本的问题之一是实现多智能体系统的协同控制。多智能体系统协同控制的目标是使多个智能体在特定的任务下能够相互协作，从而实现系统整体的性能优化。智能体网络的分布式协调吸引了广大的研究者。这是因为多智能体系统在许多领域具有广泛应用，包括无人机（UAV）的协同控制、编队控制[45-49]、群集[50]、分布式传感器网络[51-53]、卫星簇的姿态对齐和通信网络[38] 中的拥塞控制。

在多智能体系统中，每个智能体的动态行为都会受到其他智能体的影响，因此，要实现多智能体系统的协同控制，就需要考虑智能体之间的相互关系和相互作用。在多智能体系统一致性的研究中，研究者们通常使用一致性协议来实现智能体之间的一致性。一致性协议是一种基于局部信息交换的协同控制方法，可以使得多个智能体在特定任务下达成一致的状态。一致性问题在计算机科学领域有着悠久的历史，特别是在自动机理论和分布式计算[39] 领域。通过采用这些一致性协议，研究者们可以实现智能体之间的一致性，从而实现多智能体系统的协同控制。过去，许多研究人员研究过本质上不同形式的协议问题，其智能体的动态类型、图的属性和感兴趣任务的名称都不同。在文献［44，54］中，图的拉普拉斯矩阵在具有线性动力学的药剂组的队形稳定性研究中得到使用，但是这种特殊方法还没有推广到具有非反馈线性化的非线性动力学系统。这种方法的一种特殊情况被称为领导者-跟随者架构，并已被许多研究人员[55-57] 广泛使用。在文献［58］中，拉普拉斯矩阵作为图论的重要组成部分被广泛使用。

近年来，人们对文献［6，59-65］所述集群的控制问题兴趣日益浓厚，这主要起源于雷诺兹的开创性工作。在文献［5］中，从统计力学的角度分析了多个粒子的航向角排列。此外，当网络拓扑通过增加有界区域内代理的密度而连接时，会发生相变现象。文献［66］的工作集中在无向图上的姿态对齐，其中代理具有由文献［49］中使用的模型驱动的简单动态。结果表明，该图的平均连通性足以使代理的航向角收敛。在文献［67］中，作者提供了一个关于存在或缺乏通信时滞的无向网络协议的线性和非线性的收敛性分析。理论上，对有向图上的一致性协议的收敛性分析比无向图更具挑战性。

在固定拓扑下的多智能体系统协同控制研究中，研究者们通常使用线性控制器来设计智能体的控制策略。线性控制器是一种简单有效的控制方法，可以通过调节控制器的参数来实现系统的稳定性和性能优化。同时，固定拓扑下的多智能体系统协同控制问题也已经得到广泛的研究。本章我们的重点主要是分析具有固定拓扑的无向和有向网络上的一致性协议。

在本章中，主要是依靠代数图论[68,69]、矩阵理论[70] 和控制理论中的几个工具，提出了在固定拓扑情况下的线性一致性协议并进行了一致性分析。针对一阶线性多智能体系统提出一致性协议。分别针对通信拓扑为无向和有向情况给出所需满足的假设条件，并给出证明过程。最后给出仿真实例，证明算法的正确性和有效性。

3.1 问题描述

考虑一个由 N 个一阶时不变线性智能体组成的多智能体系统，智能体系统的模型描述如下：

$$\dot{x}_i(t)=u_i(t) \tag{3-1}$$

式中，$x_i(t)$，$u_i(t)$ 分别是第 i 个智能体的状态和控制输入。

本章研究多智能体系统在固定拓扑下的一致性问题。下面的算法可以仅通过局部信息传递，保证系统最终趋于一致。

为了达成一致，基于邻居间的相对状态信息构建了如下静态的一致性控制协议：

$$u_i(t)=-\sum_{j\in \boldsymbol{N}_i} a_{ij}[x_i(t)-x_j(t)] \tag{3-2}$$

式中，$\boldsymbol{N}_i$ 是智能体 i 的邻居节点的集合。

使用上述给定的控制策略，整合所有智能体的状态，可以得到整个网络系统为

$$\dot{\boldsymbol{x}}(t)=-\boldsymbol{L}\boldsymbol{x}(t) \tag{3-3}$$

式中，$\boldsymbol{x}^{\mathrm{T}}(t)=[x_1(t),x_2(t),\cdots,x_N(t)]^{\mathrm{T}}$；$\dot{\boldsymbol{x}}^{\mathrm{T}}(t)=[\dot{x}_1(t),\dot{x}_2(t),\cdots,\dot{x}_N(t)]^{\mathrm{T}}$；$\boldsymbol{L}$ 为网络 G 的拉普拉斯矩阵，且 $\boldsymbol{L}=\boldsymbol{D}-\boldsymbol{A}$，$\boldsymbol{D}=\mathrm{diag}(d_1,d_2,\cdots,d_N)$为网络 G 的度矩阵，$d_i=\sum\limits_{j\neq i}a_{ij}$ 成为节点 i 的入度。由定义可知，$\boldsymbol{L}$ 有一个零特征根，其对应的特征向量为 $\mathbf{1}$，满足 $\boldsymbol{L}\mathbf{1}=\mathbf{0}$。

3.2　协议设计

本节将分别介绍无向图以及有向图情形下的多智能体系统一致性控制协议的设计，并利用李雅普诺夫函数法等证明所设计控制协议能够实现要求的一致性控制。

3.2.1　无向图的情形

假设网络拓扑结构为无向图，即 $a_{ij}=a_{ji}$，对所有 i，j 成立，容易看出，所有智能体状态的和值为一不变值，即：$\sum\limits_{i}\dot{x}_i=0$。因此，如果系统渐近收敛到一致，则一致值为所有智能体初始值的平均值，即：$\alpha=(1/n)\sum\limits_{i}x_i(0)$ 。我们称这种能够收敛到平均值的特定属性算法为平均一致算法，该算法在传感器网络的信息融合等领域有广泛的应用。

拉普拉斯矩阵在无向图网络中满足以下的平方和（Sum of squares，SOS）特性：

$$\boldsymbol{x}^{\mathrm{T}}\boldsymbol{L}\boldsymbol{x} - -\frac{1}{2}\sum_{(i,j)\in \boldsymbol{E}}a_{ij}(x_i-x_j) \tag{3-4}$$

通过定义二次正定函数：

$$\phi(\boldsymbol{x})=\frac{1}{2}\boldsymbol{x}^{\mathrm{T}}\boldsymbol{L}\boldsymbol{x} \tag{3-5}$$

容易看出，式(3-2) 也可以写成以下的梯度递减算法：

$$\dot{\boldsymbol{x}}=-\nabla\phi(\boldsymbol{x}) \tag{3-6}$$

根据无向图的连通性和以上 SOS 特性，如果系统［式(3-3)］满足以下两个条件：

① $\boldsymbol{L}$ 为半正定矩阵。

② 式(3-3) 唯一的均衡点是 $\boldsymbol{\alpha}\mathbf{1}$。

则该分布式算法全局渐近收敛到一致空间。

引理 3.1：如果网络 G 为无向连通图，则分布式算法［式(3-2)］对于所有初始值渐近收敛到平均一致。

因此，对于网络拓扑为固定无向图情形，如果系统保持连通，则拉普拉斯矩阵 $\boldsymbol{L}$ 半正定且仅有一个零特征值，系统最终将收敛到平均一致。

如前所述，拉普拉斯矩阵的谱特性在一致性分析中起了很重要的作用。根据 Gershgorin 定理，矩阵 $\boldsymbol{L}$ 的所有特征值都分布在以 $\Delta+0\mathrm{j}$ 为中心，以 $\Delta=\max\limits_{i} d_i$ 为半径的圆里，其中 d_i 为智能体 i 的度。对于无向图情形，$\boldsymbol{L}$ 为对称矩阵，且所有特征值为实数，可以将特征值进行如下排序：

$$0=\lambda_1\leqslant\lambda_2\leqslant\cdots\leqslant\lambda_N\leqslant 2\Delta$$

式中，0 是矩阵 $\boldsymbol{L}$ 的一个平凡特征值。对于连通图，$\lambda_2>0$，即零值为单根。在图论中，拉普拉斯矩阵的第二小特征值被称为网络的代数连通度，λ_2 越大，网络连通度越大。研究表明，它可以用于衡量一致性算法的收敛速度，且 λ_2 越大，网络的收敛速度越快。

3.2.2 有向图的情形

在有向图中，可以有 $a_{ij}\neq a_{ji}$。下面，我们给出一个结合了拉普拉斯图的秩属性及 Gershgorin 定理的引理。如果一个有向图为强连通图，则图中任意两个节点之间有一条有向路径相连。

引理 3.2：如果由 N 个智能体组成的网络 G 为强连通有向图，则拉普拉斯矩阵 $\boldsymbol{L}$ 的秩为 $\mathrm{rank}(\boldsymbol{L})=n-1$，并且矩阵 $\boldsymbol{L}$ 的所有非平凡特征根的实部均大于零。

定义 $\varphi_{ij}(z)=a_{ij}z$，对于 $e_{ij}\in\boldsymbol{E}$。其中，a_{ij} 为邻接矩阵中的元素，e_{ij} 为 $i\rightarrow j$ 的边，$\boldsymbol{E}$ 为边的集合。如果 $x_i=x_j$ 对于所有的 $e_{ij}\in\boldsymbol{E}$ 都成立，那么 $\boldsymbol{u}=\boldsymbol{0}$。因此，我们证明相反的情况：控制输入 $\boldsymbol{u}=\boldsymbol{0}$ 表示所有智能体达到一致性。假设存在一个智能体 v_{i^*}，对于所有 $j\neq i$，$x_{i^*}\geqslant x_j$，使得 $i^*=\arg\max\limits_{j} x_j$，如果 i^* 不唯一，则选择其中之一。

定义初始集群 $\boldsymbol{J}^{(0)}=\{v_{i^*}\}$，定义对 v_{i^*} 邻居的索引为 $\boldsymbol{J}^{(1)}=\boldsymbol{N}_{i^*}$。则 $u_{i^*}=0$ 意味着

$$\sum_{j\in\boldsymbol{N}_{i^*}}\varphi_{i^*j}(x_j-x_{i^*})=0 \tag{3-7}$$

因为 $x_j\leqslant x_{i^*}$ 对 $j\in\boldsymbol{N}_{i^*}$ 恒成立，且当 $z\leqslant 0$ 时，$\varphi_{ij}(z)\leqslant 0$ 成立，即所有的权值都是非负的，我们可以得到 $x_{i^*}=x_j$ 对所有的邻居节点 $v_j\in\boldsymbol{J}^{(1)}$ 成立。接下来我们定义 v_k 智能体是 v_{i^*} 的第 k 个邻居，然后证明 v_{i^*} 和 v_k 达成一致。

定义 v_k 的邻居如下：

$$\boldsymbol{J}^{(k)}=\boldsymbol{J}^{(k-1)}\cup\boldsymbol{N}_{\boldsymbol{J}^{(k-1)}},k\geqslant 1,\boldsymbol{J}^{(0)}=\{i^*\} \tag{3-8}$$

式中，$\boldsymbol{N}_{\boldsymbol{J}}$ 表示 $\boldsymbol{J}\subseteq\boldsymbol{V}$ 的邻居集合。根据定义，$\{v_{i^*}\}\subset\boldsymbol{J}^{(k)}$，$k\geqslant 1$，$\boldsymbol{J}^{(k)}$ 是单调递增的序列。

对于强连通的有向图，任何 $v_j \neq v_{i^*}$ 到 v_{i^*} 的最短路径的最大值是 $N-1$。因此 $\boldsymbol{J}^{(N-1)}=\boldsymbol{V}$。通过数学归纳法，我们可以证明对于 $k \geqslant 1$，所有在 $\boldsymbol{J}^{(k)}$ 中的智能体都达到一致。

假设所有在 $\boldsymbol{J}^{(k)}$ 中的节点达到一致性，我们接下来证明在 $J^{(k+1)}$ 中的节点均达到一致性。对于任意一个节点 $v_i \in \boldsymbol{J}^{(k)}$，满足 $\boldsymbol{N}_i \cap (\boldsymbol{J}^{(k+1)} \backslash \boldsymbol{J}^{(k)}) \neq \varnothing$。在强连通图中，$\boldsymbol{N}_i \neq \varnothing$对所有 i 恒成立。所以如果 $\boldsymbol{N}_i \cap (\boldsymbol{J}^{(k+1)} \backslash \boldsymbol{J}^{(k)})=\varnothing$，那么 $\boldsymbol{J}^{(k+1)}=\boldsymbol{J}^{(k)}$。对于 v_i 智能体，我们有

$$u_i=-\sum_{v_j \in \boldsymbol{N}_i} \varphi_{ij}(x_i-x_j)=0 \tag{3-9}$$

式中，$\boldsymbol{N}_i=(\boldsymbol{N}_i \cap \boldsymbol{J}^{(k)}) \cup [\boldsymbol{N}_i \cap (\boldsymbol{V} \backslash \boldsymbol{J}^{(k)})]$，且 $\boldsymbol{V} \backslash \boldsymbol{J}^{(k)}=\boldsymbol{V} \backslash \boldsymbol{J}^{(k+1)} \cup (\boldsymbol{J}^{(k+1)} \backslash \boldsymbol{J}^{(k)})$。因为 $\boldsymbol{J}^{(k)} \subseteq \boldsymbol{V}$ 而且 $\boldsymbol{J}^{(k+1)}$ 包含 v_{i^*} 的邻居，可得

$$\boldsymbol{N}_i \cap (\boldsymbol{V} \backslash \boldsymbol{J}^{(k)})=\boldsymbol{N}_i \cap (\boldsymbol{J}^{(k+1)} \backslash \boldsymbol{J}^{(k)}) \tag{3-10}$$

$$u_i=-\sum_{v_j \in \boldsymbol{N}_i \cap \boldsymbol{J}^{(k)}} \varphi_{ij}(x_i-x_j)-\sum_{v_j \in \boldsymbol{N}_i \cap (\boldsymbol{J}^{(k+1)} \backslash \boldsymbol{J}^{(k)})} \varphi_{ij}(x_i-x_j)=0 \tag{3-11}$$

第一个求和等于0是因为对于 $v_j \in \boldsymbol{N}_i \cap \boldsymbol{J}^{(k)} \subseteq \boldsymbol{J}^{(k)}$，$x_j=x_i$。因此，第二个求和一定等于0。然而，对于所有 $v_i \in \boldsymbol{J}^{(k)}$ 和 $v_j \in \boldsymbol{V} \backslash \boldsymbol{J}^{(k)}$，$x_{i^*}=x_i \geqslant x_j$，这意味着在 $\boldsymbol{N}_i \cap (\boldsymbol{J}^{(k+1)} \backslash \boldsymbol{J}^{(k)})$中的智能体和 v_{i^*} 达到一致。因此，所有在集合

$$\left(\bigcup_{v_i \in \boldsymbol{J}^{(k)}} \boldsymbol{N}_i\right) \cap (\boldsymbol{J}^{(k+1)} \backslash \boldsymbol{J}^{(k)})=\boldsymbol{J}^{(k+1)} \cap (\boldsymbol{J}^{(k+1)} \backslash \boldsymbol{J}^{(k)})=\boldsymbol{J}^{(k+1)} \backslash \boldsymbol{J}^{(k)} \tag{3-12}$$

中的智能体都和 v_{i^*} 达到一致。所以在 $\boldsymbol{J}^{(k+1)}$ 中的智能体达到一致。结合 $\boldsymbol{J}^{(N-1)}=\boldsymbol{V}$，所有智能体能达到一致性。得证。

如果图中存在一个节点 r 可以通过有向路径到达图中所有其他节点，则称该图包含一棵有向生成树，且称节点 r 为生成树的根节点。如果网络 G 包含一棵有向生成树，引理3.2也成立。通常，在领导跟随多智能体系统中，r 节点会被设计为领导智能体。

引理3.3：定义网络 $G=(\boldsymbol{V},\boldsymbol{E},\boldsymbol{A})$为有向图，其对应的拉普拉斯矩阵为 $\boldsymbol{L}$。定义节点的最大出度为 $d_{\max}(G)=\max\limits_i \deg_{\text{out}}(v_i)$。则 $\boldsymbol{L}$ 的所有特征根在式(3-12) 所示的“圆盘”中。

其中，中心在复平面上为

$$z=d_{\max}(G)+0\mathrm{j} \tag{3-13}$$

证明：根据盖尔圆盘定理，矩阵 $\boldsymbol{L}$ 的所有特征值都在以下 N 个圆盘中

$$\boldsymbol{D}_i=\{z \in \mathbf{C} \mid |z-l_{ii}| \leqslant \sum_{j \neq i} |l_{ij}|\} \tag{3-14}$$

对于有向图G，$l_{ii}=\Delta_{ii}$且

$$\sum_{j\neq i}|l_{ij}|=\deg_{\text{out}}(v_i)=\Delta_{ii} \tag{3-15}$$

因此$\boldsymbol{D}_i=\{z\in\mathbf{C}||z-\Delta_{ii}|\leqslant\Delta_{ii}\}$。换句话说，所有的$N$个圆盘都包含在半径为$d_{\max}(G)$圆盘$\boldsymbol{D}(G)$中。显然，$-\boldsymbol{L}$的所有特征值在$\boldsymbol{D}_i'(G)=\{z\in\mathbf{C}||z+d_{\max}(G)|\leqslant d_{\max}(G)\}$中，$\boldsymbol{D}_i'(G)$是$\boldsymbol{D}_i(G)$关于虚轴的镜像。得证。

下面给出网络为固定有向图时，一致性算法的主要收敛分析结果。

定义 3.1（平衡图）：如果在有向图中，$\sum_{j\neq i}a_{ij}=\sum_{j\neq i}a_{ji}$对于所有$i\in\boldsymbol{V}$都成立，则该图为平衡图。

在平衡有向图中，流入每个节点的所有边的权值之和等于流出该节点的所有边的权值之和。平衡图最典型的一个属性是$\boldsymbol{w}=\boldsymbol{1}$为拉普拉斯矩阵$\boldsymbol{L}$的左特征向量，即：$\boldsymbol{1}^{\mathrm{T}}\boldsymbol{L}=\boldsymbol{0}$。

定理 3.1：考虑一个由N个智能体组成的网络系统G，每个智能体应用式(3-2)的一致性算法，假设网络G是强连通有向图。令拉普拉斯矩阵$\boldsymbol{L}$的左特征向量为$\boldsymbol{\gamma}=(\gamma_1,\gamma_2,\cdots,\gamma_N)$，满足$\boldsymbol{\gamma}^{\mathrm{T}}\boldsymbol{L}=\boldsymbol{0}$。则

① 对于任意初始状态，系统最终渐近趋近于一致；

② 最终所有智能体状态收敛到均衡值$\alpha=\sum_i w_i z_i$，$\sum_i w_i=1$；

③ 如果网络拓扑为平衡图，则系统最终趋于平均一致，且$\alpha=[\sum_i x(0)]/n$。

证明：因为网络G是强连通的，所以根据引理3.2，$\operatorname{rank}(\boldsymbol{L})=n-1$并且$\boldsymbol{L}$有一个简单零特征值。根据引理3.3，$-\boldsymbol{L}$的其余特征值都有负实部，所以线性系统［式(3-3)］是稳定的。此外，式(3-3)的任意平衡点$\boldsymbol{x}^*$是$\boldsymbol{L}$关于$\lambda=0$的右特征向量。既然与零特征值相关的特征向量是一维的（因此可视作标量），存在$\alpha\in\mathbf{R}$使得$\boldsymbol{x}^*=\alpha\boldsymbol{1}$，也就是对于任意$i$，$x_i^*=\alpha$。

需要注意的是，上面的证明没有保证$\alpha=\operatorname{Ave}(\boldsymbol{x}(0))$。当网络拓扑是平衡图时，下证系统的平均一致性。考虑到固定拓扑解为如下形式：

$$\boldsymbol{x}(t)=\exp(-\boldsymbol{L}t)\boldsymbol{x}(0) \tag{3-16}$$

通过计算$\exp(-\boldsymbol{L}t)$，我们可以得到对于一般有向图的组决策值。为了方便说明，我们定义$\boldsymbol{M}_{m,n}$是$m\times n$维矩阵的集合，$\boldsymbol{M}_n$是$n\times n$维矩阵的集合。此外，拉普拉斯矩阵$\boldsymbol{L}$的特征值为0的左右特征向量分别定义为$\boldsymbol{w}_r$和$\boldsymbol{w}_l$。

令$\boldsymbol{w}_l^{\mathrm{T}}\boldsymbol{w}_r=1$，$\boldsymbol{A}=-\boldsymbol{L}$，$\boldsymbol{J}$是$\boldsymbol{A}$的约旦标准型，使得$\boldsymbol{A}=\boldsymbol{SJS}^{-1}$，则$\exp(\boldsymbol{A}t)=\boldsymbol{S}\exp(\boldsymbol{J}t)\boldsymbol{S}^{-1}$，当$t\to\infty$时，$\exp(\boldsymbol{J}t)\to\boldsymbol{Q}=[q_{ij}]$，且$q_{11}=1$。由于当$k\geqslant2$时$\operatorname{Re}(\lambda_k(\boldsymbol{A}))<0$，$\lambda_k(\boldsymbol{A})$是$\boldsymbol{A}$的绝对值从小到大第$k$个特征值，$\exp(\boldsymbol{J}t)$

的其他对角块消失了。记 $\boldsymbol{R}=\boldsymbol{SQS}^{-1}$。因为 $\boldsymbol{AS}=\boldsymbol{SJ}$，所以 $\boldsymbol{S}$ 的第一列是 $\boldsymbol{w}_r$。类似地，$\boldsymbol{S}^{-1}\boldsymbol{A}=\boldsymbol{JS}^{-1}$ 意味着 $\boldsymbol{S}^{-1}$ 的第一行是 $\boldsymbol{w}_l^{\mathrm{T}}$。因为 $\boldsymbol{S}^{-1}\boldsymbol{S}=\boldsymbol{I}$，$\boldsymbol{w}_l^{\mathrm{T}}\boldsymbol{w}_r=1$，通过简单的计算可以得到

$$\boldsymbol{R}=\lim_{t\to+\infty}\exp(-\boldsymbol{L}t)=\boldsymbol{w}_r\boldsymbol{w}_l^{\mathrm{T}}\in M_N \tag{3-17}$$

3.3　仿真示例

3.3.1　无向图情形

为了验证所提出的协议［式(3-2)］，这里给出一个数值仿真进行验证。考虑由 6 个智能体组成的多智能体系统，其系统模型如式(3-1)所示，其通信拓扑结构图 $G=(\boldsymbol{E},\boldsymbol{V},\boldsymbol{A})$ 如图 3.1 所示，其中节点集合为 $\boldsymbol{E}=\{1,2,3,4,5,6\}$，邻接矩阵为

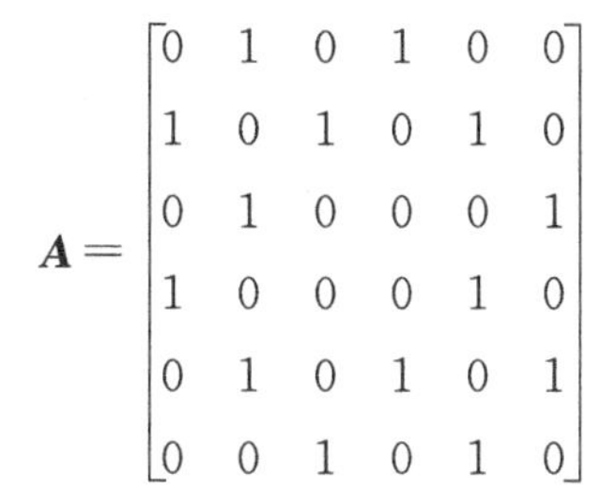

$$\boldsymbol{A}=\begin{bmatrix}0&1&0&1&0&0\\1&0&1&0&1&0\\0&1&0&0&0&1\\1&0&0&0&1&0\\0&1&0&1&0&1\\0&0&1&0&1&0\end{bmatrix}$$

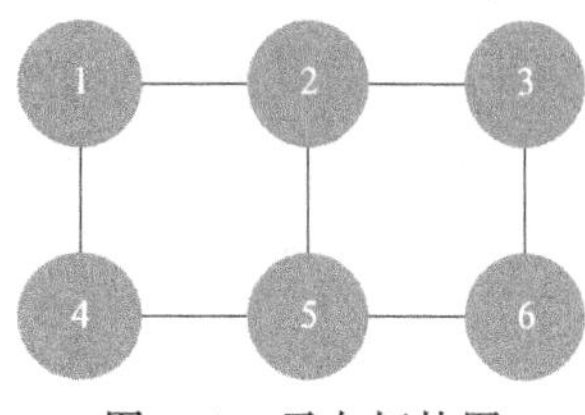

图 3.1　无向拓扑图

设置智能体的初始状态为 $\boldsymbol{x}(0)=[1\quad 2\quad 3\quad -1\quad -2\quad -3]^{\mathrm{T}}$。其仿真结果如图 3.2、图 3.3 所示，可见在该协议的控制下，所考虑的多智能体系统能够实现一致性。

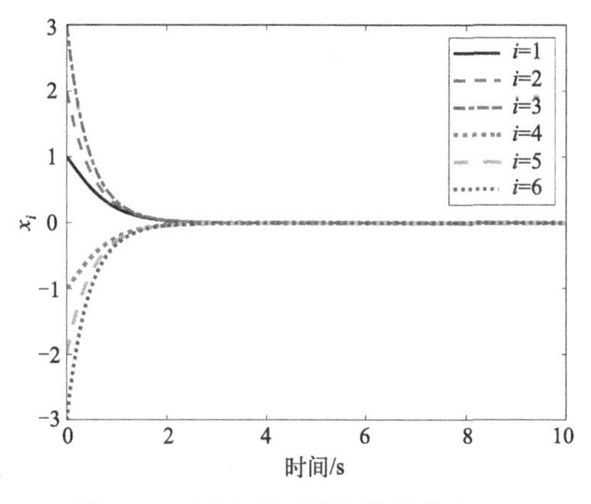

图 3.2　无向拓扑下多智能体状态 x_i

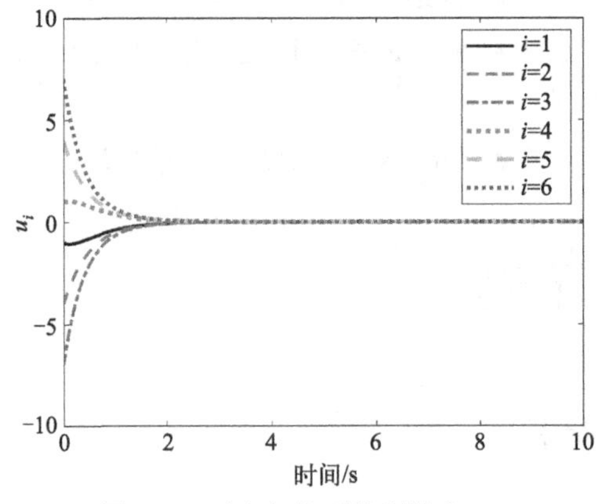

图 3.3　无向拓扑下控制输入 u_i

3.3.2　有向图情形

为了验证在有向拓扑中协议［式(3-2)］的有效性，这里给出一个数值仿真进行验证。同样考虑由 6 个智能体组成的多智能体系统，其系统模型如式(3-1)所示，其通信拓扑结构图 $G=(\boldsymbol{E},\boldsymbol{V},\boldsymbol{A})$ 如图 3.4 所示，其中节点集合为 $\boldsymbol{E}=\{1,2,3,4,5,6\}$，邻接矩阵为

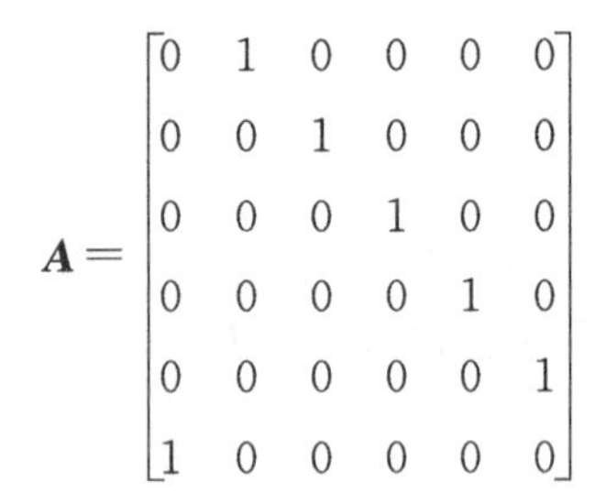

$$\boldsymbol{A}=\begin{bmatrix}0&1&0&0&0&0\\0&0&1&0&0&0\\0&0&0&1&0&0\\0&0&0&0&1&0\\0&0&0&0&0&1\\1&0&0&0&0&0\end{bmatrix}$$

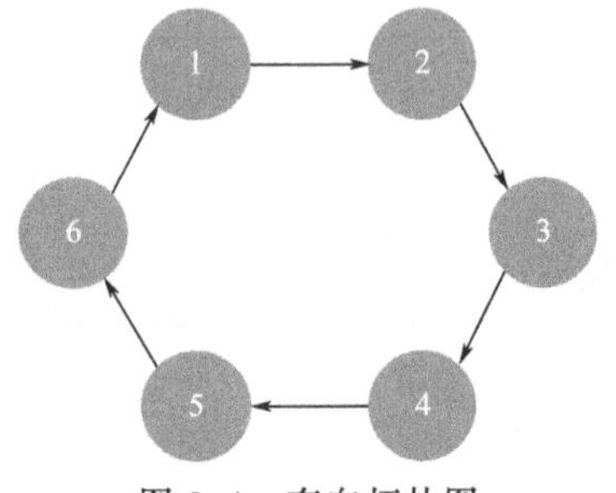

图 3.4　有向拓扑图

设置智能体的初始状态为 $\boldsymbol{x}(0)=[1\quad 2\quad 3\quad -1\quad -2\quad -3]^{\mathrm{T}}$。其仿真结果如图 3.5、图 3.6 所示，可见在该协议的控制下，所考虑的多智能体系统能够实现一致性。

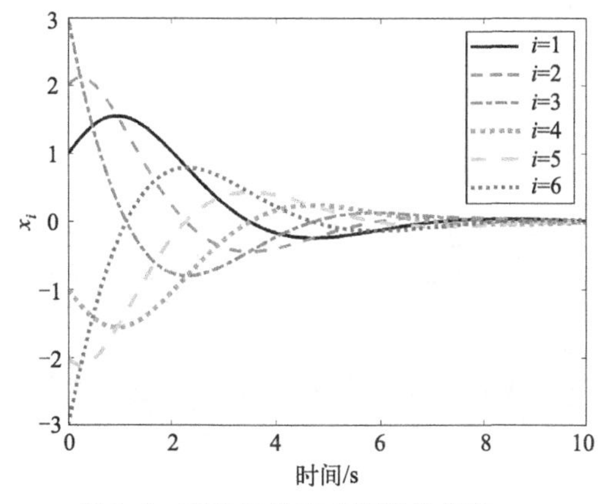

图 3.5　有向拓扑下多智能体状态 x_i

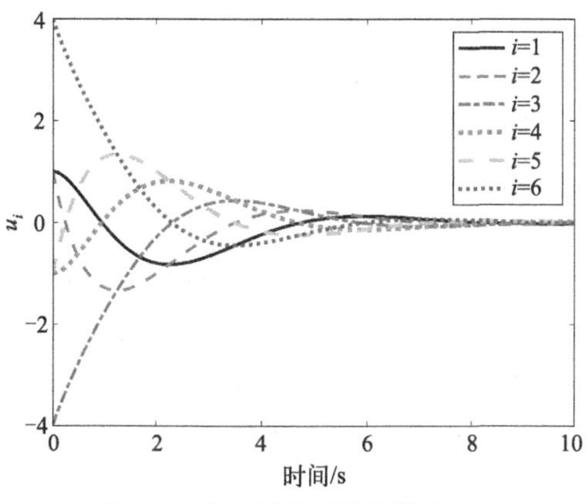

图 3.6　有向拓扑下控制输入 u_i

3.4　本章小结

本章提出了一种新的一致性协议，针对固定拓扑条件下的一阶线性多智能体系统，分别针对无向和有向通信拓扑给出了所需满足的假设条件，并给出了证明过程。该协议采用了基于拉普拉斯矩阵的控制策略，可以通过信息交换实现智能体之间的一致性。最后，通过仿真实例验证了该协议的正确性和有效性，证明了该协议可以有效地提高多智能体系统的协同控制性能，并具有重要的实际应用价值。

第4章

切换拓扑情况下线性多智能体系统的协同控制

多智能体系统理论是近年来计算机科学领域的热点之一。多智能体系统比传统控制系统在分布性、自主性、灵活性、经济性、抗干扰性和鲁棒性等方面表现更为出色，其中，多智能体系统一致性问题是最基本的问题之一。然而，多智能体系统一致性问题的研究大多仍限于固定拓扑网络，因此，在近几年里，切换拓扑和非固定拓扑情况下的多智能体一致性研究慢慢引起广大研究者的重视。而切换系统在日常生活中随处可见，例如开关系统、智能交通信号指挥系统、汽车挡位转换系统等。在切换系统的研究中，稳定性是最基本的也是最重要的问题之一。切换系统的稳定性不仅依赖于子系统的动态特性，还与切换信号的选取有关。近二十年来，学者们主要就切换系统稳定性的两大类问题展开研究，即在给定的切换信号下的系统稳定性分析和可使切换系统稳定的切换信号设计。对于在任意切换信号和切换信号受限情况下的稳定性结果已经取得了丰硕的研究成果。

而作为切换系统中的热门研究问题之一，具有切换拓扑结构的多智能体系统的研究在近十几年来取得了一些成果。例如，Qin[71] 等讨论了具有切换拓扑和通信延迟的二阶多智能体系统的一致性。Su[72] 等提出并分析了具有切换网络拓扑的离散时间多智能体系统的两个一致性问题（无领导一致性问题和领导-跟随一致性问题）。Zhang[73] 等在研究中应用驻留时间法来设计切换规律，以保护切换系统的稳定性。Zhao[74] 等提出了一类切换线性系统的模式，依赖平均驻留时间（mode dependent average dwell time，MDADT）方法来解决系统稳定性问题，其中所提出的切换判定条件比传统的平均驻留时间（ADT）切换更适用于实际情况。Wang[75] 等研究了具有切换拓扑的高阶多智能体系统的一致性控制。Liu[76] 等研究了一类具有大延迟序列（large delay sequences，LDSs）和有向通信拓扑结构的离散多智能体系统的领导-跟随一致性。Yu[77] 等针对两种不同情况，引入了双树形式变换，研究了动态智能体网络中的分组一致性问题；Zhao[78] 等研究了固定和随机切换拓扑的离散多智能体系统的分组一致性问题；Gao[2] 等研究了切换拓扑下具有可变时延的二阶离散多智能体系统的分组一致性问题。

参考文献［79-83］研究了切换拓扑下的一阶多智能体系统的一致性问题。文献［79］证明了在对应的控制协议下，如果有向拓扑的网络连接组合包含了一棵生成树，并且拓扑切换得足够快，则最终网络就能够达到一致性。文献［80］分析了一阶系统的异步一致性问题，并且证明了如果含有向拓扑的异步网络连接组合包含一棵生成树，并且拓扑切换得足够快，则最终异步网络能够达到一致性。文献［81，82］研究了一阶带有领导者和跟随者的无向切换拓扑。文献［83］研究了无向拓扑的一致性跟踪问题。这些研究都显示，对于切换拓扑下的一阶系统而言，网络连接组合包含生成树是能够最终达到一致性的一个重要的因素。

文献［8，71，84-87］研究了二阶多智能体系统的一致性问题。文献［8］展示了很多二阶多智能体一致性的基本框架，它的研究成果表明对二阶多智能体系统而言，即便网络拓扑本身是固定的而且包含生成树，二阶一致性仍然可能达不到。也就是说，二阶一致性除了要求拓扑中含有生成树外，还要求满足其他条件。从这方面可以看出，研究二阶多智能体的一致性问题更有挑战性，问题更难以解决。对于有向拓扑下的二阶多智能体系统而言，有更多的决定因素，不再单看是否含有生成树这个因素了。为了进一步研究这个问题，文献［84-86］对此进行了详细的分析，并且给出了一些更加重要的条件。除此之外，切换拓扑下带有平衡网络特点的二阶多智能体系统也在文献［71］中得到了深入的研究。由于平衡网络的特性，这种情况下的一致性问题相对于非平衡网络要简单得多。因为根据相关文献的证明，平衡网络最终收敛于一些特殊的状态，这些状态是可以提前预知的。文献［87］研究了切换拓扑下带有固定的领导者的一致性问题。但是这些论文存在一定的局限性。

很多早期的研究也对三阶甚至更高阶的多智能体系统进行了相关的探讨，并且获得了相关的研究成果。但是他们对高阶系统的研究通常都是基于固定拓扑的或者是基于无向网络的切换拓扑的。而研究有向切换拓扑下的高阶系统的难度更大，问题更加复杂。文献［88-89］显示，高阶系统要想达到一致性，需要满足多种条件。文献［90］研究了固定拓扑下的三阶非线性多智能体系统的一致性问题，并且严格地限制控制协议的各种条件。文献［91］研究了三阶多智能体系统在有向固定网络中的一致性问题。

本章主要提出了一种针对切换拓扑下线性多智能体系统的一致性协议，并分别对通信拓扑为无向和有向情况给出了所需满足的假设条件，并在有向图下证明了无领导者一致性。然后利用 Lyapunov 函数推导出协议所需满足的控制增益和驻留时间的充分条件，并将其推广到多智能体系统的编队控制。最后，通过仿真实例证明了算法的正确性和有效性。

4.1 问题描述

考虑一个由 N 个时不变线性智能体组成的多智能体系统，智能体系统的模型描述如下：

$$\dot{\boldsymbol{x}}_i(t)=\boldsymbol{A}\boldsymbol{x}_i(t)+\boldsymbol{B}\boldsymbol{u}_i(t),\quad i=1,2,\cdots,N \tag{4-1}$$

式中，$\boldsymbol{x}_i(t)(\in\mathbf{R}^n)$，$\boldsymbol{u}_i(t)(\in\mathbf{R}^p)$分别是第 i 个智能体的状态和控制输入；$\boldsymbol{A}$、$\boldsymbol{B}$ 是具有相容维数的常数系统矩阵。

本章研究多智能体系统在有限个切换拓扑下的一致性问题，智能体之间的拓扑随时间变化。令 $\hat{\boldsymbol{G}}=\{G^1,G^2,\cdots,G^s\}(s\geqslant 1)$，为所有可能的图集合。定义切换信号为 $\sigma(t)$，其中，$\sigma:[0,+\infty)\to\boldsymbol{S}=\{1,2,\cdots,s\}$。$0=t_0<t_1<t_2<\cdots$，表示切换信号 $\sigma(t)$ 的切换时刻。令 $G^{\sigma(t)}\in\hat{\boldsymbol{G}}$ 为 t 时刻的拓扑图。在时间区间$[t_j,t_{j+1})(j\in\mathbf{Z})$内，拓扑图是固定的 $G^{\sigma(t)}$。

为了达成一致，基于邻居间的相对状态信息构建了如下静态一致性控制协议：

$$\boldsymbol{u}_i(t)=c\boldsymbol{K}\sum_{j=1}^{N}a_{ij}^{\sigma(t)}[\boldsymbol{x}_j(t)-\boldsymbol{x}_i(t)],i=1,2,\cdots,N \tag{4-2}$$

式中，$\boldsymbol{K}\in\mathbf{R}^{p\times n}$，是待设计的反馈控制矩阵；$c$ 是待设计的耦合强度参数；$a_{ij}^{\sigma(t)}$ 是通信拓扑 $G^{\sigma(t)}$ 的邻接矩阵 $\boldsymbol{A}^{\sigma(t)}$ 的元素。

基于控制协议［式(4-2)］的多智能体系统的闭环系统模型为

$$\dot{\boldsymbol{x}}(t)=(\boldsymbol{I}_N\otimes\boldsymbol{A}-c\boldsymbol{L}^{\sigma(t)}\otimes\boldsymbol{B}\boldsymbol{K})\boldsymbol{x}(t) \tag{4-3}$$

式中，$\boldsymbol{x}(t)=[\boldsymbol{x}_1(t)^{\mathrm{T}},\boldsymbol{x}_2(t)^{\mathrm{T}},\cdots,\boldsymbol{x}_N(t)^{\mathrm{T}}]$[1]；$\boldsymbol{L}^{\sigma(t)}\in\mathbf{R}^{N\times N}$，是拓扑图 $G^{\sigma(t)}$ 的拉普拉斯矩阵。

4.2 协议设计

4.2.1 无向图的情形

当智能体之间的通信拓扑表示为无向图时，我们采用如下假设和引理。

[1] 对于矩阵如 $\boldsymbol{x}_i=\boldsymbol{x}_i(t)$，$i\in\{1,2,\cdots,N\}$，对其转置的写法规定：$[\boldsymbol{x}_i(t)]^{\mathrm{T}}=\boldsymbol{x}_i(t)^{\mathrm{T}}=\boldsymbol{x}_i^{\mathrm{T}}(t)$。

假设 4.1：每一个可能的无向图 $G^{\sigma(t)} \in \hat{G}$ 是连通的。

引理 4.1[69]：由假设 4.1 可知图 $G^{\sigma(t)}$ 对应的拉普拉斯矩阵 $\boldsymbol{L}^{\sigma(t)}$ 对称且半正定。

4.2.2　有向图的情形

当智能体之间的通信拓扑表示为有向图时，我们采用如下假设和引理。

假设 4.2：每一个可能的有向图 $G^{\sigma(t)} \in \hat{G}$ 均包含一个有向生成树。

引理 4.2[92]：对于每一个拓扑图的拉普拉斯矩阵 $\boldsymbol{L}^{\sigma(t)} \in \mathbf{R}^{N\times N}$，存在一个列满秩的矩阵 $\boldsymbol{M}^{\sigma(t)} \in \mathbf{R}^{N\times(N-1)}$，使得 $\boldsymbol{L}^{\sigma(t)} = \boldsymbol{M}^{\sigma(t)}\boldsymbol{E}$，其中 $\boldsymbol{E} \in \mathbf{R}^{(N-1)\times N}$ 是行满秩的，其定义为

$$\boldsymbol{E} = \begin{bmatrix} 1 & -1 & 0 & \cdots & 0 \\ 0 & 1 & -1 & \cdots & 0 \\ \vdots & \vdots & & \vdots & \vdots \\ 0 & 0 & \cdots & 1 & -1 \end{bmatrix} \tag{4-4}$$

且矩阵 $\boldsymbol{EM}^{\sigma(t)}$ 的特征值是 $\boldsymbol{L}^{\sigma(t)}$ 的非零特征值，$\mathrm{Re}(\lambda(\boldsymbol{EM}^{\sigma(t)})) > 0$，$\sigma(t) \in \boldsymbol{P}$。

引理 4.3[93]：考虑如上定义的矩阵 $\boldsymbol{EM}^{(i)}$，$i \in \boldsymbol{S}$。如果拓扑图满足假设 4.2，则对于任意的 $i \in \boldsymbol{S}$，都存在正定矩阵 $\boldsymbol{Q}^{(i)} > \boldsymbol{0}$ 和一个共同的正标量 α_0，使得如下的不等式成立：

$$(\boldsymbol{EM}^{(i)})^{\mathrm{T}}\boldsymbol{Q}^{(i)} + \boldsymbol{Q}^{(i)}\boldsymbol{EM}^{(i)} > \alpha_0\boldsymbol{Q}^{(i)} \tag{4-5}$$

4.3　一致性分析

由于无向图可以看作有向图的特殊情况，且在两种情况下仅关于拉普拉斯矩阵部分写法不同，因此本章只给出有向切换拓扑下的一致性分析。

令 $\boldsymbol{\xi}(t) = (\boldsymbol{E} \otimes \boldsymbol{I}_n)\boldsymbol{x}(t)$，其中，$\boldsymbol{\xi}_i(t) = \boldsymbol{x}_i(t) - \boldsymbol{x}_{i+1}(t)$，$i = 1, 2, \cdots, N-1$，$\boldsymbol{E}$ 的定义同前文。则系统的闭环方程［式(4-3)］可写为

$$\begin{aligned} \dot{\boldsymbol{\xi}}(t) &= (\boldsymbol{E} \otimes \boldsymbol{I}_n)[(\boldsymbol{I}_N \otimes \boldsymbol{A} - c\boldsymbol{L}^{\sigma(t)} \otimes \boldsymbol{BK})\boldsymbol{x}(t)] \\ &= (\boldsymbol{I}_N \otimes \boldsymbol{A} - c\boldsymbol{EM}^{\sigma(t)} \otimes \boldsymbol{BK})\boldsymbol{\xi}(t) \end{aligned} \tag{4-6}$$

式中，矩阵 $\boldsymbol{M}^{\sigma(t)}$ 满足 $\boldsymbol{L}^{\sigma(t)} = \boldsymbol{M}^{\sigma(t)}\boldsymbol{E}$，$\sigma(t) \in \boldsymbol{S}$。

根据 $\boldsymbol{\xi}(t)$ 的定义可知，当且仅当 $\boldsymbol{x}_1(t) = \boldsymbol{x}_2(t) = \cdots = \boldsymbol{x}_N(t)$ 时 $\boldsymbol{\xi}(t) = \boldsymbol{0}$ 成

立。因此多智能体系统［式(4-1)］在有向切换拓扑条件下的一致性问题转换为切换系统［式(4-6)］在零点的稳定性问题。

定义 4.1：如果对于所有的 $t_2 \geqslant t_1 \geqslant 0$ 和某个 $N_0 \geqslant 0$，下式成立，则一个正常数 τ_a 称作切换信号 $\sigma(t)$ 的平均驻留时间。

$$N_\sigma(t_2, t_1) \leqslant N_0 + \frac{t_2 - t_1}{\tau_a}$$

式中，$N_\sigma(t_2, t_1)$ 表示对于给定的 $\sigma(t)$ 在时间区间（t_1, t_2）内的切换次数。

定理 4.1：假设 4.2 成立，采用控制协议［式(4-2)］的多智能体系统能够达成一致，如果存在标量 $c > 0$，$\beta_0 > 0$ 和一个正定矩阵 $\boldsymbol{P} > \boldsymbol{0}$ 使得

$$\boldsymbol{A}^{\mathrm{T}}\boldsymbol{P} + \boldsymbol{P}\boldsymbol{A} - c\alpha_0 \boldsymbol{P}\boldsymbol{B}\boldsymbol{B}^{\mathrm{T}}\boldsymbol{P} + \beta_0 \boldsymbol{P} < \boldsymbol{0} \tag{4-7}$$

α_0 在引理 4.3 中已定义；反馈矩阵设计为 $\boldsymbol{K} = \boldsymbol{B}^{\mathrm{T}}\boldsymbol{P}$，切换拓扑的平均驻留时间满足条件：

$$\tau_a > \tau_a^* = \frac{\ln h_0}{\beta_0}$$

式中，$h_0 = \varphi_1/\varphi_2, \varphi_1 = \max\limits_{i \in \boldsymbol{S}} \{\lambda(\boldsymbol{Q}^{(i)})\}$，$\varphi_2 = \min\limits_{i \in \boldsymbol{S}} \{\lambda(\boldsymbol{Q}^{(i)})\}$，$\boldsymbol{Q}^{(i)}$ 在引理 4.3 中已定义。

证明：对于切换系统［式(4-6)］，考虑如下的分段 Lyapunov 函数：

$$V_i(t) = \boldsymbol{\xi}(t)^{\mathrm{T}} (\boldsymbol{Q}^{(i)} \otimes \boldsymbol{P}) \boldsymbol{\xi}(t) \tag{4-8}$$

式中，$\boldsymbol{P}$ 和 $\boldsymbol{Q}^{(i)}$（$i \in \boldsymbol{S}$）分别是式(4-7) 和式(4-5) 的可行解。

注意到，在时间 t 区间［t_i, t_{i+1}）内，通信拓扑是固定不变的。因此，在此区间内，Lyapunov 函数沿着系统［式(4-6)］的导数为

$$\begin{aligned}\dot{V}_i(t) = &\boldsymbol{\xi}(t)^{\mathrm{T}} (\boldsymbol{I}_{N-1} \otimes \boldsymbol{A} - c\boldsymbol{E}\boldsymbol{M}^{(i)} \otimes \boldsymbol{B}\boldsymbol{K})^{\mathrm{T}} (\boldsymbol{Q}^{(i)} \otimes \boldsymbol{P}) \boldsymbol{\xi}(t) \\ &+ \boldsymbol{\xi}(t)^{\mathrm{T}} (\boldsymbol{Q}^{(i)} \otimes \boldsymbol{P}) (\boldsymbol{I}_{N-1} \otimes \boldsymbol{A} - c\boldsymbol{E}\boldsymbol{M}^{(i)} \otimes \boldsymbol{B}\boldsymbol{K}) \boldsymbol{\xi}(t)\end{aligned} \tag{4-9}$$

令 $\boldsymbol{K} = \boldsymbol{B}^{\mathrm{T}}\boldsymbol{P}$，并代入式(4-9) 中可得

$$\dot{V}_i(t) = \boldsymbol{\xi}(t)^{\mathrm{T}} \{\boldsymbol{Q}^{(i)} \otimes (\boldsymbol{A}^{\mathrm{T}}\boldsymbol{P} + \boldsymbol{P}\boldsymbol{A}) - c[(\boldsymbol{E}\boldsymbol{M}^{(i)})^{\mathrm{T}} \boldsymbol{Q}^{(i)} + \boldsymbol{Q}^{(i)} \boldsymbol{E}\boldsymbol{M}^{(i)}] \otimes \boldsymbol{P}\boldsymbol{B}\boldsymbol{B}^{\mathrm{T}}\boldsymbol{P}\} \boldsymbol{\xi}(t) \tag{4-10}$$

由引理 4.3 可得

$$(\boldsymbol{E}\boldsymbol{M}^{(i)})^{\mathrm{T}} \boldsymbol{Q}^{(i)} + \boldsymbol{Q}^{(i)} \boldsymbol{E}\boldsymbol{M}^{(i)} > \alpha_0 \boldsymbol{Q}^{(i)} \tag{4-11}$$

代入式(4-10) 中可得

$$\dot{V}_i(t) \leqslant \boldsymbol{\xi}(t)^{\mathrm{T}} [\boldsymbol{Q}^{(i)} (\boldsymbol{A}^{\mathrm{T}}\boldsymbol{P} + \boldsymbol{P}\boldsymbol{A} - c\alpha_0 \boldsymbol{P}\boldsymbol{B}\boldsymbol{B}^{\mathrm{T}}\boldsymbol{P})] \boldsymbol{\xi}(t) \tag{4-12}$$

由式(4-7) 可得

$$\dot{V}_i(t)<-\beta_0\boldsymbol{\xi}(t)^{\mathrm{T}}(\boldsymbol{Q}^{(i)}\otimes\boldsymbol{P})\boldsymbol{\xi}(t) \tag{4-13}$$

因此，根据式(4-8) 可得

$$V_i(t)<\mathrm{e}^{-\beta_0(t-t_i)}V_i(t_i) \tag{4-14}$$

注意到，切换拓扑在时刻 $t=t_i$ 切换，则

$$V_i(t_i)<h_0V_{i-1}(t_i^-) \tag{4-15}$$

式中，$h_0=\varphi_1/\varphi_2$。

因此，当 $t\in[t_i,t_{i+1})$时，由式(4-14) 和式(4-15)，我们可以得到

$$\begin{aligned}V_i(t)&\leqslant\mathrm{e}^{-\beta_0(t-t_i)}h_0V_{i-1}(t_i^-)\\&\leqslant\mathrm{e}^{-\beta_0(t-t_i)}h_0\mathrm{e}^{-\beta_0(t-t_{i-1})}V_{i-1}(t_i^-)\\&\leqslant\mathrm{e}^{-\beta_0(t-t_0)}h_0V_0(t_0)\end{aligned} \tag{4-16}$$

因为 $i\leqslant N_0+\dfrac{t-t_0}{\tau_a}$，所以

$$V_i(t)\leqslant\mathrm{e}^{-\left(\beta_0-\frac{\ln h_0}{\tau_a}\right)(t-t_0)}h_0^{N_0}V_0(t_0) \tag{4-17}$$

另外，由式(4-8) 可以得到

$$V_0(t_0)\leqslant\phi_1\|\boldsymbol{\xi}(t_0)\|^2,\phi_2\|\boldsymbol{\xi}(t)\|^2\leqslant V_i(t) \tag{4-18}$$

式中，$\phi_1=\varphi_1\max\{\lambda(\boldsymbol{P})\}$；$\phi_2=\varphi_2\min\{\lambda(\boldsymbol{P})\}$。

根据式(4-17) 和式(4-18) 可得

$$\|\boldsymbol{\xi}(t)\|^2\leqslant\frac{\phi_1}{\phi_2}\mathrm{e}^{-\left(\beta_0-\frac{\ln h_0}{\tau_a}\right)(t\quad t_0)}h_0^{N_0}\|\boldsymbol{\xi}(t_0)\|^2 \tag{4-19}$$

注意到

$$\beta_0\quad\frac{\ln h_0}{\tau_a}>0$$

因此，式(4-19) 意味着$\lim\limits_{t\to\infty}\boldsymbol{\xi}(t)=\boldsymbol{0}$。故系统达成一致。证明完毕。

4.4 编队控制

编队控制要求智能体之间保持给定队形而不是一致的位置，因此引入编队信息 $\boldsymbol{h}_i$。令 $\overline{\boldsymbol{x}}_i(t)=\boldsymbol{x}_i(t)+\boldsymbol{h}_i$ 为含编队信息的智能体状态。注意到 $\boldsymbol{h}_i$ 为固定常数信息，因此闭环系统模型［式(4-3)］可改写为

$$\dot{\overline{\boldsymbol{x}}}(t)=(\boldsymbol{I}_N\otimes\boldsymbol{A}-c\boldsymbol{L}^{\sigma(t)}\otimes\boldsymbol{BK})\overline{\boldsymbol{x}}(t) \tag{4-20}$$

令 $\boldsymbol{\xi}(t)=(\boldsymbol{E}\otimes\boldsymbol{I}_n)\overline{\boldsymbol{x}}(t)$，证明过程类似，可得 $\lim\limits_{t\to\infty}\boldsymbol{\xi}(t)=\boldsymbol{0}$。由 $\boldsymbol{\xi}(t)$ 定义可知，当且仅当 $\overline{\boldsymbol{x}}_1(t)=\overline{\boldsymbol{x}}_2(t)=\cdots=\overline{\boldsymbol{x}}_N(t)$ 时成立，即 $\boldsymbol{x}_i-\boldsymbol{x}_j=\boldsymbol{h}_i-\boldsymbol{h}_j$，智能体之间保持给定编队。

考虑一个由四个智能体组成的多智能体系统，智能体的系统矩阵定义如下：

$$\boldsymbol{x}_i=\begin{bmatrix}x_{i,1}\\x_{i,2}\\x_{i,3}\end{bmatrix},\boldsymbol{A}=\begin{bmatrix}0&1&0\\0&0&1\\0&0&0\end{bmatrix},\boldsymbol{B}=\begin{bmatrix}0\\0\\1\end{bmatrix}$$

所有可能的拓扑切换序列 $\hat{\boldsymbol{G}}=\{G^1,G^2,G^3,G^4\}$ 由图 4.1 给出，每个拓扑图均包含一个有向生成树，符合假设 4.2。

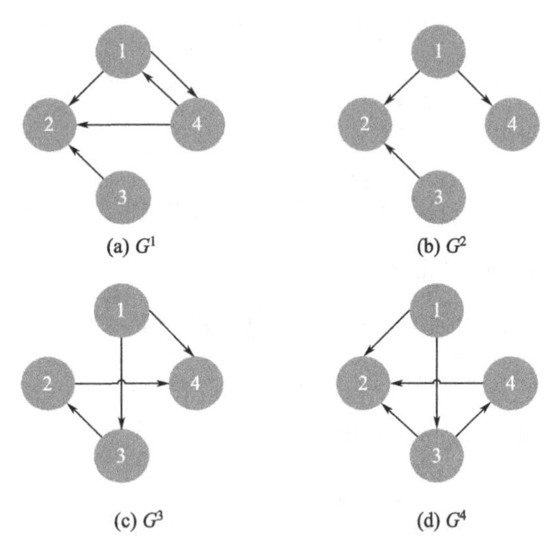

图 4.1　拓扑切换序列 $\{G^1,G^2,G^3,G^4\}$

对应于各个拓扑的拉普拉斯矩阵分别为

$$\boldsymbol{L}^1=\begin{bmatrix}1&0&0&-1\\-1&2&0&-1\\0&-1&1&0\\-1&0&0&1\end{bmatrix},\boldsymbol{L}^2=\begin{bmatrix}0&0&0&0\\-1&1&0&0\\0&-1&1&0\\-1&0&0&1\end{bmatrix}$$

$$\boldsymbol{L}^3=\begin{bmatrix}0&0&0&0\\0&1&-1&0\\-1&0&1&0\\-1&-1&0&2\end{bmatrix},\boldsymbol{L}^4=\begin{bmatrix}0&0&0&0\\-1&3&-1&-1\\-1&0&1&0\\0&0&-1&1\end{bmatrix}$$

根据引理 4.2 可知，存在矩阵 $\boldsymbol{M}^i(i=1,2,3,4)$，使得

$$\boldsymbol{L}^i=\boldsymbol{M}^i\boldsymbol{E}(i=1,2,3,4)$$

式中：

$$\boldsymbol{E}=\begin{bmatrix}1 & -1 & 0 & 0\\ 0 & 1 & -1 & 0\\ 0 & 0 & 1 & -1\end{bmatrix}$$

$$\boldsymbol{M}^1=\begin{bmatrix}1 & 1 & 1\\ -1 & 1 & 1\\ 0 & -1 & 0\\ -1 & -1 & -1\end{bmatrix},\boldsymbol{M}^2=\begin{bmatrix}0 & 0 & 0\\ -1 & 0 & 0\\ 0 & -1 & 0\\ -1 & -1 & -1\end{bmatrix}$$

$$\boldsymbol{M}^3=\begin{bmatrix}0 & 0 & 0\\ 0 & 1 & 0\\ -1 & -1 & 0\\ -1 & -2 & -2\end{bmatrix},\boldsymbol{M}^4=\begin{bmatrix}0 & 0 & 0\\ -1 & 2 & 1\\ -1 & -1 & 0\\ 0 & 0 & -1\end{bmatrix}$$

令 $\alpha_1=1.7$，$\alpha_2=1.4$，$\alpha_3=1.1$，$\alpha_4=0.8$，则 $\alpha_0=0.8$。根据引理 4.3 可得

$$\boldsymbol{Q}^1=\begin{bmatrix}0.7137 & 0.3388 & 0.0099\\ 0.3388 & 0.5956 & 0.339\\ 0.0099 & 0.3339 & 1.0505\end{bmatrix},\boldsymbol{Q}^2=\begin{bmatrix}1.9049 & 0.0526 & -0.0526\\ 0.0526 & 0.6873 & 0.4468\\ -0.0526 & 0.4468 & 0.6873\end{bmatrix}$$

$$\boldsymbol{Q}^3-\begin{bmatrix}0.7268 & 0.4704 & 0\\ 0.4704 & 0.6398 & 0\\ 0 & 0 & 1.0672\end{bmatrix},\boldsymbol{Q}^4=\begin{bmatrix}0.7000 & 0.5467 & 0.0203\\ 0.5467 & 0.6989 & 0.2018\\ 0.0203 & 0.2018 & 0.5727\end{bmatrix}$$

因此，$\varphi_1=\max\limits_{i\in \boldsymbol{S}}\{\lambda(\boldsymbol{Q}^{(i)})\}=3.4175$，$\varphi_2=\min\limits_{i\in \boldsymbol{S}}\{\lambda(\boldsymbol{Q}^{(i)})\}=0.2009$，$h_0=\varphi_1/\varphi_2=17.0075$。

令 $\beta_0=3$，$c=20$，通过求解线性矩阵不等式［式(4-7)］得到

$$\boldsymbol{P}=\begin{bmatrix}0.6289 & 0.4838 & 0.4064\\ 0.4838 & 0.5612 & 0.4193\\ 0.4064 & 0.4193 & 0.5031\end{bmatrix}$$

由定理 4.1 可知，反馈矩阵为

$$\boldsymbol{K}=[0.4064 \quad 0.4193 \quad 0.5031]$$

切换信号如图 4.2 所示。其中，有向切换拓扑的平均驻留时间 $\tau_a=1\text{s}$，满足

$$\tau_a>\tau_a^*=\frac{\ln h_0}{\beta_0}=0.9446\text{s}$$

智能体各状态分量随时间的变化轨迹分别如图 4.3～图 4.5 所示。可以看出多智能体系统的一致性得以实现，协议的有效性得以验证。

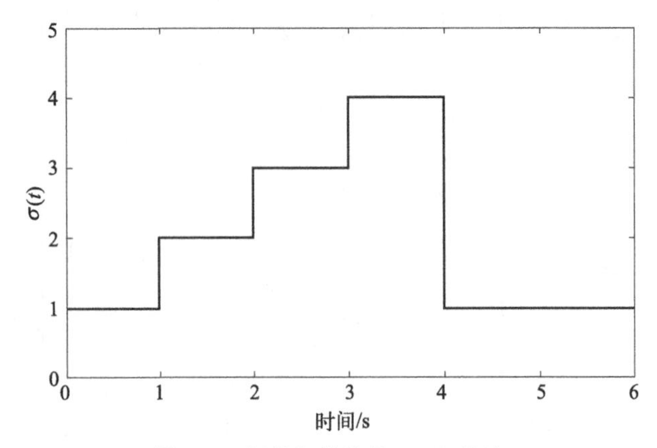

图 4.2 拓扑切换信号 $\sigma(t)$ 轨迹

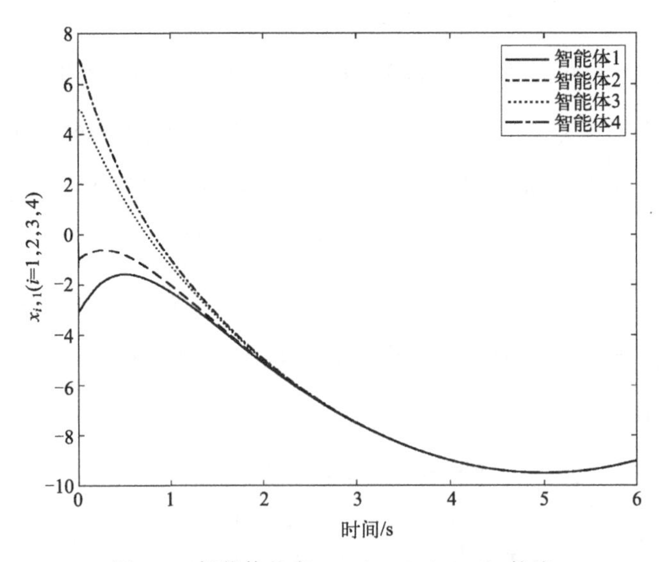

图 4.3 智能体状态 $x_{i,1}(i=1,2,3,4)$ 轨迹

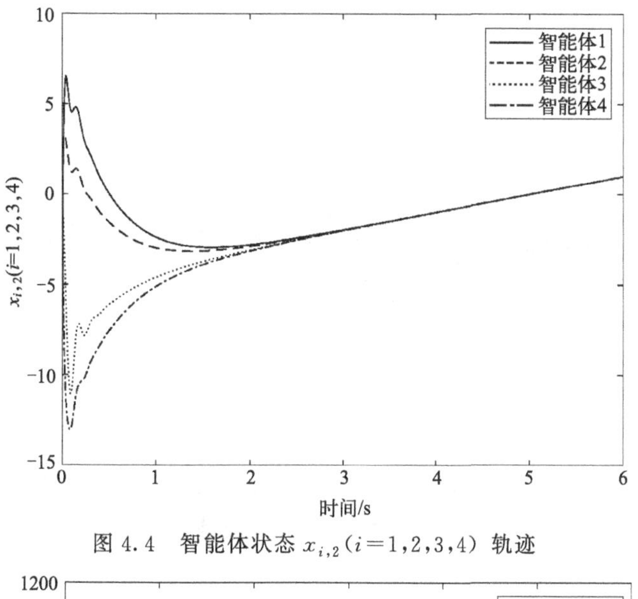

图 4.4　智能体状态 $x_{i,2}(i=1,2,3,4)$ 轨迹

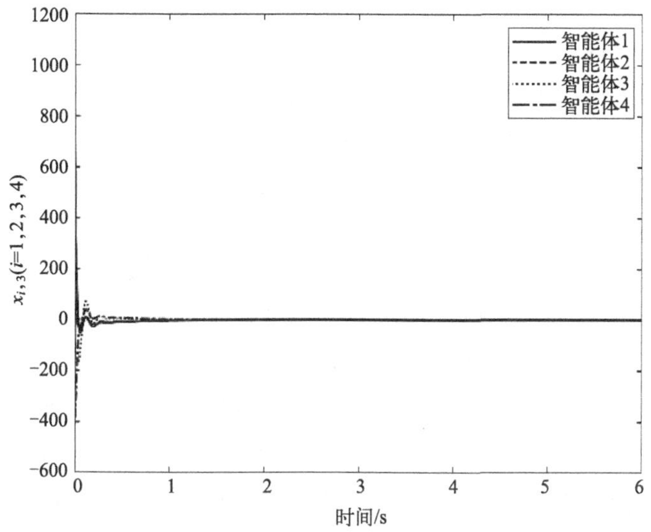

图 4.5　智能体状态 $x_{i,3}$ $(i=1,2,3,4)$ 轨迹

4.5　本章小结

本章针对切换拓扑情况下线性多智能体系统提出一致性协议。分别针对通信拓扑为无向和有向情况给出所需满足的假设条件，并给出有向图下无领导者一致性的证明过程。通过分段 Lyapunov 函数导出协议所需满足的控制增益和驻留时间的充分条件，并推广到多智能体系统的编队控制。最后给出仿真实例，证明算法的正确性和有效性。

第5章

切换多智能体系统的协同控制

智能体是一种动态系统，因此在实际运行过程中，系统结构或参数变量可能会发生突变。由于这种不确定性，智能体可以被建模成切换系统，即智能体具有切换动态。因此，具有切换机制的多智能体系统在实际工程和生活中有广泛的应用，例如物流管理、智能交通等领域。

然而，由于切换系统本身的复杂性，具有切换动态和切换拓扑的多智能体系统的运行机制和动态行为更加复杂，对于这类系统的一致性、聚集控制、编队控制等问题的研究带来了很大的困难和挑战。这些问题需要考虑多个因素，如智能体之间的通信、控制策略的设计、拓扑变化的影响等等。例如，在具有切换拓扑的多智能体系统中，通信拓扑结构在不同时刻可能发生变化，这会对系统的稳定性和性能产生影响。在具有切换动态的多智能体系统中，智能体之间的状态可能会发生变化，这会影响到系统的一致性和聚集控制等问题。

为了解决具有切换动态和切换拓扑的多智能体系统的运行机制和动态行为更加复杂的问题，研究人员提出了许多有效的控制方法和算法。例如，通过设计适当的控制策略和协议，可以实现具有切换动态和切换拓扑的多智能体系统的稳定运行和协作。同时，利用分布式控制、分布式感知和协同控制等技术，可以进一步提高多智能体系统的性能和可控性。

而对于智能体具有切换动态的情况，研究结果非常少。文献［94］研究了每个智能体是一个线性切换系统的多智能体系统的一致性问题。在智能体满足任意切换信号情况下，设计了分布式控制器使多智能体系统达到一致。文献［95］研究了具有切换动态的多智能体系统的协调输出调节和输出一致问题，智能体具有特殊结构，且每个子系统的输出调节问题可解，采用的切换方式是任意切换。多智能体系统本身是一个复杂的动态系统，智能体具有切换动态使得多智能体系统的运行机制和动态行为变得更加复杂，对于相关问题的研究带来很大的难度，而控制工程中许多实际系统具有切换行为，因此，研究具有切换动态的多智能体系统具有实际意义和应用价值，有许多相关问题值得深入研究。

本章就一类线性多智能体系统以及一类异构非线性多智能体系统的一致性问题展开研究，其中智能体的动态系统是由切换系统描述的，且非线性多智能体的输入频道遭受外部干扰。提出了相应的采样一致性协议设计框架，并在框架下设计了采样一致性协议。利用 Lyapunov 函数方法、滑模控制等技术，得到了系统实现一致性的充分条件。最后，将所设计协议应用于一个非线性多智能体系统，验证了设计方案的有效性。

5.1 线性切换多智能体系统

5.1.1 问题描述

考虑一组 N 个相同的智能体。每个智能体被描述为具有 M 个子系统的切换线性系统，由以下方程组表示：

$$\dot{\boldsymbol{x}}_i(t)=\boldsymbol{A}_{\sigma(t)}\boldsymbol{x}_i(t)+\boldsymbol{B}_{\sigma(t)}\boldsymbol{u}_i(t) \tag{5-1}$$

式中，$\boldsymbol{x}_i(t)\in\mathbf{R}^n$，是第 i 个智能体的状态；$\boldsymbol{u}_i(t)\in\mathbf{R}^m$，是第 i 个智能体的控制输入；$\sigma:[0,+\infty)\rightarrow\boldsymbol{P}$ 具有有限集 $\boldsymbol{P}=\{1,2,\cdots,M\}$ 的切换信号；$\boldsymbol{A}_p\in\mathbf{R}^{n\times n}$，$\boldsymbol{B}_p\in\mathbf{R}^{n\times m}$（$p\in\boldsymbol{P}$），是常数矩阵。这里，$\sigma(t)=k$ 表示子系统（$\boldsymbol{A}_k$，$\boldsymbol{B}_k$）被激活。系统［式(5-1)］也可以用以下形式描述。

$$\dot{\boldsymbol{x}}_i(t)=\sum_{k=1}^{M}\boldsymbol{\xi}_k(t)\left[\boldsymbol{A}_k\boldsymbol{x}_i(t)+\boldsymbol{B}_k\boldsymbol{u}_i(t)\right] \tag{5-2}$$

式中，$\boldsymbol{\xi}(t)=\left[\xi_1(t),\xi_1(t),\cdots,\xi_M(t)\right]^{\mathrm{T}}$ 为对应的指示函数。

$$\xi_k(t)=\begin{cases}1, & \text{第 } k \text{ 个子系统活跃}\\ 0, & \text{其他}\end{cases} \tag{5-3}$$

智能体之间的通信拓扑由图 G 描述。

引理 5.1：对于切换线性系统［式(5-1)］，（$\boldsymbol{A}_p$，$\boldsymbol{B}_p$）对于任意切换信号 $p\in\boldsymbol{P}$ 是可稳定的当且仅当存在 $\boldsymbol{K}_p$ 使得 $\boldsymbol{A}_p+\boldsymbol{B}_p\boldsymbol{K}_p$ 是 Hurwitz 矩阵，对于 $i=1,2,\cdots,N$。

假设 5.1：

① 切换规则 $\sigma(t)$ 是任意的，不先验已知，但假设其瞬时值是实时已知的。

② （$\boldsymbol{A}_p$，$\boldsymbol{B}_p$）对于任意切换信号 $p\in\boldsymbol{P}$ 是可稳定的。

③ 图 G 连通。

定义 5.1：对于切换线性系统描述的多智能体系统，在任意切换信号下，如果对于所有 $\boldsymbol{x}(0)$，所有 $i,j=1,2,\cdots,N$ 和任意切换信号 $\sigma(t)$，有 $\lim\limits_{t\to\infty}\|\boldsymbol{x}_i(t)-$

$\boldsymbol{x}_j(t)\|\to 0$，则实现一致性。

5.1.2 协议设计

我们考虑以下使用相对状态信息的一致性协议：

$$\boldsymbol{u}_i(t)=\boldsymbol{K}_{\sigma(t)}\sum_{j=1}^{N}a_{ij}[\boldsymbol{x}_j(t)-\boldsymbol{x}_i(t)] \tag{5-4}$$

式中，$\boldsymbol{K}_p\in\mathbf{R}^{m\times n}$，$p\in\boldsymbol{P}$，通信拓扑有向。则由式(5-1) 可知

$$\dot{\boldsymbol{x}}(t)=(\boldsymbol{I}_N\otimes\boldsymbol{A}_{\sigma(t)}+\boldsymbol{L}\otimes\boldsymbol{B}_{\sigma(t)}\boldsymbol{K}_{\sigma(t)})\boldsymbol{x}(t) \tag{5-5}$$

式中：

$\boldsymbol{L}=-\boldsymbol{L}_G=\begin{bmatrix}-l_{11} & \boldsymbol{\alpha}^{\mathrm{T}}\\ \boldsymbol{\beta} & -\boldsymbol{L}_{22}\end{bmatrix}$，$l_{11}=\sum_{j=1}^{N}a_{1j}$，$\boldsymbol{\alpha}=[a_{12},a_{13},\cdots,a_{1N}]^{\mathrm{T}}$，$\boldsymbol{\beta}=[a_{21},a_{31},\cdots,a_{N1}]^{\mathrm{T}}$

$$\boldsymbol{L}_{22}=\begin{bmatrix}\sum_{j=1}^{N}a_{2j} & -a_{23} & \cdots & -a_{2N}\\ -a_{32} & \sum_{j=1}^{N}a_{3j} & \cdots & -a_{3N}\\ \vdots & \vdots & & \vdots\\ -a_{N2} & -a_{N3} & \cdots & \sum_{j=1}^{N}a_{Nj}\end{bmatrix}$$

定义变量：

$$\boldsymbol{\delta}_i(t)\triangleq\boldsymbol{x}_1(t)-\boldsymbol{x}_i(t) \tag{5-6}$$

式中，$i=2,3,\cdots,N$。因此，根据定义 5.1，如果对所有 i，$\boldsymbol{\delta}_i(t)\to\boldsymbol{0}$，则达成一致。

由式(5-1) 和式(5-6)，向量的闭环动力学可以表示为

$$\dot{\boldsymbol{\delta}}_i(t)=\boldsymbol{A}_{\sigma(t)}\boldsymbol{\delta}_i(t)+\boldsymbol{B}_{\sigma(t)}\boldsymbol{K}_{\sigma(t)}\left[\sum_{j=1}^{N}(a_{ij}-a_{1j})\boldsymbol{\delta}_j(t)-\sum_{j=1}^{N}a_{ij}\boldsymbol{\delta}_i(t)\right] \tag{5-7}$$

式中，$i=2,3,\cdots,N$。

由此我们可以得到

$$\dot{\boldsymbol{\delta}}(t)=[\boldsymbol{I}_{N-1}\otimes\boldsymbol{A}_{\sigma(t)}-(\boldsymbol{L}_{22}-\boldsymbol{1}_{N-1}\cdot\boldsymbol{\alpha}^{\mathrm{T}})\otimes\boldsymbol{B}_{\sigma(t)}\boldsymbol{K}_{\sigma(t)}]\boldsymbol{\delta}(t) \tag{5-8}$$

式中，$\boldsymbol{\delta}(t)\triangleq[\boldsymbol{\delta}_2^{\mathrm{T}}(t),\ \boldsymbol{\delta}_3^{\mathrm{T}}(t),\cdots,\boldsymbol{\delta}_N^{\mathrm{T}}(t)]^{\mathrm{T}}$。

考虑坐标变换 $\bar{\boldsymbol{\delta}}(t)=(\boldsymbol{T}^{-1}\otimes\boldsymbol{I}_n)\boldsymbol{\delta}(t)$ 使得

$$\boldsymbol{T}^{-1}(\boldsymbol{L}_{22}-\boldsymbol{1}_{N-1}\cdot\boldsymbol{\alpha}^{\mathrm{T}})\boldsymbol{T}=\boldsymbol{J}=\mathrm{diag}\{\boldsymbol{J}_1,\boldsymbol{J}_2,\cdots,\boldsymbol{J}_s\} \tag{5-9}$$

式中，$\boldsymbol{T}\in\mathbf{R}^{(N-1)\times(N-1)}$；$\boldsymbol{J}_m(m=1,2,\cdots,s)$为上三角形的约旦块，其对角线元素由特征值$\lambda_i(i=2,3,\cdots,N)$构成。

可以得到

$$\dot{\bar{\boldsymbol{\delta}}}(t)=(\boldsymbol{I}_{N-1}\otimes\boldsymbol{A}_{\sigma(t)}-\boldsymbol{J}\otimes\boldsymbol{B}_{\sigma(t)}\boldsymbol{K}_{\sigma(t)})\bar{\boldsymbol{\delta}}(t) \tag{5-10}$$

如果$\boldsymbol{I}_{N-1}\otimes\boldsymbol{A}_{\sigma(t)}-\boldsymbol{J}\otimes\boldsymbol{B}_{\sigma(t)}\boldsymbol{K}_{\sigma(t)}$在任意切换信号下稳定，则$\lim\limits_{t\to\infty}\bar{\boldsymbol{\delta}}(t)\to\boldsymbol{0}$。$\boldsymbol{I}_{N-1}\otimes\boldsymbol{A}_{\sigma(t)}-\boldsymbol{J}\otimes\boldsymbol{B}_{\sigma(t)}\boldsymbol{K}_{\sigma(t)}$元素为对角线或上三角形，所以其特征值由$\boldsymbol{A}_{\sigma(t)}-\lambda_i\boldsymbol{B}_{\sigma(t)}\boldsymbol{K}_{\sigma(t)}$的特征值组成。因此$\lim\limits_{t\to\infty}\bar{\boldsymbol{\delta}}(t)\to\boldsymbol{0}$当且仅当系统沿着$\boldsymbol{I}_{N-1}\otimes\boldsymbol{A}_{\sigma(t)}-\boldsymbol{J}\otimes\boldsymbol{B}_{\sigma(t)}\boldsymbol{K}_{\sigma(t)}$的对角即$\boldsymbol{I}_{N-1}\otimes\boldsymbol{A}_{\sigma(t)}-\Delta\otimes\boldsymbol{B}_{\sigma(t)}\boldsymbol{K}_{\sigma(t)}$是渐近稳定的，其中$\Delta\triangleq\mathrm{diag}(\lambda_2,\lambda_3,\cdots,\lambda_N)$。对于有向通信拓扑，我们得到以下引理。

引理5.2：如果存在一个正定矩阵$\boldsymbol{P}$满足式(5-11)，系统［式(5-10)］是稳定的。

$$(\boldsymbol{A}_p-\lambda_i\boldsymbol{B}_p\boldsymbol{K}_p)^{\mathrm{H}}\boldsymbol{P}+\boldsymbol{P}(\boldsymbol{A}_p-\lambda_i\boldsymbol{B}_p\boldsymbol{K}_p)<0 \tag{5-11}$$

证明：定义Lyapunov函数为

$$V(\bar{\boldsymbol{\delta}})=\bar{\boldsymbol{\delta}}^{\mathrm{H}}(t)(\boldsymbol{I}_{N-1}\otimes\boldsymbol{P})\bar{\boldsymbol{\delta}}(t) \tag{5-12}$$

Lyapunov函数沿系统［式(3-10)］的导数为

$$\begin{aligned}\dot{V}(\boldsymbol{\delta})=&\bar{\boldsymbol{\delta}}^{\mathrm{T}}(t)(\boldsymbol{I}_{N-1}\otimes\boldsymbol{A}_{\sigma(t)}-\boldsymbol{J}\otimes\boldsymbol{B}_{\sigma(t)}\boldsymbol{K}_{\sigma(t)})^{\mathrm{H}}(\boldsymbol{I}_{N-1}\otimes\boldsymbol{P})\bar{\boldsymbol{\delta}}(t)\\&+\bar{\boldsymbol{\delta}}^{\mathrm{T}}(t)(\boldsymbol{I}_{N-1}\otimes\boldsymbol{P})(\boldsymbol{I}_{N-1}\otimes\boldsymbol{A}_{\sigma(t)}-\boldsymbol{J}\otimes\boldsymbol{B}_{\sigma(t)}\boldsymbol{K}_{\sigma(t)})\bar{\boldsymbol{\delta}}(t)\\=&\sum_{i=2}^{N}\bar{\boldsymbol{\delta}}_i^{\mathrm{T}}(t)\left\{\sum_{k=1}^{M}\xi_k(t)\left[(\boldsymbol{A}_k-\lambda_i\boldsymbol{B}_k\boldsymbol{K}_k)^{\mathrm{H}}\boldsymbol{P}+\boldsymbol{P}(\boldsymbol{A}_k-\lambda_i\boldsymbol{B}_k\boldsymbol{K}_k)\right]\right\}\bar{\boldsymbol{\delta}}_i(t)\end{aligned} \tag{5-13}$$

由式(5-11)可得$\dot{V}(\bar{\boldsymbol{\delta}})\leqslant0$。注意到$\dot{V}(\bar{\boldsymbol{\delta}})\equiv0$意味着$\bar{\boldsymbol{\delta}}=\boldsymbol{0}$。根据LaSalle不变集原理可得$\lim\limits_{t\to\infty}\bar{\boldsymbol{\delta}}(t)\to\boldsymbol{0}$。

引理5.3：令$\lambda_i=\sigma_i+\iota w_i\in\mathbf{C}$，$\sigma_i$，$w_i\in\mathbf{R}$，则式(5-11)成立当且仅当

$$(\boldsymbol{A}_p-\sigma_i\boldsymbol{B}_p\boldsymbol{K}_p)^{\mathrm{T}}\boldsymbol{P}+\boldsymbol{P}(\boldsymbol{A}_p-\sigma_i\boldsymbol{B}_p\boldsymbol{K}_p)<0 \tag{5-14}$$

证明：必要性：

$$\begin{aligned}&(\boldsymbol{A}_p-\lambda_i\boldsymbol{B}_p\boldsymbol{K}_p)^{\mathrm{H}}\boldsymbol{P}+\boldsymbol{P}(\boldsymbol{A}_p-\lambda_i\boldsymbol{B}_p\boldsymbol{K}_p)\\&=(\boldsymbol{A}_p-\sigma_i\boldsymbol{B}_p\boldsymbol{K}_p)^{\mathrm{T}}\boldsymbol{P}+\boldsymbol{P}(\boldsymbol{A}_p-\sigma_i\boldsymbol{B}_p\boldsymbol{K}_p)+\iota w_i(\boldsymbol{K}_p^{\mathrm{T}}\boldsymbol{B}_p^{\mathrm{T}}\boldsymbol{P}-\boldsymbol{P}\boldsymbol{B}_p\boldsymbol{K}_p)\end{aligned} \tag{5-15}$$

由于$(\boldsymbol{K}_p^{\mathrm{T}}\boldsymbol{B}_p^{\mathrm{T}}\boldsymbol{P}-\boldsymbol{P}\boldsymbol{B}_p\boldsymbol{K}_p)^{\mathrm{T}}=\boldsymbol{P}\boldsymbol{B}_p\boldsymbol{K}_p-\boldsymbol{K}_p^{\mathrm{T}}\boldsymbol{B}_p^{\mathrm{T}}\boldsymbol{P}-\boldsymbol{P}\boldsymbol{B}_p\boldsymbol{K}_p=-(\boldsymbol{K}_p^{\mathrm{T}}\boldsymbol{B}_p^{\mathrm{T}}\boldsymbol{P}-\boldsymbol{P}\boldsymbol{B}_p\boldsymbol{K}_p)$，$\boldsymbol{K}_p^{\mathrm{T}}\boldsymbol{B}_p^{\mathrm{T}}\boldsymbol{P}-\boldsymbol{P}\boldsymbol{B}_p\boldsymbol{K}_p$是反对称的。因此对于任意$\boldsymbol{v}(t)\in\mathbf{R}^n$，我们能够得到$\boldsymbol{v}^{\mathrm{T}}(t)(\boldsymbol{K}_p^{\mathrm{T}}\boldsymbol{B}_p^{\mathrm{T}}\boldsymbol{P}-\boldsymbol{P}\boldsymbol{B}_p\boldsymbol{K}_p)\boldsymbol{v}(t)=0$。

结合式(5-15) 我们可以得到，如果$(\boldsymbol{A}_p-\lambda_i\boldsymbol{B}_p\boldsymbol{K}_p)^{\mathrm{H}}\boldsymbol{P}+\boldsymbol{P}(\boldsymbol{A}_p-\lambda_i\boldsymbol{B}_p\boldsymbol{K}_p)<0$成立，则必须满足$(\boldsymbol{A}_p-\sigma_i\boldsymbol{B}_p\boldsymbol{K}_p)^{\mathrm{T}}\boldsymbol{P}+\boldsymbol{P}(\boldsymbol{A}_p-\sigma_i\boldsymbol{B}_p\boldsymbol{K}_p)<0$。

充分性：

首先，我们得到

$$
\begin{aligned}
&(\boldsymbol{A}_p-\sigma_i\boldsymbol{B}_p\boldsymbol{K}_p)^{\mathrm{T}}\boldsymbol{P}+\boldsymbol{P}(\boldsymbol{A}_p-\sigma_i\boldsymbol{B}_p\boldsymbol{K}_p)\\
&=(\boldsymbol{A}_p-\sigma_i\boldsymbol{B}_p\boldsymbol{K}_p)^{\mathrm{T}}\boldsymbol{P}+\boldsymbol{P}(\boldsymbol{A}_p-\sigma_i\boldsymbol{B}_p\boldsymbol{K}_p)+\iota w_i(\boldsymbol{K}_p^{\mathrm{T}}\boldsymbol{B}_p^{\mathrm{T}}\boldsymbol{P}-\boldsymbol{K}_p^{\mathrm{T}}\boldsymbol{B}_p^{\mathrm{T}}\boldsymbol{P}-\boldsymbol{P}\boldsymbol{B}_p\boldsymbol{K}_p+\boldsymbol{P}\boldsymbol{B}_p\boldsymbol{K}_p)\\
&=[\boldsymbol{A}_p-(\sigma_i+\iota w_i)\boldsymbol{B}_p\boldsymbol{K}_p]^{\mathrm{H}}\boldsymbol{P}+\boldsymbol{P}[\boldsymbol{A}_p-(\sigma_i+\iota w_i)\boldsymbol{B}_p\boldsymbol{K}_p]-\iota w_i(\boldsymbol{K}_p^{\mathrm{T}}\boldsymbol{B}_p^{\mathrm{T}}\boldsymbol{P}-\boldsymbol{P}\boldsymbol{B}_p\boldsymbol{K}_p)
\end{aligned}
\tag{5-16}
$$

由于$\boldsymbol{K}_p^{\mathrm{T}}\boldsymbol{B}_p^{\mathrm{T}}\boldsymbol{P}-\boldsymbol{P}\boldsymbol{B}_p\boldsymbol{K}_p$是反对称的，因此如果满足$(\boldsymbol{A}_p-\sigma_i\boldsymbol{B}_p\boldsymbol{K}_p)^{\mathrm{T}}\boldsymbol{P}+\boldsymbol{P}(\boldsymbol{A}_p-\sigma_i\boldsymbol{B}_p\boldsymbol{K}_p)<0$，那么$(\boldsymbol{A}_p-\lambda_i\boldsymbol{B}_p\boldsymbol{K}_p)^{\mathrm{H}}\boldsymbol{P}+\boldsymbol{P}(\boldsymbol{A}_p-\lambda_i\boldsymbol{B}_p\boldsymbol{K}_p)<0$。

5.1.3 一致性分析

定理 5.1：设图 G 是一个有向图。如果存在一个正定矩阵 $\boldsymbol{Q}$ 满足

$$
\boldsymbol{Q}\boldsymbol{A}_p^{\mathrm{T}}+\boldsymbol{A}_p\boldsymbol{Q}-\gamma\boldsymbol{B}_p\boldsymbol{B}_p^{\mathrm{T}}<0 \tag{5-17}
$$

在任意切换动态下多智能体系统能够实现一致性，其中$\boldsymbol{K}_p=-\frac{1}{2}\boldsymbol{B}_p^{\mathrm{T}}\boldsymbol{Q}^{-1}$，$\gamma=-\max\limits_{2\leqslant i\leqslant N}\mathrm{Re}(\lambda_i)>0$。

证明：定义 Lyapunov 函数为

$$
V(\bar{\boldsymbol{\delta}})=\bar{\boldsymbol{\delta}}^{\mathrm{H}}(t)(\boldsymbol{I}_{N-1}\otimes\boldsymbol{P})\bar{\boldsymbol{\delta}}(t) \tag{5-18}
$$

由引理 5.2 和引理 5.3，可以得到

$$
\begin{aligned}
\dot{V}(\bar{\boldsymbol{\delta}})&=\sum_{i=2}^{N}\bar{\boldsymbol{\delta}}_i^{\mathrm{T}}(t)\left\{\sum_{k=1}^{M}\boldsymbol{\xi}_k(t)\left[(\boldsymbol{A}_k-\lambda_i\boldsymbol{B}_k\boldsymbol{K}_k)^{\mathrm{H}}\boldsymbol{P}+\boldsymbol{P}(\boldsymbol{A}_k-\lambda_i\boldsymbol{B}_k\boldsymbol{K}_k)\right]\right\}\bar{\boldsymbol{\delta}}_i(t)\\
&=\sum_{i=2}^{N}\bar{\boldsymbol{\delta}}_i^{\mathrm{T}}(t)\left\{\sum_{k=1}^{M}\boldsymbol{\xi}_k(t)\left[\boldsymbol{A}_k^{\mathrm{T}}\boldsymbol{P}+\boldsymbol{P}\boldsymbol{A}_k+\mathrm{Re}(\lambda_i)\boldsymbol{B}_k\boldsymbol{B}_k^{\mathrm{T}}\boldsymbol{P}\right]\right\}\bar{\boldsymbol{\delta}}_i(t)\\
&\leqslant\sum_{i=2}^{N}\bar{\boldsymbol{\delta}}_i^{\mathrm{T}}(t)\left\{\sum_{k=1}^{M}\boldsymbol{\xi}_k(t)\left[\boldsymbol{A}_k^{\mathrm{T}}\boldsymbol{P}+\boldsymbol{P}\boldsymbol{A}_k-\gamma\boldsymbol{P}\boldsymbol{B}_k\boldsymbol{B}_k^{\mathrm{T}}\boldsymbol{P}\right]\right\}\bar{\boldsymbol{\delta}}_i(t)
\end{aligned}
\tag{5-19}
$$

式中，$\boldsymbol{K}_p=-\frac{1}{2}\boldsymbol{B}_p^{\mathrm{T}}\boldsymbol{Q}^{-1}$；$\gamma=-\max\limits_{2\leqslant i\leqslant N}\mathrm{Re}(\lambda_i)>0$。线性矩阵不等式［式(5-17)］等同于$\boldsymbol{A}_p^{\mathrm{T}}\boldsymbol{P}+\boldsymbol{P}\boldsymbol{A}_p-\gamma\boldsymbol{P}\boldsymbol{B}_p\boldsymbol{B}_p^{\mathrm{T}}\boldsymbol{P}<0$，其中$\boldsymbol{P}=\boldsymbol{Q}^{-1}$。如果满足式(5-17)，则$\dot{V}(\bar{\boldsymbol{\delta}})\leqslant 0$。注意到$\dot{V}(\bar{\boldsymbol{\delta}})\equiv 0$意味着$\bar{\boldsymbol{\delta}}=\boldsymbol{0}$，由 LaSalle 不变集原理可得$\lim\limits_{t\to\infty}\bar{\boldsymbol{\delta}}(t)\to\boldsymbol{0}$。又因为$\lim\limits_{t\to\infty}\boldsymbol{\delta}(t)\to\boldsymbol{0}$当且仅当$\lim\limits_{t\to\infty}\bar{\boldsymbol{\delta}}(t)\to\boldsymbol{0}$，因此由式(5-6) 可知在任意切换动态下多智能体系统实现一致性。

5.1.4　编队控制

编队控制要求智能体之间保持给定队形而不是一致的位置，因此引入编队信息 $\boldsymbol{h}_i$。令 $\bar{\boldsymbol{x}}_i(t)=\boldsymbol{x}_i(t)+\boldsymbol{h}_i$ 为含编队信息的智能体状态。注意到 $\boldsymbol{h}_i$ 为固定常数信息，因此闭环系统模型［式(5-5)］可改写为

$$\dot{\boldsymbol{x}}(t)=(\boldsymbol{I}_N\otimes\boldsymbol{A}_{\sigma(t)}+\boldsymbol{L}\otimes\boldsymbol{B}_{\sigma(t)}\boldsymbol{K}_{\sigma(t)})\boldsymbol{x}(t) \tag{5-20}$$

令 $\boldsymbol{\delta}_i(t)\triangleq\bar{\boldsymbol{x}}_1(t)-\bar{\boldsymbol{x}}_i(t)$，证明过程与上述一致，可得 $\lim\limits_{t\to\infty}\boldsymbol{\delta}(t)\to\boldsymbol{0}$，当且仅当 $\bar{\boldsymbol{x}}_1(t)=\bar{\boldsymbol{x}}_2(t)=\cdots=\bar{\boldsymbol{x}}_N(t)$ 时成立，即 $\boldsymbol{x}_i-\boldsymbol{x}_j=\boldsymbol{h}_i-\boldsymbol{h}_j$，智能体之间保持给定编队。

5.2　非线性切换多智能体系统

5.2.1　问题描述

考虑由具有如下动态系统的 n 个智能体构成的多智能体系统：

$$\begin{cases}\dot{x}_i=v_i\\ \dot{v}_i=u_i+f_{i,\sigma(t)}(t,x_i,v_i)+d_i,\, i\in\boldsymbol{\nu}=\{1,2,\cdots,n\}\end{cases} \tag{5-21}$$

式中，$x_i\in\mathbf{R}$、$v_i\in\mathbf{R}$ 分别表示第 i 个智能体的位置和速度；$u_i\in\mathbf{R}$，为待设计的输入；$d_i\in\mathbf{R}$，表示外部干扰；$\sigma_i(t):[t_0,+\infty)\to\underline{\boldsymbol{N}}_i=\{1,2,\cdots,N_i\}$，是一个由分段连续函数描述的切换信号，$N_i$ 为第 i 个智能体子系统的个数；$\forall q\in\underline{\boldsymbol{N}}_i$，$f_{i,q}(t,x_i,v_i)$是一个未知连续函数。

备注 5.1：多智能体系统［式(5-21)］中的每个个体都由切换非线性系统描述，其中智能体的切换子系统个数和切换信号都允许存在差异且智能体动态系统中的非线性项是不同的。

本章的任务是设计基于周期采样数据的一致性协议，使多智能体系统［式(5-21)］实现一致性，即 $\lim\limits_{t\to\infty}|x_i-x_j|=0,\lim\limits_{t\to\infty}|v_i-v_j|=0,\forall i,j\in\boldsymbol{\nu}$。

为实现控制目标，为多智能体系统［式(5-21)］施加如下假设。

假设 5.2：考虑智能体 i，$\forall q\in\underline{\boldsymbol{N}}_i$，存在一个已知的非负连续函数 $\bar{f}_{i,q}(t,x_i,v_i)$使得函数 $f_{i,q}(t,x_i,v_i)$满足

$$f_{i,q}(t,x_i,v_i)\leqslant\bar{f}_{i,q}(t,x_i,v_i) \tag{5-22}$$

备注 5.2：需要指出的是，假设 5.2 是一个比较宽松的假设。当函数取为

$$\bar{f}_{i,q}(t,x_i,v_i)=\kappa_1(t)|x_i|+\kappa_2(t)|v_i|+\kappa_3 \tag{5-23}$$

式中，如果 $\kappa_1(t)$ 和 $\kappa_2(t)$ 为非负函数，κ_3 为非负常数，假设 5.2 即变为一种常见的增长性约束；如果 $\kappa_1(t)$ 和 $\kappa_2(t)$ 为正常数，$\kappa_3=0$，式(5-23) 即退化为线性增长性条件。如果 $\kappa_1(t)=\kappa_2(t)=0$，那么式(5-23) 即意味着非线性函数是一个有界未知项。

假设 5.3：存在一个正常数 $\bar{d}_i$ 使得 $|d_i|\leqslant\bar{d}_i$，$\forall i\in\boldsymbol{v}$。

假设 5.4：智能体之间的通信拓扑无向且连通。

引理 5.4：考虑如下非线性系统

$$\dot{\boldsymbol{x}}(t)=f(t,\boldsymbol{x}(t)) \tag{5-24}$$

式中，$f(t,\boldsymbol{x}(t)):\mathbf{R}^n\to\mathbf{R}^n$，满足 $f(\mathbf{0})=\mathbf{0},\boldsymbol{x}=[x_1,x_2,\cdots,x_n]^{\mathrm{T}}\in\mathbf{R}^n$。如果存在一个连续可微正定函数 $V(\boldsymbol{x}):\mathbf{R}^n\to\mathbf{R}$，实数 $c>0$，$\alpha\in(0,1)$，满足

$$\dot{V}(\boldsymbol{x})\leqslant-c[V(\boldsymbol{x})]^{\alpha} \tag{5-25}$$

那么系统原点是有限时间内稳定的。

引理 5.5：如果 $a(t)$ 满足下面的不等式

$$a(t)\leqslant b(t)+\int_{t_0}^{t}c(s)a(t)\mathrm{d}s$$

那么有

$$a(t)\leqslant b(t)+\int_{t_0}^{t}b(s)c(s)\mathrm{e}^{\int_s^t c(r)\mathrm{d}r}\mathrm{d}s$$

式中，$a(t)$、$b(t)$ 和 $c(t)\geqslant0$，为连续实函数。

5.2.2 协议设计

采样一致性协议将设计为如下形式：

$$\begin{cases}\dot{x}_i^s=v_i^s\\ \dot{v}_i^s=u_i^s\triangleq g_i(\phi_i'(t_l),\varphi_i'(t_l))\\ u_i=h_i(x_i-x_i^s,v_i-v_i^s,u_i^s,s_i),t\in[t_l,t_{l+1})\end{cases} \tag{5-26}$$[1]

式中，$[x_i^s,v_i^s]^{\mathrm{T}}$ 为智能体 i 的预设轨迹；u_i^s 是一个虚拟激励信号；$\phi_i'=\sum_{j=1}^{n}a_{ij}(x_j-x_i)$；$\varphi_i'=\sum_{j=1}^{n}a_{ij}(v_j-v_i)$；$s_i$ 是一个滑模变量；$g_i(\cdot)$ 和$h_i(\cdot)$ 是两个待设计的算子；$t_l=lT$（$l=1,2,\cdots$,表示采样时刻；$T>0$，表示采样周期）。

备注 5.3：形如式(5-26) 的协议实现时，不依赖于辅助动态信号信息的传

[1] 式中，x_i^s、v_i^s、u_i^s 等量符号右上角的 s 并非表示次幂，仅作为区分标志。

递，智能体间的信息交互体现在其采样时刻的相对状态量测。从工程角度，利用协议设计框架［式(5-26)］设计的协议，智能体不需要再携带无线传输或接收设备，只需要利用位置、速度传感器对邻居信息进行采样量测。从数学角度来看，更少的可获取信息将带来协议设计上的困难。

备注 5.4： 协议设计框架中有算子 $g_i(\cdot)$、$h_i(\cdot)$，采样周期 T 和滑模变量 s_i 需要被确定。因此协议设计分为三步：①设计 $g_i(\cdot)$，当连续通信允许时，多智能体系统的预设轨迹呈现某种受干扰的一致特性。②设计滑模变量 s_i 和算子 $h_i(\cdot)$，使智能体沿着预设轨迹运动。③利用 CTD 方法，求出可容忍的采样周期上界。

协议设计过程给出如下：

第一步： 定义 $\boldsymbol{z}_i^s=[x_i^s,v_i^s]^{\mathrm{T}}$，$\boldsymbol{z}^s=[(\boldsymbol{z}_1^s)^{\mathrm{T}},\cdots,(\boldsymbol{z}_n^s)^{\mathrm{T}}]^{\mathrm{T}}$ 和 $\boldsymbol{w}=(\boldsymbol{M}\otimes\boldsymbol{I}_2)\boldsymbol{z}^s$，有

$$\dot{\boldsymbol{w}}=(\boldsymbol{M}\otimes\boldsymbol{I}_2)\dot{\boldsymbol{z}}^s=(\boldsymbol{M}\otimes\boldsymbol{A})\boldsymbol{z}^s+(\boldsymbol{M}\otimes\boldsymbol{B})\boldsymbol{u}^s \tag{5-27}$$

式中，$\boldsymbol{M}=\boldsymbol{I}_n-\dfrac{\boldsymbol{1}_n\boldsymbol{1}_n^{\mathrm{T}}}{n}$；$\boldsymbol{A}=\begin{bmatrix}0&1\\0&0\end{bmatrix}$；$\boldsymbol{B}=\begin{bmatrix}0\\1\end{bmatrix}$；$\boldsymbol{u}^s=[u_1^s,\cdots,u_n^s]^{\mathrm{T}}$。

设计

$$u_i^s=g_i(\phi_i'(t_l),\varphi_i'(t_l))=\boldsymbol{K}[\phi_i'(t_l)\quad \varphi_i'(t_l)]^{\mathrm{T}} \tag{5-28}$$

由式(5-27) 和式(5-28) 可得

$$\dot{\boldsymbol{w}}=(\boldsymbol{I}_n\otimes\boldsymbol{A})\boldsymbol{w}+(\boldsymbol{M}\otimes\boldsymbol{B})\boldsymbol{u}^{s*}+(\boldsymbol{M}\otimes\boldsymbol{B})\overline{\boldsymbol{u}}^s \tag{5-29}$$

式中，$\overline{\boldsymbol{u}}^s=\boldsymbol{u}^s-\boldsymbol{u}^{s*}$，$\boldsymbol{u}^s=[u_1^s,\cdots,u_n^s]^{\mathrm{T}}$，$\boldsymbol{u}^{s*}=[u_1^{s*},\cdots,u_n^{s*}]^{\mathrm{T}}$，$u_i^{s*}=\boldsymbol{K}[\phi_i(t_l)\quad \varphi_i(t_l)]^{\mathrm{T}}$，$\phi_i(\cdot)=\sum_{j=1}^{n}a_{ij}(x_j^s-x_i^s)$，$\varphi_i(\cdot)=\sum_{j=1}^{n}a_{ij}(v_j^s-v_i^s)$。

由式(5-29) 可得

$$\begin{aligned}\dot{\boldsymbol{w}}&=(\boldsymbol{I}_n\otimes\boldsymbol{A})\boldsymbol{w}+(\boldsymbol{M}\otimes\boldsymbol{B})\boldsymbol{u}^{s*}+(\boldsymbol{M}\otimes\boldsymbol{B})\overline{\boldsymbol{u}}^s\\&=(\boldsymbol{I}_n\otimes\boldsymbol{A})\boldsymbol{w}-(\boldsymbol{L}\otimes\boldsymbol{BK})\boldsymbol{w}(t_l)+(\boldsymbol{M}\otimes\boldsymbol{B})\overline{\boldsymbol{u}}^s\\&=(\boldsymbol{I}_n\otimes\boldsymbol{A})\boldsymbol{w}-(\boldsymbol{L}\otimes\boldsymbol{BK})\boldsymbol{w}+(\boldsymbol{L}\otimes\boldsymbol{BK})\boldsymbol{\Delta}_1+(\boldsymbol{M}\otimes\boldsymbol{B})\overline{\boldsymbol{u}}^s\end{aligned} \tag{5-30}$$

式中，$t\in[t_l,t_{l+1})$，$\boldsymbol{\Delta}_1=\boldsymbol{w}-\boldsymbol{w}(t_l)$。

选取 Lyapunov 函数：

$$V_s=\boldsymbol{w}^{\mathrm{T}}(\boldsymbol{I}_n\otimes\boldsymbol{P})\boldsymbol{w} \tag{5-31}$$

式中，$\boldsymbol{P}\in\mathbf{R}^{2\times2}$ 为正定矩阵，满足

$$\boldsymbol{PA}+\boldsymbol{A}^{\mathrm{T}}\boldsymbol{P}-2\boldsymbol{PBB}^{\mathrm{T}}\boldsymbol{P}+\rho_1\boldsymbol{I}_2\leqslant\boldsymbol{0} \tag{5-32}$$

式中，$\rho_1>0$ 是一个可选常数。

对 V_s 求导可得

$$\dot{V}_s = w^{\mathrm{T}}[\boldsymbol{I}_n \otimes (\boldsymbol{PA}+\boldsymbol{A}^{\mathrm{T}}\boldsymbol{P})]w - 2w^{\mathrm{T}}(\boldsymbol{L}\otimes \boldsymbol{PBK})w + 2w^{\mathrm{T}}(\boldsymbol{L}\otimes \boldsymbol{PBK})\boldsymbol{\Delta}_1 + \boldsymbol{\Delta}_2, t\in[t_l, t_{l+1}) \tag{5-33}$$

式中，$\boldsymbol{\Delta}_2 = 2w^{\mathrm{T}}(\boldsymbol{M}\otimes \boldsymbol{PB})\overline{\boldsymbol{u}}^s$。$\lambda_2(\boldsymbol{L})>0$，为矩阵 $\boldsymbol{L}$ 的第二小特征值。

选取 $\boldsymbol{K}=\mu \boldsymbol{B}^{\mathrm{T}}\boldsymbol{P}$，其中 $\mu\lambda_2(\boldsymbol{L})>1$，有

$$\dot{V}_s \leqslant -\rho_1 w^{\mathrm{T}}w + 2w^{\mathrm{T}}(\boldsymbol{L}\otimes \boldsymbol{PBK})\boldsymbol{\Delta}_1 + \boldsymbol{\Delta}_2, t\in[t_l, t_{l+1}) \tag{5-34}$$

第二步：为了使系统状态在有限时间内收敛于预设轨迹，系统输入将设计为式(5-35) 所示形式。

$$u_i = u_i^{\mathrm{nom}} + u_i^s + u_i^{f,d} \tag{5-35}$$

式中，u_i^{nom} 为标称输入；u_i^s 为补偿项；$u_i^{f,d}$ 为非光滑项。当非线性函数的外部输入为 0 时，若 $u_i = u_i^{\mathrm{nom}} + u_i^s$，系统状态即可在有限时间内收敛于预设轨迹。$u_i^s$ 已在式(5-28) 中给出。

标称输入 u_i^{nom} 设计为

$$u_i^{\mathrm{nom}} = -b_1 \mathrm{sig}(e_{i,1})^{\beta_1} - b_2 \mathrm{sig}(e_{i,2})^{\beta_2} \tag{5-36}$$

式中，b_1 和 b_2 是两个正常数；$0<\beta_1<1$，$\beta_2=\dfrac{2\beta_1}{1+\beta_1}$；$e_{i,1}=x_i - x_i^s$；$e_{i,2}=v_i - v_i^s$。

$u_i^{f,d}$ 给出如下。

选取函数 $W_i = \dfrac{1}{2}s_i^2$，易得 $\dot{W}_i = s_i \dot{s}_i$。滑模变量 s_i 设计为

$$s_i = e_{i,2} - e_{i,2}(0) - \int_0^t u_i^{\mathrm{nom}}(\tau)\mathrm{d}\tau \tag{5-37}$$

易得

$$\dot{W}_i = s_i[u_i^{f,d} + f_{i,\sigma_i(t)}(x_i, v_i) + d_i] \tag{5-38}$$

进一步选取

$$u_i^{f,d} = -(b_3 + \overline{f}_i + \overline{d}_i)\mathrm{sig}(s_i) \tag{5-39}$$

式中，b_3 是一个正常数，$\overline{f}_i = \max\{\overline{f}_{i,q}(t, x_i, v_i) \mid q\in \underline{\boldsymbol{N}}_I\}$，则可以得到

$$\dot{W}_i \leqslant -b_3|s_i| = -\sqrt{2}b_3 W_i^{\frac{1}{2}} \tag{5-40}$$

根据引理 5.4，易得存在一个时间 T_1，当 $t\geqslant T_1$ 时，$W_i=0$。即 $\forall t\geqslant T_1$，$s_i=\dot{s}_i=0$。那么当 $t\geqslant T_1$ 时，有

$$\dot{e}_{i,1} = e_{i,2}, \dot{e}_{i,2} = u_i^{\mathrm{nom}} \tag{5-41}$$

由式(5-41) 和文献 [96] 中定理 1，不难得出存在一个时间 $T_2>T_1$，当 $t\geqslant T_2$ 时，

$$\begin{aligned} e_{i,1} &= x_i - x_i^s = 0, \\ e_{i,2} &= v_i - v_i^s = 0, i \in \boldsymbol{v} \end{aligned} \tag{5-42}$$

根据式(5-42) 可得，当 $t \geqslant T_2$ 时，$\boldsymbol{\Delta}_2 = \boldsymbol{0}$。那么 $\forall t \in [t_l, t_{l+1})$，其中 $t_l \geqslant T_2$，有

$$\dot{V}_s \leqslant -\rho_1 \boldsymbol{w}^{\mathrm{T}} \boldsymbol{w} + 2\boldsymbol{w}^{\mathrm{T}} (\boldsymbol{L} \otimes \boldsymbol{PBK}) \boldsymbol{\Delta}_1 \tag{5-43}$$

$$\dot{\boldsymbol{w}} = (\boldsymbol{I}_n \otimes \boldsymbol{A}) \boldsymbol{w} - (\boldsymbol{L} \otimes \boldsymbol{BK}) \boldsymbol{w} + (\boldsymbol{L} \otimes \boldsymbol{BK}) \boldsymbol{\Delta}_1 \tag{5-44}$$

式中，$\mu\lambda_2(\boldsymbol{L}) > 1$。

选取 $\boldsymbol{K} = \mu \boldsymbol{B}^{\mathrm{T}} \boldsymbol{P}$，有

$$\begin{aligned} &\| \dot{\boldsymbol{w}}(t) \| \leqslant (1+\sigma_1) \| \boldsymbol{w}(t_l) \| + \| \boldsymbol{w} - \boldsymbol{w}(t_l) \| \leqslant (1+\sigma_1)(\| \boldsymbol{w}(t_l) \| + \| \boldsymbol{w} - \boldsymbol{w}(t_l) \|), \\ &\qquad t \in [t_l, t_{l+1}), \end{aligned} \tag{5-45}$$

式中，$\sigma_1 = \| \boldsymbol{L} \otimes \mu \boldsymbol{B} \boldsymbol{B}^{\mathrm{T}} \boldsymbol{P} \|$。

由式(5-45) 可得

$$\| \boldsymbol{w}(t) - \boldsymbol{w}(t_l) \| \leqslant \int_{t_l}^{t} (1+\sigma_1)(\| \boldsymbol{w}(t_l) \| + \| \boldsymbol{w}(\tau) - \boldsymbol{w}(t_l) \|) \mathrm{d}\tau \tag{5-46}$$

由式(5-46) 和引理 5.5 可得

$$\begin{aligned} &\| \boldsymbol{w}(t) - \boldsymbol{w}(t_l) \| \\ &\leqslant (1+\sigma_1) \| \boldsymbol{w}(t_l) \| (t - t_l) + \int_{t_l}^{t} (1+\sigma_1) \| \boldsymbol{w}(\tau) - \boldsymbol{w}(t_l) \| \mathrm{d}\tau \\ &\leqslant \int_{t_l}^{t} (1+\sigma_1)^2 \| \boldsymbol{w}(t_l) \| (\tau - t_l) \mathrm{e}^{(1+\sigma_1)(t-\tau)} \mathrm{d}\tau \\ &\quad + (1+\sigma_1) \| \boldsymbol{w}(t_l) \| (t - t_l) \end{aligned} \tag{5-47}$$

利用分部积分方法，易得

$$\begin{aligned} &\int_{t_l}^{t} (1+\sigma_1)^2 \| \boldsymbol{w}(t_l) \| (\tau - t_l) \mathrm{e}^{(1+\sigma_1)(t-\tau)} \mathrm{d}\tau \\ &\leqslant -(1+\sigma_1) \| \boldsymbol{w}(t_l) \| (t - t_l) + \| \boldsymbol{w}(t_l) \| (\mathrm{e}^{(1+\sigma_1)(t-t_l)} - 1) \end{aligned} \tag{5-48}$$

由式(5-47) 和式(5-48)，可推出

$$\begin{aligned} \| \boldsymbol{w}(t) - \boldsymbol{w}(t_l) \| &\leqslant \| \boldsymbol{w}(t_l) \| (\mathrm{e}^{(1+\sigma_1)(t-t_l)} - 1) \\ &\leqslant \sqrt{\frac{1}{\lambda_{\min}(\boldsymbol{P})}} (\mathrm{e}^{(1+\sigma_1)(t-t_l)} - 1) \sqrt{V_s(t_l)} \end{aligned} \tag{5-49}$$

由式(5-43) 和式(5-49)，可得

$$\dot{V}_s \leqslant -\rho_2 V_s + \sigma_2 \sqrt{V_s} \sqrt{V_s(t_l)} (\mathrm{e}^{(1+\sigma_1)(t-t_l)} - 1) \tag{5-50}$$

式中，$\rho_2 = \dfrac{\rho_1}{\lambda_{\max}(\boldsymbol{P})}$；$\sigma_2 = \dfrac{2 \| \boldsymbol{L} \otimes \mu \boldsymbol{PBB}^{\mathrm{T}} \boldsymbol{P} \|}{\lambda_{\min}(\boldsymbol{P})}$。

令 $\aleph_s = \sqrt{V_s}$，式(5-50) 可写为

$$\dot{\aleph}_s \leqslant -\frac{\rho_2}{2}\aleph_s + \frac{\sigma_2}{2}\aleph_s(t_l)(\mathrm{e}^{(1+\sigma_1)(t-t_l)}-1) \tag{5-51}$$

根据比较原理和式(5-51)，可得

$$\aleph_s \leqslant q_s(t-t_l)\aleph(t_l) \tag{5-52}$$

式中，$q_s(t)=\mathrm{e}^{-\frac{\rho_2}{2}t}+\frac{\sigma_2(1-\mathrm{e}^{-\frac{\rho_2}{2}t})}{\rho_2}(\mathrm{e}^{(1+\sigma_1)\mathrm{T}}-1)$。

选取

$$T<\frac{1}{\sigma_1+1}\ln(1+\frac{\rho_2}{\sigma_2}) \tag{5-53}$$

可得 $0<q_s(T)<1$，意味着$\aleph_s(t_{l+1})<\aleph_s(t_l)$。

5.2.3 一致性分析

由于采样周期 T 满足式(5-53)，则有 $0<q_s(T)<1$，再根据式(5-52)，可得

$$\lim_{t\to\infty}\aleph_s(t_l)=0 \tag{5-54}$$

由式(5-52) 和式(5-54) 易得$\lim\limits_{t\to\infty}\aleph_s(t)=0$，也即$\lim\limits_{t\to\infty}\boldsymbol{w}=\boldsymbol{0}$。

由于 $\boldsymbol{w}=(\boldsymbol{M}\otimes\boldsymbol{I}_2)\boldsymbol{z}^s$，不难看出

$$\begin{aligned}&\lim_{t\to\infty}|x_i^s-x_j^s|=0,\\&\lim_{t\to\infty}|v_i^s-v_j^s|=0\end{aligned} \tag{5-55}$$

结合式(5-42) 可得

$$\begin{aligned}&\lim_{t\to\infty}|x_i-x_j|=0,\\&\lim_{t\to\infty}|v_i-v_j|=0\end{aligned} \tag{5-56}$$

5.2.4 编队控制

编队控制要求智能体之间保持给定队形而不是一致的位置，因此引入编队信息 h_i。令 $\overline{x}_i^s(t)=x_i^s(t)+h_i$ 为含编队信息的智能体状态。注意到 h_i 为固定常数信息，因此定义 $\boldsymbol{z}_i^s=[\overline{x}_i^s,v_i^s]^{\mathrm{T}}$，后续证明一致。

考虑对应如下通信拓扑（图 5.1）的多智能体系统，其中每个智能体的动态系统由式(5-21) 给出。系统动态方程中的非线性函数给出如下：

$$f_{i,1}(t,x_i,v_i)=\cos x_i+\sin v_i, i\in\{1,2,3\}$$

$$f_{i,1}(t,x_i,v_i)=\sin x_i+\cos v_i, f_{i,2}(t,x_i,v_i)=\sin x_i\cos v_i+\mathrm{e}^{-|x_i|}$$

$$f_{i,3}(t,x_i,v_i)=v_i\cos t+|x_i|+1, i\in\{4,5,6\}$$

不难看出智能体 1～3 有两个子系统，智能体 4～6 有三个子系统，且 $\forall i\in \mathbf{V}=\{1,2,3,4,5,6\}$，$f_{i,q}(t,x_i,v_i)\leqslant|x_i|+|v_i|+2$，$q\in \underline{\boldsymbol{N}_i}$。另外，每个智能体的外部干扰 $d_i=0.2i\sin t$，则 $\forall i\in\mathbf{V}$，有 $\overline{d}_i=1.2$ 使得 $d_i\leqslant\overline{d}_i$。智能体动态系统的切换信号由图 5.2 和图 5.3 给出。

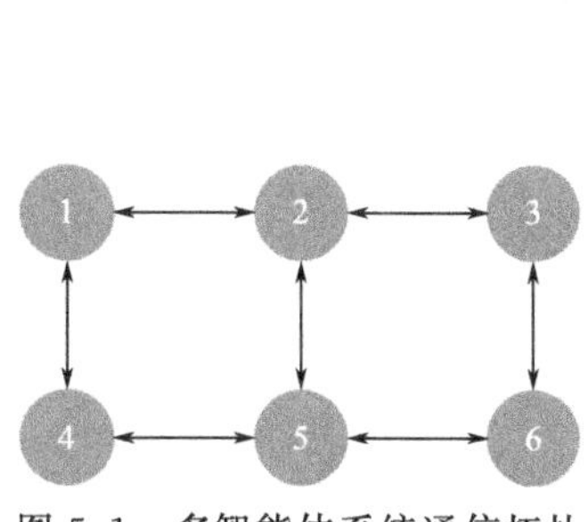

图 5.1　多智能体系统通信拓扑

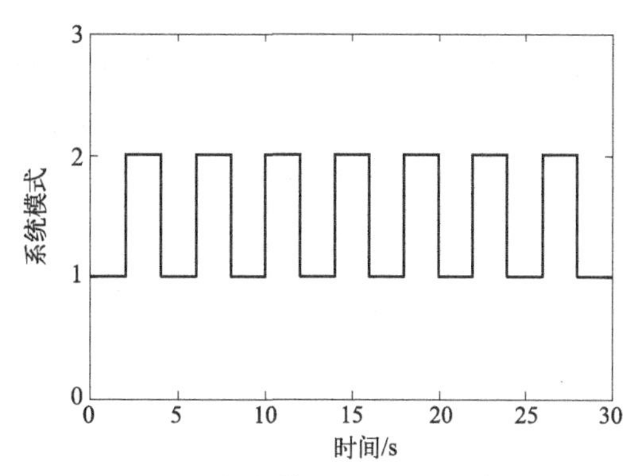

图 5.2　智能体 1、2、3 切换信号

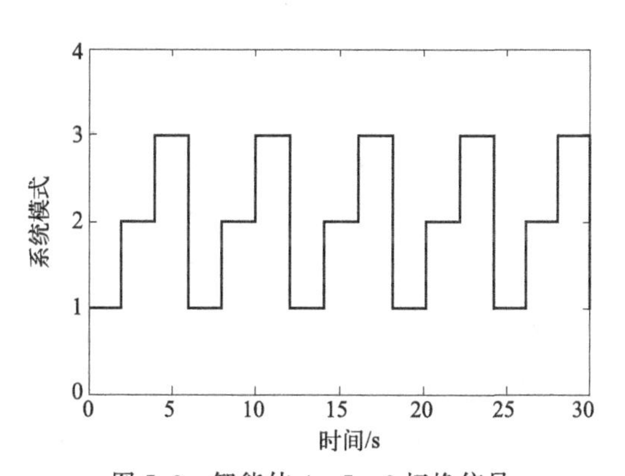

图 5.3　智能体 4、5、6 切换信号

根据多智能体系统的通信拓扑，不难求出 $\lambda_2(\boldsymbol{L})=1$，因此可选取参数 $\mu=1$。给定 $\rho_1=2$，求解式(5-32) 可得 $\boldsymbol{P}=\begin{bmatrix}6 & 1\\1 & 3\end{bmatrix}$是其一个解。由此，可确定矩阵 $\boldsymbol{K}=\mu\boldsymbol{B}^{\mathrm{T}}\boldsymbol{P}=[1\quad 3]$。求得 $\lambda_{\min}(\boldsymbol{P})=2.6972$，$\lambda_{\max}(\boldsymbol{P})=6.3028$，进一步可得

$\sigma_1=15.8114$，$\sigma_2=30.0755$，$\rho_2=0.3173$。那么通过计算 $T<\frac{1}{\sigma_1+1}\ln\left(1+\frac{\rho_2}{\sigma_2}\right)=0.624\text{ms}$，可以选取采样周期为 0.5ms。

智能体状态的初始值给出如下：

$$[x_1(0),v_1(0)]=[-2,3],\quad [x_2(0),v_2(0)]=[4,-1],$$

$$[x_3(0),v_3(0)]=[10,-6],\quad [x_4(0),v_4(0)]=[1,2],$$

$$[x_5(0),v_5(0)]=[7,-10],\quad [x_6(0),v_6(0)]=[-7,6]$$

选取 $b_1=b_2=b_3=3$，$\beta_1=\frac{3}{5}$，$\beta_2=\frac{4}{5}$，仿真结果如图 5.4～图 5.7 所示。其中图 5.4 和图 5.5 展示了智能体的预设轨迹信息，图 5.6 和图 5.7 分别绘制了智能体的位置和速度轨迹。可以看出多智能体系统的一致性得以实现，协议的有效性得以验证。

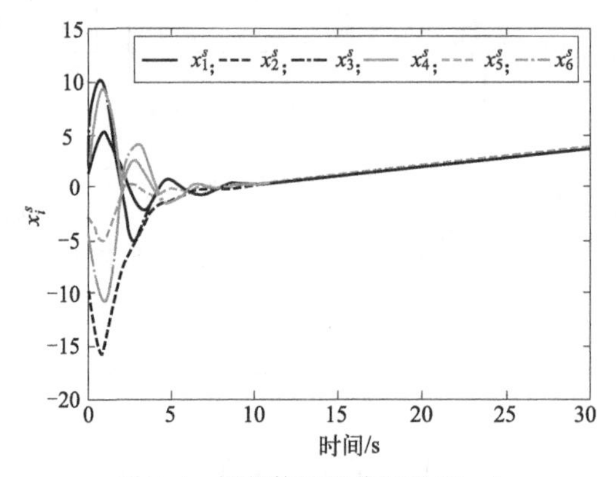

图 5.4　智能体预设位置轨迹 x_i^s

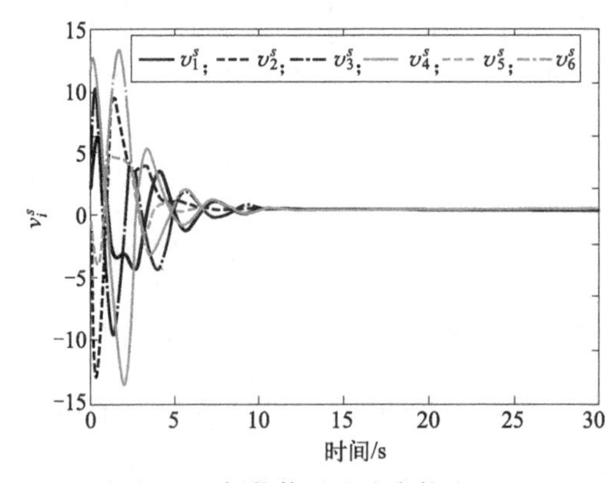

图 5.5　智能体预设速度轨迹 v_i^s

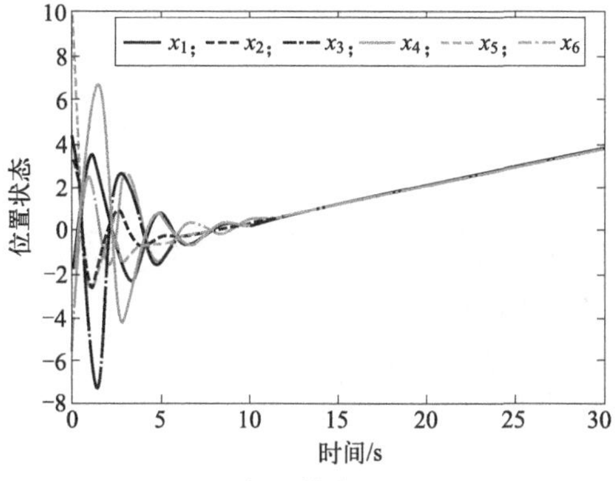

图 5.6　智能体位置轨迹 x_i

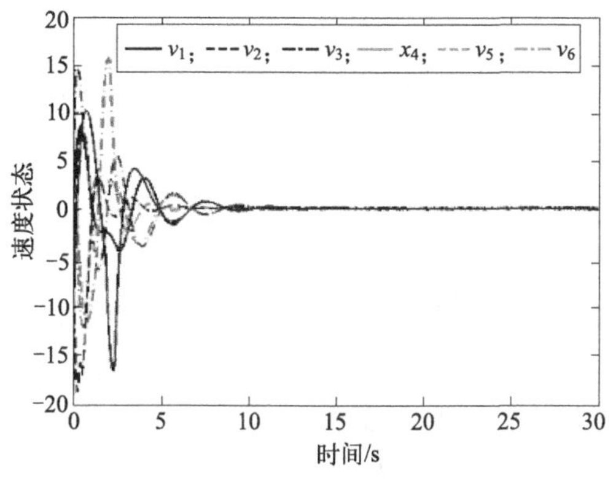

图 5.7　智能体速度轨迹 v_i

5.3　本章小结

本章就一类线性多智能体系统和一类异构非线性多智能体系统的一致性问题展开研究，其中智能体的动态系统是由切换系统描述的，且非线性多智能体的输入频道遭受外部干扰。本章提出了采样一致性协议设计框架，并在框架下设计了采样一致性协议。利用 Lyapunov（李雅普诺夫）函数方法、反步设计法、滑模控制和有限时间控制等技术，建立了系统实现一致性的充分条件。最后，将所设计协议应用于一个非线性多智能体系统，验证了设计方案的有效性。

第6章

具有输入延迟的多智能体系统协同控制

受群集[11]、同步[97] 和编队控制[45] 等广泛应用的推动，多智能体系统的分布式协同控制近年来受到了广泛的关注。一致性问题已经引起了控制理论界的极大兴趣，并由相关学者在文献［1，2，98-107］中进行了深入的研究。

而在现实生活中，多智能体系统的一致性性能不仅仅依赖于每个智能体的状态，还会受到外界因素影响。比如无人机编队表演中，同一时间段内，上百架无人机需要连续切换不同的造型，这就意味着每架无人机要不断地与自己的邻居进行信息交互，每架无人机的状态本身都是独立的，并且对于整个编队的全局状态无法获知，只有与自己相邻的无人机进行通信，才能适时调整自己的状态，达到保持编队的效果。但是，由于每架无人机处理信息的能力有限以及外界干扰的不良影响，在信息交互的过程中普遍存在时滞。时滞的存在会在一定程度上对智能体系统的一致性性能产生影响，因此，时滞多智能体系统一致性问题的研究受到广泛关注。如果不考虑时滞的先验性，时滞会降低闭环系统的性能，在极端情况下甚至会造成稳定性的损失。解决延迟的重要性在很长一段时间内得到了很好的认可。随着互联网等通信工具在多智能体系统一致性控制中的应用，由于数据传输而产生的时滞现象越来越多。特别地，当协议依赖于通过网络传输的相对状态信息时，一致性时滞发生在控制输入中。

目前，有关多智能体时滞系统的研究方法主要分为频域法和时域法。频域法[108] 无须构造李雅普诺夫函数，时滞系统的稳定性判断依赖于系统方程特征值的分布情况。时域法[109] 则是构造一个正定的李雅普诺夫函数，然后通过判断该函数的导数的正负号来确定时滞系统是否稳定：如果李雅普诺夫函数的导数是负的，那么该时滞系统是渐近稳定的；反之，该时滞系统是不稳定的。对于时域法的研究，最常见的就是利用积分不等式[110]，对李雅普诺夫函数导数中的积分项进行有效放缩，然后基于线性矩阵不等式理论[111]将时滞系统的稳定性判定问题转化成查找线性矩阵不等式的可行解[112]问题，线性矩阵不等式理论为时滞系统稳定性问题研究提供了新思路，是一种有效的系统稳定性分析工具。因此，现有的时滞多智能体系统研究多采用时域法。

在使用时域法进行时滞相关稳定性分析时，一个重要的问题就是获得尽可能大的保持系统渐近稳定的时滞上界，换言之，最大允许时滞是权衡时滞系统保守性的重要因素。积分不等式在时滞相关稳定性准则的推导中起着重要作用，利用合理的积分不等式对李雅普诺夫函数求导产生的积分项进行有效放缩，可以在一定程度上扩大时滞的允许范围，从而减小系统的保守性。Jensen 积分不等式[112]是最基本的处理李雅普诺夫函数导数的方法，尽管基于 Jensen 积分不等式获得的稳定性准则相对保守，但是该不等式已经被广泛应用于时滞相关的稳定性分析。因此，如何降低保守性成为众多学者的重点研究方向。

在时滞多智能体研究过程中，主要通过两种方式来降低系统的保守性。第一种方式是在构造李雅普诺夫函数时增加新的多项式，Wang 等[113]通过引入一个三重积分项构造了一个新的李雅普诺夫函数，解决了有向拓扑下一阶时滞多智能体系统的一致性问题，并验证了其在减小系统保守性方面的有效性。另一种方法是在处理李雅普诺夫函数的导数时，找到更接近真值的积分不等式对导数中的积分项进行放缩。Ao 等[114]和 Yu 等[115]基于 Jensen 不等式，分别探讨了受到外界干扰情况下，具有无向拓扑的多智能体系统和有无时滞的二阶领导-跟随多智能体系统的一致性问题。但是，基于 Jensen 积分不等式获得的稳定性准则相对保守，因此，为了进一步降低系统保守性，文献［116］利用基于 Wirtinge 的不等式推导出了具有非均匀时滞的二阶多智能体网络一致性收敛条件。进一步地，文献［104］通过引入积分项和新的增广向量构造了新的李雅普诺夫泛函，并利用 Wirtinge 积分不等式和凸组合方法的扩展松弛积分不等式来处理泛函的导数，研究了有向拓扑下一阶时滞多智能体系统的一致性问题，得到了保守性较小的稳定性条件。

本章考虑具有输入时滞的 Lipschitz 非线性多智能体系统一致性控制的截断预测反馈。利用真实的 Jordan 形式，将全局一致性分析置于 Lyapunov 分析框架中。所提出的分析确保了使用 Krasovskii 泛函仔细考虑系统状态的积分项。进一步地，该条件可以用一组迭代标量参数的线性矩阵不等式(LMIs) 来求解，类似于文献［20］中开发的迭代程序。文献［117］中不考虑时滞的影响，文献［118］中智能体动力学方程被限制为线性相比，文献［119］中 Artstein-Kwon-Pierson 降阶方法以无穷维控制算法为代价使得闭环系统无时滞，文献［20］中更多地涉及了具有输入时滞的 Lipschitz 非线性多智能体系统的控制设计。为了说明本章的结果，进行了仿真研究。

6.1 问题描述

考虑如下具有 N 个智能体，每个智能体都由一个受输入延迟和非线性影响的非线性智能体表示：

$$\dot{\boldsymbol{x}}_i(t)=\boldsymbol{A}\boldsymbol{x}_i(t)+\boldsymbol{B}\boldsymbol{u}_i(t-h)+\phi(\boldsymbol{x}_i(t)) \tag{6-1}$$

对于智能体 $i(i=1,2,\cdots,N)$，$\boldsymbol{x}_i=[x_{i,1},x_{i,2},\cdots,x_{i,n}]^{\mathrm{T}}$ 是状态变量；$\boldsymbol{u}_i(t-h)=\boldsymbol{u}_i\in\mathbf{R}^{m\times n}$ 是系统的控制输入；$\boldsymbol{A}\in\mathbf{R}^{n\times n}$，$\boldsymbol{B}\in\mathbf{R}^{n\times m}$，（$\boldsymbol{A}$，$\boldsymbol{B}$）是可控的常数矩阵；$h>0$，是输入时滞；$\phi:\mathbf{R}^n\rightarrow\mathbf{R}^n,\phi(\mathbf{0})=\mathbf{0}$，是一个具有利普希茨常数 γ 的非线性函数，即对于任意的两个常数向量 $\boldsymbol{a}$，$\boldsymbol{b}\in\mathbf{R}^n$，有

$$\|\phi(\boldsymbol{a})-\phi(\boldsymbol{b})\|\leqslant\gamma\|\boldsymbol{a}-\boldsymbol{b}\|$$

对于有向图 G，拉普拉斯矩阵 $\boldsymbol{L}$ 具有以下性质。

引理 6.1： 有向图 G 的拉普拉斯矩阵 $\boldsymbol{L}$ 至少有一个零特征值，其中 $\mathbf{1}$ 作为对应的右特征向量，所有非零特征值都有正实部。此外，零是 $\boldsymbol{L}$ 的一个简单特征值，当且仅当 G 有一个有向生成树的特征值。此外，还存在一个与零特征值相关的非负左特征向量 $\boldsymbol{r}$，满足 $\boldsymbol{r}^{\mathrm{T}}\boldsymbol{L}=\mathbf{0}$ 和 $\boldsymbol{r}^{\mathrm{T}}\mathbf{1}=1$。此外，如果 G 有一个有向生成树，则 $\boldsymbol{r}$ 是唯一的。

本章的目的是为每个智能体设计一个控制算法，使多智能体系统［式(6-1)］实现全局一致性。也就是说，在这些控制算法下，以下条件对所有初始条件都成立：

$$\lim_{t\rightarrow\infty}[\boldsymbol{x}_i(t)-\boldsymbol{x}_j(t)]=\mathbf{0},\forall i\neq j$$

假设 6.1： 拉普拉斯矩阵的特征值是不同的。

备注 6.1： 这个假设确保了特征值零是代数简单的，并且有向图包含一个生成树。在有向图中，有向生成树的存在性是一个比强连通性更弱的条件。一个强连通图包含至少一个有向生成树[102]。假设 6.1 所强加的一个更强的条件是为了便于呈现。本节所示的结果可以推广到拉普拉斯矩阵的除零以外有多个特征值的情况[1]。

6.2 主要结果

在本节中，将介绍一些初步的结果。首先回顾了截断的预测器反馈（truncated predictor feedback，TPF）方法。考虑一个输入时延系统：

$$\dot{\boldsymbol{x}}(t)=\boldsymbol{A}\boldsymbol{x}(t)+\boldsymbol{B}\boldsymbol{u}(t-h)$$

从系统动力学方程来看，有

$$\boldsymbol{x}(t)=\mathrm{e}^{\boldsymbol{A}h}\boldsymbol{x}(t-h)+\int_{t-h}^{t}\mathrm{e}^{\boldsymbol{A}(t-\tau)}\boldsymbol{B}\boldsymbol{u}(\tau-h)\mathrm{d}\tau$$

第一项，$\mathrm{e}^{\boldsymbol{A}h}\boldsymbol{x}(t-h)$是一个基于 $\boldsymbol{x}(t-h)$ 的状态 $\boldsymbol{x}(t)$ 的截断预测器。把控制输入设计为

$$\boldsymbol{u}(t)=\boldsymbol{K}\mathrm{e}^{\boldsymbol{A}h}\boldsymbol{x}(t)$$

式中，$\boldsymbol{K}\in\mathbf{R}^{n\times m}$，是一个控制增益矩阵。所得到的闭环动力学方程表示为

$$\dot{\boldsymbol{x}}(t)=(\boldsymbol{A}+\boldsymbol{B}\boldsymbol{K})\boldsymbol{x}(t)-\boldsymbol{B}\boldsymbol{K}\boldsymbol{d}(t)$$

式中：

$$\boldsymbol{d}(t)=\int_{t-h}^{t}\mathrm{e}^{\boldsymbol{A}(t-\tau)}\boldsymbol{B}\boldsymbol{u}(\tau-h)\mathrm{d}\tau$$

在 TPF 方法中，忽略了麻烦的积分项，只使用基于系统矩阵指数的预测来进行控制设计，还需要以下引理。

引理 6.2：对于一个正定矩阵 $\boldsymbol{P}$ 和一个函数 $x:[a,b]\rightarrow\mathbf{R}^n$，其中 a，$b\in\mathbf{R}$，$b>a$，满足下面的不等式。

$$\left(\int_{a}^{b}\boldsymbol{x}^{\mathrm{T}}(\tau)\mathrm{d}\tau\right)\boldsymbol{P}\left(\int_{a}^{b}\boldsymbol{x}(\tau)\mathrm{d}\tau\right)\leqslant(b-a)\int_{a}^{b}\boldsymbol{x}^{\mathrm{T}}(\tau)\boldsymbol{P}\boldsymbol{x}(\tau)\mathrm{d}\tau \tag{6-2}$$

引理 6.3：对于一个正定矩阵 $\boldsymbol{P}$，以下恒等式成立

$$\mathrm{e}^{\boldsymbol{A}^{\mathrm{T}}t}\boldsymbol{P}\mathrm{e}^{\boldsymbol{A}t}-\mathrm{e}^{\omega t}\boldsymbol{P}=-\mathrm{e}^{\omega t}\int_{0}^{t}\mathrm{e}^{-\omega\tau}\mathrm{e}^{\boldsymbol{A}^{\mathrm{T}}\tau}\boldsymbol{R}\mathrm{e}^{\boldsymbol{A}\tau}\mathrm{d}\tau \tag{6-3}$$

式中，$\omega\geqslant0$ 是标量，并且

$$\boldsymbol{R}=-\boldsymbol{A}^{\mathrm{T}}\boldsymbol{P}-\boldsymbol{P}\boldsymbol{A}+\omega\boldsymbol{P} \tag{6-4}$$

此外，如果 $\boldsymbol{R}$ 正定，$\forall t>0$，有

$$\mathrm{e}^{\boldsymbol{A}^{\mathrm{T}}t}\boldsymbol{P}\mathrm{e}^{\boldsymbol{A}t}<\mathrm{e}^{\omega t}\boldsymbol{P} \tag{6-5}$$

对于多智能体系统［式(6-1)］，有

$$\boldsymbol{x}_i(t)=\mathrm{e}^{\boldsymbol{A}h}\boldsymbol{x}_i(t-h)+\int_{t-h}^{t}[\boldsymbol{B}\boldsymbol{u}_i(\tau-h)+\boldsymbol{\phi}(\boldsymbol{x}_i(\tau))]\mathrm{d}\tau$$

提出了一种基于截断预测方法的控制设计方法。控制输入采用该结构：

$$\begin{aligned}\boldsymbol{u}_i(t)&=\boldsymbol{K}\mathrm{e}^{\boldsymbol{A}t}\sum_{j=1}^{N}q_{ij}[\boldsymbol{x}_i(t)-\boldsymbol{x}_j(t)]\\&=\boldsymbol{K}\mathrm{e}^{\boldsymbol{A}t}\sum_{j=1}^{N}l_{ij}\boldsymbol{x}_j(t)\end{aligned} \tag{6-6}$$

式中，$\boldsymbol{K}\in\mathbf{R}^{m\times n}$，是以后要设计的恒定控制增益矩阵。在控制算法［式(6-6)］下，多智能体系统［式(6-1)］可以写为

$$\begin{aligned}\dot{\boldsymbol{x}}_i=&\boldsymbol{A}\boldsymbol{x}_i+\boldsymbol{B}\boldsymbol{K}\sum_{j=1}^{N}l_{ij}\boldsymbol{x}_j+\boldsymbol{\phi}(\boldsymbol{x}_i)\\&-\boldsymbol{B}\boldsymbol{K}\sum_{j=1}^{N}l_{ij}\int_{t-h}^{t}\mathrm{e}^{\boldsymbol{A}(t-\tau)}[\boldsymbol{B}\boldsymbol{u}_j(\tau-h)+\boldsymbol{\phi}(\boldsymbol{x}_j)]\mathrm{d}\tau\end{aligned} \tag{6-7}$$

然后描述该闭环系统为

$$\dot{\boldsymbol{x}}=(\boldsymbol{I}_N\otimes\boldsymbol{A}+\boldsymbol{L}\otimes\boldsymbol{BK})\boldsymbol{x}+(\boldsymbol{L}\otimes\boldsymbol{BK})(\boldsymbol{d}_1+\boldsymbol{d}_2)+\boldsymbol{\Phi}(\boldsymbol{x}) \tag{6-8}$$

式中：

$$\boldsymbol{d}_1=-\int_{t-h}^{t}\mathrm{e}^{\boldsymbol{A}(t-\tau)}\boldsymbol{Bu}(\tau-h)\mathrm{d}\tau$$

$$\boldsymbol{d}_2=-\int_{t-h}^{t}\mathrm{e}^{\boldsymbol{A}(t-\tau)}\boldsymbol{\Phi}(\boldsymbol{x})\mathrm{d}\tau$$

其中

$$\boldsymbol{x}(t)=[\boldsymbol{x}_1^{\mathrm{T}}(t),\boldsymbol{x}_2^{\mathrm{T}}(t),\cdots,\boldsymbol{x}_N^{\mathrm{T}}(t)]^{\mathrm{T}}$$

$$\boldsymbol{u}(t)=[\boldsymbol{u}_1^{\mathrm{T}}(t),\boldsymbol{u}_2^{\mathrm{T}}(t),\cdots,\boldsymbol{u}_N^{\mathrm{T}}(t)]^{\mathrm{T}}$$

$$\boldsymbol{\Phi}(t)=[\boldsymbol{\phi}_1^{\mathrm{T}}(t),\boldsymbol{\phi}_2^{\mathrm{T}}(t),\cdots,\boldsymbol{\phi}_N^{\mathrm{T}}(t)]^{\mathrm{T}}$$

定义 $\boldsymbol{r}^{\mathrm{T}}\in\mathbf{R}^{1\times N}$ 作为与特征值零相关的拉普拉斯矩阵 $\boldsymbol{L}$ 的左特征向量，满足 $\boldsymbol{r}^{\mathrm{T}}\boldsymbol{L}=\boldsymbol{0}$。此外，让 $\boldsymbol{r}$ 被缩放为 $\boldsymbol{r}^{\mathrm{T}}\boldsymbol{1}=\boldsymbol{1}$。通过假设 6.1，对于一个非奇异矩阵 $\boldsymbol{T}$，它的第一列 $\boldsymbol{T}_{(1)}=\boldsymbol{1}$ 和 $\boldsymbol{T}^{-1}$ 的第一行 $\boldsymbol{T}_{(1)}^{-1}=\boldsymbol{r}^{\mathrm{T}}$，可以被构造成

$$\boldsymbol{T}^{-1}\boldsymbol{LT}=\boldsymbol{J} \tag{6-9}$$

式中，$\boldsymbol{J}$ 是实约当矩阵中的一个块对角矩阵。

$$\boldsymbol{J}=\begin{bmatrix}0 &&&&&& \\ & \lambda_1 &&&&& \\ && \ddots &&&& \\ &&& \lambda_{n_\lambda} &&& \\ &&&& \boldsymbol{v}_1 && \\ &&&&& \ddots & \\ &&&&&& \boldsymbol{v}_{n_v}\end{bmatrix}$$

式中，$\lambda_i\in\mathbf{R}$（对于所有的 $i=1,2,\cdots,n_\lambda$），并且

$$\boldsymbol{v}_i=\begin{bmatrix}\alpha_i & \beta_i \\ -\beta_i & \alpha_i\end{bmatrix}\in\mathbf{R}^{2\times 2}$$

式中，$i=1,2,\cdots,n_v$。在上述 $\boldsymbol{J}$ 的表达式中 λ_i、α_i、β_i 均为正实数，λ_i 表示 $\boldsymbol{L}$ 的实特征值，$\alpha_i\pm\beta_i$ 表示 $\boldsymbol{L}$ 的共轭复数特征值。显然，可以得到 $1+n_\lambda+2n_v=N$。此外，$\boldsymbol{L}$ 的所有非零特征值都是正的或具有正的实部。

基于向量 $\boldsymbol{r}$，引入了一个状态变换：

$$\boldsymbol{\xi}_i=\boldsymbol{x}_i-\sum_{j=1}^{N}r_j\boldsymbol{x}_j\quad(i=1,2,\cdots,N) \tag{6-10}$$

让 $\boldsymbol{\xi}=[\boldsymbol{\xi}_1^{\mathrm{T}},\boldsymbol{\xi}_2^{\mathrm{T}},\cdots,\boldsymbol{\xi}_N^{\mathrm{T}}]^{\mathrm{T}}$。接下来，可以得到

$$\begin{aligned}\boldsymbol{\xi} &= \boldsymbol{x} - [(\mathbf{1}\boldsymbol{r}^{\mathrm{T}}) \otimes \boldsymbol{I}_n]\boldsymbol{x} \\ &= (\boldsymbol{M} \otimes \boldsymbol{I}_n)\boldsymbol{x}\end{aligned}$$

式中，$\boldsymbol{M}=\boldsymbol{I}_N-\mathbf{1}\boldsymbol{r}^{\mathrm{T}}$。因为 $\boldsymbol{r}^{\mathrm{T}}\mathbf{1}=1$，这可以证明 $\boldsymbol{M}\mathbf{1}=\mathbf{0}$。因此，系统［式(6-8)］的一致性是在 $\lim\limits_{t\to\infty}\boldsymbol{\xi}(t)=\mathbf{0}$ 达成的，因为 $\boldsymbol{\xi}=\mathbf{0}$ 表示为 $\boldsymbol{x}_1=\boldsymbol{x}_2=\cdots=\boldsymbol{x}_N$，$\boldsymbol{M}$ 的零空间是 span$\{\mathbf{1}\}$。则 $\boldsymbol{\xi}$ 的动力学方程可以推导为

$$\begin{aligned}\dot{\boldsymbol{\xi}} &= (\boldsymbol{I}_N \otimes \boldsymbol{A} + \boldsymbol{L} \otimes \boldsymbol{BK})\boldsymbol{x} - (\mathbf{1}\boldsymbol{r}^{\mathrm{T}} \otimes \boldsymbol{I}_N)[\boldsymbol{I}_N \otimes \boldsymbol{A} + \boldsymbol{L} \otimes \boldsymbol{BK}]\boldsymbol{x} \\ &\quad + (\boldsymbol{M} \otimes \boldsymbol{I}_n)(\boldsymbol{L} \otimes \boldsymbol{BK})(\boldsymbol{d}_1 + \boldsymbol{d}_2) + (\boldsymbol{M} \otimes \boldsymbol{I}_n)\boldsymbol{\Phi}(\boldsymbol{x}) \\ &= (\boldsymbol{I}_N \otimes \boldsymbol{A} + \boldsymbol{L} \otimes \boldsymbol{BK})\boldsymbol{\xi} + (\boldsymbol{M} \otimes \boldsymbol{I}_n)\boldsymbol{\Phi}(\boldsymbol{x}) + (\boldsymbol{L} \otimes \boldsymbol{BK})(\boldsymbol{d}_1 + \boldsymbol{d}_2)\end{aligned} \tag{6-11}$$

其中用到 $\boldsymbol{r}^{\mathrm{T}}\boldsymbol{L}=\mathbf{0}$。

为了探索 $\boldsymbol{L}$ 的结构，提出了另一种状态变换：

$$\boldsymbol{\eta} = (\boldsymbol{T}^{-1} \otimes \boldsymbol{I}_n)\boldsymbol{\xi} \tag{6-12}$$

式中，$\boldsymbol{\eta}=[\boldsymbol{\eta}_1^{\mathrm{T}},\boldsymbol{\eta}_2^{\mathrm{T}},\cdots,\boldsymbol{\eta}_N^{\mathrm{T}}]^{\mathrm{T}}$。然后可以得到

$$\dot{\boldsymbol{\eta}} = (\boldsymbol{I}_N \otimes \boldsymbol{A} + \boldsymbol{J} \otimes \boldsymbol{BK})\boldsymbol{\eta} + \boldsymbol{\Pi}(\boldsymbol{x}) + \boldsymbol{\Delta}(\boldsymbol{x}) + \boldsymbol{\Psi}(\boldsymbol{x}) \tag{6-13}$$

式中：

$$\boldsymbol{\Pi}(\boldsymbol{x}) = (\boldsymbol{T}^{-1}\boldsymbol{L} \otimes \boldsymbol{BK})\boldsymbol{d}_1$$

$$\boldsymbol{\Delta}(\boldsymbol{x}) = (\boldsymbol{T}^{-1}\boldsymbol{L} \otimes \boldsymbol{BK})\boldsymbol{d}_2$$

$$\boldsymbol{\Psi}(\boldsymbol{x}) = (\boldsymbol{T}^{-1}\boldsymbol{M} \otimes \boldsymbol{I}_n)\boldsymbol{\Phi}(\boldsymbol{x})$$

为了符号上的方便，让

$$\boldsymbol{\Pi} = \begin{bmatrix}\pi_1 \\ \pi_2 \\ \vdots \\ \pi_N\end{bmatrix}, \boldsymbol{\Lambda} = \begin{bmatrix}\delta_1 \\ \delta_2 \\ \vdots \\ \delta_N\end{bmatrix}, \boldsymbol{\Psi} = \begin{bmatrix}\psi_1 \\ \psi_2 \\ \vdots \\ \psi_N\end{bmatrix}$$

式中，$\pi_i,\delta_i,\psi_i:\mathbf{R}^{n\times N}\to\boldsymbol{R}^n,i=1,2,\cdots,N$。

从状态转换［式(6-10) 和式(6-12)］中，可以得到：

$$\boldsymbol{\eta}_1 = (\boldsymbol{r}^{\mathrm{T}} \otimes \boldsymbol{I}_n)\boldsymbol{\xi} = [(\boldsymbol{r}^{\mathrm{T}}\boldsymbol{M}) \otimes \boldsymbol{I}_n)\boldsymbol{x}] \equiv \mathbf{0}$$

根据式(6-6) 中所示的控制律，选择控制增益矩阵 $\boldsymbol{K}$ 为

$$\boldsymbol{K} = -\boldsymbol{B}^{\mathrm{T}}\boldsymbol{P}$$

式中，$\boldsymbol{P}$ 是一个正定矩阵。

定理 6.1：对于具有输入时滞的 Lipschitz 非线性多智能体系统［式(6-1)］，如果存在一个正定矩阵 $\boldsymbol{P}$ 和常数 $\omega_1\geqslant 0$，ρ，κ_1，κ_2，$\kappa_3>0$，使得

$$\rho\boldsymbol{W} \geqslant \boldsymbol{B}^{\mathrm{T}}\boldsymbol{B} \tag{6-14}$$

$$\left(\boldsymbol{A} - \frac{1}{2}\omega_1\boldsymbol{I}_n\right)^{\mathrm{T}} + \left(\boldsymbol{A} - \frac{1}{2}\omega_1\boldsymbol{I}_n\right) < \mathbf{0} \tag{6-15}$$

$$\begin{bmatrix} \boldsymbol{W}^{\mathrm{T}}\boldsymbol{A}+\boldsymbol{A}\boldsymbol{W}-2\alpha\boldsymbol{B}^{\mathrm{T}}\boldsymbol{B}+(\kappa_1+\kappa_2+\kappa_3)\boldsymbol{I}_n & \boldsymbol{W} \\ \boldsymbol{W} & -\dfrac{\boldsymbol{I}_n}{\Gamma} \end{bmatrix}<\boldsymbol{0} \tag{6-16}$$

并且满足 $\boldsymbol{W}=\boldsymbol{P}^{-1}$ 和

$$\alpha=\min\{\lambda_1,\lambda_2,\cdots,\lambda_{n_\lambda},\alpha_1,\alpha_2,\cdots,\alpha_{n_v}\}$$

$$\Gamma=\frac{\gamma_0}{\kappa_1}\mathrm{e}^h+\frac{\gamma_1}{\kappa_2}\mathrm{e}^h+\frac{\gamma_2}{\kappa_3}$$

$$\gamma_0=4h\rho^4\mathrm{e}^{2\omega_1 h}\lambda_\sigma^2(\boldsymbol{T}^{-1})\|\boldsymbol{L}\|_{\mathrm{F}}^2\|\boldsymbol{Q}\|_{\mathrm{F}}^2\|\boldsymbol{T}\|_{\mathrm{F}}^2$$

$$\gamma_1=4h\rho^4\mathrm{e}^{\omega_1 h}\gamma^2\lambda_\sigma^2(\boldsymbol{T}^{-1})\lambda_\sigma^2(\boldsymbol{Q})\|\boldsymbol{T}\|_{\mathrm{F}}^2$$

$$\gamma_2=4N\gamma^2\|\boldsymbol{r}\|^2\lambda_\sigma^2(\boldsymbol{T}^{-1})\|\boldsymbol{T}\|_{\mathrm{F}}^2$$

式中，$\boldsymbol{Q}$ 为邻接矩阵；$\boldsymbol{L}$ 为拉普拉斯矩阵，为式(6-9) 中定义的非奇异矩阵；$\lambda_\sigma(\cdot)$和$\|\cdot\|_{\mathrm{F}}$ 分别为一个矩阵的最大奇异值和 Frobenius 范数；ρ 和ω_1 为正数并且满足

$$\rho^2\boldsymbol{I}\geqslant\boldsymbol{P}\boldsymbol{B}^{\mathrm{T}}\boldsymbol{B}\boldsymbol{B}^{\mathrm{T}}\boldsymbol{B}\boldsymbol{P} \tag{6-17}$$

$$\omega_1\boldsymbol{I}>\boldsymbol{A}^{\mathrm{T}}+\boldsymbol{A} \tag{6-18}$$

则可以用 $\boldsymbol{K}=-\boldsymbol{B}^{\mathrm{T}}\boldsymbol{P}$ 的控制算法［式(6-6)］来解决一致控制问题。

证明：一致性分析将根据 $\boldsymbol{\eta}$ 的标准进行。通过式(6-12)，如果 $\boldsymbol{\eta}$ 收敛于零，或者等价地，因为已经证明 $\boldsymbol{\eta}_1=\boldsymbol{0}$，如果对于 $i=2,3,\cdots,N$，$\boldsymbol{\eta}_i$ 收敛于零，则达到一致性，设计

$$V_i=\boldsymbol{\eta}_i^{\mathrm{T}}\boldsymbol{P}\boldsymbol{\eta}_i \tag{6-19}$$

式中，$i=2,3,\cdots,N$。

对于 $i=2,3,\cdots,n_\lambda+1$，可以得到

$$\dot{\boldsymbol{\eta}}_i=(\boldsymbol{A}-\lambda_i\boldsymbol{B}\boldsymbol{B}^{\mathrm{T}}\boldsymbol{P})\boldsymbol{\eta}_i+\boldsymbol{\pi}_i+\boldsymbol{\delta}_i+\boldsymbol{\psi}_i$$

因此

$$\begin{aligned}\dot{V}_i&=\boldsymbol{\eta}_i^{\mathrm{T}}(\boldsymbol{A}^{\mathrm{T}}\boldsymbol{P}+\boldsymbol{P}\boldsymbol{A}-2\lambda_i\boldsymbol{P}\boldsymbol{B}\boldsymbol{B}^{\mathrm{T}}\boldsymbol{P})\boldsymbol{\eta}_i\\&\quad+2\boldsymbol{\eta}_i^{\mathrm{T}}\boldsymbol{P}\boldsymbol{\pi}_i+2\boldsymbol{\eta}_i^{\mathrm{T}}\boldsymbol{P}\boldsymbol{\delta}_i+2\boldsymbol{\eta}_i^{\mathrm{T}}\boldsymbol{P}\boldsymbol{\psi}_i\\&\leqslant\boldsymbol{\eta}_i^{\mathrm{T}}(\boldsymbol{A}^{\mathrm{T}}\boldsymbol{P}+\boldsymbol{P}\boldsymbol{A}-2\lambda_i\boldsymbol{P}\boldsymbol{B}\boldsymbol{B}^{\mathrm{T}}\boldsymbol{P}+\sum_{\iota=1}^{3}\kappa_\iota\boldsymbol{P}\boldsymbol{P})\boldsymbol{\eta}_i\\&\quad+\frac{1}{\kappa_1}\|\boldsymbol{\pi}_i\|^2+\frac{1}{\kappa_2}\|\boldsymbol{\delta}_i\|^2+\frac{1}{\kappa_3}\|\boldsymbol{\psi}_i^2\|\end{aligned} \tag{6-20}$$

式中，κ_1、κ_2、κ_3 是正数。

考虑对应于每对共轭特征值的成对状态的演化。对于一个 $k\in\{1,2,\cdots,n_v\}$，令

$$i_1=1+n_\lambda+2k-1$$

$$i_2=1+n_\lambda+2k$$

$\boldsymbol{\eta}_{i_1}$ 和 $\boldsymbol{\eta}_{i_2}$ 的动力学方程表示为

$$\dot{\boldsymbol{\eta}}_{i_1}=(\boldsymbol{A}-\alpha_k\boldsymbol{B}^{\mathrm{T}}\boldsymbol{BP})\boldsymbol{\eta}_{i_1}-\beta_k\boldsymbol{B}^{\mathrm{T}}\boldsymbol{BP}\boldsymbol{\eta}_{i_2}+\boldsymbol{\pi}_{i_1}+\boldsymbol{\delta}_{i_1}+\boldsymbol{\psi}_{i_1}$$

$$\dot{\boldsymbol{\eta}}_{i_2}=(\boldsymbol{A}-\alpha_k\boldsymbol{B}^{\mathrm{T}}\boldsymbol{BP})\boldsymbol{\eta}_{i_2}-\beta_k\boldsymbol{B}^{\mathrm{T}}\boldsymbol{BP}\boldsymbol{\eta}_{i_1}+\boldsymbol{\pi}_{i_2}+\boldsymbol{\delta}_{i_2}+\boldsymbol{\psi}_{i_2}$$

定义

$$V_i=\boldsymbol{\eta}_{i_1}^{\mathrm{T}}\boldsymbol{P}\boldsymbol{\eta}_{i_1}+\boldsymbol{\eta}_{i_2}^{\mathrm{T}}\boldsymbol{P}\boldsymbol{\eta}_{i_2}$$

使用上面所示的动力学方程，可以用一种类似于真实特征值情况的方法来计算：

$$\begin{aligned}\dot{V}_i=&\boldsymbol{\eta}_{i_1}^{\mathrm{T}}(\boldsymbol{A}^{\mathrm{T}}\boldsymbol{P}+\boldsymbol{PA}-2\alpha_k\boldsymbol{PB}^{\mathrm{T}}\boldsymbol{BP})\boldsymbol{\eta}_{i_1}\\&+\boldsymbol{\eta}_{i_2}^{\mathrm{T}}(\boldsymbol{A}^{\mathrm{T}}\boldsymbol{P}+\boldsymbol{PA}-2\alpha_k\boldsymbol{PB}^{\mathrm{T}}\boldsymbol{BP})\boldsymbol{\eta}_{i_2}\\&+2\boldsymbol{\eta}_{i_1}^{\mathrm{T}}\boldsymbol{P}\boldsymbol{\pi}_{i_1}+2\boldsymbol{\eta}_{i_1}^{\mathrm{T}}\boldsymbol{P}\boldsymbol{\delta}_{i_1}+2\boldsymbol{\eta}_{i_1}^{\mathrm{T}}\boldsymbol{P}\boldsymbol{\psi}_{i_1}\\&+2\boldsymbol{\eta}_{i_2}^{\mathrm{T}}\boldsymbol{P}\boldsymbol{\pi}_{i_2}+2\boldsymbol{\eta}_{i_2}^{\mathrm{T}}\boldsymbol{P}\boldsymbol{\delta}_{i_2}+2\boldsymbol{\eta}_{i_2}^{\mathrm{T}}\boldsymbol{P}\boldsymbol{\psi}_{i_2}\\&\leqslant\boldsymbol{\eta}_{i_1}^{\mathrm{T}}(\boldsymbol{A}^{\mathrm{T}}\boldsymbol{P}+\boldsymbol{PA}-2\alpha_k\boldsymbol{PB}^{\mathrm{T}}\boldsymbol{BP}+\sum_{\iota=1}^{3}\kappa_\iota\boldsymbol{PP})\boldsymbol{\eta}_{i_1}\\&+\frac{1}{\kappa_1}\|\boldsymbol{\pi}_{i_1}\|^2+\frac{1}{\kappa_2}\|\boldsymbol{\delta}_{i_1}\|^2+\frac{1}{\kappa_3}\|\boldsymbol{\psi}_{i_1}\|^2\\&+\boldsymbol{\eta}_{i_2}^{\mathrm{T}}(\boldsymbol{A}^{\mathrm{T}}\boldsymbol{P}+\boldsymbol{PA}-2\alpha_k\boldsymbol{PB}^{\mathrm{T}}\boldsymbol{BP}+\sum_{\iota=1}^{3}\kappa_\iota\boldsymbol{PP})\boldsymbol{\eta}_{i_2}\\&+\frac{1}{\kappa_1}\|\boldsymbol{\pi}_{i_2}\|^2+\frac{1}{\kappa_2}\|\boldsymbol{\delta}_{i_2}\|^2+\frac{1}{\kappa_3}\|\boldsymbol{\psi}_{i_2}\|^2\end{aligned}\tag{6-21}$$

定义

$$V_0=\sum_{i=2}^{N}V_i$$

考虑到式(6-20)和式(6-21)，可以得到

$$\begin{aligned}\dot{V}_0=&\sum_{i=2}^{n_\lambda+1}\dot{V}_i+\sum_{i=n_\lambda+2}^{N}\dot{V}_i\\&\leqslant\boldsymbol{\eta}^{\mathrm{T}}\left[\boldsymbol{I}_N\otimes(\boldsymbol{A}^{\mathrm{T}}\boldsymbol{P}+\boldsymbol{PA}-2\alpha\boldsymbol{PB}^{\mathrm{T}}\boldsymbol{BP}+\sum_{\iota=1}^{3}\kappa_\iota\boldsymbol{PP})\right]\boldsymbol{\eta}\\&+\frac{1}{\kappa_1}\|\boldsymbol{\Pi}\|^2+\frac{1}{\kappa_2}\|\boldsymbol{\Delta}\|^2+\frac{1}{\kappa_3}\|\boldsymbol{\Psi}\|^2\end{aligned}\tag{6-22}$$

引理6.4：对于变换后的系统动力学方程［式(6-13)］中所示的积分项 $\|\boldsymbol{\Pi}\|^2$ 和 $\|\boldsymbol{\Delta}\|^2$，如果满足条件式(6-17)和式(6-18)，则其边界可以建立为

$$\|\boldsymbol{\Pi}\|^2\leqslant\gamma_0\int_{t-h}^{t}\boldsymbol{\eta}^{\mathrm{T}}(\tau-h)\boldsymbol{\eta}(\tau-h)\mathrm{d}\tau\tag{6-23}$$

$$\|\boldsymbol{\Delta}\|^2\leqslant\gamma_1\int_{t-h}^{t}\boldsymbol{\eta}^{\mathrm{T}}(\tau)\boldsymbol{\eta}(\tau)\mathrm{d}\tau\tag{6-24}$$

证明：根据式(6-13) 中对 $\boldsymbol{\Pi}(\boldsymbol{x})$的定义，我们有

$$\|\boldsymbol{\Pi}\|=\|(\boldsymbol{T}^{-1}\otimes\boldsymbol{I}_n)(\boldsymbol{L}\otimes\boldsymbol{BK})\boldsymbol{d}_1\|\leqslant\lambda_\sigma(\boldsymbol{T}^{-1})\|\boldsymbol{\mu}\|$$

式中，$\boldsymbol{\mu}=(\boldsymbol{L}\otimes\boldsymbol{BK})\boldsymbol{d}_1$。为了符号上的方便，让 $\boldsymbol{\mu}=[\boldsymbol{\mu}_1^{\mathrm{T}},\boldsymbol{\mu}_2^{T},\cdots,\boldsymbol{\mu}_N^{\mathrm{T}}]^{\mathrm{T}}$。接下来，根据式(6-8) 和式(6-13)，我们可以得到

$$\begin{aligned}\boldsymbol{\mu}_i&=-\boldsymbol{BK}\sum_{j=1}^{N}l_{ij}\int_{t-h}^{t}\mathrm{e}^{\boldsymbol{A}(t-\tau)}\boldsymbol{Bu}_j(\tau-h)\mathrm{d}\tau\\&=\boldsymbol{BB}^{\mathrm{T}}\boldsymbol{P}\sum_{j=1}^{N}l_{ij}\int_{t-h}^{t}\mathrm{e}^{\boldsymbol{A}(t-\tau)}\boldsymbol{BB}^{\mathrm{T}}\boldsymbol{P}\mathrm{e}^{\boldsymbol{A}h}\sum_{k=1}^{N}q_{ij}[\boldsymbol{x}_k(\tau-h)-\boldsymbol{x}_j(\tau-h)]\mathrm{d}\tau\end{aligned}$$

根据 $\boldsymbol{\eta}=(\boldsymbol{T}^{-1}\otimes\boldsymbol{I}_n)\boldsymbol{\xi}$，我们可以获得 $\boldsymbol{\xi}=(\boldsymbol{T}\otimes\boldsymbol{I}_n)\boldsymbol{\eta}$，从状态转换方程［式(6-10)］来看，我们有

$$\begin{aligned}\boldsymbol{x}_k(t)-\boldsymbol{x}_j(t)&=\boldsymbol{\xi}_k(t)-\boldsymbol{\xi}_j(t)\\&=[(\boldsymbol{T}_k-\boldsymbol{T}_j)\otimes\boldsymbol{I}_n]\boldsymbol{\eta}(t)\\&=\sum_{l=1}^{N}(T_{kl}-T_{jl})\boldsymbol{\eta}_l(t)\end{aligned}$$

式中，$\boldsymbol{T}_k$ 表示 $\boldsymbol{T}$ 的第 k 行，定义

$$\boldsymbol{\sigma}_l=\boldsymbol{BB}^{\mathrm{T}}\boldsymbol{P}\int_{t-h}^{t}\mathrm{e}^{\boldsymbol{A}(t-\tau)}\boldsymbol{BB}^{\mathrm{T}}\boldsymbol{P}\mathrm{e}^{\boldsymbol{A}h}\boldsymbol{\eta}_l(\tau-h)\mathrm{d}\tau$$

然后，根据上述结果，我们可以得到

$$\boldsymbol{\mu}_i=\sum_{j=1}^{N}l_{ij}\sum_{k=1}^{N}q_{jk}\sum_{l=1}^{N}(T_{kl}-T_{jl})\boldsymbol{\sigma}_l$$

为了符号上的方便，让 $\boldsymbol{\sigma}=[\boldsymbol{\sigma}_1^{\mathrm{T}},\boldsymbol{\sigma}_2^{\mathrm{T}},\cdots,\boldsymbol{\sigma}_N^{\mathrm{T}}]^{\mathrm{T}}$。然后可以得到下面的公式：

$$\begin{aligned}\|\boldsymbol{\mu}_i\|&\leqslant\sum_{j=1}^{N}|l_{ij}|\sum_{k=1}^{N}|q_{jk}|\|\boldsymbol{T}_k\|\|\boldsymbol{\sigma}\|+\sum_{k=1}^{N}\sum_{j=1}^{N}|l_{ij}||q_{jk}|\|\boldsymbol{T}_j\|\|\boldsymbol{\sigma}\|\\&\leqslant\sum_{j=1}^{N}|l_{ij}|\|\boldsymbol{q}_j\|_2\|\boldsymbol{T}\|_{\mathrm{F}}\|\boldsymbol{\sigma}\|+\sum_{k=1}^{N}\sum_{j=1}^{N}|l_{ij}|\|\boldsymbol{q}_k\|_2\|\boldsymbol{T}\|_{\mathrm{F}}\|\boldsymbol{\sigma}\|\\&\leqslant\|\boldsymbol{l}_i\|\|\boldsymbol{Q}\|_{\mathrm{F}}\|\boldsymbol{T}\|_{\mathrm{F}}\|\boldsymbol{\sigma}\|+\|\boldsymbol{l}_i\|\|\boldsymbol{Q}\|_{\mathrm{F}}\|\boldsymbol{T}\|_{\mathrm{F}}\|\boldsymbol{\sigma}\|\\&=2\|\boldsymbol{l}_i\|\|\boldsymbol{Q}\|_{\mathrm{F}}\|\boldsymbol{T}\|_{\mathrm{F}}\|\boldsymbol{\sigma}\|\end{aligned}$$

式中，$\boldsymbol{l}_i$ 表示 $\boldsymbol{L}$ 的第 i 行。因此，我们可以得到

$$\begin{aligned}\|\boldsymbol{\mu}\|^2&=\sum_{i=1}^{N}\|\boldsymbol{\mu}_i\|^2\\&\leqslant4\sum_{i=1}^{N}\|\boldsymbol{l}_i\|^2\|\boldsymbol{Q}\|_{\mathrm{F}}^2\|\boldsymbol{T}\|_{\mathrm{F}}^2\|\boldsymbol{\sigma}\|^2\\&=4\|\boldsymbol{L}\|_{\mathrm{F}}^2\|\boldsymbol{Q}\|_{\mathrm{F}}^2\|\boldsymbol{T}\|_{\mathrm{F}}^2\|\boldsymbol{\sigma}\|^2\end{aligned}$$

接下来，我们需要处理 $\|\boldsymbol{\sigma}\|^2$。对于引理 6.2 和式(6-17)，我们有

$$\|\boldsymbol{\sigma}_i\|^2\leqslant h\rho^2\int_{t-h}^{t}\mathrm{e}^{\boldsymbol{\omega}_1(t-\tau)}\boldsymbol{\eta}_i^{\mathrm{T}}(\tau-h)\mathrm{e}^{\boldsymbol{A}^{\mathrm{T}}h}\boldsymbol{PBB}^{\mathrm{T}}\boldsymbol{BB}^{\mathrm{T}}\boldsymbol{P}\mathrm{e}^{\boldsymbol{A}h}\boldsymbol{\eta}_i(\tau-h)\mathrm{d}\tau$$

$$\leqslant h\rho^4 e^{\boldsymbol{\omega}_1 h}\int_{t-h}^{t}\boldsymbol{\eta}_i^{\mathrm{T}}(\tau-h)e^{\boldsymbol{A}^{\mathrm{T}}h}e^{\boldsymbol{A}h}\boldsymbol{\eta}_i(\tau-h)d\tau$$

$$\leqslant h\rho^4 e^{2\boldsymbol{\omega}_1 h}\int_{t-h}^{t}\boldsymbol{\eta}_i^{\mathrm{T}}(\tau-h)\boldsymbol{\eta}_i(\tau-h)d\tau$$

接下来，$\|\boldsymbol{\sigma}\|^2$ 可以被改写为

$$\|\boldsymbol{\sigma}\|^2=\sum_{i=1}^{N}\|\boldsymbol{\sigma}_i\|^2$$

$$\leqslant h\rho^4 e^{2\boldsymbol{\omega}_1 h}\int_{t-h}^{t}\boldsymbol{\eta}_i^{\mathrm{T}}(\tau-h)\boldsymbol{\eta}_i(\tau-h)d\tau$$

因此，根据上述得到的结果，我们有

$$\|\Pi\|^2\leqslant\gamma_0\int_{t-h}^{t}\boldsymbol{\eta}_i^{\mathrm{T}}(\tau-h)\boldsymbol{\eta}_i(\tau-h)d\tau$$

证明完毕。

$\|\Delta\|$的证明与$\|\Pi\|$的证明相似，因此省略了。

引理6.5：对于变换后的系统动力学方程［式(6-13)］中的非线性项 $\Psi(\boldsymbol{x})$，可以建立一个界为

$$\|\boldsymbol{\Psi}\|^2\leqslant\gamma_2\|\boldsymbol{\eta}\|^2 \tag{6-25}$$

证明：根据式(6-13) 中对 $\Psi(\boldsymbol{x})$ 的定义，我们有

$$\|\Psi(\boldsymbol{x})\|=\|(\boldsymbol{T}^{-1}\otimes\boldsymbol{I}_n)(\boldsymbol{M}\otimes\boldsymbol{I}_n)\Phi(\boldsymbol{x})\|\leqslant\lambda_\sigma(\boldsymbol{T}^{-1})\|\boldsymbol{z}\|$$

式中，$\boldsymbol{z}=(\boldsymbol{M}\otimes\boldsymbol{I}_n)\Phi(\boldsymbol{x})$。为了符号上的方便，让 $\boldsymbol{z}=[\boldsymbol{z}_1^{\mathrm{T}},\boldsymbol{z}_2^{\mathrm{T}},\cdots,\boldsymbol{z}_N^{\mathrm{T}}]^{\mathrm{T}}$。然后根据式(6-10)，我们有

$$\boldsymbol{z}_i=\boldsymbol{\phi}(\boldsymbol{x}_i)-\sum_{k=1}^{N}r_k\boldsymbol{\phi}(\boldsymbol{x}_k)=\sum_{k=1}^{N}r_k[\boldsymbol{\phi}(\boldsymbol{x}_i)-\boldsymbol{\phi}(\boldsymbol{x}_k)]$$

接下来可以得到

$$\|\boldsymbol{z}_i\|\leqslant\sum_{k=1}^{N}|r_k|\|\boldsymbol{\phi}(\boldsymbol{x}_i)-\boldsymbol{\phi}(\boldsymbol{x}_k)\|$$

$$\leqslant\gamma\sum_{k=1}^{N}|r_k|\|\boldsymbol{x}_i-\boldsymbol{x}_k\|$$

根据引理6.4，我们可以得到

$$\|\boldsymbol{z}_i\|\leqslant\gamma\sum_{k=1}^{N}|r_k|(\|\boldsymbol{T}_i\|+\|\boldsymbol{T}_k\|)\|\boldsymbol{\eta}\|$$

$$\leqslant\gamma\|\boldsymbol{\eta}\|\Big(\sum_{k=1}^{N}|r_k|\|\boldsymbol{T}_i\|+\|\boldsymbol{r}\|\|\boldsymbol{T}\|_{\mathrm{F}}\Big)$$

因此，得到

$$
\begin{aligned}
\|\boldsymbol{z}\|^2 &= \sum_{i=1}^{N}\|\boldsymbol{z}_i\|^2 \\
&\leqslant 2\gamma^2\|\boldsymbol{\eta}\|^2\sum_{i=1}^{N}\left[\|\boldsymbol{T}_i\|^2\Big(\sum_{k=1}^{N}|r_k|\Big)^2+\|\boldsymbol{r}\|^2\|\boldsymbol{T}\|_{\mathrm{F}}^2\right] \\
&\leqslant 2\gamma^2\|\boldsymbol{\eta}\|^2\sum_{i=1}^{N}(\|\boldsymbol{T}_i\|^2N\|\boldsymbol{r}\|^2+\|\boldsymbol{r}\|^2\|\boldsymbol{T}\|_{\mathrm{F}}^2) \\
&= 4N\gamma^2\|\boldsymbol{r}\|^2\|\boldsymbol{T}\|_{\mathrm{F}}^2\|\boldsymbol{\eta}\|^2
\end{aligned}
$$

和

$$
\|\boldsymbol{\Psi}\|^2\leqslant\gamma_2\|\boldsymbol{\eta}\|^2
$$

证明完毕。

利用式(6-22)～式(6-25)，可以得到

$$
\begin{aligned}
\dot{V}_0 \leqslant\; & \boldsymbol{\eta}^{\mathrm{T}}\left[\boldsymbol{I}_N\otimes\Big(\boldsymbol{A}^{\mathrm{T}}\boldsymbol{P}+\boldsymbol{PA}-2\alpha\boldsymbol{PB}^{\mathrm{T}}\boldsymbol{BP}+\sum_{\iota=1}^{3}\kappa_\iota\boldsymbol{PP}+\frac{\gamma_2}{\kappa_3}\boldsymbol{I}_n\Big)\right]\boldsymbol{\eta} \\
& +\frac{\gamma_0}{\kappa_1}\int_{t-h}^{t}\boldsymbol{\eta}^{\mathrm{T}}(\tau-h)\boldsymbol{\eta}(\tau-h)\mathrm{d}\tau+\frac{\gamma_1}{\kappa_2}\int_{t-h}^{t}\boldsymbol{\eta}^{\mathrm{T}}(\tau)\boldsymbol{\eta}(\tau)\mathrm{d}\tau
\end{aligned}
\tag{6-26}
$$

对于式(6-26) 中所示的第一个积分项，考虑以下的 Krasovskii 函数：

$$
W_1=\mathrm{e}^h\int_{t-h}^{t}\mathrm{e}^{\tau-h}\boldsymbol{\eta}^{\mathrm{T}}(\tau-h)\boldsymbol{\eta}(\tau-h)\mathrm{d}\tau+\mathrm{e}^h\int_{t-h}^{t}\mathrm{e}^{\tau-h}\boldsymbol{\eta}^{\mathrm{T}}(\tau)\boldsymbol{\eta}(\tau)\mathrm{d}\tau \tag{6-27}
$$

对于式(6-26) 中所示的第二个积分项，考虑以下的 Krasovskii 函数：

$$
W_2=\mathrm{e}^h\int_{t-h}^{t}\mathrm{e}^{\tau-h}\boldsymbol{\eta}^{\mathrm{T}}(\tau)\boldsymbol{\eta}(\tau)\mathrm{d}\tau \tag{6-28}
$$

设计如下函数

$$
V=V_0+\frac{\gamma_0}{\kappa_1}W_1+\frac{\gamma_1}{\kappa_2}W_2 \tag{6-29}
$$

根据式(6-26) 和式(6-27)、式(6-28) 的导数，可以获得

$$
\dot{V}\leqslant\boldsymbol{\eta}^{\mathrm{T}}(t)(\boldsymbol{I}_N\otimes\boldsymbol{H})\boldsymbol{\eta}(t) \tag{6-30}
$$

式中：

$$
\begin{aligned}
\boldsymbol{H}=\; & \boldsymbol{A}^{\mathrm{T}}\boldsymbol{P}+\boldsymbol{PA}-2\alpha\boldsymbol{PB}^{\mathrm{T}}\boldsymbol{BP}+\sum_{\iota=1}^{3}\kappa_\iota\boldsymbol{PP} \\
& +\left(\frac{\gamma_0}{\kappa_1}\mathrm{e}^h+\frac{\gamma_1}{\kappa_2}\mathrm{e}^h+\frac{\gamma_2}{\kappa_3}\right)\boldsymbol{I}_n
\end{aligned}
\tag{6-31}
$$

从本节的分析中可看出，如果满足条件式(6-17)、式(6-18) 和式(6-30) 中的 $\boldsymbol{H}<\boldsymbol{0}$，控制输入［式(6-6)］将稳定在 $\boldsymbol{\eta}$。事实上，很容易看到条件式(6-17) 和式(6-18) 等同于式(6-14) 和式(6-15) 中规定的条件。从式(6-31) 可以得到，

$\boldsymbol{H}<\boldsymbol{0}$ 等价于

$$\boldsymbol{W}\boldsymbol{A}^{\mathrm{T}}+\boldsymbol{A}\boldsymbol{W}-2\alpha\boldsymbol{B}^{\mathrm{T}}\boldsymbol{B}+(\kappa_1+\kappa_2+\kappa_3)\boldsymbol{I}_n+\left(\frac{\gamma_0}{\kappa_1}\mathrm{e}^h+\frac{\gamma_1}{\kappa_2}\mathrm{e}^h+\frac{\gamma_2}{\kappa_3}\right)\boldsymbol{W}\boldsymbol{W}<\boldsymbol{0}$$

可以观察到，如果 ρ、ω_1、κ_1、κ_2、κ_3 的值较小，式(6-16) 更有可能得到满足。因此，根据对单个线性系统开发的迭代方法，可以设计出寻找式(6-14) 到式(6-16) 所示条件的可行解的算法。特别地，我们建议采用以下一步一步的算法。

① 如果 $\lambda_{\max}(\boldsymbol{A}+\boldsymbol{A}^{\mathrm{T}})>0$，那么 $\omega_1=\lambda_{\max}(\boldsymbol{A}+\boldsymbol{A}^{\mathrm{T}})$；否则 $\omega_1=0$。

② 将 ρ、ω_1、κ_1、κ_2、κ_3 的值固定为一些常数，其中 $\tilde{\omega}_1>\omega_1$，$\tilde{\rho}$，$\tilde{\kappa}_1$，$\tilde{\kappa}_2$，$\tilde{\kappa}_3>0$。初步猜测 $\tilde{\rho}$、$\tilde{\kappa}_1$、$\tilde{\kappa}_2$、$\tilde{\kappa}_3$ 的值。

③ 用固定值求解 $\boldsymbol{W}$ 的线性矩阵不等式方程［式(6-16)］；如果找不到 $\boldsymbol{W}$ 的可行值，则返回到步骤②，并重置 $\tilde{\rho}$、$\tilde{\kappa}_1$、$\tilde{\kappa}_2$、$\tilde{\kappa}_3$ 的值。

④ 用步骤③中得到的 $\boldsymbol{W}$ 的可行值求解 ρ 的线性矩阵不等式方程［式(6-14)］，确保 ρ 的值最小。

⑤ 如果满足条件 $\tilde{\rho}\geqslant\rho$，则 $\tilde{\rho}$、$\tilde{\omega}_1$、$\tilde{\kappa}_1$、$\tilde{\kappa}_2$、$\tilde{\kappa}_3$、$\boldsymbol{W}$ 是定理 6.1 的可行解；否则，设置 $\tilde{\rho}=\rho$ 并返回到步骤③。

备注 6.2：给定输入延迟 h 和利普希茨常数 γ，得出结论，即一个可行的解的存在与矩阵（$\boldsymbol{A}$,$\boldsymbol{B}$）和拉普拉斯矩阵 $\boldsymbol{L}$ 有关的结论。此外，由于 h 和 γ 的值是固定的，且不是 γ 的决策变量，如果 h 和 γ 的值太大，一个可行的解决方案可能不存在。因此，如果 $\tilde{\rho}$，$\tilde{\kappa}_1$，$\tilde{\kappa}_2$，$\tilde{\kappa}_3$ 的值超出了预设的范围，则应该在算法中添加一个触发器来停止迭代过程。

6.3 仿真结果

本节进行了一个仿真研究来证明所提出的控制设计的有效性。考虑一个如图 6.1 所示的四个智能体的连接。第 i 个主体的动力学方程用二阶模型描述为

$$\dot{\boldsymbol{x}}_i(t)=\begin{bmatrix}-0.09 & 1\\ -1 & -0.09\end{bmatrix}\boldsymbol{x}_i(t)+g\begin{bmatrix}\sin(x_{i1}(t))\\ 0\end{bmatrix}+\begin{bmatrix}0\\ 1\end{bmatrix}u(t-0.1)$$

该系统的线性部分代表了一个衰减的振荡器。系统的时延为 0.1s，Lipschitz

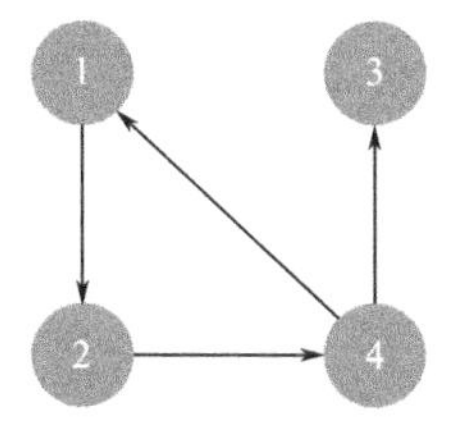

图 6.1　通信拓扑

常数为 $\gamma=g$。Lipschitz 矩阵表示为

$$\boldsymbol{L}=\begin{bmatrix}1 & 0 & 0 & -1\\ -1 & 1 & 0 & 0\\ 0 & 0 & 1 & -1\\ 0 & -1 & 0 & 1\end{bmatrix}$$

可以获得

$$\boldsymbol{J}=\begin{bmatrix}0 & 0 & 0 & 0\\ 0 & 1 & 0 & 0\\ 0 & 0 & \frac{3}{2} & \frac{\sqrt{3}}{2}\\ 0 & 0 & -\frac{\sqrt{3}}{2} & \frac{3}{2}\end{bmatrix}$$

$\alpha=1$，$\boldsymbol{r}^{\mathrm{T}}=\left[\frac{1}{3},\ \frac{1}{3},\ 0,\ \frac{1}{3}\right]$

在这种情况下，选择 $\gamma=g=0.03$，智能体的初始条件为 $\boldsymbol{x}_1(\theta)=[1,1]^{\mathrm{T}}$，$\boldsymbol{x}_2(\theta)=[0,0]^{\mathrm{T}}$，$\boldsymbol{x}_3(\theta)=[0.3,0.5]^{\mathrm{T}}$，$\boldsymbol{x}_4(\theta)=[0.5,0.3]^{\mathrm{T}}$，$\boldsymbol{u}(\theta)=[0,0,0,0]^{\mathrm{T}}$，对于 $\theta\in[-h,\ 0]$。利用 $\omega_1=0$，$\rho=0.05$，$\kappa_1=\kappa_2=0.01$ 和 $\kappa_3=0.1$ 的值，得到了反馈增益 $\boldsymbol{K}$ 的可行解：

$$\boldsymbol{K}=[-0.0021\quad -0.0658]$$

图 6.2 和图 6.3 显示了所有智能体的一致性误差的仿真结果。显然，定理 6.1 中规定的条件足以使控制增益达到一致性控制。在没有重新调整控制增益的情况下，对于具有更大的延迟（0.5s）和更大的 Lipschitz 常数（$g=0.15$）的多智能体系统仍然可以实现一致性控制，如图 6.4 和图 6.5 所示，这表明在给定的输入延迟和 Lipschitz 条件下，控制增益设计的条件可能是保守的。

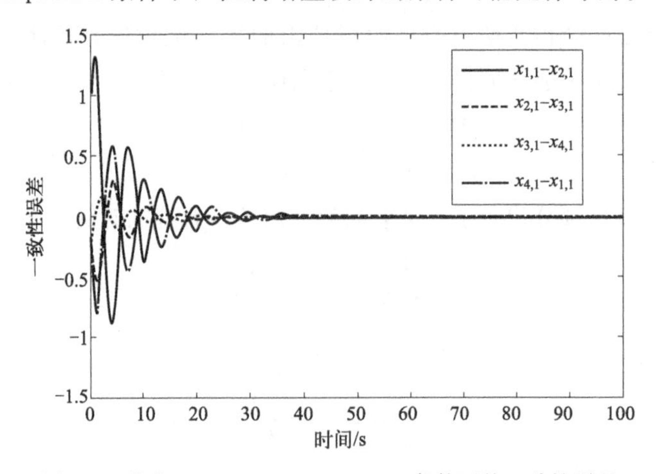

图 6.2　状态 1 于 $h=0.1$，$g=0.03$ 条件下的一致性误差

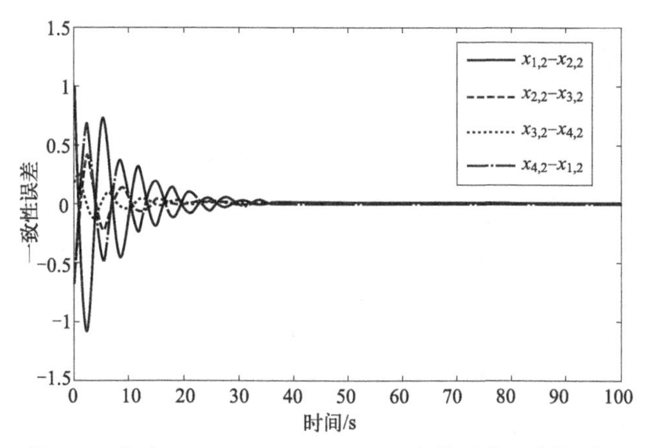

图 6.3　状态 2 于 $h=0.1$，$g=0.03$ 条件下的一致性误差

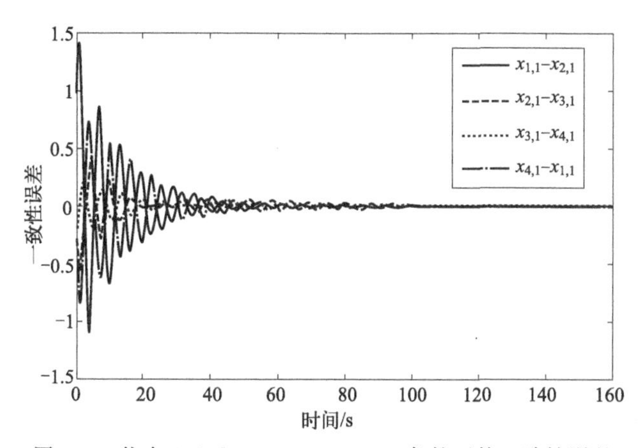

图 6.4　状态 1 于 $h=0.5$，$g=0.15$ 条件下的一致性误差

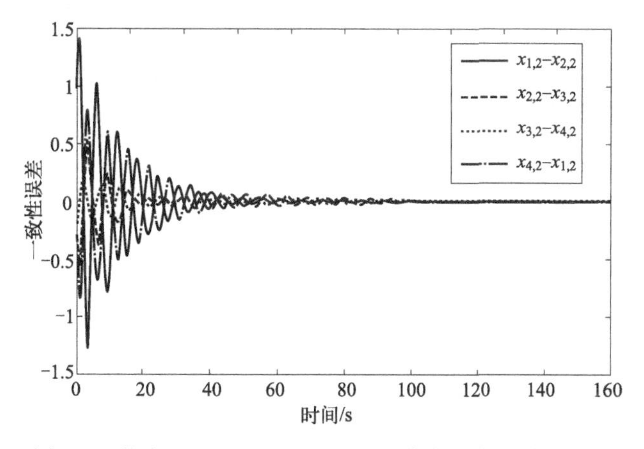

图 6.5　状态 2 于 $h=0.5$，$g=0.15$ 条件下的一致性误差

6.4 本章小结

本章研究了非线性和输入延迟对一致性控制的影响。这个输入延迟可能代表了网络通信中的一些延迟。针对一类具有输入时延的 Lipschitz 非线性多智能体系统，提出了一种基于截断预测的控制设计方法。在 Lyapunov-Krasovskii 泛函的系统框架中给出了一个完整的一致性分析。推导了多智能体系统在时域内保证全局一致性的充分条件，这些条件可以用带有一组迭代参数的线性矩阵模型来求解。这一结果将最近关于截断预测器的工作扩展到非线性多智能体系统。仿真结果表明，所提出的条件具有一定的有效性。

第7章

具有测量噪声的多智能体系统协同控制

上一章中，讨论了具有输入时延的多智能体系统协同控制相关概念和协议设计思路，节点系统自身具有的时滞会使得很多考虑实时传输的控制协议无效。除输入时延会对协议控制性能产生影响外，在实际网络环境中还有一种不确定性也时时刻刻影响着信息的实时性和精确度，即测量噪声（也称通信噪声）。实际环境中，噪声是不可避免的，基本上存在于所有的实际系统当中，它常常伴随着系统的出现而出现。

多智能体系统往往具有复杂的通信拓扑结构，在智能体状态信息以及控制协议的更新中首先需要进行智能体信息的获取和传递，多智能体系统分布式一致性协议往往依赖于邻居的相对状态，其控制性能在很大程度上取决于通信网络中所共享的信息的精度。而对于处于噪声环境中的多智能体系统，测量噪声的存在污染了其邻居之间信息的传输，直接影响了智能体对邻居实际状态信息的获取以及对邻居状态的感知，使得获得的邻居状态信息不准确，智能体之间的通信质量变差，从而影响了协议的控制性能；此外，还导致很多经典的多智能体系统协同协议不再适用。另外，在存在测量/通信噪声的情况下，智能体信息的不精确以及信息的误差会降低整个系统的性能并可能导致智能体控制上的分歧。随机噪声的存在，通常会使得描述系统的闭环方程变成一个不容易处理的随机微分方程。

最初提出 Visek 模型[120] 时就已采用数值模拟的方法研究了噪声的影响，但随后的研究逐渐很少考虑通信噪声对系统所造成的影响，且考虑测量噪声时多采用数值模拟的研究方法来处理，尚无成熟的理论分析方法。此外，前文的章节中所讨论的无噪声一致性是寻求在确定的共同值上达成一致，这对于测量噪声下的一致性不再有效。此种情况下所实现的一致性寻求的是几乎肯定地或在均方意义上达成共同随机值的一致，这意味着一些随机性质，应确定或量化诸如数学期望和方差之类的参数。另一方面，如果除了测量噪声之外，通信还受到其他约束，则多智能体系统的一致性问题研究将更加困难，如上一章中所考虑的输入延迟，两者的共同作用会使得协议设计过程中将面临一个随机微分延迟方程，该方程需要进一步的特定随机工具来分析。若读者阅读过一些关于随机过程的参考文献，将能更好地理解此过程。

测量噪声根据噪声强度随时间的变化可分为常值噪声和时变噪声；根据引入噪声的方式可分为加性噪声与乘性噪声，这是目前较为普遍的分类方法。假定 $y(t)$ 是一个信号，$d(t)$ 是一个噪声，则加性噪声可表示为 $y(t)+d(t)$，而乘性噪声表示为 $y(t)[1+d(t)]$。

乘性噪声也称为相对状态噪声，是一类依赖于系统相对状态（或信号）的噪声信号，其噪声强度取决于相对状态，可以是它们的线性或非线性函数。它随着信号的存在而存在，当信号 $y(t)$ 消失后，乘性噪声也会随之消失。如对数量化器[121] 的使用，量化引入的不确定关系由随机框架中的相对状态相关白噪声建模；如通过模拟衰落信道测量相对状态，测量的不确定性也是乘性噪声。又如在一些配备了与传感器集成的无线电的多机器人或无人机系统中，这些传感器通过将智能体的状态传输给其邻居来确保智能体之间的通信。由于不可靠的通信，这些传输状态将被延迟，并且容易产生一些噪声，这些噪声的强度取决于发射器和接收器之间的距离。具有乘性噪声的多智能体网络有一个显著特征：在分布式信息体系结构中，整个网络的不确定性的动态演化与智能体状态的动态演化相互作用，与智能体状态的动态演化耦合。这样的动态耦合和相互作用给这类不确定多智能体网络的控制协议设计和闭环分析带来了本质困难。特别是，即使是随机微分方程中的扰动部分也取决于相对状态，这种随机系统的稳定性分析需要一些随机工具的介入。

加性噪声独立于状态噪声强度函数，抑制并干扰着有用信号，影响分布式通信中的许多潜在特性，不可避免地会对通信造成危害。典型的例子如发射器或接收器噪声[122] 和无线衰落信道[123] 等。在处理通信过程中的加性噪声时，应用随机近似型增益（作为时变采样间隔）来抑制加性噪声是一种有效且使用广泛的方法。

为了克服测量噪声的影响，需要改变协同控制协议的形式以及协议设计方法，同时面临着许多需要了解和考量的问题，如测量噪声的形式和强度是什么？如何补偿测量噪声？如何选取协议设计的方法？协议的具体形式是什么？本章将考虑测量噪声对多智能体系统协同控制的影响，分别基于无领导者和领导-跟随两种情况，介绍这类多智能体系统相应的抑制或补偿测量噪声的方式以及协同控制协议的设计方法和设计流程，展开讨论含测量噪声的多智能体系统的一致性控制问题和编队控制问题。

7.1 无领导者多智能体系统

7.1.1 问题描述

面向多智能体系统的一致性或者编队控制问题，对于不考虑领导者的情况，现存的成果所呈现的效果往往是实现平均一致性，即系统中所有智能体最终实现一致的值即为智能体状态的平均值。我们考虑如下由 N 个智能体组成的多智能体系统，智能体之间信息交流方式可以由图 G 来表示，假设图 G 是无向的。在不同的情形下，多智能体系统的动力学模型也有差异，主要考虑连续时间以及离散时间两种情况，其动力学模型分别如下：

对于连续时间动态：

$$\dot{x}_i(t)=u_i(t)\quad i=1,2,\cdots,N \tag{7-1}$$

对于离散时间动态：

$$x_i(k+1)=x_i(k)+u_i(k)\quad i=1,2,\cdots,N;k=0,1,\cdots \tag{7-2}$$

式中，$x_i\in\mathbf{R}$、$u_i\in\mathbf{R}$ 分别表示第 i 个智能体的位置状态和控制输入。

下面将基于连续时间的情况，展开讨论含有测量噪声的多智能体系统协同控制问题。当我们考虑连续时间的情况时，即动力学［式(7-1)］，由于智能体间的通信过程中存在测量噪声，智能体获取到的邻居智能体状态信息并不精准。这里考虑受到加性噪声的影响，可将智能体 i 从其邻居 j 获取到的信息表示为

$$x_{ji}(t)=x_j(t)+\eta_{ji}d_{ji}(t) \tag{7-3}$$

式中，$d_{ji}(t)$ 表示在 t 时刻智能体 i 和 j 信息通道中的白噪声；η_{ji} 是信道中测量噪声的强度，当 $j\notin N_i$（N_i 为第 i 个智能体的邻居集）时，$\eta_{ji}=0$。

假设智能体可以精确测量到自己的状态信息，并且邻居状态的测量噪声是未知但有界的。这个未知但有界的测量噪声的存在，往往使得实现系统完全一致性是十分有难度的，目前一般实现的是均方一致性（mean square consensus）、强均方一致性（strong mean square consensus）、实际一致性（practical consensus）、几乎必然一致性（almost sure consensus）等。接下来将以均方一致性为例来展开介绍相应设计过程。提出的用于在加性噪声下处理一致性的协议几乎都使用减小步长或连续时间一致性增益 $a(k)$ ［或 $a(t)$］的方式来衰减噪声。该一致性增益满足如下随机近似类型条件：

假设 7.1：

收敛性条件：连续时间，$\int_0^\infty a(s)\mathrm{d}s=\infty$；离散时间，$\sum_{k=0}^{\infty}a(k)=\infty$。

假设 7.2：

鲁棒性条件：连续时间，$\int_0^\infty a^2(s)\mathrm{d}s < \infty$；离散时间，$\sum_{k=0}^{\infty} a^2(k) < \infty$。

假设 7.3： 图 G 是无向图。

定义 7.1：

强均方一致性（strong mean square consensus）：如果 $E(|x_i(t)|^2)<\infty$ $(t\geqslant 0,\ i\in \mathbf{V})$ 并且存在一个随机变量 x^*，使得对于任意的初始状态和所有的 $i\in \mathbf{V}$，$\lim\limits_{t\to\infty} E(|x_i(t)-x^*|^2)=0$，则系统实现了强均方一致性。

备注 7.1： $d_{ij}(t)(i,j=1,2,\cdots,N)$是独立标准的白噪声，则有 $\int_0^t d_{ij}(s)\mathrm{d}s = w_{ji}(t)$，$t\geqslant 0$，其中 $w_{ji}(t)(i,j=1,2,\cdots,N)$是独立标准的布朗运动。

7.1.2 协议设计

为实现具有假设 7.1 至假设 7.3 性质的多智能体系统［式(7-1)］的一致性，在协议的设计过程中常采用调节或优化邻接权值的方式来衰减噪声。其一，可利用时变的一致性增益 $a(k)$［或 $a(t)$］间接调节权值，从而衰减噪声；再直接使用实际接收到的邻居信息作为邻居状态，结合卡尔曼滤波器来设计一致性协议实现系统的均方一致，此类协议在没有通信噪声的情况下可以实现渐近一致性。其二，可设计一个最优加权邻接矩阵，以优化邻接权值的目的最小化多智能体系统的均方一致误差；然而此种方式会因时变的邻接矩阵性质和一致性增益，使得系统的状态可能会以一定概率发散[124]。此外，墨尔本大学研究员黄敏仪基于双阵列分析，提出了一种离散时间一致性控制的随机逼近型算法[125]，并在算法中引入了减小一致增益（步长），以衰减满足循环不变性的有向图中的测量噪声。接着采用了随机 Lyapunov 方法来建立连通无向图的均方[126]，并分别扩展到强连通有向图[127] 和具有生成树的有向图[128] 情形。对于离散时间模型，可利用分布式随机逼近方法[129] 以减弱通信/测量噪声的影响，该方式还可在一般框架中给出确保具有加性随机噪声的分布式一致性离散时间和连续时间模型的渐近一致的充分条件和保证闭环状态在几乎必然中有界的充分条件。

本节将基于卡尔曼滤波器方法和时变的一致性增益 $a(k)$［或 $a(t)$］来设计一致性协议，并对系统的稳定性进行分析。

对于借助一致性增益和滤波方式来设计的协同协议，现已提出了很多形式，例如下面的协议：

$$u_i(t)=a(t)\sum_{j=1}^{N} a_{ij}[x_{ji}(t)-x_i(t)],i=1,2,\cdots,N \tag{7-4}$$

式中，$a(t)$：$[0,\infty)\to(0,\infty)$，称为时变一致性增益函数，它是分段连续的且满足假设7.1和假设7.2。接下来将以该协议来介绍相应的一致性以及稳定性分析过程。

首先，为了便于计算与书写，我们定义矩阵 $\boldsymbol{\Sigma}_i=\mathrm{diag}(\eta_{1i},\cdots,\eta_{Ni}),i=1,2,\cdots,N$，以及 $\boldsymbol{\Sigma}=\mathrm{diag}(\boldsymbol{a}_1^{\mathrm{T}}\boldsymbol{\Sigma}_1,\cdots,\boldsymbol{a}_N^{\mathrm{T}}\boldsymbol{\Sigma}_n)$，后者是一个 $N\times N^2$ 维的块对角矩阵［其中 $\boldsymbol{a}_i$（$i\in\boldsymbol{V}$）是邻接矩阵 $\boldsymbol{A}$ 的第 i 行］，以及 $\boldsymbol{d}_i(t)=[d_{1i}(t),\cdots,d_{Ni}(t)]^{\mathrm{T}}$ 和 $\boldsymbol{d}(t)=[\boldsymbol{d}_1^{\mathrm{T}}(t),\cdots,\boldsymbol{d}_N^{\mathrm{T}}(t)]^{\mathrm{T}}$。

然后，将设计的协议 $u_i(t)$［即式(7-4)］代入到系统动力学模型［式(7-1)］中，可得到一个受 N^2 维白噪声影响的系统：

$$\dot{\boldsymbol{X}}(t)=-\boldsymbol{a}(t)\boldsymbol{L}X(t)+\boldsymbol{a}(t)\boldsymbol{\Sigma}\boldsymbol{d}(t) \tag{7-5}$$

式中，$\boldsymbol{X}(t)=[x_1(t),x_2(t),\cdots,x_N(t)]^{\mathrm{T}}$；$\boldsymbol{L}$ 代表了图的拉普拉斯（Laplacian）矩阵。上式还可以写成随机微分方程的形式，即

$$\mathrm{d}\boldsymbol{X}(t)=-\boldsymbol{a}(t)\boldsymbol{L}\boldsymbol{X}(t)\mathrm{d}t+\boldsymbol{a}(t)\boldsymbol{\Sigma}\mathrm{d}\boldsymbol{W}(t) \tag{7-6}$$

式中，$\boldsymbol{W}(t)=[W_{11}(t),\cdots,W_{N1}(t),\cdots,W_{NN}(t)]^{\mathrm{T}}$，是一个 N^2 维的标准布朗运动。

7.1.3　一致性分析

基于以上的问题叙述和给出的协议，下面将分析在协议［式(7-4)］的控制下，是否能够实现多智能体系统式(7-1)、式(7-2)的一致性。此时，下面的定理成立：

定理7.1： 对于含有形如式(7-3)的测量噪声的无领导者多智能体系统［式(7-1)］，在协议［式(7-4)］的控制下，如果假设7.1～假设7.3成立，有

$$\lim_{t\to\infty}\max_{1\leqslant i\leqslant N}E([x_i(t)-x^*]^2)=0$$

成立，其中 x^* 代表的是一个高斯随机变量，其方差是 $\dfrac{\sum_{j=1}^{N}\sum_{j\in\boldsymbol{N}_i}\eta_{ji}^2a_{ji}^2}{N^2}\int_0^{\infty}a^2(s)\mathrm{d}s$，数学期望是 $\dfrac{1}{N}\sum_{j=1}^{N}x_j(0)$，则多智能体系统［式(7-1)］的渐近无偏均方平均一致性能够被实现。

证明： 通过式(7-6)，可以得到

$$\mathrm{d}\left(\frac{1}{N}\sum_{j=1}^{N}x_j(t)\right)=\boldsymbol{a}(t)\frac{1}{N}\boldsymbol{1}^{\mathrm{T}}\boldsymbol{\Sigma}\mathrm{d}\boldsymbol{W}(t)$$

该式可转化为如下形式：

$$\frac{1}{N}\sum_{j=1}^{N}x_j(t)=\frac{1}{N}\sum_{j=1}^{N}x_j(0)+\frac{\boldsymbol{1}^{\mathrm{T}}\boldsymbol{\Sigma}}{N}\int_0^t a(s)\mathrm{d}\boldsymbol{W}(s)$$

假设 7.2 中对 $\int_0^\infty a(s)\mathrm{d}\boldsymbol{W}(s)$ 进行了明确定义，可令

$$x^* = \frac{1}{N}\sum_{j=1}^{N} x_j(0) + \frac{\mathbf{1}^{\mathrm{T}}\boldsymbol{\Sigma}}{N}\int_0^\infty a(s)\mathrm{d}\boldsymbol{W}(s)$$

故而，当时间 $t\to\infty$ 时，可以得到

$$\lim_{t\to\infty} E\left(\left[\frac{1}{N}\sum_{j=1}^{N}(x_j(t)-x^*)\right]^2\right) = \lim_{t\to\infty} E\left(\left[\frac{\mathbf{1}^{\mathrm{T}}\boldsymbol{\Sigma}}{N}\int_t^\infty a(s)\mathrm{d}\boldsymbol{W}(s)\right]^2\right)$$

$$= \frac{\mathrm{tr}(\boldsymbol{\Sigma}\boldsymbol{\Sigma}^{\mathrm{T}})}{N^2}\int_t^\infty a^2(s)\mathrm{d}s = o(1)$$

注意到其期望为

$$E(x^*) = \frac{1}{N}\sum_{j=1}^{N} x_j(0)$$

方差为

$$\mathrm{Var}(x^*) = E\left(\left[\frac{\mathbf{1}^{\mathrm{T}}\boldsymbol{\Sigma}}{N}\int_0^\infty a(s)\mathrm{d}\boldsymbol{W}(s)\right]^2\right)$$

$$= \frac{\sum_{j=1}^{N}\sum_{j\in\mathbf{N}_i}\eta_{ji}^2 a_{ji}^2}{N^2}\int_0^\infty a^2(s)\mathrm{d}s$$

证明完毕。

通过定理 7.1 可知，对于无领导者多智能体系统 [式(7-1)]，同时系统中的测量噪声被考虑为加性噪声，该噪声影响了智能体对邻居状态信息的精确感知，接收到的邻居信息变为了实际状态与噪声的叠加 [形如式(7-3)]。在协同协议 [式(7-4)] 的控制下，该类噪声被抑制，同时也实现了多智能体系统的渐近无偏均方平均一致性。

7.1.4 编队控制

多智能体系统往往包含一些复杂的通信结构，智能体之间借助该结构进行局部通信和状态信息的传递。编队控制问题作为协同控制问题中的一个重要领域，对通信网络的结构以及质量也具有很多要求，邻居状态的精确感知也是实现精准的编队的必要条件。故而系统中的测量噪声也应该被考虑。

定义 7.2 (均方意义下编队)：给定一个连续可微的向量函数 $\boldsymbol{h}_i(t)$ 作为编队信息，如果存在一个编队中心函数 $\boldsymbol{\mu}(t)$，使得对于 $i=1,2,\cdots,N$，式子

$$\lim_{t\to\infty} E(\|\boldsymbol{x}_i(t)-\boldsymbol{h}_i(t)-\boldsymbol{\mu}(t)\|^2)=0$$

成立，则系统 [式(7-1)] 可以实现在均方意义下的编队。

构建编队误差为 $\boldsymbol{m}_i(t)=\boldsymbol{x}_i(t)-\boldsymbol{h}_i(t)$，则编队中的相对位置可以用编队误

差来描述，即

$$\boldsymbol{z}_{ji}(t)=\boldsymbol{m}_j(t)-\boldsymbol{m}_i(t)+\boldsymbol{f}_{ji}(t),\boldsymbol{f}_{ji}(t)=\eta_{ji}\boldsymbol{a}_{ji}(t)$$

利用上式中的编队误差以及相对位置，设计控制增益 k_1、k_2 为待设计的常数，可给出如下形式的编队协议：

$$\boldsymbol{u}_i(t)=k_1\boldsymbol{m}_i(t)+k_2\sum_{j\in\boldsymbol{N}_i}\boldsymbol{a}_{ij}\boldsymbol{z}_{ji}(t) \tag{7-7}$$

基于所考虑的系统［式(7-1)］和给出的协议［式(7-7)］，可得到

$$\begin{aligned}\mathrm{d}\boldsymbol{x}_i(t)&=\boldsymbol{u}_i(t)\mathrm{d}t\\&=k_1\boldsymbol{m}_j(t)\mathrm{d}t+k_2\sum_{j\in\boldsymbol{N}_i}\boldsymbol{a}_{ij}\boldsymbol{z}_{ji}(t)\mathrm{d}t\end{aligned}$$

可以转换成向量形式，如下所示：

$$\begin{aligned}\mathrm{d}\boldsymbol{x}(t)&=\boldsymbol{u}(t)\mathrm{d}t\\&=k_1\boldsymbol{m}(t)\mathrm{d}t-k_2\boldsymbol{L}\boldsymbol{m}(t)\mathrm{d}t+\mathrm{d}\boldsymbol{M}(t)\end{aligned}$$

式中，$\boldsymbol{M}(t)=k_2\sum_{i,\ j=1}^{N}\boldsymbol{a}_{ij}\int_0^t(\eta_{ji})\mathrm{d}\omega_{ji}(s)$。

存在一个正交矩阵 $\boldsymbol{\Psi}=[\boldsymbol{\psi}_1,\boldsymbol{\psi}]\in\mathbf{R}^{N\times N}$，其中 $\boldsymbol{\psi}_1=\frac{\mathbf{1}_N}{\sqrt{N}}$，$\boldsymbol{\psi}=[\boldsymbol{\psi}_2,\boldsymbol{\psi}_3,\cdots,\boldsymbol{\psi}_N]$；定义一个对角矩阵 $\boldsymbol{\Lambda}$ 满足 $\boldsymbol{\Lambda}=\mathrm{diag}(\lambda_2,\lambda_3,\cdots,\lambda_N)$，$\lambda_i$ 代表 Laplacian 矩阵的特征值，则可以得到

$$\boldsymbol{\Psi}^{-1}=\boldsymbol{\Psi}^{\mathrm{T}}=[\boldsymbol{\psi}_1,\boldsymbol{\psi}]^{\mathrm{T}}\in\mathbf{R}^{N\times N},\boldsymbol{\Psi}^{-1}\boldsymbol{L}\boldsymbol{\Psi}=\boldsymbol{J}=\begin{bmatrix}0&\mathbf{0}\\\mathbf{0}&\boldsymbol{\Lambda}\end{bmatrix}$$

重新定义一个矩阵 $\boldsymbol{Q}_{ij}=[q_{kl}]_{N\times N}$，其元素 $q_{ij}=a_{ij}$，$q_{ii}=-a_{ij}$，$i=1,2,\cdots,N,j\in\boldsymbol{N}_i$，则上述向量形式又可以简化为 $\mathrm{d}\boldsymbol{m}(t)=k_1\boldsymbol{m}(t)\mathrm{d}t-k_2\boldsymbol{L}\boldsymbol{m}(t)\mathrm{d}t+\mathrm{d}\boldsymbol{M}(t)+\mathrm{d}\boldsymbol{M}_1(t)+\mathrm{d}\boldsymbol{h}(t)$，其中 $\boldsymbol{M}_1(t)=k_2\sum_{i,\ j=1}^{N}\boldsymbol{a}_{ij}\eta_{ji}\int_0^t\boldsymbol{Q}_{ij}\otimes\boldsymbol{m}(t)\mathrm{d}\omega_{ji}(s)$。令 $\boldsymbol{\zeta}(t)=\boldsymbol{\Psi}^{-1}\boldsymbol{m}(t)$，可得

$$\mathrm{d}\boldsymbol{\zeta}(t)-k_1\boldsymbol{\zeta}(t)\mathrm{d}t\quad k_2\boldsymbol{J}\boldsymbol{\zeta}(t)\mathrm{d}t+\mathrm{d}\boldsymbol{M}_2(t)+\boldsymbol{\Psi}^{-1}\mathrm{d}\boldsymbol{h}(t)$$

式中，$\boldsymbol{M}_2(t)=k_2\sum_{i,\ j=1}^{N}\boldsymbol{a}_{ij}\eta_{ji}\int_0^t(\boldsymbol{\Psi}^{-1}\boldsymbol{Q}_{ij}\boldsymbol{\Psi}\otimes\boldsymbol{I}_n)\boldsymbol{\zeta}(t)\mathrm{d}\omega_{ji}(s)$。

另外，再令 $\boldsymbol{\varepsilon}(t)=\boldsymbol{\zeta}_1(t)$，以及 $\boldsymbol{\xi}(t)=[\zeta_2(t),\zeta_3(t),\cdots,\zeta_N(t)]^{\mathrm{T}}$，我们得到

$$\begin{cases}\mathrm{d}\boldsymbol{\varepsilon}(t)=k_1\boldsymbol{\varepsilon}(t)\mathrm{d}t+\boldsymbol{\psi}_1^{\mathrm{T}}\mathrm{d}\boldsymbol{h}(t)\\\mathrm{d}\boldsymbol{\xi}(t)=(k_1\boldsymbol{I}_{N-1})\boldsymbol{\xi}(t)\mathrm{d}t+\boldsymbol{\psi}_1^{\mathrm{T}}\boldsymbol{h}(t)\mathrm{d}t-k_2\boldsymbol{\Lambda}\boldsymbol{\xi}(t)\mathrm{d}t+\mathrm{d}\boldsymbol{M}_3(t)\end{cases} \tag{7-8}$$

式中，$\boldsymbol{M}_3(t)=\boldsymbol{M}_2(t)=k_2\sum_{i,\ j=1}^{N}\boldsymbol{a}_{ij}\eta_{ji}\int_0^t(\boldsymbol{\Psi}^{-1}\boldsymbol{Q}_{ij}\boldsymbol{\Psi}\otimes\boldsymbol{I}_n)\boldsymbol{\xi}(t)\mathrm{d}\omega_{ji}(s)$。对上

式进行积分可以得到

$$\boldsymbol{\varepsilon}(t)=\int_0^t \mathrm{e}^{k_1(t-s)}\left(\frac{\mathbf{1}_N}{\sqrt{N}}\right)\mathrm{d}\boldsymbol{h}(s)+\mathrm{e}^{k_1 t}\boldsymbol{\varepsilon}(0)$$

因为 $\boldsymbol{\Psi}\otimes\boldsymbol{I}_n$ 是非奇异矩阵，所以有如下引理成立。

引理 7.1：如果对于任意有界的初始条件，这里存在一个 $\boldsymbol{\xi}(t)$ 使得 $\lim\limits_{t\to\infty}E(\|\boldsymbol{\xi}(t)\|^2)=0$ 成立，则系统［式(7-1)］可以实现均方意义下的编队。

编队中心函数是建立在编队信息之上的。

定理 7.2：如果存在满足如下关系的编队中心函数 $\boldsymbol{\mu}(t)$，则所考虑的多智能体系统［式(7-1)］的编队控制可被实现。

$$\lim_{t\to\infty}[\boldsymbol{\mu}(t)-\boldsymbol{\mu}_0(t)-\boldsymbol{\mu}_h(t)]=0$$

定义 $\boldsymbol{S}(t)=\boldsymbol{\mu}(t)-\boldsymbol{\mu}_0(t)-\boldsymbol{\mu}_h(t)$，$n$ 为状态 x_i 的维度，其中

$$\boldsymbol{\mu}_0(t)=\mathrm{e}^{k_1 k}\left(\frac{\mathbf{1}_N}{N}\otimes\boldsymbol{I}_n\right)\boldsymbol{m}(0)$$

$$\boldsymbol{\mu}_h(t)=\frac{\mathbf{1}_N}{N}\boldsymbol{h}(t)+\int_0^t \mathrm{e}^{k_1(t-s)}\left(\frac{\mathbf{1}_N}{N}k_1\right)\boldsymbol{h}(s)\mathrm{d}s$$

证明：为了实现均方意义下编队，根据定义 7.2，需使得 $\lim\limits_{t\to\infty}E(\|\boldsymbol{x}_i(t)-\boldsymbol{h}_i(t)-\boldsymbol{\mu}(t)\|^2)=0$。从引理 7.1 可知，也就是需要实现 $\lim\limits_{t\to\infty}E(\|\boldsymbol{\psi}_1\boldsymbol{\varepsilon}-\boldsymbol{\mu}(t)\|^2)=0$，则可令编队中心函数 $\boldsymbol{\mu}(t)$ 满足

$$\boldsymbol{\mu}(t)=\frac{1}{\sqrt{N}}\boldsymbol{\varepsilon}(t)=\int_0^t \mathrm{e}^{k_1(t-s)}\left(\frac{\mathbf{1}_N}{N}\right)\mathrm{d}\boldsymbol{h}(s)+\frac{1}{\sqrt{N}}\mathrm{e}^{k_1 t}\boldsymbol{\varepsilon}(0)$$

此时 $\boldsymbol{\varepsilon}(0)=(\boldsymbol{\psi}_1^{\mathrm{T}}\otimes\boldsymbol{I}_n)\boldsymbol{m}(0)=(\boldsymbol{\psi}_1^{\mathrm{T}}\otimes\boldsymbol{I}_n)[\boldsymbol{x}(0)-\boldsymbol{h}(0)]$，使用分部积分法可得到

$$\int_0^t \mathrm{e}^{k_1(t-s)}\frac{\mathbf{1}_N}{N}\mathrm{d}\boldsymbol{h}(s)=\frac{\mathbf{1}_N}{N}\boldsymbol{h}(t)-\mathrm{e}^{k_1(t)}\frac{\mathbf{1}_N}{N}\boldsymbol{h}(0)+\int_0^t \mathrm{e}^{k_1(t-s)}k_1\frac{\mathbf{1}_N}{N}\boldsymbol{h}(s)\mathrm{d}s$$

从而可以计算得到：$\boldsymbol{S}(t)=-\mathrm{e}^{k_1 t}\left[\frac{\mathbf{1}_N}{N}\boldsymbol{h}(0)\right]$。当 $k_1<0$ 时，可得当时间趋于无穷时 $\boldsymbol{S}(t)$ 满足：

$$\lim_{t\to\infty}\boldsymbol{S}(t)=\lim_{t\to\infty}\left\{-\mathrm{e}^{k_1 t}\left[\frac{\mathbf{1}_N}{N}\boldsymbol{h}(0)\right]\right\}=\mathbf{0}$$

此时的 $\lim\limits_{t\to\infty}[\boldsymbol{\mu}(t)-\boldsymbol{\mu}_0(t)-\boldsymbol{\mu}_h(t)]=0$ 成立，故而根据定义 7.2，实现了均方意义下的编队，定理 7.2 证明完毕。

定义矩阵 $\widetilde{\boldsymbol{A}}$ 为

$$\widetilde{\boldsymbol{A}}=\begin{bmatrix}\mathbf{0} & \boldsymbol{I}_{N-1}\\ k_1\boldsymbol{I}_{N-1}-k_2\boldsymbol{\Lambda} & \mathbf{0}\end{bmatrix}$$

则式(7-8) 可以简化为

$$\mathrm{d}\boldsymbol{x}(t)=\widetilde{\boldsymbol{A}}\boldsymbol{x}(t)\mathrm{d}t+\mathrm{d}\boldsymbol{M}_4(t)+\boldsymbol{q}(t)\mathrm{d}t \tag{7-9}$$

式中，$\boldsymbol{M}_4(t)=\sum_{i=1}^{d}\int_0^t \boldsymbol{d}_i[\boldsymbol{x}_i(s)]\mathrm{d}w_i(s)$，$\boldsymbol{q}(t)=\boldsymbol{\psi}^{\mathrm{T}}\dot{\boldsymbol{h}}(t)$ 。

假设 7.4：对于任意一个矩阵 $\boldsymbol{P}_0>\boldsymbol{0}$，这里有一个矩阵 $\boldsymbol{D}_0>\boldsymbol{0}$ 使得下式成立。

$$\sum_{i=1}^{d}\boldsymbol{d}_i^{\mathrm{T}}(\boldsymbol{x})\boldsymbol{P}_0 d_i(\boldsymbol{x})\leqslant \boldsymbol{x}^{\mathrm{T}}\boldsymbol{D}_0\boldsymbol{x}(i=1,2,\cdots,d)$$

引理 7.2：假设 $\lim\limits_{x\to\infty}q(t)=0$，$\widetilde{\boldsymbol{A}}$ 是赫尔维兹矩阵，如果 $\boldsymbol{P}>0$ 并且 $\widetilde{\boldsymbol{A}}^{\mathrm{T}}\boldsymbol{P}+\boldsymbol{P}\widetilde{\boldsymbol{A}}+\boldsymbol{D}<0$，则式(7-9) 是均方渐近稳定的。

定理 7.3：当所有的假设都成立时，在控制协议［式(7-7)］的控制之下，多智能体系统［式(7-1)］可以在均方意义下实现以 $\boldsymbol{h}(t)$ 为编队信息的编队控制，其中控制参数满足

$$\frac{k_2^2\eta_1^2}{k_2-\dfrac{k_1}{\lambda_2}}<0$$

式中，$\eta_1=\max\{\eta_{ij}\,|i,j=1,2,\cdots,N\}$。

证明：选择 $\boldsymbol{P}$ 为

$$\boldsymbol{P}=\begin{bmatrix}(k_2\boldsymbol{\Lambda}-k_1\boldsymbol{I}_{N-1}) & \delta\boldsymbol{I}_{N-1}\\ \delta\boldsymbol{I}_{N-1} & \boldsymbol{I}_{N-1}\end{bmatrix}$$

令 $\boldsymbol{\Phi}(t)=\langle\boldsymbol{M}_3,\boldsymbol{P}\boldsymbol{M}_3\rangle(t)$，注意到 $\sum_{i,\ j=1}^{N}a_{ij}(\boldsymbol{\psi}^{\mathrm{T}}\boldsymbol{Q}_{ij}\boldsymbol{\psi})^{\mathrm{T}}(\boldsymbol{\psi}^{\mathrm{T}}\boldsymbol{Q}_{ij}\boldsymbol{\psi})=2\boldsymbol{\Lambda}$，故 $\boldsymbol{\Phi}(t)$ 的微分满足

$$\begin{aligned}\mathrm{d}\boldsymbol{\Phi}(t)&=\mathrm{d}\langle\boldsymbol{M}_3,\boldsymbol{P}\boldsymbol{M}_3\rangle(t)\\&\leqslant 2k_2^2\eta_1^2\boldsymbol{\xi}^{\mathrm{T}}(t)(\boldsymbol{\Lambda}\otimes\boldsymbol{I}_n)\boldsymbol{\xi}(t)\mathrm{d}t\\&\leqslant\boldsymbol{\xi}^{\mathrm{T}}(t)(\boldsymbol{D}_0\otimes\boldsymbol{I}_n)\boldsymbol{\xi}(t)\mathrm{d}t\end{aligned}$$

式中，$\boldsymbol{D}_0=2k_2^2\eta_1^2\boldsymbol{\Lambda}$。从而可以得到 $\widetilde{\boldsymbol{A}}^{\mathrm{T}}\boldsymbol{P}$ 和 $\boldsymbol{P}\widetilde{\boldsymbol{A}}$ 为

$$\widetilde{\boldsymbol{A}}^{\mathrm{T}}\boldsymbol{P}=\begin{bmatrix}k_1\delta\boldsymbol{I}_{N-1}-k_2\delta\boldsymbol{\Lambda} & k_1\boldsymbol{I}_{N-1}-k_2\boldsymbol{\Lambda}\\ k_2\boldsymbol{\Lambda}-k_1\boldsymbol{I}_{N-1} & \delta\boldsymbol{I}_{N-1}\end{bmatrix}$$

$$\boldsymbol{P}\widetilde{\boldsymbol{A}}=\begin{bmatrix}k_1\delta\boldsymbol{I}_{N-1}-k_2\delta\boldsymbol{\Lambda} & k_2\boldsymbol{\Lambda}-k_1\boldsymbol{I}_{N-1}\\ k_1\boldsymbol{I}_{N-1}-k_2\boldsymbol{\Lambda} & (\delta+k_1)\boldsymbol{I}_{N-1}\end{bmatrix}$$

可以得到

$$\widetilde{\boldsymbol{A}}^{\mathrm{T}}\boldsymbol{P}+\boldsymbol{P}\widetilde{\boldsymbol{A}}+\boldsymbol{D}_0=\begin{bmatrix}\boldsymbol{s}_1 & \boldsymbol{0}\\ \boldsymbol{0} & \boldsymbol{s}_2\end{bmatrix}$$

式中，$\boldsymbol{s}_1=2\delta(k_1\boldsymbol{I}_{N-1}-k_2\boldsymbol{\Lambda})+2k_2^2\eta_1^2\boldsymbol{\Lambda}$；$\boldsymbol{s}_2=2\delta\boldsymbol{I}_{N-1}$。当 $0>\delta>k_2^2\eta_1^2\Big/\left(k_2-\dfrac{k_1}{\lambda_2}\right)$时，$\boldsymbol{s}_1<\boldsymbol{0}$，$\boldsymbol{s}_2<\boldsymbol{0}$，所以有 $\widetilde{\boldsymbol{A}}^{\mathrm{T}}\boldsymbol{P}+\boldsymbol{P}\widetilde{\boldsymbol{A}}+\boldsymbol{D}_0<\boldsymbol{0}$。证明完毕。

7.1.5 仿真示例

示例 7.1： 针对不考虑领导者的情况，为了验证控制协议［式(7-4)］的可行性，这里考虑由 3 个智能体组成的系统，其通信拓扑结构如图 7.1 所示。

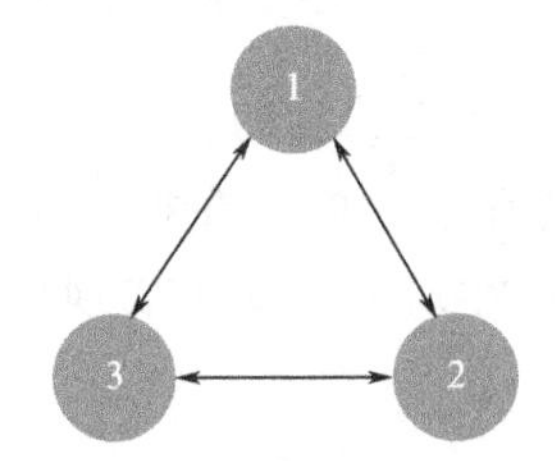

图 7.1　示例 1 的通信拓扑结构

满足 $G=(\{1,2,3\},\{(1,2),(2,1),(2,3),(3,2),(3,1),(1,3)\},\boldsymbol{A})$。此外，分别设置测量噪声的强度为 $\eta_{12}=\eta_{21}=2$，$\eta_{23}=\eta_{32}=1$，以及 $\eta_{31}=\eta_{13}=1$；所有智能体的初始状态设置为 $\boldsymbol{x}(0)=[2.5\quad -3\quad 4]^{\mathrm{T}}$，对于 $t\geqslant 0$，令 $a(t)=\dfrac{\ln(t+2)}{t+2}$。这里令前文给出的假设均成立。

仿真结果如图 7.2 所示。从图 7.2 中可看出，一开始，智能体 1、智能体 2 和智能体 3 从自身的初始位置出发并逐渐开始互相靠拢，在时间接近第 7s 时，三个智能体的状态达到了共同值，这个公共值往往是三个智能体初始状态值的平均值。故而，多智能体系统［式(7-1)］在协议［式(7-4)］的控制下，其均方一致性被实现。

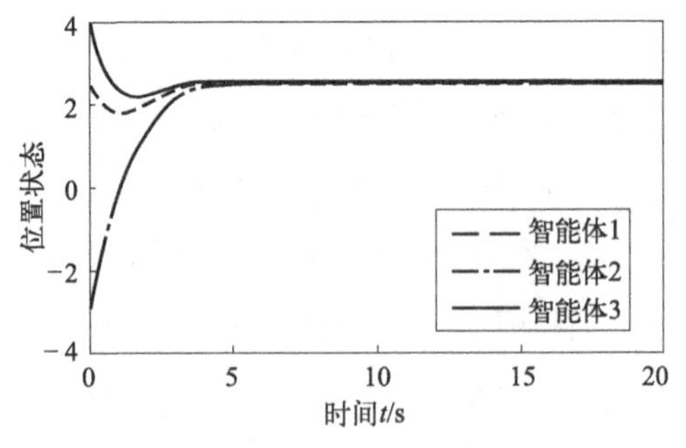

图 7.2　示例 7.1 的状态曲线

示例 7.2： 同样，这里考虑无领导者时多智能体系统［式(7-1)］的编队控制情况，为了验证控制协议［式(7-7)］的可行性，这里考虑由5个智能体组成的系统，且多智能体系统中的智能体间的通信受到测量噪声的影响。系统的拓扑结构图可用$G=(\boldsymbol{E},\boldsymbol{V},\boldsymbol{A})$表示，如图7.3所示。

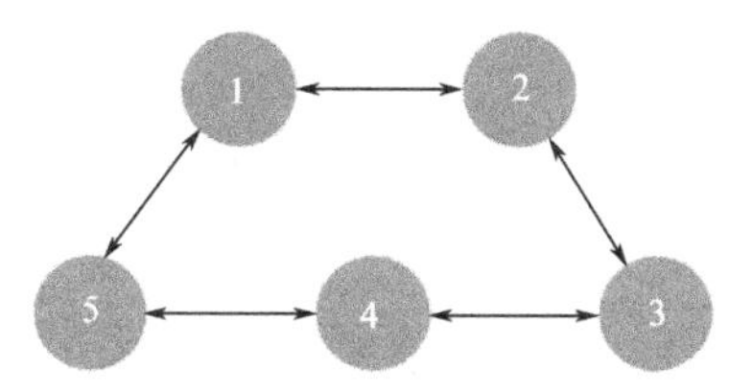

图7.3 示例7.2的交流拓扑结构

其中$\boldsymbol{E}=\{1,2,3,4,5\}$，$\boldsymbol{V}=\{(1,2),(2,3),(3,4),(4,5),(5,4),(4,3),(3,2),(2,1)\}$。控制参数$k_1$，$k_2$选取为$k_1=-0.5$，$k_2=-0.2$。设置为每一个智能体在水平$X$方向下的初始状态为$\boldsymbol{x}_X(0)=[3,0.8,-2.2,-3,-1]^{\mathrm{T}}$，在$Y$方向下设置为$\boldsymbol{x}_Y(0)=[0.7,2,2.2,-0.5,-3]^{\mathrm{T}}$。在二维平面中，设置系统的编队信息为

$$\boldsymbol{h}_i(t)=\left[3\cos\left(\frac{t}{2}+\frac{(i-1)\pi}{3}\right),3\sin\left(\frac{t}{2}+\frac{(i-1)\pi}{3}\right)\right]^{\mathrm{T}}$$

仿真结果如图7.4和图7.5所示，图7.4是五个智能体在X-Y二维平面上随时间运动的轨迹，图7.5展现了X-Y-t时空中智能体间队形随时间变化的趋势。从图7.4中可看出，每一个智能体在设置的初始位置状态出发，在编队协议的控制下，所有智能体状态随之发生变化，在近20s时实现了编队。从图7.5中可看到，所有智能体在近20s时实现了五边形编队，在50s时五个智能体仍保持着五边形队形，按照该队形继续往前运动着。可见基于给定的编队信息$h(t)$，协议［式(7-7)］使得多智能体系统［式(7-1)］实现了编队控制。

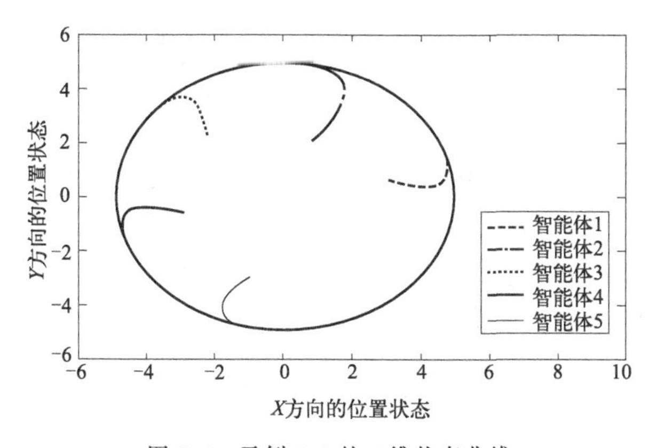

图7.4 示例7.2的二维状态曲线

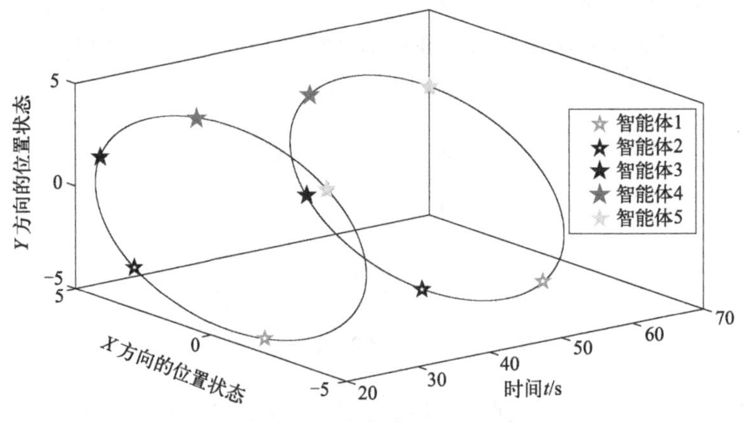

图 7.5　示例 2 的状态曲线（$t=22\text{s}$ 与 $t=50\text{s}$）

7.2　领导-跟随多智能体系统

7.2.1　问题描述

与上一节不同，这一节将考虑含有领导者的多智能体系统，即基于领导-跟随的方式研究含测量噪声的多智能体系统的一致性问题和编队控制问题。根据第 2 章中的图论知识，当我们考虑系统含有领导者时，领导者与跟随者之间的连接权值 $b_i>0$ 是指智能体 i 能够直接获得领导者的信息，否则 $b_i=0$。对于 $i\in\boldsymbol{V}$，定义矩阵 $\boldsymbol{B}=\text{diag}(b_i)$。如果图 G 中每一个节点的出度等于入度，则称图 G 是平衡的；如果任意两个节点之间都含有一条有向路径，则称图 G 是强连通的。一个平衡图并不意味着就一定是强连通的，而包含生成树的平衡有向图意味着强连通性。

在研究动态领导者-跟随者系统的分布式跟随问题时，同样假定测量噪声独立于测量值，通过在传统的跟随协议中引入衰减增益函数抑制了该类测量噪声的影响，该形式的协议在均方意义下可以保证所有跟随者能够跟随领导者的动态。

这里考虑一个由 N 个跟随者和 1 个领导者组成的领导-跟随多智能体系统，其中由 0 索引的智能体为领导者，分别由 $1,2,\cdots,N$ 索引的智能体为跟随者。同样，考虑了测量噪声对跟随者间信息通信以及跟随者与领导者间信息单向通信的影响，跟随者的动力学以及考虑的测量噪声的性质与上一节中式(7-1) 和式(7-2) 的形式相同。

领导者的动力学可描述为

$$\dot{x}_0(t)=u_0(t) \tag{7-10}$$

式中，$x_0(t)\in\mathbf{R}$，代表领导者的状态，首先假设其控制输入 $u_0(t)$ 已知。如何设计出相应形式的协同协议，克服测量噪声对系统中邻居状态传输的影响，使得跟随者智能体能够跟上领导者智能体的状态，实现领导-跟随一致性是本节的主体内容。

7.2.2 协议设计

领导-跟随一致性问题是指根据跟随者智能体及其邻居的状态信息以及领导者智能体的状态信息，设计一个分布式协议，使得每个跟随者的状态最终都会跟踪上领导者的状态，实现与领导者状态的一致。然而，由于噪声的存在，系统很难实现传统意义上的一致（即跟踪误差收敛到零或某一界内）。分别在有向固定拓扑和时变拓扑情况下，学者们提出使用速度分解技术并基于邻居去设计分布式跟踪协议去实现均方收敛[130]，或使用时变一致性增益实现考虑恒定参考状态下的一致性跟踪误差的强均方收敛[131] 和实现几乎确定收敛[132]。

给出一个一致性协议：

$$u_i(t)=a(t)\left\{\sum_{j=1}^{N}a_{ij}[x_{ji}(t)-x_i(t)]+b_i[x_{0i}(t)-x_i(t)]\right\}\tag{7-11}$$

式中，$i=1,2,\cdots,N$；$a(t)$ 与上节定义相同，是一个分段连续的函数，也是一个时变的衰减控制增益。该协议使用了自身的实际状态与受测量噪声影响后的邻居状态（包含了跟随者和领导者）的差作为基本输入（即一致性误差），并利用了时变的衰减控制增益作为控制输入增益，抑制测量噪声的影响并实现一致性误差的调控，可使得受测量噪声干扰的多智能体系统的跟踪一致性能够被实现。

为了方便，定义 $\boldsymbol{\alpha}_i$ 代表拉普拉斯矩阵 $\boldsymbol{A}$ 的第 i 行，$\boldsymbol{H}=\mathrm{diag}(\boldsymbol{\alpha}_1,\boldsymbol{\alpha}_2,\cdots,\boldsymbol{\alpha}_N)$是一个 $N\times N^2$ 维的块矩阵，$\boldsymbol{Q}=(\boldsymbol{B},\boldsymbol{H})$是一个 $N\times N(N+1)$ 维的块矩阵。定义跟随者的噪声为 $\boldsymbol{d}_i(t)=[d_{1i}(t),d_{2i}(t),\cdots,d_{Ni}(t)]^{\mathrm{T}}$，强度矩阵为 $\boldsymbol{\eta}_i=\mathrm{diag}(\eta_{0i},\eta_{1i},\cdots,\eta_{Ni})$，$\boldsymbol{\eta}=\mathrm{diag}(\eta_1,\eta_2,\cdots,\eta_N)$，当领导者和跟随者通信时，其噪声为 $\boldsymbol{d}_0(t)=[d_{01}(t),d_{02}(t),\cdots,d_{0N}(t)]^{\mathrm{T}}$。

故而，对多智能体系统［式(7-1)］而言，基于控制协议［式(7-11)］，系统的向量形式为

$$\frac{\mathrm{d}\boldsymbol{X}(t)}{\mathrm{d}t}=-a(t)(\boldsymbol{L}+\boldsymbol{B})\boldsymbol{X}(t)+a(t)\boldsymbol{B}\cdot\mathbf{1}_N x_0+a(t)\boldsymbol{Q\eta Z}(t)$$

式中，$\boldsymbol{X}(t)=[x_1,x_2,\cdots,x_n]^{\mathrm{T}}$；$\boldsymbol{Z}(t)=[\boldsymbol{d}_0^{\mathrm{T}}(t),\boldsymbol{d}_1^{\mathrm{T}}(t),\cdots,\boldsymbol{d}_N^{\mathrm{T}}(t)]$，是 $N+1$ 维的独立标准白噪声序列。根据布朗运动可得

$$\mathrm{d}\boldsymbol{X}(t)=-a(t)(\boldsymbol{L}+\boldsymbol{B})\boldsymbol{X}(t)\mathrm{d}t+a(t)\boldsymbol{B}\cdot\mathbf{1}_N x_0\mathrm{d}t+a(t)\boldsymbol{G\eta}\mathrm{d}\boldsymbol{W}(t)$$

式中，$\boldsymbol{G}=\mathrm{diag}(\sqrt{b_1^2+\mathcal{L}_{11}^2},\cdots,\sqrt{b_N^2+\mathcal{L}_{NN}^2})$。

7.2.3 一致性分析

在这一小节中，将针对上面提出的协议［式(7-11)］，对多智能体系统［式(7-1)和式(7-10)］的一致性进行分析，证明在上述协议的控制下，每个跟随者的状态都会在均方误差内收敛到领导者的状态。

本节同样是基于上一节均方一致性的定义以及测量噪声假设进行分析。首先，构造跟踪误差为$\boldsymbol{\delta}(t)=\boldsymbol{X}(t)-x_0\cdot\mathbf{1}_N$，其微分形式满足

$$\begin{aligned}\mathrm{d}\boldsymbol{\delta}(t)&=\mathrm{d}\boldsymbol{X}(t)\\&=-a(t)(\boldsymbol{L}+\boldsymbol{B})\boldsymbol{\delta}(t)\mathrm{d}t+a(t)\boldsymbol{G}\boldsymbol{\eta}\mathrm{d}\boldsymbol{W}(t)\end{aligned}$$

定理 7.4：对于由式(7-1)、式(7-3) 和式(7-10) 组成的领导-跟随多智能体系统，在一致性协议［式(7-11)］的控制下，如果假设 7.1～假设 7.3 均成立，有$\lim\limits_{t\to\infty}E(\|\boldsymbol{\delta}(t)\|^2)=0$成立，则该系统的强均方一致性被实现。

证明：通过利用 Lyapunov 方程$(\boldsymbol{L}+\boldsymbol{B})\boldsymbol{P}+\boldsymbol{P}(\boldsymbol{L}+\boldsymbol{B})^{\mathrm{T}}=\boldsymbol{I}_N$的一个独一无二的正定解$\boldsymbol{P}$，构建函数$V(t)=\boldsymbol{\delta}^{\mathrm{T}}(t)\boldsymbol{P}\boldsymbol{\delta}(t)$，对其求导并通过伊藤公式，可以得到

$$\begin{aligned}\mathrm{d}V(t)&=\mathrm{d}[\boldsymbol{\delta}^{\mathrm{T}}(t)]\cdot\boldsymbol{P}\boldsymbol{\delta}(t)+\boldsymbol{\delta}^{\mathrm{T}}(t)\boldsymbol{P}\cdot\mathrm{d}[\boldsymbol{\delta}(t)]\\&=-a(t)\boldsymbol{\delta}^{\mathrm{T}}(t)\boldsymbol{\delta}(t)\mathrm{d}t+a^2(t)\mathrm{tr}(\boldsymbol{P}\boldsymbol{G}\boldsymbol{G}^{\mathrm{T}}\boldsymbol{\eta}\boldsymbol{\eta}^{\mathrm{T}})\mathrm{d}t+2a(t)\boldsymbol{\delta}^{\mathrm{T}}(t)\boldsymbol{P}\boldsymbol{G}\boldsymbol{\eta}\mathrm{d}\boldsymbol{W}(t)\end{aligned}$$

由于$\boldsymbol{P}$是正定的，根据假设 7.3 可以得到

$$\mathrm{d}V(t)\leqslant-\frac{a(t)}{\lambda_{\max}(\boldsymbol{P})}V(t)\mathrm{d}t+a^2(t)\mathrm{tr}(\boldsymbol{P}\boldsymbol{G}\boldsymbol{G}^{\mathrm{T}}\boldsymbol{\eta}\boldsymbol{\eta}^{\mathrm{T}})\mathrm{d}t+2a(t)\boldsymbol{\delta}^{\mathrm{T}}(t)\boldsymbol{P}\boldsymbol{G}\boldsymbol{\eta}\mathrm{d}\boldsymbol{W}(t)$$

对于任意给定的$t_0\geqslant0$和$T\geqslant t_0$，$\tau_K^{t_0}=\inf\{t\geqslant t_0\mid\boldsymbol{\delta}^{\mathrm{T}}(t)\boldsymbol{P}\boldsymbol{\delta}(t)\geqslant K\}$，这里的$K$是一个正整数，可知

$$\begin{aligned}&E(V(t\wedge\tau_K^{t_0}))-E(V(t_0))\\&\leqslant-\frac{1}{\lambda_{\max}(\boldsymbol{P})}\int_{t_0}^{t}a(s)E(V(s\wedge\tau_K^{t_0}))\mathrm{d}s+\mathrm{tr}(\boldsymbol{P}\boldsymbol{G}\boldsymbol{G}^{\mathrm{T}}\boldsymbol{\eta}\boldsymbol{\eta}^{\mathrm{T}})\int_{t_0}^{t}a^2(s)\mathrm{d}s\\&\leqslant\mathrm{tr}(\boldsymbol{P}\boldsymbol{G}\boldsymbol{G}^{\mathrm{T}})\int_{t_0}^{t}a^2(s)\mathrm{d}s,\ t_0\leqslant\forall t\leqslant T\end{aligned}$$

也就是意味着存在一个常数M_{t_0}，使得对于$t_0\leqslant\forall t\leqslant T$，$E(V(t\wedge\tau_K^{t_0}))\leqslant M_{t_0}<\infty$成立。由上述不等式和法图引理可知$\sup\limits_{t_0\leqslant t\leqslant T}E(V(t))\leqslant M_{t_0}$，所以当$t_0\leqslant t\leqslant T$时，有

$$E\left(\int_{t_0}^{t} a^2(s)V(s)\mathrm{d}s\right) \leqslant \sup_{t_0\leqslant t\leqslant T} E(V(t))\int_{t_0}^{T} a^2(s)\mathrm{d}s$$

$$\leqslant M_{t_0}\int_{t_0}^{T} a^2(s)\mathrm{d}s \leqslant \infty$$

故而，可得当 $0\leqslant t_0\leqslant t$ 时，有

$$E\left(\int_{t_0}^{t} a^2(s)V(s)\mathrm{d}s\right) \leqslant \infty$$

因为 $\int_{t_0}^{t} a^2(s)\|\boldsymbol{\delta}^{\mathrm{T}}(s)\boldsymbol{PG\eta}\|^2\mathrm{d}s \leqslant \|\boldsymbol{P}\|\|\boldsymbol{G\eta}\|^2 E\left(\int_{t_0}^{t} a^2(s)V(s)\mathrm{d}s\right)$，并且对于任何 $t\geqslant 0$ 和 $h>0$，容易得到

$$E(V(t+h))-E(V(t))$$

$$\leqslant -\frac{1}{\lambda_{\max}(\boldsymbol{P})}\int_{t}^{t+h} a(s)E(V(s))\mathrm{d}s + \mathrm{tr}(\boldsymbol{PGG}^{\mathrm{T}}\boldsymbol{\eta\eta}^{\mathrm{T}})\int_{t}^{t+h} a^2(s)\mathrm{d}s$$

进一步得到

$$\lim_{h\to 0}\sup_{t_0\leqslant t\leqslant T}\frac{E(V(t+h))-E(V(t))}{h}$$

$$\leqslant -\frac{a(t)}{\lambda_{\max}(\boldsymbol{P})}V(t)+a^2(t)\mathrm{tr}(\boldsymbol{PGG}^{\mathrm{T}}\boldsymbol{\eta\eta}^{\mathrm{T}})$$

从而可得到

$$E(V(t)) \leqslant E(V(0))\exp\left[-\frac{1}{\lambda_{\max}(\boldsymbol{P})}\int_{0}^{t} a(s)\mathrm{d}s\right]$$

$$+\mathrm{tr}(\boldsymbol{PGG}^{\mathrm{T}}\boldsymbol{\eta\eta}^{\mathrm{T}})\int_{0}^{t} a^2(s)\exp\left[-\frac{1}{\lambda_{\max}(\boldsymbol{P})}\int_{s}^{t} a(\tau)\mathrm{d}\tau\right]\mathrm{d}s$$

根据假设 7.2 可知，对于任意给定的 $\varepsilon>0$ 都会有一个 t_0 使得 $\int_{t_0}^{\infty} a^2(s)\mathrm{d}s < \varepsilon$ 成立，所以当 $t\to\infty$ 时，有

$$\mathrm{tr}(\boldsymbol{PGG}^{\mathrm{T}}\boldsymbol{\eta\eta}^{\mathrm{T}})\int_{0}^{t} a^2(s)\exp\left[-\frac{1}{\lambda_{\max}(\boldsymbol{P})}\int_{s}^{t} a(\tau)\mathrm{d}\tau\right]\mathrm{d}s$$

$$\leqslant \mathrm{tr}(\boldsymbol{PGG}^{\mathrm{T}}\boldsymbol{\eta\eta}^{\mathrm{T}})\exp\left[-\frac{1}{\lambda_{\max}(\boldsymbol{P})}\int_{t_0}^{t} a(\tau)\mathrm{d}\tau\right]\int_{0}^{\infty} a^2(s)\mathrm{d}s + \mathrm{tr}(\boldsymbol{PGG}^{\mathrm{T}}\boldsymbol{\eta\eta}^{\mathrm{T}})\int_{t_0}^{\infty} a^2(s)\mathrm{d}s$$

$$\leqslant o(1)+\mathrm{tr}(\boldsymbol{PGG}^{\mathrm{T}}\boldsymbol{\eta\eta}^{\mathrm{T}})\varepsilon$$

因为 ε 是任意给定的，所以

$$\lim_{t\to\infty}\mathrm{tr}(\boldsymbol{PGG}^{\mathrm{T}}\boldsymbol{\eta\eta}^{\mathrm{T}})\int_{0}^{t} a^2(s)\exp\left[-\frac{1}{\lambda_{\max}(\boldsymbol{P})}\int_{s}^{t} a(\tau)\mathrm{d}\tau\right]\mathrm{d}s=0$$

故而，当 $t\to\infty$ 时，$E(V(t))\leqslant 0$；又因为 $\|\boldsymbol{\delta}(t)\|^2\leqslant\frac{V(t)}{\lambda_{\min}(\boldsymbol{P})}$，最终可得到

$$\lim_{t\to\infty}E(\|\boldsymbol{\delta}(t)\|^2\leqslant\lim_{t\to\infty}\frac{V(t)}{\lambda_{\min}(\boldsymbol{P})}=0$$

因此，系统［式(7-1)、式(7-2)、式(7-10)］可以实现强均方一致性。证明完毕。

7.2.4 编队控制

本节将考虑一个含有测量噪声的多智能体系统的编队控制问题[133-135]。该系统由 n 个跟随者和 m 个领导者组成，$\mathbf{V}_f$ 是跟随智能体的集合，$\mathbf{V}_l$ 是领导智能体的集合。每一个智能体的动力学的离散形式可以描述为

$$x_i(k+1)=x_i(k)+u_i(k),i\in\{1,2,\cdots,n+m\} \tag{7-12}$$

式中，$x_i\in\mathbf{R}$ 和 $u_i\in\mathbf{R}$ 分别代表智能体 i 的状态和输入。

同样地，我们考虑信道中存在测量噪声，该噪声的形式假设为加性噪声，则从智能体 j 获取到的状态信息表示为

$$x_{ji}(k)=x_j(k)+\eta_{ji}d_{ji}(k)$$

式中，$d_{ji}(k)$ 是标准的白噪声，与上一节所讨论的白噪声有相同的性质。为了实现该类系统的编队控制，如下关于分布式编队以及包含控制在均方意义上的定义是十分有必要的。

定义 7.3（均方编队）：对于系统［式(7-12)］，给定编队信息 $h_i(i\in\mathbf{V}_f)$，如果对于任意两个智能体，即 $\forall i$，$j\in\mathbf{V}_f$，都有 $\lim\limits_{k\to\infty}E(\{[x_i(k)-h_i]-[x_j(k)-h_j]\}^2)=0$，则该多智能体系统能够实现均方编队。

定义 7.4（均方包含）：对于多智能体系统［式(7-12)］，如果对于任意两个跟随者，即对于 $\forall i\in\mathbf{V}_f$，$\lim\limits_{k\to\infty}E(\mathrm{dist}^2((x_i(k),\mathrm{co}\{\mathbf{V}_l\}))=0$[1] 成立，则智能体能够实现均方包含。其中 $\mathrm{co}\{\mathbf{V}_l\}=\mathrm{co}\{x_i\,|i\in\mathbf{V}_l\}$。

本节的目标就是设计相应的分布式编队控制协议，使得多智能体系统［式(7-12)］可以实现均方意义下的编队控制。

对于跟随者来说，给出如下的控制协议：

$$u_i(k)=c_1(k)\sum_{j\in\mathbf{V}}a_{ij}(k)[x_{ji}(k)-x_i(k)],i\in\mathbf{V}_f \tag{7-13}$$

式中，$\mathbf{V}=\mathbf{V}_f\cup\mathbf{V}_l$。

对于领导者来说，给出如下的控制协议：

$$u_i(k)=c_2(k)\sum_{j\in\mathbf{V}_l}b_{ij}(k)[x_{ji}(k)-h_j-x_i(k)+h_i],i\in\mathbf{V}_l \tag{7-14}$$

[1] 式中，$\mathrm{dist}(x,\boldsymbol{S})$表示 2-范数意义上从 x 到集合$\boldsymbol{S}$ 的距离；$\mathrm{co}\{\mathbf{V}_l\}$表示$\mathbf{V}_l$ 的凸集，即由集合$\mathbf{V}_l$ 内元素组成的多项式，对应的系数大于或等于 0 且系数之和为 1。

式中，$c_1(k)$ 和 $c_2(k)$ 大于0，类似于上一节提到的时变衰减函数，它们需满足下列条件：

$$\begin{aligned}&\sum_{k=1}^{\infty}c_1(k)=+\infty,\lim_{k\to\infty}c_1(k)=0\\&\sum_{k=1}^{\infty}c_2(k)=+\infty,\sum_{k=1}^{\infty}c_2^2(k)<+\infty\end{aligned}\tag{7-15}$$

为了实现相应的控制目标，此处给出如下假设：

假设7.5：假设对于 $i=1,2,0<\inf\limits_{k\in\mathbf{Z}^+}\dfrac{c_i(k)}{c_i(k+1)}\leqslant\sup\limits_{k\in\mathbf{Z}^+}\dfrac{c_i(k)}{c_i(k+1)}<+\infty$ 成立。

定理7.5：对于领导-跟随多智能体系统［式(7-12)］，在一致性协议［式(7-13)和式(7-14)］的控制下，如果假设7.1～假设7.4均成立，有

$$\lim_{t\to\infty}E(\|\boldsymbol{\delta}(t)\|^2)=0$$

则该系统的强均方一致性被实现。

证明：定义 $\boldsymbol{X}_f=[x_1,x_2,\cdots,x_{nf}]^{\mathrm{T}}$ 和 $\boldsymbol{X}_l=[x_{nf+1},x_{nf+2},\cdots,x_m]^{\mathrm{T}}$。基于控制协议的控制，我们可以得到多智能体系统［式(7-12)］可转变为如下的向量形式：

$$\boldsymbol{X}_f(k+1)=[\boldsymbol{I}-c_1(k)\boldsymbol{A}(k)]\boldsymbol{X}_f(k)-c_1(k)\boldsymbol{B}(k)\boldsymbol{X}_l(k)+c_1(k)\boldsymbol{W}_f(k)$$

$$\overline{\boldsymbol{X}}_l(k+1)=[\boldsymbol{I}-c_2(k)\boldsymbol{L}_l(k)]\overline{\boldsymbol{X}}_l(k)+c_2(k)\boldsymbol{W}_l(k)$$

其中

$$\overline{\boldsymbol{X}}_l(k)=\boldsymbol{X}_l(k)-\boldsymbol{H},\boldsymbol{H}=[h_1\quad h_2\quad\cdots\quad h_{nl}]^{\mathrm{T}}$$

$$\boldsymbol{W}_f(k)=[w_{f,1}\quad\cdots\quad w_{f,nf}]^{\mathrm{T}},w_{f,i}=\sum_{j=1}^{n}a_{ij}(k)w_{i,j}(k)$$

$$\boldsymbol{W}_l(k)=[w_{l,1}\quad\cdots\quad w_{l,nl}]^{\mathrm{T}},w_{l,i}=\sum_{j=1}^{n}b_{ij}(k)w_{i,j}(k)$$

基于假设7.1，$\{\boldsymbol{W}_f(k),\boldsymbol{W}_l(k)\}$是具有一致有界协方差的白噪声，定义矩阵$\boldsymbol{A}(k)$和$\boldsymbol{L}_l(k)$分别由以下元素构成：

$$A^{ij}(k)=\begin{cases}\sum\limits_{s=1}^{n}a_{is}(k),i=j\\-a_{ij}(k),i\neq j\end{cases}\qquad B^{ij}(k)=-a_{i,nf+j}(k)$$

$$L_l^{ij}(k)=\begin{cases}\sum_{s=1}^{nl} b_{is}(k), i=j\\ -b_{ij}(k), i\neq j\end{cases}$$

明显地，$\boldsymbol{A}(k)\boldsymbol{1}_{nf}+\boldsymbol{B}(k)\boldsymbol{1}_{nl}=\boldsymbol{0}$。因为由 $\boldsymbol{V}_l$ 形成的子图是平衡的，所以存在一个正交矩阵 $\boldsymbol{P}=\begin{bmatrix}\frac{1}{nl}\boldsymbol{1}_{nl} & \boldsymbol{\psi}\end{bmatrix}$，其中 $\boldsymbol{\psi}\in\mathbf{R}^{nl\times(nl-1)}$ 是正交于向量 $\boldsymbol{1}_{nl}$ 的，并且使得 $\hat{\boldsymbol{L}}_l(k)$ 满足 $\hat{\boldsymbol{L}}_l(k)=\boldsymbol{P}\mathrm{diag}(0,\hat{\boldsymbol{L}}_{l,1}(k))\boldsymbol{P}^{\mathrm{T}}$，$\hat{\boldsymbol{L}}_{l,1}(k)=\boldsymbol{L}_l(k)+\boldsymbol{L}_l^{\mathrm{T}}(k)$。当子图包含一个统一的联合生成树时，存在 $h>0$ 使得对于任意 $k\geqslant 0$，在时间区间 $[k,k+h)$ 上的子图的并集包含了一棵生成树，并且有 $\sum_{i=k}^{k+h-1}\hat{\boldsymbol{L}}_{l,1}(i)>\boldsymbol{0}$。所以，若定义

$$\lambda_l\triangleq\inf_{k\geqslant 0}\min_j\mathrm{Re}\left(\lambda_i\left(\sum_{i=kh}^{(k+1)h-1}\hat{\boldsymbol{L}}_{l,1}(i)\right)\right)>0$$

$$\hat{\boldsymbol{X}}_l(k)=\boldsymbol{P}^{\mathrm{T}}\overline{\boldsymbol{X}}_l(k)\triangleq[\hat{\boldsymbol{X}}_{l,1}(k),\hat{\boldsymbol{X}}_{l,2}^{\mathrm{T}}(k)]^{\mathrm{T}}$$

式中，$\hat{\boldsymbol{X}}_{l,1}(k)\in\mathbf{R}$，$\hat{\boldsymbol{X}}_{l,2}(k)\in\mathbf{R}^{nl-1}$，可以知道

$$\hat{\boldsymbol{X}}_l(k+1)=[\boldsymbol{I}-c_2(k)\boldsymbol{P}^{-1}\boldsymbol{L}_l(k)\boldsymbol{P}]\hat{\boldsymbol{X}}_l(k)+c_2(k)\boldsymbol{P}^{\mathrm{T}}\boldsymbol{W}_l(k)$$

和

$$\hat{\boldsymbol{X}}_{l,2}(k+1)=[\boldsymbol{I}-c_2(k)\boldsymbol{L}_{l,1}(k)\boldsymbol{P}]\hat{\boldsymbol{X}}_{l,2}(k)+c_2(k)\boldsymbol{\psi}^{\mathrm{T}}\boldsymbol{W}_l(k)$$

这里的 $\boldsymbol{L}_{l,1}(k)$ 是由删除了第一行和第一列的 $\boldsymbol{P}^{\mathrm{T}}\boldsymbol{L}_l\boldsymbol{P}$ 导出的，$\hat{\boldsymbol{L}}_{l,1}(k)=\boldsymbol{L}_{l,1}(k)+\boldsymbol{L}_{l,1}^{\mathrm{T}}(k)$ 成立。因为 $c_2(k)$ 满足假设 7.5，则存在常数使得 $C_{l,h}c_2(kh)\leqslant c_2(kh+i)\leqslant C_{u,h}c_2(kh)$，$i=0,1,\cdots,h-1$ 成立。令 $\overline{C}=\sup_{k\geqslant 0}c_2(k)$，可知 $0<\overline{C}<+\infty$。然后可得到

$$\begin{aligned}\|\boldsymbol{\Pi}_{(k+1)h-1,kh}^{\boldsymbol{I}-c_2\boldsymbol{L}_{l,1}}\|_2^2&=\|\boldsymbol{\Pi}_{(k+1)h-1,kh}^{\boldsymbol{I}-c_2\boldsymbol{L}_{l,1}}(\boldsymbol{\Pi}_{(k+1)h-1,kh}^{\boldsymbol{I}-c_2\boldsymbol{L}_{l,1}})^{\mathrm{T}}\|_2\text{[1]}\\&\leqslant\|\boldsymbol{I}-\sum_{i=kh}^{(k+1)h-1}c(i)\hat{\boldsymbol{L}}_{L,1}(i)\|_2+\|\boldsymbol{M}(k,h)\|_2\end{aligned}$$

式中：

$$\boldsymbol{M}(k,h)\triangleq\boldsymbol{\Pi}_{(k+1)h-1,kh}^{\boldsymbol{I}-c_2\boldsymbol{L}_{l,1}}(\boldsymbol{\Pi}_{(k+1)h-1,kh}^{\boldsymbol{I}-c_2\boldsymbol{L}_{l,1}})^{\mathrm{T}}-\boldsymbol{I}+\sum_{i=kh}^{(k+1)h-1}c(i)\hat{\boldsymbol{L}}_{L,1}(i)$$

化简计算之后，可知 $\|\boldsymbol{M}(k,h)\|_2\leqslant m(h)c^2(kh)$，其中

$$m(h)=\frac{C_{u,h}^2}{\overline{C}^2}[(1-\overline{C}\sup_{k\geqslant 0}\|\boldsymbol{L}_{l,1}(k)\|_2)^{2h}-1+2h\overline{C}\sup_{k\geqslant 0}\|\boldsymbol{L}_{l,1}(k)\|_2]<+\infty$$

---

[1] $\boldsymbol{\Pi}_{i,j}^{\boldsymbol{A}}$ 为转移矩阵，$\boldsymbol{A}$ 为矩阵，$\boldsymbol{\Pi}_{i,j}^{\boldsymbol{A}}=\boldsymbol{A}(i)\boldsymbol{A}(i-1)\cdots\boldsymbol{A}(j)$，$i\geqslant j$。

定义$\lambda_u \triangleq \sup_{k\geqslant 0}\max_j \mathrm{Re}\left\{\lambda_i\left(\sum_{i=kh}^{(k+1)h-1}\hat{\boldsymbol{L}}_{L,1}(i)\right)\right\}<+\infty$，这里一定存在一个时刻$k_1$使得对于$\forall k\geqslant k_1, C_{l,h}c(kh)\lambda_u<1$成立，并且有

$$\left\|\boldsymbol{I}-\sum_{i=kh}^{(k+1)h-1}c(i)\hat{\boldsymbol{L}}_{L,1}(i)\right\|_2<1-C_{l,h}c(kh)\lambda_l$$

同时，存在一个时刻k_2，使得对于$\forall k\geqslant k_2$，$\sup_{k\geqslant k_2}c(kh)<C_{l,h}\lambda_2/m(h)$成立。所以对于任意的$k\geqslant k_3\triangleq\max\{k_1,k_2\}$，不等式$\|\boldsymbol{\Pi}_{(k+1)h-1,kh}^{\boldsymbol{I}-c_2\boldsymbol{L}_{l,1}}\|_2^2\leqslant 1-\varepsilon_1 C_2 c(kh)<1$成立，其中$\varepsilon_1=C_{l,h}c(kh)\lambda_l-m(T)\sup_{k\geqslant k_2}c_2(kh)>0$。令$\phi(kh)=\boldsymbol{\Pi}_{(k+1)h-1,kh}^{\boldsymbol{I}-c_2\boldsymbol{L}_{l,1}}$，则可以得到对于$\forall k\geqslant k_3$，$\|\boldsymbol{\Pi}_{k,k_3}^{\phi(\cdot,h)}\|_2^2\leqslant \mathrm{e}^{-\varepsilon_1\sum_{i=k_3}^{k}c_2(ih)}$。因为

$$\sum_{k=0}^{\infty}c(kh)\geqslant\frac{1}{C_{u,h}h}\sum_{k=0}^{\infty}c(k)=+\infty$$

暗示了

$$\lim_{k\to\infty}\|\boldsymbol{\Pi}_{k,k_3}^{\phi(\cdot,h)}\|_2^2\leqslant\lim_{k\to\infty}\|\boldsymbol{\Pi}_{\boldsymbol{k},0}^{\boldsymbol{I}-c_2\boldsymbol{L}_{l,1}}\|_2^2=0$$

故而

$$\hat{\boldsymbol{X}}_{l,2}((k+1)h)=\boldsymbol{\Pi}_{(k+1)h-1,kh}^{\boldsymbol{I}-c_2\boldsymbol{L}_{l,1}}\hat{\boldsymbol{X}}_{l,2}(kh)+\sum_{j=kh}^{(k+1)h-1}\boldsymbol{\Pi}_{(k+1)h-1,j+1}^{\boldsymbol{I}-c_2\boldsymbol{L}_{l,1}}c_2(j)\boldsymbol{\psi}^{\mathrm{T}}\boldsymbol{W}_l(j)$$

由于h是有限的，$\boldsymbol{\Pi}_{(i+1)h-1,j+1}^{\boldsymbol{I}-c_2\boldsymbol{L}_{l,1}}$是一致有界的，这里存在一个正定矩阵$\boldsymbol{Q}$使得

$$\sup_{i\geqslant 0}\max_{ih\leqslant j<(i+1)h}\mathrm{Cov}[\boldsymbol{\Pi}_{(i+1)h-1,j+1}^{\boldsymbol{I}-c_2\boldsymbol{L}_{l,1}}\boldsymbol{\psi}^{\mathrm{T}}\boldsymbol{W}_l(j)]<\boldsymbol{Q}$$

从而可以得到

$$\begin{aligned}E(\|\hat{\boldsymbol{X}}_{l,2}((k+1)h)\|_2^2)&\leqslant E(\|\boldsymbol{\Pi}_{(k+1)h-1,kh}^{\boldsymbol{I}-c_2\boldsymbol{L}_{l,1}}\|_2^2)E(\|\hat{\boldsymbol{X}}_{l,2}(kh)\|_2^2)+\mathrm{tr}(\boldsymbol{Q})hC_{u,h}^2c_2^2(kh)\\&\leqslant[1-\varepsilon_1c_2(kh)]E(\|\hat{\boldsymbol{X}}_{l,2}(kh)\|_2^2)+\mathrm{tr}(\boldsymbol{Q})hC_{u,h}^2c_2^2(kh)\end{aligned}$$

通过使用文献[121]中的引理6，上面这个不等式可以简化为

$$\lim_{k\to\infty}E(\|\hat{\boldsymbol{X}}_{l,2}((k+1)h)\|_2^2)\leqslant\lim_{k\to\infty}\frac{\mathrm{tr}(\boldsymbol{Q})hC_{u,h}^2c_2^2(kh)}{\varepsilon_1c_2(kh)}=0$$

再令$m_1(h)=\sup_{k\geqslant 0,0\leqslant i<h}\|\boldsymbol{I}-c_2(k)\boldsymbol{L}_{l,1}(k)\|_2^{2i}$，有

$$\begin{aligned}\lim_{k\to\infty}E(\|\hat{\boldsymbol{X}}_{l,2}(k+i)\|_2^2)&\leqslant m_1(h)\lim_{k\to\infty}E(\|\hat{\boldsymbol{X}}_{l,2}(k+i)\|_2^2)\\&\quad+\lim_{k\to\infty}\mathrm{tr}(\boldsymbol{Q})hC_{u,h}^2c_2^2(kh)=0\end{aligned}$$

从而$\lim_{k\to\infty}E(\|\hat{\boldsymbol{X}}_{l,2}(k)\|_2^2)=0$成立。此外，因为对于由$\boldsymbol{V}_l$构成的子图是无向的，我们得到

$$\hat{\boldsymbol{X}}_{l,1}(k+1)=\hat{\boldsymbol{X}}_{l,1}(k)+c_2(k)\frac{1}{n_l}\mathbf{1}_{n_l}^{\mathrm{T}}\boldsymbol{W}_l(k)=\hat{\boldsymbol{X}}_{l,1}(0)+\sum_{i=0}^{k}c_2(i)\frac{1}{n_l}\mathbf{1}_{n_l}^{\mathrm{T}}\boldsymbol{W}_l(i)$$

由于 $\sum_{k=0}^{\infty}c_2^2(k)<+\infty$，所以

$$\lim_{k\to\infty}E(\|\hat{\boldsymbol{X}}_{l,1}(k)-\hat{\boldsymbol{X}}_{l,1}(0)\|_2^2)=\lim_{k\to\infty}E\left(\left\|\sum_{i=0}^{k}c_2(i)\frac{1}{n_l}\mathbf{1}_{n_l}^{\mathrm{T}}\boldsymbol{W}_l(i)\right\|_2^2\right)<+\infty$$

定义 $\boldsymbol{w}=\mathrm{e}_1\boldsymbol{P}^{-1}[\overline{\boldsymbol{x}}_l(0)-\boldsymbol{H}]$和 $\lim_{k\to\infty}\sum_{i=0}^{k}c_2(i)\frac{1}{n_l}\mathbf{1}_{n_l}^{\mathrm{T}}\boldsymbol{W}_l(i)=\overline{\boldsymbol{w}}$，则

$$\lim_{k\to\infty}E(\|\overline{\boldsymbol{X}}_l(k)-\mathbf{1}_{n_l}(\boldsymbol{w}+\overline{\boldsymbol{w}})\|_2^2)=\|\boldsymbol{P}\|_2^2\lim_{k\to\infty}E(\|\overline{\boldsymbol{X}}_l(k)-[\boldsymbol{w}+\overline{\boldsymbol{w}}\quad \mathbf{0}]^{\mathrm{T}}\|_2^2)=0$$

故而，通过给出的 $\overline{\boldsymbol{X}}_l(k)$ 的定义，我们得到了 $\lim_{k\to\infty}E(\{[x_i(k)-h_i]-[x_j(k)-h_j]\}^2)=0$，也就是定义 7.3。同样，通过给出的协议，领导者的均方包含也可以得到。故而，在给出的协议的控制下，系统的编队控制最终得以实现。

7.2.5 仿真示例

上一节考虑了一类含有测量噪声和领航者的多智能体系统的一致性问题和编队控制问题，并基于领导-跟随方法给出了一些基础的分布式控制协议。为了验证所提到的协议［式(7-11)、式(7-13) 和式(7-14)］的有效性和可行性，在本小节将给出两个数值仿真对协议进行验证，进一步分析这些协议的控制性能。

示例 7.3：为验证协议［式(7-11)］的一致性收敛效果，这里考虑了由 3 个跟随者和 1 个领导者所组成的多智能体系统，其通信拓扑图由 $G=(\boldsymbol{E},\boldsymbol{V},\boldsymbol{A})$描述，跟随者智能体间的具体连接形式如图 7.1 所示，索引为 1 的智能体可直接获取到领导智能体的状态信息。图的节点集合 $\boldsymbol{E}=\{0,1,2,3\}$，边集合 $\boldsymbol{V}=\{(1,2),(2,1),(2,3),(3,2),(1,3),(3,1)\}$，基于第 2 章图论知识，可得到邻接矩阵 $\boldsymbol{A}$ 为

$$\boldsymbol{A}=\begin{bmatrix}0&1&1\\1&0&1\\1&1&0\end{bmatrix}$$

设置所有跟随者的初始状态为 $\boldsymbol{x}(0)=[2\quad -1\quad 3\quad 1]^{\mathrm{T}}$，领导者的初始状态值为 1，令参数 $a(t)=\frac{2}{t+1}$，其中 $t\geqslant 0$。假设测量噪声的强度为 $\eta=1$。其仿真结果如图 7.6 所示。从图 7.6 中可见，在协议［式(7-11)］的控制下，所有跟随智能体的状态开始逐渐互相靠拢且慢慢收敛于领导智能体状态 1，最终在近 20s 时，所有跟随智能体 1～3 都成功跟踪上了领导智能体的状态。故而，在该协议的控制下，所考虑的多智能体系统实现了均方一致。

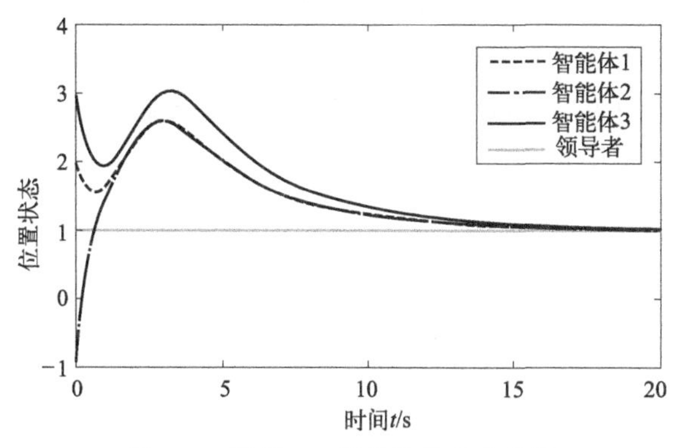

图 7.6　示例 7.3 智能体的状态曲线

示例 7.4： 为了验证协议［式(7-13)和式(7-14)］的可行性和有效性，这个示例将重新给出一个数值示例和拓扑结构进行仿真验证。考虑由 5 个跟随智能体（标注为 1～5）和 4 个领导智能体（标注为 L1～L4）组成的多智能体系统，其通信拓扑结构如图 7.7 所示。所有智能体都有 x 和 y 两个维度的运动。在 x 方向，设置跟随智能体的初始状态为 $\boldsymbol{x}(0)=[5\ -1\ 0.5\ 3\ -2]^{\mathrm{T}}$，领导智能体 L1～L4 的初始状态为 $\boldsymbol{x}_0(0)=[5\ 1\ 3\ -4]^{\mathrm{T}}$；在 y 方向，跟随智能体的初始状态为 $\boldsymbol{y}(0)=[3\ 2\ -2\ -3\ -1]^{\mathrm{T}}$，领导智能体的初始状态 $\boldsymbol{y}_0(0)=[1\ 2\ 4\ 4]^{\mathrm{T}}$，且相应参数满足：

$$c_1(k)=\frac{1}{k+1},c_2(k)=\frac{2\ln(k+2)}{k+1}\geqslant 0,d_i=\left(\frac{1}{\sqrt{2\pi}}\right)\mathrm{e}^{-\frac{(k-2)^2}{2}}$$

其强度 $\eta=1$，设置系统的编队信息如下：

$$\boldsymbol{h}_i=\left[r\cos\frac{(i-1)\pi}{2}\quad r\sin\frac{(i-1)\pi}{2}\right]^{\mathrm{T}},r=15$$

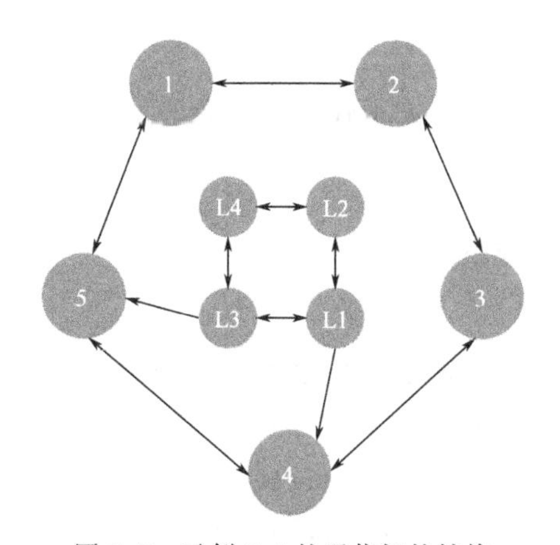

图 7.7　示例 7.4 的通信拓扑结构

其仿真结果如图 7.8、图 7.9 所示。图 7.8 体现了在 40s 时领导者（方框符号）和跟随者（三角符号）的位置，图 7.9 体现了跟随者和领航者随着时间变化的状态，可见在该协议的控制下，所考虑的多智能体系统能够实现均方包含和均方编队。

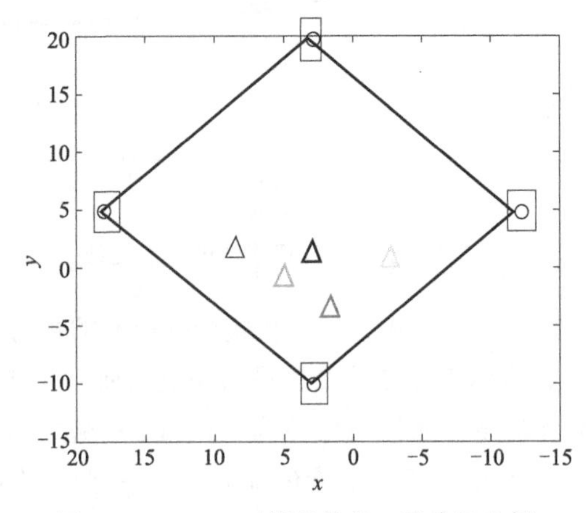

图 7.8　$t=40\text{s}$ 时智能体的二维位置坐标

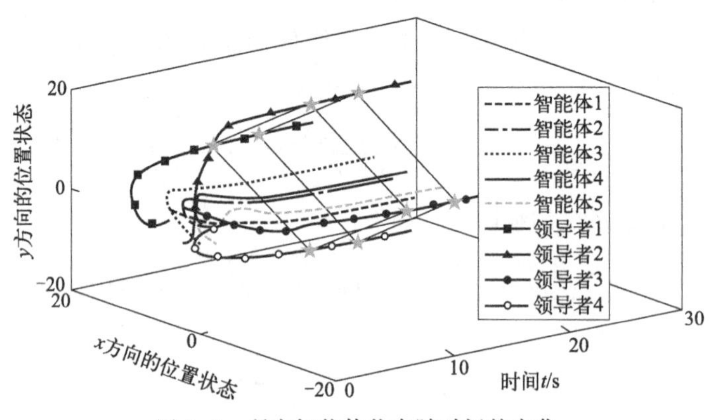

图 7.9　所有智能体状态随时间的变化

7.3　本章小结

本章从噪声对智能体获取邻居信息准确度的影响出发，介绍了乘性噪声和加性噪声两种类型噪声的形式、影响方式以及实际场景中的例子。展开讨论了测量噪声对多智能体系统协同控制协议设计及性能的影响，并以无领导者和领导-跟随两种情况为例展开了对含测量噪声的多智能体系统协同控制问题的探讨和研究。通过一个简单的含测量噪声的一阶线性多智能体系统，以加性噪声为例对该类系统一致性协议设计过程做了详细介绍。为了克服测量噪声对通信质量的影响，列举了一个含时变增益的分布式一致性协议，该类控制协议可针对一般的含有测量噪声的多智能体系统，解决测量噪声对信道中所传递的信息的影响。此外，对于该类受测量噪声影响的多智能体系统，本章也分别基于有领导者和无领导者两种情形对其编队控制问题进行了分析。针对每一种情况，给出了相应的仿真示例，分别验证了所给出的一致性和编队控制协议的可行性和有效性。

第8章

基于采样数据的多智能体系统协同控制

8.1 概述

第 7 章我们讨论了具有测量噪声的多智能体系统协同控制，每个智能体不再能准确获得其他智能体状态的准确信息，而是加入了干扰噪声。在实际生产生活中，各类传感器在检测时会受到外界噪声的干扰，同时由于硬件限制，采样间隔往往是无法避免的。尤其在计算机控制受到广泛应用的今天，由数字信号组成的通信或控制方法已经成为一项热门的研究课题。

到目前的章节为止，智能体间的通信信号都是连续的。然而，由于在现实中各种复杂的通信信道约束，信息传输可能呈现出间断性和周期性。因此，许多学者致力于研究多智能体系统在采样数据环境下的协同控制[25,136-139]。在实际的系统控制中，时间触发是一种被广泛使用的控制方法，尤其是在基于计算机网络的工业生产中。在分布式的多智能体系统中，时间触发系统是指系统的控制输入更新是按照在分布式系统内部的某个时序依次发生的。每个智能体周期性地进行感知、通信、计算和控制等行为。时间触发控制相比于传统的连续控制，可以减少控制器的使用并减少损坏，在多智能体系统中还可以降低系统的通信频率，缓解系统带宽压力。在多智能体系统的基于采样数据的时间触发控制过程中，每隔一次采样间隔时间，多智能体便会采样测量其自身的状态并将状态信息通过通信网络互相传递，由此更新产生新的控制输入，实现反馈控制的效果。

多智能体的事件触发策略作为时间触发策略的一种改进，其最显著的特点就是智能体状态的更新只有当某些特定事件发生的时候才会发生。在对多智能体系统的研究中，一般选取智能体的状态误差来作为这个非常重要的触发条件，也就是说，只有当某个智能体的状态测量误差达到某个提前设定的阈值时，才会触发智能体进行控制更新操作。文献［140-142］对基于事件触发机制的多智能体系统的一致性问题进行了详细的分析与讨论，并指出事件触发一致性控制可以大幅减少智能体之间冗余的信息通信以及控制器更新。在早期的许多分布式事件触发控制策略中，智能体不仅在自己的触发时刻触发，其邻居智能体的触发也有可能会引起该智能体触发更新操作，这不仅增加了智能体间的信息流量，还会造成资源和能量的消耗。另一个需要解决的问题是在对智能体的状态误差进行持续性测量的方式下，多智能体系统的物理实现的可行性降低。离散采样可以很好地解决事件触发控制自身的一些问题。文献［143］提出了一阶系统基于周期采样的事件触发一致性控制协议。文献［144］通过将多智能体系统的一致性问题转化为时延系统的稳定性问题的方法，对基于采样信息的事件触发一致性协议进行了研究。文献［145］则在事件触发的基础上提出了联合测量方式，使智能体控制器只在自身触发时刻进行更新，避免了在邻居智能体的触发时刻进行更新，进一步减少了控制器的更新次数。

本章主要讨论多智能体系统基于时间触发和事件触发的一致性控制和编队控制问题。时间触发可以理解为对控制输入进行周期更新，而事件触发则是在检测事件发生后更新控制输入。与时间触发相比，事件触发方式降低了智能体间的通信频率，也减少了控制器更新的次数。值得一提的是，与一般的事件触发方法相比，基于采样数据的事件触发方法可以在根源上避免芝诺现象的发生[146]，大大提高了控制协议的安全性和有效性。

8.2　问题描述

本节主要描述了所研究的多智能体控制问题。

考虑一个包含 N 个个体的多智能体系统，其中的每个智能体都具有移动能力、数据处理计算能力和与相邻智能体通信的能力。智能体 i 在 t 时刻所处的位置状态用 $x_i(t)\in\mathbf{R}$ 来表示。我们用一阶积分器模型

$$\dot{x}_i(t)=u_i(t) \tag{8-1}$$

来描述智能体的动态方程，其中 $u_i(t)$ 表示的是智能体的输入。

智能体间的通信由其对应的通信图 $G=(\boldsymbol{V},\boldsymbol{E})$ 表示，这里做如下假设。

假设 8.1：智能体之间的通信拓扑为无向图 G，并且是全连接的。

多智能体控制的一个最常用的目标为一致性控制，其定义已在下面给出。

定义 8.1：在含有 N 个智能体的多智能体系统［式(8-1)］中，对于任意初始状态 $x_i(0)\in\mathbf{R},i=1,2,\cdots,N$，满足 $\lim\limits_{t\to\infty}|x_i(t)-x_j(t)|=0,\forall i,j=1,$

$2,\cdots,N$，则称系统［式(8-1)］可以达到一致。

从上面的定义中可以看到，多智能体一致性控制的要求是使所有智能体的状态逐渐趋同，达成一致。

另一个常见的多智能体控制目标是编队控制。与一致性控制不同，编队控制旨在使每个智能体按照一定队列形状排列，也就是说智能体间要保持一定的相对距离。对于每个智能体 i，我们用参考相对位置 $d_{ij}\in\mathbf{R}$ 来表示其相对于智能体 j 所处的位置。基于此，我们给出了编队控制的定义。

定义 8.2： 在含有 N 个智能体的多智能体系统［式(8-1)］中，对于任意初始状态 $x_i(0)\in\mathbf{R},i=1,2,\cdots,N$，满足 $\lim\limits_{t\to\infty}[x_i(t)-x_j(t)]=d_{ij},\forall i,j=1,2,\cdots,N,i\neq j$，其中 d_{ij} 为每个智能体相对于其他智能体的位置，则称系统［式(8-1)］实现编队控制。

假设 8.2： 对于如定义 8.2 的多智能体的编队控制，假设存在一组多智能体的状态 $[x_1,x_2,\cdots,x_N]$ 满足 $x_i-x_j=d_{ij},\forall i,j=1,2,\cdots,N,i\neq j$。

8.3 基于采样数据的多智能体时间触发控制

在这一部分，我们将首先介绍基于采样数据的多智能体时间触发控制，包括一致性控制及编队控制。采用李雅普诺夫函数法及不变集定理，证明在所设计控制协议和时间触发间隔下多智能体系统能够实现要求的一致性控制或编队控制。

8.3.1 时间触发一致性控制

考虑一个如式(8-1) 所描述的多智能体系统，系统控制的目标为实现如定义 8.1 所述的一致性控制。由于我们的控制方案是基于系统采样数据的，这里定义系统智能体的采样时间间隔为 h，智能体内部的时钟将所有的采样时间间隔物理同步。

首先，由于采用了采样数据，我们定义智能体 i 的采样测量为

$$\hat{x}_i(t)=x_i(lh),t\in[lh,lh+h) \tag{8-2}$$

式中，lh 表示上一次采样的时刻，l 为正整数。注意到在一个测量周期内 $\hat{x}_i(t)$ 的值保持不变。这是 $\hat{x}_i(t)$ 的重要性质，后面的内容会用到。

为了描述我们的采样测量和智能体实际状态的差距，定义测量误差为

$$e_i(t)=\hat{x}_i(t)-x_i(t) \tag{8-3}$$

注意到 $e_i(lh)=\hat{x}_i(lh)-x_i(lh)=0$，即智能体 i 在采样时刻的测量误差等于零。

我们考虑如下控制协议设计：

$$u_i(t)=-\alpha\sum_{j\in \boldsymbol{N}_i}a_{ij}[\hat{x}_i(t)-\hat{x}_j(t)] \tag{8-4}$$

式中，$\alpha>0$，为任意正数。根据前面章节的定义，式(8-3)中的函数$e_i(t)$可被视为在事件触发时刻智能体间的采样协同误差。

可以发现，每个智能体的控制输入只与自己和其邻居的状态有关。由于多智能体间的通信限制，单一智能体的控制输入无法考量所有智能体的状态信息。在设计的控制协议中，我们同样可以发现在一个采样周期内，每个智能体的控制输入是不变的。只有在采样时刻，智能体的状态信息更新后才对控制输入进行更新。

8.3.2　一致性分析

在这一节，我们将分析证明上述多智能体系统在控制协议［式(8-4)］下可以实现一致性控制。根据式(8-2)和式(8-4)，我们可以得到

$$u_i(t)=-\alpha\sum_{j\in \boldsymbol{N}_i}a_{ij}[\hat{x}_i(lh)-\hat{x}_j(lh)],t\in[lh,lh+h) \tag{8-5}$$

再由式(8-3)，我们可以得到

$$u_i(t)=-\alpha\sum_{j\in \boldsymbol{N}_i}a_{ij}[x_i(lh)+e_i(lh)-x_j(lh)-e_j(lh)],t\in[lh,lh+h) \tag{8-6}$$

定义$\boldsymbol{x}(t)=[x_1(t),x_2(t),\cdots,x_N(t)]^{\mathrm{T}}$，并且$\boldsymbol{e}(t)=[e_1(t),e_2(t),\cdots,e_N(t)]^{\mathrm{T}}$。观察通信图的拉普拉斯矩阵$\boldsymbol{L}$的形式，我们可以将所有智能体的控制输入写为如下紧凑形式：

$$\begin{aligned}\dot{\boldsymbol{x}}(t)&=-\alpha\boldsymbol{L}[\boldsymbol{x}(lh)+\boldsymbol{e}(lh)]\\&=-\alpha\boldsymbol{L}\boldsymbol{x}(lh),t\in[lh,lh+h)\end{aligned} \tag{8-7}$$

由于在每个采样间隔内，所有智能体的控制输入保持不变且为一个固定常数，因此系统的状态又可以写为如下形式：

$$\boldsymbol{x}(t)=\boldsymbol{x}(lh)-(t-lh)\alpha\boldsymbol{L}[\boldsymbol{x}(lh)],t\subset[lh,lh+h) \tag{8-8}$$

可以发现，当采样间隔趋向于0时，系统的控制输入便趋近于经典的一阶多智能体一致性控制输入，因此采样间隔在时间触发控制中有着重要地位。在下面的定理中我们将探究采样间隔对确保时间触发控制的多智能体系统一致性的影响。

定理8.1：对于多智能体系统［式(8-1)］，采用控制策略［式(8-5)］，在满足假设8.1的条件下，$\boldsymbol{L}$为图对应拉普拉斯矩阵，如果采样间隔h满足

$$h<\frac{1}{\lambda_{\max}} \tag{8-9}$$

那么可以实现如定义8.1所述的一致性控制，其中$\lambda_{\max}$为拉普拉斯矩阵$\boldsymbol{L}$的最

大特征值。

证明：考察李雅普诺夫函数 $V(\boldsymbol{x})=\boldsymbol{x}^{\mathrm{T}}(t)\boldsymbol{x}(t)$，明显 $V(\boldsymbol{x})$ 是正定函数。当 $t\in[lh,lh+h)$ 时，根据式(8-6) 和式(8-8)，对 $V(\boldsymbol{x})$ 进行求导得到：

$$\begin{aligned}\dot{V}(\boldsymbol{x})&=2\boldsymbol{x}^{\mathrm{T}}(t)\dot{\boldsymbol{x}}(t)\\&=2[\boldsymbol{x}(lh)-(t-lh)\boldsymbol{L}\boldsymbol{x}(lh)]^{\mathrm{T}}[-\alpha\boldsymbol{L}\boldsymbol{x}(lh)]\\&=-2\alpha[\boldsymbol{x}^{\mathrm{T}}(lh)\boldsymbol{L}\boldsymbol{x}(lh)-(t-lh)\boldsymbol{x}^{\mathrm{T}}(lh)\boldsymbol{L}^{\mathrm{T}}\boldsymbol{L}\boldsymbol{x}(lh)]\end{aligned}$$

根据假设 8.1，我们知道通信图是无向图，因此 $\boldsymbol{L}^{\mathrm{T}}=\boldsymbol{L}$，于是有

$$\begin{aligned}\dot{V}(\boldsymbol{x})&=-2\alpha[\boldsymbol{x}^{\mathrm{T}}(lh)\boldsymbol{L}\boldsymbol{x}(lh)-(t-lh)\boldsymbol{x}^{\mathrm{T}}(lh)\boldsymbol{L}^{2}\boldsymbol{x}(lh)]\\&\leqslant-2\alpha[\boldsymbol{x}^{\mathrm{T}}(lh)\boldsymbol{L}\boldsymbol{x}(lh)-h\boldsymbol{x}^{\mathrm{T}}(lh)\boldsymbol{L}^{2}\boldsymbol{x}(lh)]\\&=-2\alpha[\boldsymbol{x}^{\mathrm{T}}(lh)(\boldsymbol{L}-h\boldsymbol{L}^{2})\boldsymbol{x}(lh)]\end{aligned}$$

假设 λ 为矩阵 $\boldsymbol{L}$ 的特征值，则矩阵 $\boldsymbol{L}-h\boldsymbol{L}^2$ 的特征值为 $\lambda-h\lambda^2$。由引理 8.1，我们知道 $\boldsymbol{L}$ 的所有特征值非负且具有非重特征值 0。再根据定理 8.1 中的条件 [式(8-9)]，我们可以得出 $\lambda-h\lambda^2\geqslant0$，当且仅当 $\lambda=0$ 时等号成立。于是 $\boldsymbol{L}-h\boldsymbol{L}^2$ 半正定，且同样具有非重特征值 0，对应的特征向量也同样为全 1 向量。因此，可以得出 $\dot{V}(\boldsymbol{x})$ 在 $t\in[lh,lh+h)$中半负定。

在时间触发时刻，由于控制器的更新，我们列出在 $lh+h$ 时刻，李雅普诺夫函数的导数为

$$\begin{aligned}\dot{V}(\boldsymbol{x})&=-2\alpha[\boldsymbol{x}^{\mathrm{T}}(lh)\boldsymbol{L}\boldsymbol{x}(lh)-h\boldsymbol{x}^{\mathrm{T}}(lh)\boldsymbol{L}^{\mathrm{T}}\boldsymbol{L}\boldsymbol{x}(lh)]\\&=-2\alpha[\boldsymbol{x}^{\mathrm{T}}(lh)(\boldsymbol{L}-h\boldsymbol{L}^{2})\boldsymbol{x}(lh)]\leqslant0\end{aligned}$$

因此，我们可以得到在任何时刻都有 $\dot{V}(\boldsymbol{x})\leqslant0$。

接下来，我们引用如下引理。

引理 8.1（全局不变集定理）：如果函数 $V(\boldsymbol{x},t)$ 满足如下条件：

- $V(\boldsymbol{x})\rightarrow\infty$(当$\|\boldsymbol{x}\|\rightarrow\infty$时)；
- $\dot{V}(\boldsymbol{x},t)\leqslant0$；

记 $\boldsymbol{R}$ 为所有使 $\dot{V}(\boldsymbol{x})=0$ 的点的集合，$\boldsymbol{M}$ 为 $\boldsymbol{R}$ 中的最大不变集，那么，当 $t\rightarrow\infty$ 时所有解全局渐近收敛于 M。

显然，我们所设计的函数 $V(\boldsymbol{x})=\boldsymbol{x}^{\mathrm{T}}(t)\boldsymbol{x}(t)$ 满足引理 8.1 的要求。考虑到 $\boldsymbol{L}$ 的所有特征值非负且具有非重特征值 0 以及 $\lambda-h\lambda^2\geqslant0$，可以得出满足 $\dot{V}(\boldsymbol{x})=0$ 的点仅为全 1 向量的倍数，即 $\boldsymbol{R}=\{\boldsymbol{x}\mid\boldsymbol{x}=\alpha\boldsymbol{1}_N\}$。由引理 8.1 的后边部分，我们容易得到 $\boldsymbol{x}(\infty)\in\boldsymbol{R}$，即当时间趋于无穷时，所有智能体的状态相同，也就是所有智能体实现了一致性控制。证明完毕。

8.3.3 时间触发编队控制

同样考虑一个如式(8-1) 所描述的多智能体系统，系统控制的目标为实现如定义 8.2 所述的编队控制。定义系统智能体的采样时间间隔为 h，智能体内部的时钟将所有的采样时间间隔物理同步。

由假设 8.2，我们知道存在一组多智能体状态 x_i^* ,$i=1,2,\cdots,N$ 满足编队队列要求 $x_i^*-x_j^*=d_{ij}$,$\forall i,j=1,2,\cdots,N,i\neq j$。因此，这里我们可以定义系统的中心状态 $\tilde{x}_i(t)=x_i(t)-x_i^*$，$\forall i=1,2,\cdots,N$，并且记 $\tilde{\boldsymbol{x}}(t)=[\tilde{x}_1(t),\tilde{x}_2(t),\cdots,\tilde{x}_N(t)]^{\mathrm{T}}$。类似地，参考上一节的内容，我们定义中心采样测量为

$$\hat{x}_i(t)=\tilde{x}_i(lh),t\in[lh,lh+h) \tag{8-10}$$

测量误差为

$$e_i(t)=\hat{x}_i(t)-\tilde{x}_i(t) \tag{8-11}$$

最后，我们考虑如下控制协议设计：

$$u_i(t)=-\alpha\sum_{j\in \boldsymbol{N}_i}a_{ij}[\hat{x}_i(t)-\hat{x}_j(t)] \tag{8-12}$$

定理 8.2：对于多智能体系统［式(8-1)］，采用控制策略［式(8-12)］，在满足假设 8.1 和假设 8.2 的条件下，$\boldsymbol{L}$ 为其对应拉普拉斯矩阵，如果采样间隔 h 满足

$$h<\frac{1}{\lambda_{\max}} \tag{8-13}$$

那么可以实现如定义 8.2 所述的编队控制，其中 $\lambda_{\max}$ 为拉普拉斯矩阵 $\boldsymbol{L}$ 的最大特征值。

证明：考察离散李雅普诺夫函数 $V(\tilde{\boldsymbol{x}})=\tilde{\boldsymbol{x}}^{\mathrm{T}}(t)\tilde{\boldsymbol{x}}(t)$，明显 $V(\tilde{\boldsymbol{x}})$ 是正定函数。当 $t\in[lh,lh+h)$ 时，根据式(8-6) 和式(8-8)，对 $V(\tilde{\boldsymbol{x}})$ 进行求导得到：

$$\begin{aligned}\dot{V}(\tilde{\boldsymbol{x}})&=2\tilde{\boldsymbol{x}}^{\mathrm{T}}(t)\dot{\tilde{\boldsymbol{x}}}(t)\\&=2[\tilde{\boldsymbol{x}}(lh)-(t-lh)\boldsymbol{L}\tilde{\boldsymbol{x}}(lh)]^{\mathrm{T}}[-\alpha\boldsymbol{L}\tilde{\boldsymbol{x}}(lh)]\\&=-2\alpha[\tilde{\boldsymbol{x}}^{\mathrm{T}}(lh)\boldsymbol{L}\tilde{\boldsymbol{x}}(lh)-(t-lh)\tilde{\boldsymbol{x}}^{\mathrm{T}}(lh)\boldsymbol{L}^{\mathrm{T}}\boldsymbol{L}\tilde{\boldsymbol{x}}(lh)]\end{aligned}$$

根据假设 8.1，我们知道通信图是无向图，因此 $\boldsymbol{L}^{\mathrm{T}}=\boldsymbol{L}$，于是有

$$\begin{aligned}\dot{V}(\tilde{\boldsymbol{x}})&=-2\alpha[\tilde{\boldsymbol{x}}^{\mathrm{T}}(lh)\boldsymbol{L}\tilde{\boldsymbol{x}}(lh)-(t-lh)\tilde{\boldsymbol{x}}^{\mathrm{T}}(lh)\boldsymbol{L}^2\tilde{\boldsymbol{x}}(lh)]\\&\leqslant-2\alpha[\tilde{\boldsymbol{x}}^{\mathrm{T}}(lh)\boldsymbol{L}\tilde{\boldsymbol{x}}(lh)-h\tilde{\boldsymbol{x}}^{\mathrm{T}}(lh)\boldsymbol{L}^2\tilde{\boldsymbol{x}}(lh)]\\&=-2\alpha[\tilde{\boldsymbol{x}}^{\mathrm{T}}(lh)(\boldsymbol{L}-h\boldsymbol{L}^2)\tilde{\boldsymbol{x}}(lh)]\end{aligned}$$

根据定理 8.1 的结论，同样可以证明在满足式(8-13) 的条件下，$\dot{V}(\boldsymbol{x})$在 $t\in[lh,lh+h)$ 是半负定的。此外，在时间触发时刻 $\dot{V}(\boldsymbol{x})$ 为

$$\dot{V}(\tilde{\boldsymbol{x}})=-2\alpha[\tilde{\boldsymbol{x}}^{\mathrm{T}}(lh)(\boldsymbol{L}-h\boldsymbol{L}^{2})\tilde{\boldsymbol{x}}(lh)]\leqslant 0$$

于是我们有 $\dot{V}(\boldsymbol{x})\leqslant 0$。

最后利用引理 8.1，我们可以证明当时间趋于无穷时，所有智能体的状态构成全 1 矩阵的倍数，也就是所有智能体实现了一致性控制。证明完毕。

对于多维智能体状态，如果还是采用一阶积分器控制，那么我们可以分开考虑智能体的每一维状态。不难发现，对于多智能体的每一维状态，都可以用上述方法证明最终趋于一致，也就是多智能体最终能实现一致性控制。

8.4 基于采样数据的多智能体事件触发控制

在本部分，我们将介绍基于采样数据的多智能体事件触发控制，同样包括一致性控制和编队控制。与时间触发方法相比，事件触发方法进一步降低了智能体间的通信带宽需求。通过设计合适的事件触发函数，我们将证明在一定采样间隔下，事件触发方法可以实现上述两种控制目标。

8.4.1 事件触发一致性控制

上面介绍的时间触发控制方式虽然可以实现多智能体系统的一致性控制和编队控制，但在每一个采样时刻都要更新每个智能体的控制输入。事件触发控制，顾名思义，即只有当设计的事件（大多采用状态误差超过某个阈值）发生时才会更新智能体的控制输入。文献 [138-140]对基于事件触发机制的多智能体一致性控制进行了详细的分析和讨论,并且指出事件触发一致性控制可以大大减少智能体之间冗余的信息通道和控制输入更新。在一般的连续时间系统中,事件触发可能在有限时间内发生无限多次,这种现象称为芝诺现象。在实际控制系统中,芝诺现象是必须要排除掉的。在排除芝诺现象这个问题上,基于采样数据的事件触发控制由于只会在每个采样周期检测事件是否触发,所以直接从原理上避免了芝诺现象。所以,基于采样数据的事件触发策略不仅可以避免连续通信,减少计算量,还可以彻底地解决芝诺现象[147,148]。

本节将介绍一种基于采样数据的多智能体事件触发控制。首先考虑一个如式(8-1)所描述的多智能体系统,系统控制的目标为实现如定义 8.1 所述的一致性控制,系统的采样间隔设定为 h。基于事件触发的思想,我们打算设计一类控制方法,在该控制方法下,每个智能体会在采样时刻测量自身状态,同时判断事件是否

触发，如果事件触发，则其会向邻居广播自身状态，同时更新自身的事件触发时间，即 $l_i^k h + sh = l_i^k h$，其中 s 为智能体 i 此次事件触发距离上一次事件触发间的采样周期间隔数。我们定义智能体 i 在每个触发采样时刻的采样测量为

$$\hat{x}_i(t) = x_i(l_i^{k_i} h), t \in [l_i^{k_i} h, l_i^{k_i+1} h) \tag{8-14}$$

假设智能体 i 之前已经经历了 k_i 次事件触发，则 $\hat{x}_i(t)$ 即为上一次事件触发时刻智能体 i 的状态。注意，与式(8-2) 不同，这里的采样时刻 $l_i^k h$ 为智能体 i 的上一次事件触发时刻。

此外，还定义智能体 i 的采样误差为

$$e_i(t) = \hat{x}_i(t) - x_i(t) \tag{8-15}$$

对于每个智能体 i，我们设计如下事件触发函数：

$$e_i^2(lh) - \sigma \left\{ \sum_{j=1}^{N} a_{ij} [\hat{x}_i(t) - \hat{x}_j(t)] \right\}^2 > 0 \tag{8-16}$$

每个智能体的控制输入采用如下形式：

$$u_i(t) = -\alpha \sum_{j \in \boldsymbol{N}_i} a_{ij} [\hat{x}_i(t) - \hat{x}_j(t)] \tag{8-17}$$

可以发现这里智能体采用的控制输入［式(8-17)］的形式同样采用组合测量的反馈形式，只是所使用的测量数据从最近一次测量值变为了最近一次事件触发时的测量值。事件触发函数［式(8-16)］的设计可以理解为当采样误差过大时(相对于组合测量)，便需要更新自身采样测量，否则将一直保持不变。值得注意的是，这里当某一智能体更新其测量状态时，该智能体及其邻居都会相应改变控制输入，但是除该智能体外所有智能体都不会改变自身的采样测量，也不会更新自身的事件触发时间。

8.4.2　一致性分析

考虑时间区间 $[lh, lh+h)$ 内，由式(8-14) 和式 (8-17)，我们有

$$u_i = -\alpha \sum_{j=1}^{N} a_{ij} [x_i(l_i^{k_i} h) - x_j(l_i^{k_i} h)] \tag{8-18}$$

定义 $\boldsymbol{x}(t) = [x_1(t), x_2(t), \cdots, x_N(t)]^{\mathrm{T}}$，以及 $\hat{\boldsymbol{x}}(t) = [x_1(l_1^{k_1} h), x_2(l_2^{k_2} h), \cdots, x_N(l_N^{k_N} h)]$。观察通信图的拉普拉斯矩阵 $\boldsymbol{L}$ 的形式，我们可以将所有智能体在控制输入［式(8-18)］下的动态写为如下紧凑形式：

$$\dot{\boldsymbol{x}}(t) = -\boldsymbol{L}[\hat{\boldsymbol{x}}(t)], t \in [lh, lh+h) \tag{8-19}$$

定理 8.3：对于多智能体系统［式(8-1)］，采用控制策略［式(8-18)］，以及事件触发函数［式(8-19)］，在满足假设 8.1 的条件下，若 $\boldsymbol{L}$ 为图对应拉普拉斯

矩阵，σ 为满足$\frac{1}{\lambda_{\max}}-2\sqrt{\sigma}>0$ 的常数，那么如果采样周期满足

$$h<\frac{1}{\lambda_{\max}}-2\sqrt{\sigma} \tag{8-20}$$

则可以实现如定义 8.1 所述的一致性控制，其中 $\lambda_{\max}$ 为拉普拉斯矩阵 $\boldsymbol{L}$ 的最大特征值。

证明： 考察离散李雅普诺夫函数 $V(\boldsymbol{x})=\boldsymbol{x}^{\mathrm{T}}(t)\boldsymbol{x}(t)$，$V(\boldsymbol{x})$ 明显是正定函数。当 $t\in[lh,lh+h)$ 时，根据式(8-6) 和式(8-8)，对 $V(\boldsymbol{x})$ 进行求导得到：

$$\begin{aligned}\dot{V}(\boldsymbol{x})&=2\boldsymbol{x}^{\mathrm{T}}(t)\dot{\boldsymbol{x}}(t)=2[\boldsymbol{x}(lh)-(t-lh)\boldsymbol{L}\hat{\boldsymbol{x}}(t)]^{\mathrm{T}}[-\alpha\boldsymbol{L}\hat{\boldsymbol{x}}(t)]\\&=-2\alpha[\boldsymbol{x}^{\mathrm{T}}(lh)\boldsymbol{L}\hat{\boldsymbol{x}}(t)-(t-lh)\hat{\boldsymbol{x}}^{\mathrm{T}}(t)\boldsymbol{L}^{\mathrm{T}}\boldsymbol{L}\hat{\boldsymbol{x}}(t)]\end{aligned}$$

又因为 $\boldsymbol{e}(lh)=\hat{\boldsymbol{x}}(t)-\boldsymbol{x}(lh)$，所以

$$\begin{aligned}\dot{V}(\boldsymbol{x})&\leqslant-2\alpha\{[\hat{\boldsymbol{x}}(t)-\boldsymbol{e}(lh)]^{\mathrm{T}}\boldsymbol{L}\hat{\boldsymbol{x}}(t)-h\hat{\boldsymbol{x}}^{\mathrm{T}}(t)\boldsymbol{L}^{\mathrm{T}}\boldsymbol{L}\hat{\boldsymbol{x}}(t)\}\\&=-2\alpha[\hat{\boldsymbol{x}}^{\mathrm{T}}(t)(\boldsymbol{L}-h\boldsymbol{L}^2)\hat{\boldsymbol{x}}(t)-\boldsymbol{e}(lh)\boldsymbol{L}\hat{\boldsymbol{x}}(t)]\\&\leqslant-2\alpha[\hat{\boldsymbol{x}}^{\mathrm{T}}(t)(\boldsymbol{L}-h\boldsymbol{L}^2)\hat{\boldsymbol{x}}(t)-\frac{1}{\sqrt{\sigma}}\boldsymbol{e}^{\mathrm{T}}(lh)\boldsymbol{e}(lh)-\sqrt{\sigma}\hat{\boldsymbol{x}}^{\mathrm{T}}(t)\boldsymbol{L}^2\hat{\boldsymbol{x}}(t)]\\&=-2\alpha\{\hat{\boldsymbol{x}}^{\mathrm{T}}(t)[\boldsymbol{L}-(h+\sqrt{\sigma})\boldsymbol{L}^2]\hat{\boldsymbol{x}}(t)-\frac{1}{\sqrt{\sigma}}\boldsymbol{e}^{\mathrm{T}}(lh)\boldsymbol{e}(lh)\}\end{aligned}$$

假设在采样时刻 lh 时不满足事件触发条件，我们有

$$e_i^2(lh)-\sigma\left\{\sum_{j=1}^{N}a_{ij}[\hat{x}_i(t)-\hat{x}_j(t)]\right\}^2\leqslant 0 \tag{8-21}$$

而如果满足事件触发条件，我们知道 $e_i(lh)=0$，因此式(8-21) 依然成立。考虑所有智能体的测量误差，我们可以得到

$$\boldsymbol{e}^{\mathrm{T}}(lh)\boldsymbol{e}(lh)\leqslant\sigma\sum_{i=1}^{N}\left\{\sum_{j=1}^{N}a_{ij}[\hat{x}_i(t)-\hat{x}_j(t)]\right\}^2=\sigma\,[\hat{\boldsymbol{x}}(t)]^{\mathrm{T}}\boldsymbol{L}^{\mathrm{T}}\boldsymbol{L}\,[\hat{\boldsymbol{x}}(t)]^{\mathrm{T}}$$

综上所述，得到

$$\begin{aligned}\dot{V}(\boldsymbol{x})&\leqslant-2\alpha\{\hat{\boldsymbol{x}}^{\mathrm{T}}(t)[\boldsymbol{L}-(h+1)\boldsymbol{L}^2]\hat{\boldsymbol{x}}(t)-\boldsymbol{e}^{\mathrm{T}}(lh)\boldsymbol{e}(lh)\}\\&\leqslant-2\alpha\{\hat{\boldsymbol{x}}^{\mathrm{T}}(t)[\boldsymbol{L}-(h+2\sqrt{\sigma})\boldsymbol{L}^2]\hat{\boldsymbol{x}}(t)\}\end{aligned}$$

假设 λ 为矩阵 $\boldsymbol{L}$ 的特征值，则矩阵 $\boldsymbol{L}-(h+2\sqrt{\sigma})\boldsymbol{L}^2$ 的特征值为 $\lambda-(h+2\sqrt{\sigma})\lambda^2$。由引理 8.1，我们知道 $\boldsymbol{L}$ 的所有特征值非负且具有非重特征值 0。再根据定理 8.3 中的条件，我们可以得出 $\lambda-(h+2\sqrt{\sigma})\lambda^2\geqslant 0$，当且仅当 $\lambda=0$ 时等号成立。于是 $\boldsymbol{L}-(h+2\sqrt{\sigma})\boldsymbol{L}^2$ 半正定，且同样具有非重特征值 0，对应的特征向量也同样为全 1 向量。因此，可以得出 $\dot{V}(\boldsymbol{x})$ 在 $t\in[lh,lh+h)$ 中半负定。另外在事件触发时刻，我们有

$$\dot{V}(\boldsymbol{x})=-2\alpha\{\hat{\boldsymbol{x}}^{\mathrm{T}}(t)[\boldsymbol{L}-(h+2\sqrt{\sigma})\boldsymbol{L}^2]\hat{\boldsymbol{x}}(t)\}\leqslant 0$$

因此我们得到 $\dot{V}(\boldsymbol{x})\leqslant 0$。

与定理 8.1 相似，接下来采用引理 8.1 就可以证明得到 $\boldsymbol{x}(\infty)\in\boldsymbol{R}$，即当时间趋于无穷时，所有智能体的状态相同，也就是所有智能体实现了一致性控制。证明完毕。

8.4.3　事件触发编队控制

同样考虑一个如式(8-1) 所描述的多智能体系统，系统控制的目标为实现如定义 8.2 所述的编队控制。定义系统智能体的采样时间间隔为 h，智能体内部的时钟将所有的采样时间间隔物理同步。

由假设 8.2，系统的中心状态为 $\widetilde{x}_i(t)=x_i(t)-x_i^*$，$\forall i=1,2,\cdots,N$，并且记 $\widetilde{\boldsymbol{x}}(t)=[\widetilde{x}_1(t),\widetilde{x}_2(t),\cdots,\widetilde{x}_N(t)]^{\mathrm{T}}$。类似地，参考 8.4.1 节的内容，我们定义事件触发时刻中心采样测量为

$$\widehat{x}_i(t)=\widetilde{x}_i(l_i^{k_i}h),t\in[l_i^{k_i}h,l_i^{k_i+1}h) \tag{8-22}$$

假设智能体 i 之前已经经历了 k_i 次事件触发，则 $\widehat{x}_i(t)$ 即为上一次事件触发时刻智能体 i 的中心状态。

此外，还定义智能体 i 的采样误差为

$$e_i(t)=\widehat{x}_i(t)-\widetilde{x}_i(t) \tag{8-23}$$

对于每个智能体 i，我们设计如下时间触发函数：

$$e_i^2(lh)-\sigma\left\{\sum_{j=1}^{N}a_{ij}[\widehat{x}_i(t)-\widehat{x}_j(t)]\right\}^2>0 \tag{8-24}$$

每个智能体的控制输入采用如下形式：

$$u_i(t)=-\alpha\sum_{j\in N_i}a_{ij}[\widehat{x}_i(t)-\widehat{x}_j(t)] \tag{8-25}$$

定理 8.4：对于多智能体系统［式(8-1)］，采用控制策略［式(8-25)］，以及事件触发函数［式(8-24)］，在满足假设 8.1 和假设 8.2 的条件下，若 $\boldsymbol{L}$ 为图对应拉普拉斯矩阵，如果 σ 满足 $\frac{1}{\lambda_{\max}}-2\sqrt{\sigma}>0$，并且有

$$h<\frac{1}{\lambda_{\max}}-2\sqrt{\sigma} \tag{8-26}$$

那么可以实现如定义 8.2 所述的编队控制，其中 $\lambda_{\max}$ 为拉普拉斯矩阵 $\boldsymbol{L}$ 的最大特征值。

证明：考虑时间区间$[lh,lh+h)$ 内，由式(8-14) 和式(8-17)，我们有

$$u_i=-\alpha\sum_{j=1}^{N}a_{ij}[\widetilde{x}_i(l_i^{k_i}h)-\widetilde{x}_j(l_i^{k_i}h)] \tag{8-27}$$

定义 $\boldsymbol{x}(t)=[x_1(t),x_2(t),\cdots,x_N(t)]^{\mathrm{T}}$，以及 $\hat{\boldsymbol{x}}(t)=[x_1(l_1^{k_1}h),x_2(l_2^{k_2}h),\cdots,x_N(l_N^{k_N}h)]^{\mathrm{T}}$。观察通信图的拉普拉斯矩阵 $\boldsymbol{L}$ 的形式，我们可以将所有智能体在控制输入［式(8-27)］下的动态写为如下紧凑形式：

$$\dot{\boldsymbol{x}}(t)=-\boldsymbol{L}\left[\hat{\boldsymbol{x}}(t)\right],t\in[lh,lh+h) \tag{8-28}$$

考察离散李雅普诺夫函数 $V(\tilde{\boldsymbol{x}})=\tilde{\boldsymbol{x}}^{\mathrm{T}}(t)\tilde{\boldsymbol{x}}(t)$，$V(\tilde{\boldsymbol{x}})$ 明显是正定函数。当 $t\in[lh,lh+h)$ 时，根据式(8-6) 和式(8-8)，对 $V(\tilde{\boldsymbol{x}})$ 进行求导得到：

$$\begin{aligned}\dot{V}(\tilde{\boldsymbol{x}})&=2\tilde{\boldsymbol{x}}^{\mathrm{T}}(t)\dot{\tilde{\boldsymbol{x}}}(t)\\&=2[\tilde{\boldsymbol{x}}(lh)-(t-lh)\boldsymbol{L}\hat{\boldsymbol{x}}(t)]^{\mathrm{T}}[-\alpha\boldsymbol{L}\hat{\boldsymbol{x}}(t)]\\&=-2\alpha[\tilde{\boldsymbol{x}}^{\mathrm{T}}(lh)\boldsymbol{L}\hat{\boldsymbol{x}}(t)-(t-lh)\hat{\boldsymbol{x}}^{\mathrm{T}}(t)\boldsymbol{L}^{\mathrm{T}}\boldsymbol{L}\hat{\boldsymbol{x}}(t)]\end{aligned}$$

又因为 $\boldsymbol{e}(lh)=\hat{\boldsymbol{x}}(t)-\tilde{\boldsymbol{x}}(lh)$，所以

$$\begin{aligned}\dot{V}(\tilde{\boldsymbol{x}})&\leqslant-2\alpha\{[\hat{\boldsymbol{x}}(t)-\boldsymbol{e}(lh)]^{\mathrm{T}}\boldsymbol{L}\hat{\boldsymbol{x}}(t)-h\hat{\boldsymbol{x}}^{\mathrm{T}}(t)\boldsymbol{L}^{\mathrm{T}}\boldsymbol{L}\hat{\boldsymbol{x}}(t)\}\\&=-2\alpha[\hat{\boldsymbol{x}}^{\mathrm{T}}(t)(\boldsymbol{L}-h\boldsymbol{L}^2)\hat{\boldsymbol{x}}(t)-\boldsymbol{e}(lh)\boldsymbol{L}\hat{\boldsymbol{x}}(t)]\\&\leqslant-2\alpha[\hat{\boldsymbol{x}}^{\mathrm{T}}(t)(\boldsymbol{L}-h\boldsymbol{L}^2)\hat{\boldsymbol{x}}(t)-\frac{1}{\sqrt{\sigma}}\boldsymbol{e}^{\mathrm{T}}(lh)\boldsymbol{e}(lh)-\sqrt{\sigma}\hat{\boldsymbol{x}}^{\mathrm{T}}(t)\boldsymbol{L}^2\hat{\boldsymbol{x}}(t)]\\&=-2\alpha\{\hat{\boldsymbol{x}}^{\mathrm{T}}(t)[\boldsymbol{L}-(h+\sqrt{\sigma})\boldsymbol{L}^2]\hat{\boldsymbol{x}}(t)-\frac{1}{\sqrt{\sigma}}\boldsymbol{e}^{\mathrm{T}}(lh)\boldsymbol{e}(lh)\}\end{aligned}$$

假设在采样时刻 lh 时不满足事件触发条件，我们有

$$e_i^2(lh)-\sigma\left\{\sum_{j=1}^{N}a_{ij}[\hat{x}_i(t)-\hat{x}_j(t)]\right\}^2\leqslant 0 \tag{8-29}$$

而如果满足事件触发条件，我们知道 $e_i(lh)=0$，因此式(8-21) 依然成立。考虑所有智能体的测量误差，可以得到

$$\boldsymbol{e}^{\mathrm{T}}(lh)\boldsymbol{e}(lh)\leqslant\sigma\sum_{i=1}^{N}\left\{\sum_{j=1}^{N}a_{ij}[\hat{x}_i(t)-\hat{x}_j(t)]\right\}^2=\sigma\left[\hat{\boldsymbol{x}}(t)\right]^{\mathrm{T}}\boldsymbol{L}^{\mathrm{T}}\boldsymbol{L}\left[\hat{\boldsymbol{x}}(t)\right]^{\mathrm{T}}$$

将上述结果代入李雅普诺夫函数得到

$$\begin{aligned}\dot{V}(\tilde{\boldsymbol{x}})&\leqslant-2\alpha\{\hat{\boldsymbol{x}}^{\mathrm{T}}(t)[\boldsymbol{L}-(h+1)\boldsymbol{L}^2]\hat{\boldsymbol{x}}(t)-\boldsymbol{e}^{\mathrm{T}}(lh)\boldsymbol{e}(lh)\}\\&\leqslant-2\alpha\{\hat{\boldsymbol{x}}^{\mathrm{T}}(t)[\boldsymbol{L}-(h+2\sqrt{\sigma})\boldsymbol{L}^2]\hat{\boldsymbol{x}}(t)\}\end{aligned}$$

假设 λ 为矩阵 $\boldsymbol{L}$ 的特征值，则矩阵 $\boldsymbol{L}-(h+2\sqrt{\sigma})\boldsymbol{L}^2$ 的特征值为 $\lambda-(h+2\sqrt{\sigma})\lambda^2$。由引理 8.1，我们知道 $\boldsymbol{L}$ 的所有特征值非负且具有非重特征值 0。再根据定理 8.3 中的条件，我们可以得出 $\lambda-(h+2\sqrt{\sigma})\lambda^2\geqslant 0$，当且仅当 $\lambda=0$ 时等号成立。于是 $\boldsymbol{L}-(h+2\sqrt{\sigma})\boldsymbol{L}^2$ 半正定，且同样具有非重特征值 0，对应的特征向量也同样为全 1 向量。因此，可以得出 $\dot{V}(\tilde{\boldsymbol{x}})$ 在 $t\in[lh,lh+h)$ 上是半负定的。此外，在时间触发时刻 $\dot{V}(\boldsymbol{x})$ 为

$$\dot{V}(\tilde{\boldsymbol{x}})=-2\alpha\{\hat{\boldsymbol{x}}^{\mathrm{T}}(t)[\boldsymbol{L}-(h+2\sqrt{\sigma})\boldsymbol{L}^{2}]\hat{\boldsymbol{x}}(t)\}\leqslant 0$$

因此我们得到 $\dot{V}(\boldsymbol{x})\leqslant 0$。

与定理 8.2 相似，接下来采用引理 8.1 就可以证明得到 $\boldsymbol{x}(\infty)\in\boldsymbol{R}$，即当时间趋于无穷时，所有智能体的状态相同，也就是所有智能体实现了一致性控制。证明完毕。

8.5 仿真实验

在本节中，我们将用两组数值仿真来验证所提出算法的有效性。考虑一个由 4 个智能体组成的多智能体系统。其中多智能体间的拓扑图如图 8.1 所示，对应的拉普拉斯矩阵为

$$\boldsymbol{L}=\begin{bmatrix}3 & -1 & -1 & -1\\ -1 & 2 & -1 & 0\\ -1 & -1 & 2 & 0\\ -1 & 0 & 0 & 1\end{bmatrix}$$

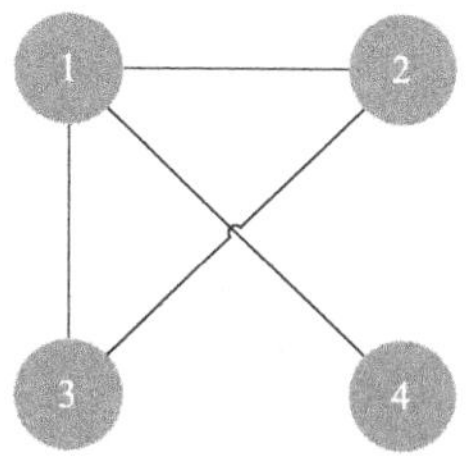

图 8.1　多智能体系统中 4 个智能体的通信拓扑图

对于采样数据，我们设计采样间隔为 0.1s。

数值仿真 1：多智能体时间触发一致性控制。

对于基于采样数据的多智能体时间触发一致性控制（定理 8.1），我们选择控制增益 $\alpha=0.5$，智能体的维数选择为 1。图 8.2 显示了所有智能体的运动轨迹。可以发现各个智能体可以实现最终的一致性。

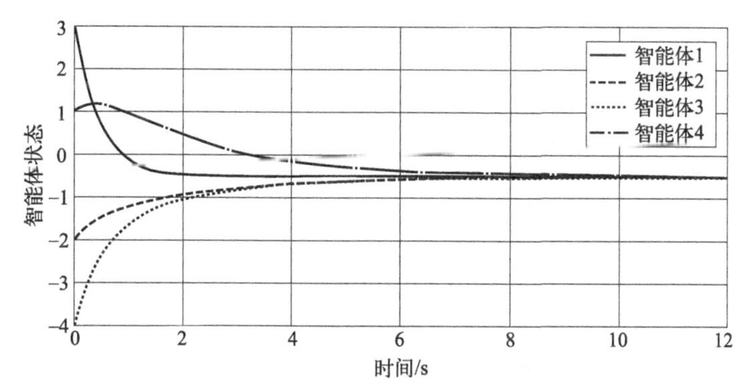

图 8.2　基于采样数据的多智能体时间触发一致性控制的智能体状态轨迹图

数值仿真 2：多智能体时间触发编队控制。

对于基于采样数据的多智能体时间触发编队控制（定理 8.2），我们选择智

能体的维数为 2，对于每一维，控制增益 $\alpha=0.5$。图 8.3 显示了所有智能体的运动轨迹。可以发现各个智能体从不同的位置抵达了预先设计好的方形队形位置。

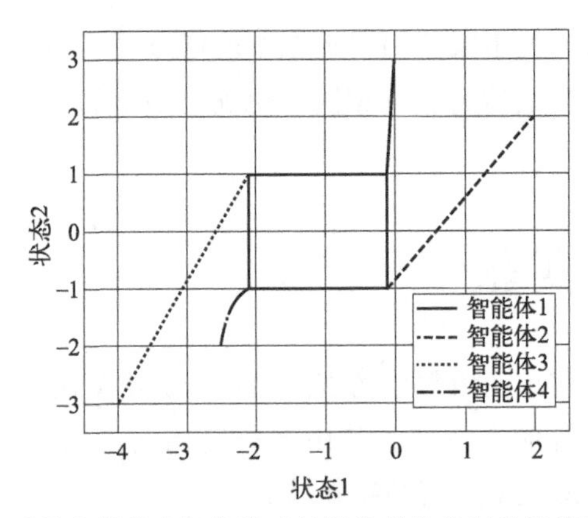

图 8.3　基于采样数据的多智能体时间触发编队控制的智能体状态轨迹图

数值仿真 3：多智能体事件触发一致性控制。

对于基于采样数据的多智能体事件触发一致性控制（定理 8.3），我们选择智能体的维数为 1，控制增益 $\alpha=0.5$，对于每一个智能体事件触发函数取参数 $\sigma=0.05$。图 8.4 显示了所有智能体的运动轨迹。可以发现各个智能体从不同的位置达成一致性。图 8.5 表示各个智能体的事件触发时刻。与时间触发方法相比，虽然智能体的运动轨迹较不光滑，但控制输入的更新次数大幅降低。

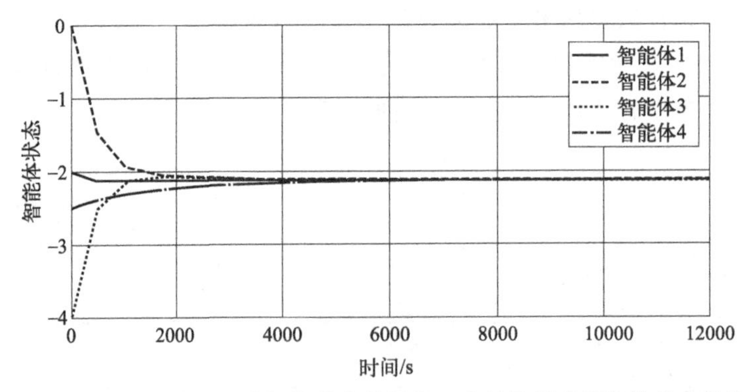

图 8.4　基于采样数据的多智能体事件触发一致性控制的智能体状态轨迹图

数值仿真 4：多智能体事件触发编队控制。

对于基于采样数据的多智能体事件触发编队控制（定理 8.4），我们选择智能体的维数为 2，对于每一个智能体控制增益 $\alpha=0.5$，事件触发函数参数 $\sigma=0.05$。图 8.6 显示了所有智能体的运动轨迹。与先前使用时间触发一样，我们发现事件触发方法依然可以让各个智能体从不同的位置抵达预先设计好的方形队形位置。

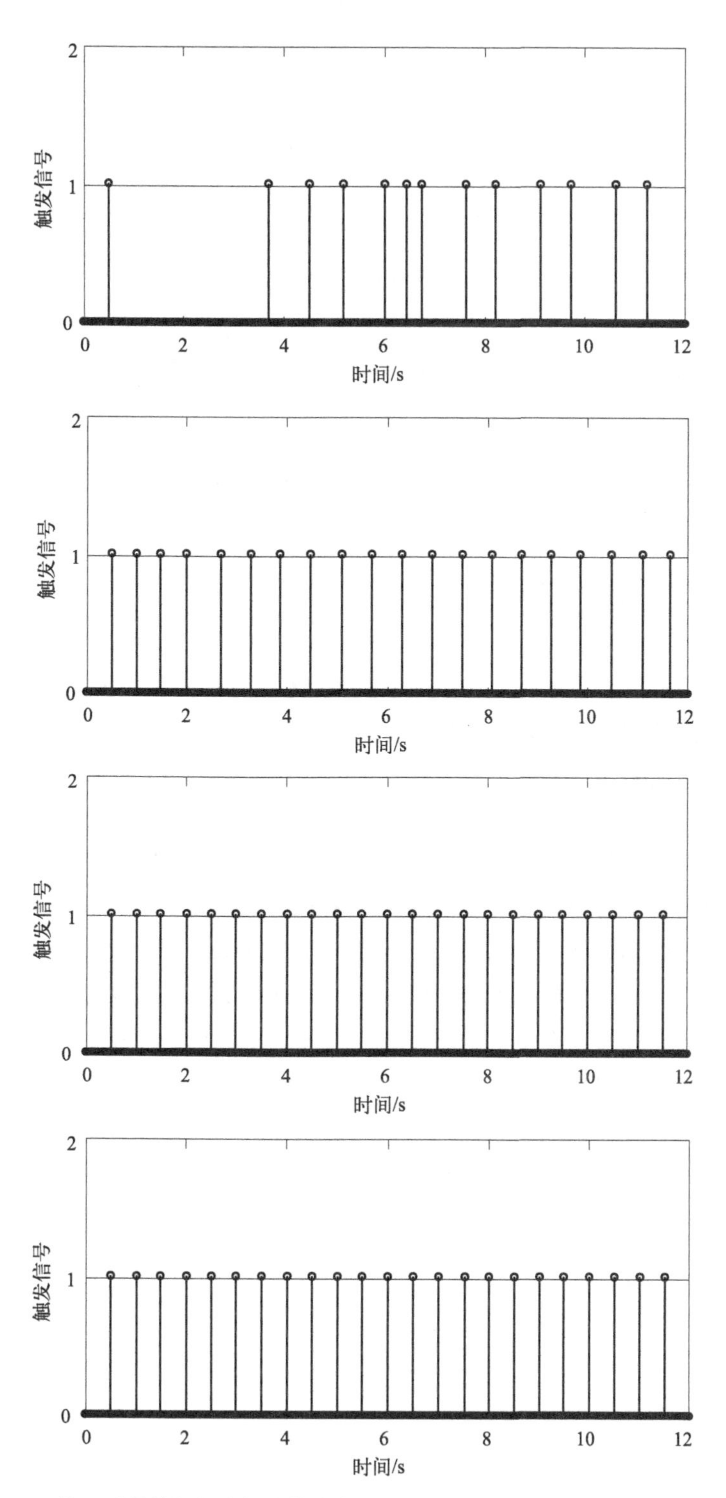

图 8.5　基于采样数据的多智能体事件触发一致性控制的智能体事件触发信号

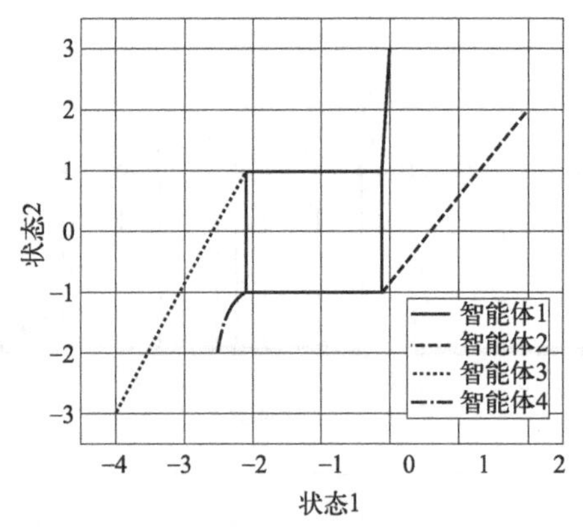

图 8.6　基于采样数据的多智能体事件触发编队控制的智能体状态轨迹图

8.6　本章小结

本章针对一阶多智能体系统，研究了系统的一致性控制问题和编队控制问题，对每一问题都介绍了基于采样数据的时间触发和基于采样数据的事件触发两种方法。与一般利用连续通信信号设计的协议不同，基于采样数据的方法大大降低了智能体通信所需的带宽和处理速度，节约了通信能量。通过李雅普诺夫函数的设计和全局不变集原理，对系统状态的一致性和编队结果进行了分析与证明。根据所提出的基于时间触发和事件触发的采样数据控制方法，我们通过数据仿真验证了所有智能体的状态逐渐趋于一致或趋于编队队形的位置状态，说明了控制方法的有效性。基于采样数据的时间触发和事件触发方法可以有效节约系统的通信和计算资源；此外，在事件触发方法中，由于采样机制的存在，系统从根本上避免了芝诺现象的出现，增强了控制协议的有效性和安全性。

第9章

网络化多智能体系统的协同控制

基于网络的信息交互是多智能体系统的四大基本要素之一，尽管网络具有扩展性好、灵活性强、维护便利等优点，但实际的网络环境并不理想，有许多制约因素，因此多智能体系统在实际应用中必须考虑并解决网络化引入的问题。网络化多智能体系统（networked multi-agent systems，NMASs）是一类特殊的网络化控制系统，具备以下特点[149]：

① 连续时间信号需要采样才能进行网络传输；

② 采样的信号需要量化才能在有限带宽的信道中传输；

③ 变化的网络条件导致网络时延甚至丢包；

④ 多节点接入网络会产生竞争；

⑤ 各个节点的时钟需要同步；

⑥ 节点之间的通信链路的建立或丢失会造成多个网络拓扑的切换；

⑦ 大规模分布式系统中节点的计算和通信能力有限。

在实际应用中，网络化多智能体系统常常会面临时延、丢包和网络攻击等问题。时延、丢包可能会导致智能体收到不完整或者过期的信息，从而影响到系统的一致性。网络攻击则可能会破坏智能体之间的通信，或者操纵智能体的行为，从而破坏系统的稳定性和可靠性。故在本章中将介绍网络化多智能体系统的概念以及在具有时延丢包、网络攻击两种情况下分别如何控制多智能体系统实现一致性。

9.1 具有时延丢包的多智能体系统

在网络化多智能体系统中，智能体之间的信息传输不可避免地会遭受时延的影响，因此时延是影响多智能体系统一致性的一个重要因素。

如果能够获取某些时延和模型信息，那么时延补偿是一种处理时延影响的有效方法。但是对于连续时间系统，这些基于预测的控制器是无限维的，因此很难实际实现，并且时变输入时延情况下的系数稳定性分析是一件富有挑战性的工作。

9.1.1 问题描述

考虑由 N 个智能体组成的系统，在研究存在时延、丢包的网络化多智能体系统时建立的系统动态模型往往为离散的：

$$\begin{aligned}&\boldsymbol{x}_i(t+1)=\boldsymbol{A}\boldsymbol{x}_i(t)+\boldsymbol{B}\boldsymbol{u}_i(t)\\&\boldsymbol{y}_i(t)=\boldsymbol{C}\boldsymbol{x}_i(t),i=1,2,\cdots,N\end{aligned}\tag{9-1}$$

式中，$\boldsymbol{x}_i(t)\in\mathbf{R}^n$，表示智能体 i 的状态；$\boldsymbol{y}_i(t)\in\mathbf{R}^m$，是智能体 i 的输出；$\boldsymbol{u}_i(t)\in\mathbf{R}^r$，是每个智能体 i 的控制输入：此外，$\boldsymbol{A}\in\mathbf{R}^{n\times n}$，$\boldsymbol{B}\in\mathbf{R}^{n\times r}$，$\boldsymbol{C}\in\mathbf{R}^{m\times n}$，均为系统的定常矩阵。

需要说明的是，在实际应用中，通信网络在网络化多智能体系统中拥有不同的分布结构，网络可以分布于单个智能体的传感器与控制器之间，可以分布于单个智能体控制器与执行器之间，或者分布于智能体与其他智能体之间的控制组件（传感器、控制器、执行器）之间。此处研究的网络化多智能体系统的控制结构如图 9.1 所示。

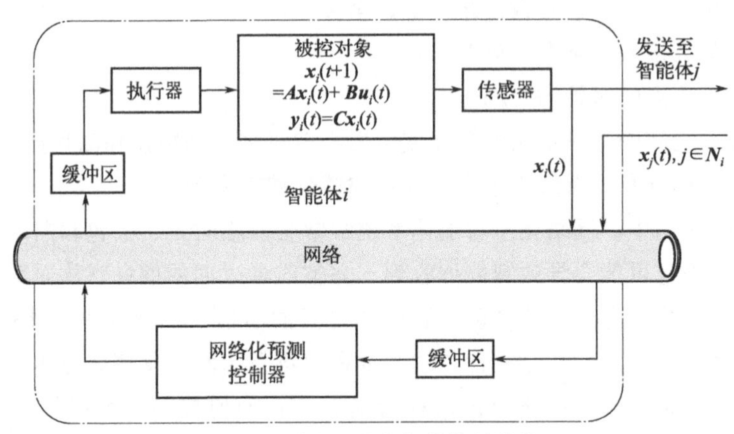

图 9.1　单个网络化智能体的结构

从图中不难分析得到：单个网络化智能体 i 传感器一侧的输出信息可以通过通信网络发送至自身以及邻域内其他智能体 j 的控制器，智能体 i 自身的控制信息是根据通信网络传输所得智能体 i 本身及其他智能体 j 的信息通过计算所得，再通过网络将该控制信息发送给自己的执行器。

9.1.2　协议设计

为了进行网络化多智能体系统控制器的设计与分析，并考虑到通信信道中的网络时延和数据丢包的问题，现需要作出如下假设：

假设 9.1：矩阵（$\boldsymbol{A},\boldsymbol{B}$）是可镇定的，同时（$\boldsymbol{A},\boldsymbol{C}$）是可检测的。

假设 9.2：智能体 i 及其邻居智能体 j 的传感器信息传递至智能体 i 控制器的通信信道的通信时延记作 $\tau_{ij}^{sc}(t)$，并且该通信时延满足

$$0 \leqslant \tau_0 \leqslant \breve{\tau}_{ij}^{sc}(t) \leqslant \tau_{ij}^{sc}(t) \leqslant \widehat{\tau}_{ij}^{sc}(t) \leqslant \tau_b, \forall i,j \in \mathbf{V}$$

式中，$\breve{\tau}_{ij}^{sc}(t)$ 和 $\widehat{\tau}_{ij}^{sc}(t)$ 是已知的有界函数，其上界和下界分别为 τ_0 和 τ_b；$\mathbf{V}$ 为节点集合。

假设 9.3：智能体 i 的控制器信息传递至自身执行器的网络信道的通信时延记作 $\tau_i^{ca}(t)$，并且该时延同样满足类似的条件，即

$$0 \leqslant \tau_1 \leqslant \breve{\tau}_i^{ca}(t) \leqslant \tau_i^{ca}(t) \leqslant \widehat{\tau}_i^{ca}(t) \leqslant \tau_f, \forall i \in \mathbf{V}$$

式中，$\breve{\tau}_i^{ca}(t)$ 和 $\widehat{\tau}_i^{ca}(t)$ 是已知的有界函数，其上界和下界分别为 τ_0 和 τ_b。

假设 9.4：通信网络中所有数据传输信道的连续丢包数不超过 d。

假设 9.5：网络化多智能体的通信拓扑图 G 至少包含一个有向生成树。

备注 9.1：在实际的网络化多智能体系统中，控制量序列是基于时间的，所以需要同步网络化多智能体控制系统中各数字组件的系统时钟。因为此处主要讨论网络化多智能体系统的预测控制器设计问题，故假定控制器、传感器和执行器的时钟已完成同步，并且通信网络中传输的所有数据均带有时间戳。

为了克服网络时延和丢包的问题，本节提出了时延与丢包补偿机制，并用于网络化多智能体系统控制器的设计。根据假设 9.1～假设 9.4，令 $b=\tau_b+d, f=\tau_f+d$，为了估计智能体 i 的状态，现设计如下状态观测器：

$$\begin{aligned}&\widehat{\boldsymbol{x}}_i(t-b+1|t-b)=\boldsymbol{A}\widehat{\boldsymbol{x}}_i(t-b|t-b-1)+\boldsymbol{B}\boldsymbol{u}_i(t-b)+\boldsymbol{L}[\boldsymbol{y}_i(t-b)-\widehat{\boldsymbol{y}}_i(t-b)]\\&\widehat{\boldsymbol{y}}_i(t-b)=\boldsymbol{C}\widehat{\boldsymbol{x}}_i(t-b|t-b-1), i=1,2,\cdots,N\end{aligned} \tag{9-2}$$

式中，$\widehat{\boldsymbol{x}}_i(t-b+1|t-b)\in\mathbf{R}^n$，表示基于 $t-b$ 时刻的信息得到的 $t-b+1$ 时刻的预测状态；$\widehat{\boldsymbol{y}}_i(t-b)\in\mathbf{R}^m$，表示观测器在 $t-b$ 时刻的输出；而 $\boldsymbol{L}\in\mathbf{R}^{n\times m}$，为状态观测器的增益矩阵。状态观测器［式(9-2)］提供了向前一步的预测状态，至于 $t-b+2$ 至 $t+f$ 时刻的预测状态序列，则由下式给出：

$$\begin{cases}\widehat{\boldsymbol{x}}_i(t-b+2|t-b)=\boldsymbol{A}\widehat{\boldsymbol{x}}_i(t-b+1|t-b)+\boldsymbol{B}\boldsymbol{u}_i(t-b+1)\\\widehat{\boldsymbol{x}}_i(t-b+3|t-b)=\boldsymbol{A}\widehat{\boldsymbol{x}}_i(t-b+2|t-b)+\boldsymbol{B}\boldsymbol{u}_i(t-b+2)\\\cdots\cdots\\\widehat{\boldsymbol{x}}_i(t+f|t-b)=\boldsymbol{A}\widehat{\boldsymbol{x}}_i(t+f-1|t-b)+\boldsymbol{B}\boldsymbol{u}_i(t+f-1)\end{cases} \tag{9-3}$$

根据假设9.2～假设9.4，并结合实际网络系统的情况，b 与 f 均为固定正整数。与此同时，从 $t-b$ 时刻到 $t+f-1$ 时刻，所有的控制输入均能由控制器计算得到，其中部分控制输入不能在 t 时刻应用于智能体 i 的被控对象。同理，智能体 i 的邻居智能体 j 的估计状态同样可由上述状态预测机制获得。

当智能体 i 得到其自身及其邻居的状态估计量之后，此处采用基于状态估计的反馈控制协议，即在智能体 i 的控制器端，控制量预测公式给定为

$$\boldsymbol{u}_i(t+f|t-b)=\boldsymbol{K}\sum_{j\in N_i}a_{ij}[\hat{\boldsymbol{x}}_j(t+f|t-b)-\hat{\boldsymbol{x}}_i(t+f|t-b)] \tag{9-4}$$

式中，$\mathbf{K}\in\mathbf{R}^{r\times n}$，为待设计的反馈增益矩阵。

另一边，在智能体 i 的执行器端，选取的控制输入量[150]为

$$\boldsymbol{u}_i(t|t-b-f)=\boldsymbol{K}\sum_{j\in N_i}a_{ij}[\hat{\boldsymbol{x}}_j(t|t-b-f)-\hat{\boldsymbol{x}}_i(t|t-b-f)] \tag{9-5}$$

为了补偿数据丢包，此处采用的方法为：首先，为防止智能体 i 及其邻居智能体 j 的测量输出数据包在信道传递过程中丢失，规定 t 时刻从其他智能体的传感器发送给智能体 i 的控制器中的测量数据分别为

$$[\boldsymbol{y}_i(t),\boldsymbol{y}_i(t-1),\cdots,\boldsymbol{y}_i(t-d)],\forall i\in\boldsymbol{V}$$

$$[\boldsymbol{y}_j(t),\boldsymbol{y}_j(t-1),\cdots,\boldsymbol{y}_j(t-d)],\forall j\in\boldsymbol{N}_i$$

类似地，为解决智能体 i 控制输入数据可能发生的丢包问题，规定 t 时刻控制端发送给执行器的控制数据为

$$[\boldsymbol{u}_i(t+f|t-b),\boldsymbol{u}_i(t+f-1|t-b-1),\cdots,\boldsymbol{u}_i(t+\tau_f|t-b-d)],\forall i\in\boldsymbol{V}$$

同时，为了避免数据包错序，智能体 i 的控制器与执行器需分别设置数据缓冲区，并根据接收到的数据时间戳，对这些数据进行排序，以此保证控制器和执行器采用的为最新的控制输入数据和预测数据。

9.1.3 一致性分析

为了进一步分析网络化多智能体系统预测控制器的设计方法，在此需给出同时满足网络化多智能体系统一致性和稳定性的条件。

定义9.1：对于网络化多智能体系统［式(9-1)］，如果同时满足以下条件，则称控制协议［式(9-5)］同时解决了稳定性和一致性问题，或称系统［式(9-1)］在控制协议［式(9-5)］的作用下同时实现了稳定和一致。

① $\lim\limits_{t\to\infty}\|\boldsymbol{x}_i(t)\|=0,\forall i\in\boldsymbol{V}$；

② $\lim\limits_{t\to\infty}\|\boldsymbol{x}_i(t)-\boldsymbol{x}_j(t)\|=0,\forall i,j\in\boldsymbol{V}$；

③ $\lim\limits_{t\to\infty}\|\boldsymbol{x}_i(t)-\hat{\boldsymbol{x}}_i(t|t-1)\|=0,\forall i\in\boldsymbol{V}$。

不难看出，定义9.1的条件即要求网络化多智能体系统中所有智能体的状态

均趋近于零，通过这样的方式使多智能体系统实现一致性，同时也要求观测器的状态估计误差趋近于零。

对于智能体 i，若将时间 t 向后平移 b 步，则由观测器方程［式(9-2)］可得

$$\hat{\boldsymbol{x}}_i(t+1/t)=\boldsymbol{A}\hat{\boldsymbol{x}}_i(t|t-1)+\boldsymbol{B}\boldsymbol{u}_i(t)+\boldsymbol{L}\boldsymbol{C}[\boldsymbol{x}_i(t)-\hat{\boldsymbol{x}}_i(t|t-1)] \tag{9-6}$$

用式(9-6) 与式(9-1) 相减，即可得到如下状态估计误差表达式：

$$\boldsymbol{e}_i(t+1)=(\boldsymbol{A}-\boldsymbol{L}\boldsymbol{C})\boldsymbol{e}_i(t) \tag{9-7}$$

而其中状态误差 $\boldsymbol{e}_i(t)=\boldsymbol{x}_i(t)-\hat{\boldsymbol{x}}_i(t|t-1)$。通过状态预测方程［式(9-3)］进行迭代运算，可得

$$\hat{\boldsymbol{x}}_i(t+f|t-b)=\boldsymbol{A}^{b+f-1}\hat{\boldsymbol{x}}_i(t-b+1|t-b)+\sum_{l=2}^{b+f}\boldsymbol{A}^{b+f-l}\boldsymbol{B}\boldsymbol{u}_i(t+l-b-1) \tag{9-8}$$

同样地，利用式(9-2) 和式(9-8) 可得

$$\begin{aligned}
&\hat{\boldsymbol{x}}_i(t+f|t-b+1)\\
&=\boldsymbol{A}^{b+f-2}\hat{\boldsymbol{x}}_i(t-b+2|t-b+1)+\sum_{l=3}^{b+f}\boldsymbol{A}^{b+f-l}\boldsymbol{B}\boldsymbol{u}_i(t+l-b-1)\\
&=\boldsymbol{A}^{b+f-2}\{\boldsymbol{A}\hat{\boldsymbol{x}}_i(t-b+1|t-b)+\boldsymbol{B}\boldsymbol{u}_i(t-b+1)+\boldsymbol{L}[\boldsymbol{y}_i(t-b+1)-\\
&\quad\hat{\boldsymbol{y}}_i(t-b+1)]\}+\sum_{l=3}^{b+f}\boldsymbol{A}^{b+f-l}\boldsymbol{B}\boldsymbol{u}_i(t+l-b-1)\\
&=\boldsymbol{A}^{b+f-1}\boldsymbol{B}\hat{\boldsymbol{x}}_i(t-b+1|t-b)+\sum_{l=2}^{b+f}\boldsymbol{A}^{b+f-l}\boldsymbol{B}\boldsymbol{u}_i(t+l-b-1)\\
&\quad+\boldsymbol{A}^{b+f-2}\boldsymbol{L}\boldsymbol{C}\boldsymbol{e}_i(t-b+1)
\end{aligned} \tag{9-9}$$

将式(9-9) 所得结果与式(9-8) 相减，得到

$$\hat{\boldsymbol{x}}_i(t+f|t-b)=\hat{\boldsymbol{x}}_i(t+f|t-b+1)-\boldsymbol{A}^{b+f-2}\boldsymbol{L}\boldsymbol{C}\boldsymbol{e}_i(t-b+1) \tag{9-10}$$

根据式(9-10) 进一步迭代，推出

$$\hat{\boldsymbol{x}}_i(t+f|t-b)=\hat{\boldsymbol{x}}_i(t+f|t+f-1)-\sum_{l=0}^{b+f-2}\boldsymbol{A}^{l}\boldsymbol{L}\boldsymbol{C}\boldsymbol{e}_i(t+f-l-1) \tag{9-11}$$

用 t 替换式 (9-11) 中的 $t+f$，则有

$$\begin{aligned}
\hat{\boldsymbol{x}}_i(t|t-b-f)&=\hat{\boldsymbol{x}}_i(t|t-1)-\sum_{l=0}^{b+f-2}\boldsymbol{A}^{l}\boldsymbol{L}\boldsymbol{C}\boldsymbol{e}_i(t-l-1)=\boldsymbol{x}_i(t)-\boldsymbol{e}_i(t)-\\
&\quad\sum_{l=0}^{b+f-2}\boldsymbol{A}^{l}\boldsymbol{L}\boldsymbol{C}\boldsymbol{e}_i(t-l-1)
\end{aligned} \tag{9-12}$$

同理，对于智能体 i 的所有邻居智能体 j 可以得到

$$\hat{\boldsymbol{x}}_j(t|t-b-f)=\boldsymbol{x}_j(t)-\boldsymbol{e}_j(t)-\sum_{l=0}^{b+f-2}\boldsymbol{A}^{l}\boldsymbol{L}\boldsymbol{C}\boldsymbol{e}_j(t-l-1) \tag{9-13}$$

将得到的式(9-12) 与式(9-13) 代入式(9-5)，即可得到 t 时刻智能体 i 中受

控对象采用的控制输入为

$$\boldsymbol{u}_i(t)=\boldsymbol{K}\sum_{j\in N_i}a_{ij}\left[\boldsymbol{x}_j(t)-\boldsymbol{e}_j(t)-\sum_{l=0}^{b+f-2}\boldsymbol{A}^l\boldsymbol{LCe}_j(t-l-1)-\boldsymbol{x}_i(t)-\boldsymbol{e}_i(t)\right] \tag{9-14}$$

把式(9-14) 代入智能体 i 的受控动态方程 [式(9-1)]，则智能体 i 的闭环控制系统可表示为

$$\begin{aligned}\boldsymbol{x}_i(t+1)=&\boldsymbol{Ax}_i(t)+\boldsymbol{BK}\sum_{j\in N_i}a_{ij}[\boldsymbol{x}_j(t)-\boldsymbol{x}_i(t)]+\\&\boldsymbol{\Phi}(b,f)\sum_{j\in N_i}a_{ij}[\boldsymbol{E}_i(t)-\boldsymbol{E}_j(t)]\end{aligned} \tag{9-15}$$

式中：

$$\boldsymbol{\Phi}(b,f)=[\boldsymbol{BK},\boldsymbol{BKLC},\boldsymbol{BKALC},\cdots,\boldsymbol{BKA}^{b+f-2}\boldsymbol{LC}]\in\mathbf{R}^{n\times n(b+f)}$$

$$\boldsymbol{E}_i(t)=[\boldsymbol{e}_i^{\mathrm{T}}(t),\boldsymbol{e}_i^{\mathrm{T}}(t-1),\cdots,\boldsymbol{e}_i^{\mathrm{T}}(t-b-f+1)]^{\mathrm{T}}\in\mathbf{R}^{n(b+f)\times 1}$$

$$\boldsymbol{E}_j(t)=[\boldsymbol{e}_j^{\mathrm{T}}(t),\boldsymbol{e}_j^{\mathrm{T}}(t-1),\cdots,\boldsymbol{e}_j^{\mathrm{T}}(t-b-f+1)]^{\mathrm{T}}\in\mathbf{R}^{n(b+f)\times 1}$$

根据式(9-7)，易得

$$\boldsymbol{e}_i(t-s+1)=(\boldsymbol{A}-\boldsymbol{LC})\boldsymbol{e}_i(t-s) \tag{9-16}$$

式中，$s=0,1,\cdots,b+f-1$。显然，式(9-16) 可以等价写成

$$\boldsymbol{E}_i(t+1)=[\boldsymbol{I}_{b+f}\otimes(\boldsymbol{A}-\boldsymbol{LC})]\boldsymbol{E}_i(t) \tag{9-17}$$

定义如下变量：

$$\begin{cases}\boldsymbol{\delta}_i(t)=\boldsymbol{x}_i(t)-\boldsymbol{x}_1(t)\\ \boldsymbol{\delta}(t)=[\boldsymbol{\delta}_2^{\mathrm{T}}(t),\boldsymbol{\delta}_3^{\mathrm{T}}(t),\cdots,\boldsymbol{\delta}_N^{\mathrm{T}}(t)]^{\mathrm{T}}\\ \boldsymbol{E}(t)=[\boldsymbol{E}_1^{\mathrm{T}}(t),\boldsymbol{E}_2^{\mathrm{T}}(t),\cdots,\boldsymbol{E}_N^{\mathrm{T}}(t)]^{\mathrm{T}}\end{cases}$$

则式 (9-15) 可以写成

$$\boldsymbol{x}_i(t+1)=\boldsymbol{Ax}_i(t)+[\boldsymbol{\alpha}_i\otimes(\boldsymbol{BK})]\boldsymbol{\delta}(t)-d_{in}(i)\boldsymbol{BK\delta}_i(t)+[\boldsymbol{L}_i\otimes\boldsymbol{\Phi}(b,f)]\boldsymbol{E}(t) \tag{9-18}$$

从而可以写出智能体 i 与智能体 1 的状态差：

$$\begin{aligned}\boldsymbol{\delta}_i(t+1)=&[\boldsymbol{A}-d_{in}(n)\boldsymbol{BK}]\boldsymbol{\delta}_i(t)+[(\boldsymbol{\alpha}_i-\boldsymbol{\alpha}_1)\otimes\boldsymbol{BK}]\boldsymbol{\delta}(t)+\\&[(\boldsymbol{L}_i-\boldsymbol{L}_1)\otimes\boldsymbol{\Phi}(b,f)]\boldsymbol{E}(t),i=2,3,\cdots,N\end{aligned} \tag{9-19}$$

进一步整理，得

$$\begin{aligned}\boldsymbol{\delta}_i(t+1)=&[\boldsymbol{I}_{N-1}\otimes\boldsymbol{A}-\boldsymbol{L}_{22}-\boldsymbol{1}_{N-1}\boldsymbol{L}_{12}\otimes(\boldsymbol{BK})]\boldsymbol{\delta}(t)+\\&[(\widetilde{\boldsymbol{L}}_2-\boldsymbol{1}_{N-1}\boldsymbol{L}_1)\otimes\boldsymbol{\Phi}(b,f)]\boldsymbol{E}(t)\end{aligned} \tag{9-20}$$

综合式(9-17)～式(9-20)，可得整个网络化多智能体闭环控制系统的描述为

$$\begin{bmatrix}\boldsymbol{x}(t+1)\\ \boldsymbol{\delta}(t+1)\\ \boldsymbol{E}(t+1)\end{bmatrix}=\begin{bmatrix}\boldsymbol{A} & \boldsymbol{\Pi}_1 & \boldsymbol{\Lambda}_1\\ \boldsymbol{0} & \boldsymbol{\Pi} & \boldsymbol{\Lambda}_2\\ \boldsymbol{0} & \boldsymbol{0} & \boldsymbol{\Lambda}\end{bmatrix}\begin{bmatrix}\boldsymbol{x}(t)\\ \boldsymbol{\delta}(t)\\ \boldsymbol{E}(t)\end{bmatrix} \tag{9-21}$$

式中：

$$\boldsymbol{\Pi}=[\boldsymbol{I}_{N-1}\otimes\boldsymbol{A}-(\boldsymbol{L}_{22}-\boldsymbol{1}_{N-1}\boldsymbol{L}_{12})\otimes(\boldsymbol{BK})]$$

$$\boldsymbol{\Pi}_1=-\boldsymbol{L}_{12}\otimes(\boldsymbol{BK})$$

$$\boldsymbol{\Lambda}=\boldsymbol{I}_{N(b+f)}\otimes(\boldsymbol{A}-\boldsymbol{LC})$$

$$\boldsymbol{\Lambda}_1=\boldsymbol{L}_1\otimes\boldsymbol{\Phi}(b,f)$$

$$\boldsymbol{\Lambda}_2=(\widetilde{\boldsymbol{L}}_2-\boldsymbol{1}_{N-1}\boldsymbol{L}_1)\otimes\boldsymbol{\Phi}(b,f)$$

显然，式(9-21) 表示的是一个上三角系统。则对于上三角系统而言，当且仅当其对角线上的分块子矩阵稳定时，该上三角系统稳定。因此，当且仅当矩阵 $\boldsymbol{A}$、$\boldsymbol{\Pi}$、$\boldsymbol{\Lambda}$ 的特征值位于单位圆内时，系统［式(9-21)］稳定，且此时网络化多智能体系统实现了稳定和一致。

9.1.4 编队控制

为了验证上文提出算法的有效性，此处将给出一个具体的仿真实例：

此处考虑由 4 个智能体组成的网络化多智能体系统，且其通信拓扑由有向图 $G=(\boldsymbol{V},\boldsymbol{\varepsilon},\boldsymbol{A})$ 表示，且有

$$\boldsymbol{V}=\{1,2,3,4\}$$

$$\boldsymbol{\varepsilon}=\{(1,2),(2,3),(3,4),(4,2)\}$$

而相应的邻接元素均设置为 1，如图 9.2 所示。

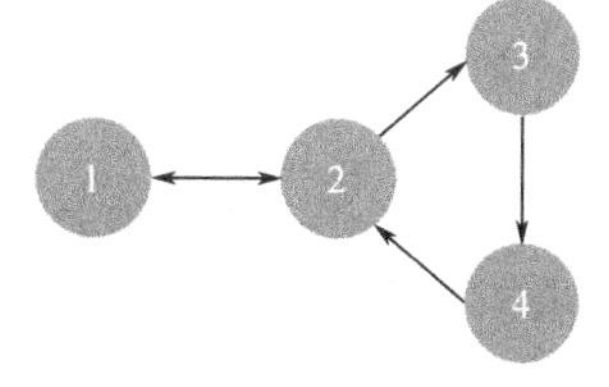

图 9.2　智能体间的通信拓扑

同时每个智能体的动力学模型是相同的，此处给出其状态空间表达式为

$$\boldsymbol{x}_i(t+1)=\boldsymbol{A}\boldsymbol{x}_i(t)+\boldsymbol{B}\boldsymbol{u}_i(t)$$

$$y_i(t)=\boldsymbol{C}\boldsymbol{x}_i(t),i=1,2,3,4$$

式中，各参数及初值给定如下：

$$\boldsymbol{A}=\begin{bmatrix}1.2998 & -0.4341 & 0.1343\\ 1 & 0 & 0\\ 0 & 1 & 0\end{bmatrix}$$

$$\boldsymbol{B}=\begin{bmatrix}1\\ 0\\ 0\end{bmatrix}$$

$$\boldsymbol{C}=[3.5629\quad 2.7739\quad 1.0121]$$

$$\boldsymbol{x}_1(0)=[10.8860 \quad 10.8860 \quad 10.8860]^{\mathrm{T}}$$

$$\boldsymbol{x}_2(0)=[5.4430 \quad 5.4430 \quad 5.4430]^{\mathrm{T}}$$

$$\boldsymbol{x}_3(0)=[-5.4430 \quad -5.4430 \quad -5.4430]^{\mathrm{T}}$$

$$\boldsymbol{x}_4(0)=[-10.8860 \quad -10.8860 \quad -10.8860]^{\mathrm{T}}$$

并且初始状态下各智能体对应的输出给定为

$$y_1(0)=80$$

$$y_2(0)=40$$

$$y_3(0)=-40$$

$$y_4(0)=-80$$

同时给定观测器的状态初值为

$$\hat{\boldsymbol{x}}_1(0)=[0 \quad 0 \quad 0]^{\mathrm{T}}$$

$$\hat{\boldsymbol{x}}_2(0)=[0 \quad 0 \quad 0]^{\mathrm{T}}$$

$$\hat{\boldsymbol{x}}_3(0)=[0 \quad 0 \quad 0]^{\mathrm{T}}$$

$$\hat{\boldsymbol{x}}_4(0)=[0 \quad 0 \quad 0]^{\mathrm{T}}$$

根据 9.1.2 节中叙述的网络化多智能体预测控制器的设计方法，设计出的观测器矩阵和控制增益矩阵分别为

$$\boldsymbol{L}=\begin{bmatrix}0.0755\\0.0959\\0.1628\end{bmatrix},\boldsymbol{K}=[0.1598 \quad -0.0053 \quad 0.0882]$$

为了测试网络化预测控制系统的性能，同时不考虑模型失配的情况，此次仿真分别进行如下两个实验。

(1) 未采用时延丢包补偿机制的网络化多智能体控制

在这种情况下进行仿真时，设定网络特性参数为 $\tau_f=3$，$\tau_b=2$，$d=1$。由于网络信道中存在通信时延和数据丢包，且均未得到补偿，因此网络化多智能体系统的控制器可以由前文计算方法得到，其形式如下：

$$\boldsymbol{u}_i(t)=\boldsymbol{K}\sum_{j\in \boldsymbol{N}_i} a_{ij}[\hat{\boldsymbol{x}}_j(t-7)-\hat{\boldsymbol{x}}_i(t-7)],i \in \boldsymbol{V}$$

而由此得到的实验结果如图 9.3 所示，该结果表明网络时延与数据丢包对于控制系统的控制效果是有着极大的负面影响的，且这种影响会随着时间的累积而

不断放大，最终使得系统不再稳定，因此必须要采用一定的措施来补偿时延及丢包带来的影响。

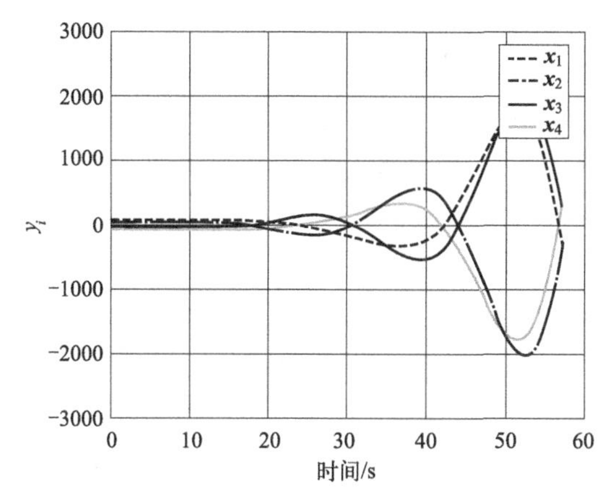

图 9.3　未采用时延与丢包补偿机制的网络化多智能体系统

(2) 采用时延丢包补偿机制的网络化多智能体预测控制

此仿真案例即采用前文提出的基于时延与丢包补偿机制的预测控制策略，网络特性的参数设置与案例（1）中完全相同。图 9.4～图 9.6 分别给出了网络化多智能体系统预测控制与本地控制（不考虑网络特性，即无时延、无丢包情况下）的输出曲线。其中，图 9.4 和图 9.5 所示分别是采用预测控制时系统观测值与真值的输出曲线。

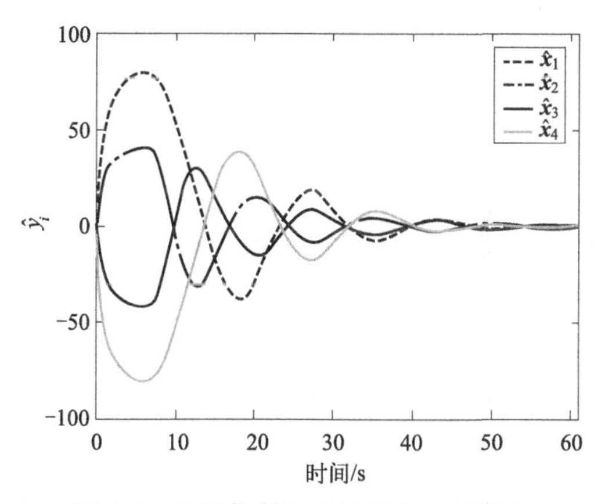

图 9.4　预测控制下系统的观测值曲线

以上实验结果表明，网络化多智能体预测控制系统是稳定的，同时控制性能较为接近本地控制，因此该方法不但是有效的，并且具有良好的性能。且应当说明的是，当通信时延与连续丢包数增加时，闭环系统的稳定性与控制性能将不会发生改变。

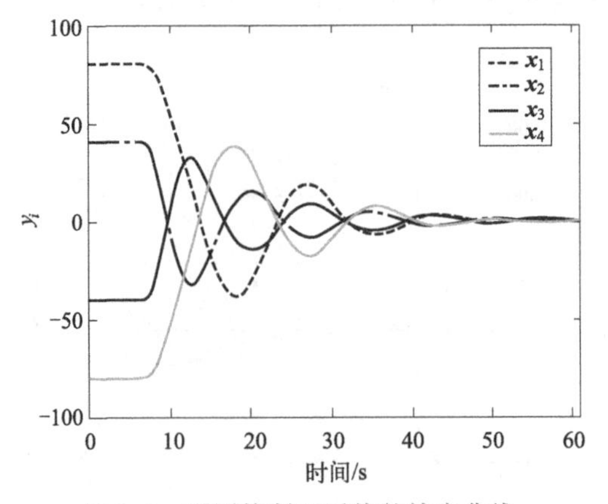

图 9.5　预测控制下系统的输出曲线

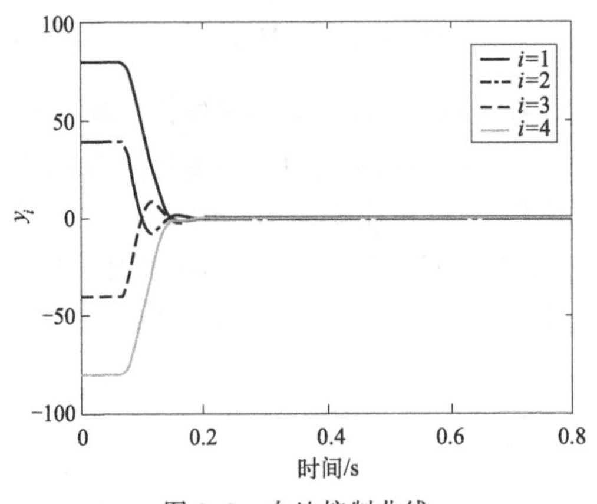

图 9.6　本地控制曲线

9.2 网络攻击下的多智能体系统

网络物理系统（cyber-physical systems，CPS）能够将计算及通信能力与物理世界中的实体的监视和控制相结合。这些系统通常由一系列联网的代理（agent）（或者称为节点）组成，包括传感器、驱动器、控制处理单元和通信设备。显然多智能体系统（MAS）符合CPS的定义，因而MAS也是CPS的一种。

在多智能体系统中，智能体之间的信息交互以及人为对智能体进行控制命令发布均免不了要依赖通信网络。因此在每个智能体上都会配备相应的特定通信及信号处理的硬件单元，以便其通过通信网络与近邻共享信息。关于多智能体系统研究的一个基本问题就是设计合适的分布式控制策略，在某些网络介质上实现智能体之间的协同控制任务，也就是多智能体一致性问题。其发展至今，采用分布式控制协议的多智能体一致性成了主要趋势，而通信网络也成为在研究该类问题时必须考虑的关键组成部分。显然，网络配置为分布式和网络化代理提供了信息共享、可扩展性和灵活性的明显优势。但是与此同时，由于网络的开放性，在实际工程应用中，多智能体系统的安全性也不得不被作为整个系统必须考量的关键指标。

如今越来越多的现代基础设施群体都被设计为多智能体系统模型，一旦不能保证通信网络的安全，则对经济、环境、人身安全甚至国家安全都可能造成难以估计的负面影响。而且作为基础设施应用的智能体或者说节点往往分布于广阔的空间内而非集中在一起，同时节点之间对于信息具有实时交换要求，多智能体系统受到他人针对物理节点和通信信道的恶意攻击是可能的并且是较为容易的。

对于网络化多智能体系统安全性的考虑并不是杞人忧天：2011年，有人入侵了美国伊利诺伊州斯普林菲尔德市一家城市供水公司的SCADA(supervisory control and data acquisition，监控和数据采集）控制系统，入侵者未经授权远程访问了供应商网络，最终烧毁了水泵；2014年，安全供应商发现了Havex病毒，该病毒攻击了SCADA，导致水电大坝瘫痪和核电站过载。

以上的案例表明，考虑多智能体系统的网络安全是必要的，并且如何保障该系统的网络安全是一个亟待解决的关键问题。同时由于该问题是多智能体一致性问题与网络安全问题的结合课题，因此引起了计算机科学和系统控制界的共同关注。

还需要介绍的是，如今网络化的多智能体系统可能会受到以下攻击：

① 完整性攻击。这种攻击会修改用于传输信息的传感器/控制器数据包的完整性，从而影响传感器/控制器数据的可信性。

② 可用性攻击。通过阻塞各种远程部署的智能体或系统组件之间的通信信道，导致传感器和控制器的数据不可用。

③ 机密性攻击。这是将系统传感器和控制器的隐私和敏感数据泄露给未被授权的个人的一种攻击方式。

以上对于攻击的分类是一种基于CPS的传统安全目标，也可以说是依据对手攻击的目标进行的分类。但是事实上，攻击并非只能根据这种方式分类，例如：还可以基于攻击方来源分为外部攻击和内部攻击；基于对手行为特征分为主动攻击与被动攻击。此外，如果将MAS分为若干层级（如图9.7所示），即控制层、通信网络层、包含传感器与驱动器的硬件层以及智能体层，则也可以根据攻击发生在哪一层来对攻击进行分类，这种分类更为常用。

① 发生在通信信道上的攻击，最典型的是DoS(denial of service，拒绝服务）攻击以及Deception攻击；

② 发生在控制层的攻击，在MAS中最有可能的方式是黑客将恶意软件植入控制用计算机引起漏洞；

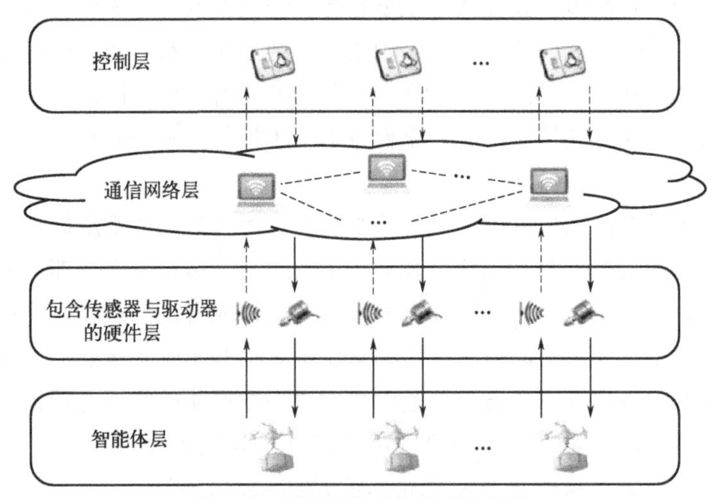

图 9.7 多智能体系统的多层结构

③ 发生在传感器、驱动器层等硬件层的攻击，攻击者可能会篡改硬件的输入或输出值，从而起到误导远程控制中心的作用；

④ 发生在智能体层的攻击，攻击者可以直接攻击智能体，结果导致系统中出现受损节点或者说受损个体。然后受损节点就会执行异常行为，最终破坏整个 MAS 的一致性。

图论的相关知识已经介绍过，显然，图论是被用于描述个体与个体之间的相互作用的（在 MAS 中，这个相互作用就是指智能体之间的通信机制），从这个意义上说，上文所述的发生在网络层或传感器和执行器层的攻击都可以归类为对于图中边（edge）的攻击，相应地，对于智能体个体的攻击就可以被视为对图中节点的攻击。

我们介绍了关于攻击的各种分类方法，以及在对应分类的方式下相应的攻击有哪些，也已经在前文声明按照攻击发生在哪一层级进行的分类是应用最广泛的分类方式，而在这种分类方式下，研究的重点多集中于发生在通信层（通信信道）上的攻击和发生在系统组成个体层面的攻击。

作为一种常见的网络攻击，DoS 攻击通过故意“淹没”大量无意义的数据包或恶意消耗先前的网络信道资源，阻止网络节点与其相邻节点交换有用的实时信息。这种攻击会直接导致在某些通信网络上的联网节点之间无法传输所需数据或者数据传输不完整。DoS 攻击主要可以分为三类：

① 随机 DoS 攻击（random DoS attacks）。尽管名为随机，但传统上我们仍认为该类 DoS 攻击遵循某种概率分布，但是相较于另外两种形式的 DoS 攻击的规律性不够显著和强烈，因为即使假设随机变量的统计分布是明确已知的了，但依旧难以获得攻击的精确统计特征。

② 频率和持续时间受限的 DoS 攻击（frequency and duration constrained DoS attacks）：现实中，对手会受到固有的能量限制，因此一次 DoS 攻击显然不可能永远持续下去。在研究该类攻击模型时往往是利用自设定的约束对 DoS 攻击的频率和持续时间进行限制。

③ 分布式 DoS 攻击（distributed DoS attacks，DDoS）：该类攻击是由多个对手协同发起的。与集中式 DoS 攻击相比，分布式的危害更大且更加难以解决，因为 MAS 受到 DDoS 攻击时可能出现每个网络通信信道都受到攻击，而攻击每个信道的攻击序列特征各不相同的情况，也可能出现系统遭受持续性的攻击的情况。

本书在此以 DoS 攻击为例，讲述一种受到 DoS 攻击的多智能体分布式一致性控制方法。

9.2.1　问题描述

此处考虑的 DoS 攻击是能量有限的，并且在不同的信道上的攻击彼此独立。

考虑有 N 个具有相同的一般线性动力学智能体的多智能体系统：

$$\dot{\boldsymbol{x}}_i(t)=\boldsymbol{A}\boldsymbol{x}_i(t)+\boldsymbol{B}\boldsymbol{u}_i(t) \tag{9-22}$$

式中，$\boldsymbol{x}_i(t)\in\mathbf{R}^n,\boldsymbol{u}_i(t)\in\mathbf{R}^{n_u}$，分别是智能体 $i(i=1,2,\cdots,N)$ 对应的状态和控制输入；$\boldsymbol{A}$ 和 $\boldsymbol{B}$ 是具有适当维数的矩阵，且 $\boldsymbol{A}$ 不是 Hurwitz 稳定的。假设 $(\boldsymbol{A},\boldsymbol{B})$ 可稳定。令 $\boldsymbol{x}(t)=\mathrm{col}(\boldsymbol{x}_1(t),\boldsymbol{x}_2(t),\cdots,\boldsymbol{x}_N(t)),\boldsymbol{u}(t)=\mathrm{col}(\boldsymbol{u}_1(t),\boldsymbol{u}_2(t),\cdots,\boldsymbol{u}_N(t))$，那么由式(9-22) 描述的多智能体系统可以表述为

$$\dot{\boldsymbol{x}}(t)=(\boldsymbol{I}_N\otimes\boldsymbol{A})\boldsymbol{x}(t)+(\boldsymbol{I}_N\otimes\boldsymbol{B})\boldsymbol{u}(t) \tag{9-23}$$

作为最常见的攻击之一，DoS 攻击通过使控制系统的某些或所有组件无法访问从而危害系统安全。在此处讨论的 DoS 需假设所有传输信道都受到相同的 DoS 攻击，但是处于不同信道中的 DoS 攻击彼此独立。此外，可以作出这样合理的假设：当信道 (i,j) 受到攻击时，信道 (j,i) 同样会受到攻击；并且该攻击需要一段不进行攻击活动的睡眠期，在此期间为下一次攻击提供能量。然后，对于每个传输信道给出以下 DoS 持续时间（攻击持续时间）的假设：

假设 9.6：存在正的标量 ζ_{ij} 和 $\mu_{ij}<1$ 使得

$$|\boldsymbol{D}_{(i,j)}(s,t)|\leqslant\zeta_{ij}+\mu_{ij}(t-s) \tag{9-24}$$

式中，$\boldsymbol{D}_{(i,j)}(s,t)$ 是 DoS 在 $[s,t)$ 上对于信道 (i,j) 的攻击间隔的并集，$i<j$；μ_{ij} 反映了攻击的强度：对于边 (i,j) 而言，最大平均允许 $100\%\mu_{ij}$ 的拒绝通信。

备注 9.2：假设 9.6 是受到了平均停留时间概念的启发，并且 μ_{ij} 越大意味着攻击越密集。因为边 (i,j) 和 (j,i) 可以被视为同一信道，因此只需要考虑在 $i<j$ 时的边 (i,j) 即可，且有 $\boldsymbol{D}_{(i,j)}=\boldsymbol{D}_{(j,i)}$。此外，在分析的过程中还将考虑多种攻击模式（不同的信道受到攻击：部分受到或是全部受到攻击）。

接下来，对攻击模式进行讨论[151]。定义

$$\boldsymbol{\Gamma}(t)=\{(i,j)\in\boldsymbol{\varepsilon}\,|\,t\in\boldsymbol{D}_{(i,j)}(0,\infty)\} \tag{9-25}$$

作为在时间 t 受到攻击的信道的集合，并且定义

$$\boldsymbol{\Xi}_{\Gamma}(t_1,t_2)=\Big[\bigcap_{(i,j)\in\boldsymbol{\Gamma}}\boldsymbol{D}_{(i,j)}(t_1,t_2)\Big]\cap\Big[\bigcap_{(i,j)\notin\boldsymbol{\Gamma}}\overline{\boldsymbol{D}}_{(i,j)}(t_1,t_2)\Big] \tag{9-26}$$

作为间隔的并。其中由集合 $\boldsymbol{\Gamma}\subseteq\boldsymbol{\varepsilon}$ 索引的信道是被攻击的信道，而由 $\boldsymbol{\varepsilon}\setminus\boldsymbol{\Gamma}$ 索引的信道则未受到攻击；$t_1<t_2$，$\overline{\boldsymbol{D}}_{(i,j)}(t_1,t_2)=[t_1,t_2]\setminus\boldsymbol{D}_{(i,j)}(t_1,t_2)$。

备注 9.3：实际上，式(9-25) 提供了一种攻击模式的索引。容易看出 $\boldsymbol{\Gamma}\subseteq\boldsymbol{\varepsilon}$，并且对任意$(i,j)\in\boldsymbol{\Gamma}(t)$，我们有 $(j,i)\in\boldsymbol{\Gamma}(t)$。因此，从 $\boldsymbol{\Gamma}(t)=\varnothing$ 到 $\boldsymbol{\Gamma}(t)=\boldsymbol{\varepsilon}$，一共有 $2^{\frac{|\boldsymbol{\varepsilon}|}{2}}$❶种不同的攻击模式。然后，式(9-26) 将区间 $[t_1,t_2]$ 划分为 $2^{\frac{|\boldsymbol{\varepsilon}|}{2}}$ 个子区间 $\boldsymbol{\Xi}_{\Gamma}(t_1,t_2)$，这对接下来的研究很重要。并且容易得到

$$\bigcup_{\Gamma\subseteq\boldsymbol{\varepsilon}}\boldsymbol{\Xi}_{\Gamma}(t_1,t_2)=[t_1,t_2] \tag{9-27}$$

$$\boldsymbol{D}_{(i,j)}(t_1,t_2)=\bigcup_{\boldsymbol{\Gamma}\subseteq\boldsymbol{\varepsilon},(i,j)\in\boldsymbol{\Gamma}}\boldsymbol{\Xi}_{\boldsymbol{\Gamma}}(t_1,t_2) \tag{9-28}$$

9.2.2 协议设计

我们的控制目标是为系统 [式(9-22)]设计一种分布式控制律 $u_i(t)$，使得系统在 DoS 攻击下仍能实现一致性，满足以下假设 9.7[152]。

假设 9.7：

$$\lim_{t\to\infty}\|\boldsymbol{x}_i(t)-\boldsymbol{x}_j(t)\|=0,\forall i,j=1,2,\cdots,N \tag{9-29}$$

备注 9.4：为了实现这一目标，将采取下述两个步骤：设计一类分布式控制律；分析系统 [式(9-22)] 在设计的控制律下对于 DoS 攻击的恢复能力。然而，正如之前的分析所说，对于每个信道的攻击都是独立的，因此就需要考虑大量的情况（由 $\boldsymbol{\Gamma}\subseteq\boldsymbol{\varepsilon}$ 索引）。所以此处考虑的信道数 $|\boldsymbol{\varepsilon}|/2\leqslant(N^2-N)/2$ 或许会非常大，而一个重要的任务就是提供一种有效的方法来分析这些衰减率。

本书在这里采用的是一种分布式的状态反馈控制器：

---

❶ 此处 $|\boldsymbol{\varepsilon}|$ 表示集合 $\boldsymbol{\varepsilon}$ 的势（或基数），也常用 card（$\boldsymbol{\varepsilon}$）形式表示。

$$\boldsymbol{u}_i(t)=\boldsymbol{K}\sum_{\substack{j\in \boldsymbol{N}_i,\\(j,i)\notin \boldsymbol{\Gamma}(t)}} a_{ij}[\boldsymbol{x}_j(t)-\boldsymbol{x}_i(t)] \tag{9-30}$$

式中，$\boldsymbol{K}\in \mathbf{R}^{n\times n}$，是待设计的控制器增益。式（9-30）出于安全的基本策略是当$(j,i)\in \boldsymbol{\Gamma}(t)$ 时放弃 $\boldsymbol{x}_j-\boldsymbol{x}_i$。

备注 9.5：需要注意的是，尽管需要在式(9-30）中使用攻击模式 $\boldsymbol{\Gamma}(t)$（对于每个智能体而言是完全未知的），但是 $\boldsymbol{\Gamma}(t)$ 中所有的元素并非都是必需的。容易发现对于智能体 i 而言，如果 $j\in \boldsymbol{N}_i$，那么无论$(j,i)\in \boldsymbol{\Gamma}(t)$ 是否为已知[当 $\boldsymbol{x}_j$ 不可用时，$(j,i)\in \boldsymbol{\Gamma}(t)$ 可以由智能体 i 来确认，反之亦然]，都能够确保此处所使用的控制器［式(9-30)］是可行的。

然后，将式(9-30）代入式(9-23）得到

$$\dot{\boldsymbol{x}}(t)=[\boldsymbol{I}_N\otimes \boldsymbol{A}-(\boldsymbol{L}-\boldsymbol{L}_{\Gamma(t)})\otimes \boldsymbol{BK}]\boldsymbol{x}(t) \tag{9-31}$$

式中，$\boldsymbol{L}_{\Gamma(t)}$ 定义为用 0 替换 a_{ij} 得到的$[(j,i)\notin \boldsymbol{\Gamma}(t)]$。并且认为无向图 $\mathcal{G}$ 是连通的，$\boldsymbol{L}_{\Gamma(t)}$ 是对称半正定的，并且 $\lambda_2>0$。令 $\boldsymbol{\Psi}=[\mathbf{1}_N/\sqrt{N}\boldsymbol{v}]$，$\boldsymbol{M}=\boldsymbol{I}_N-(\mathbf{1}_N\mathbf{1}_N^{\mathrm{T}})/N$，其中 $\boldsymbol{v}=[\boldsymbol{v}_2,\ \boldsymbol{v}_3,\ \cdots,\ \boldsymbol{v}_N]$，$\boldsymbol{v}_i$ 是拉普拉斯矩阵的特征向量，满足 $\boldsymbol{L}\boldsymbol{v}_i=\lambda_i\boldsymbol{v}_i$，则有以下性质：

$$\boldsymbol{\Psi}^{\mathrm{T}}\boldsymbol{\Psi}=\boldsymbol{\Psi}\boldsymbol{\Psi}^{\mathrm{T}}=\boldsymbol{I}_N,\boldsymbol{\Psi}^{\mathrm{T}}\boldsymbol{L}\boldsymbol{\Psi}=\mathrm{diag}(0,\lambda_2,\cdots,\lambda_N) \tag{9-32}$$

$$\boldsymbol{\Psi}^{\mathrm{T}}\boldsymbol{L}_\Gamma\boldsymbol{\Psi}=\mathrm{diag}(0,\boldsymbol{v}^{\mathrm{T}}\boldsymbol{L}_\Gamma\boldsymbol{v}),\boldsymbol{L}-\boldsymbol{L}_\Gamma\geqslant 0 \tag{9-33}$$

$$\boldsymbol{ML}=\boldsymbol{LM}=\boldsymbol{L},\boldsymbol{ML}_\Gamma=\boldsymbol{L}_\Gamma\boldsymbol{M}=\boldsymbol{L}_\Gamma \tag{9-34}$$

定义误差向量 $\boldsymbol{\delta}_i=\boldsymbol{x}_i-\overline{\boldsymbol{x}}(t)$，其中 $\overline{\boldsymbol{x}}(t)=\dfrac{1}{N}\sum_{i=1}^{N}\boldsymbol{x}_i(t)$，则有

$$\boldsymbol{\delta}(t)=(\boldsymbol{M}\otimes \boldsymbol{I}_n)\boldsymbol{x}(t) \tag{9-35}$$

式中，$\boldsymbol{\delta}(t)=\mathrm{col}(\boldsymbol{\delta}_1(t),\boldsymbol{\delta}_2(t),\cdots,\boldsymbol{\delta}_N(t))$。基于式(9-31)、式(9-34）和式(9-35)，可得 $\boldsymbol{\delta}$ 的时间导数：

$$\dot{\boldsymbol{\delta}}(t)=[\boldsymbol{I}_N\otimes \boldsymbol{A}-(\boldsymbol{L}-\boldsymbol{L}_{\Gamma(t)})\otimes \boldsymbol{BK}]\boldsymbol{\delta}(t) \tag{9-36}$$

接下来的定理分析了具有控制器［式(9-30)］的系统［式(9-31)］在不同攻击模式下的衰减率。

定理 9.1：对于无向连通图 $\mathcal{G}$，其中的智能体满足式(9-22)，给定标量 α_Γ，如果存在正定对称矩阵 $\boldsymbol{X}$ 和 $\boldsymbol{R}$ 满足

$$\boldsymbol{I}_{N-1}\otimes[He(\boldsymbol{AX})-\alpha_\Gamma\boldsymbol{X}]-2(\boldsymbol{\Lambda}-\boldsymbol{\Lambda}_\Gamma)\otimes \boldsymbol{BRB}^{\mathrm{T}}<0 \tag{9-37}$$

式中，$\boldsymbol{\Lambda}=\mathrm{diag}(\lambda_2,\lambda_3,\cdots,\lambda_N),\boldsymbol{\Lambda}_\Gamma=\boldsymbol{v}^{\mathrm{T}}\boldsymbol{L}_\Gamma\boldsymbol{v},\boldsymbol{\Gamma}\subseteq \boldsymbol{\varepsilon}$，那么下列不等式成立：

$$\dot{V}(t)\leqslant\alpha_{\Gamma}V(t),t\in\boldsymbol{\Xi}_{\Gamma}(0,\infty)\tag{9-38}$$

式中：

$$V(t)=\boldsymbol{\delta}^{\mathrm{T}}(t)(\boldsymbol{I}_N\otimes\boldsymbol{P})\boldsymbol{\delta}(t)\tag{9-39}$$

并且 $\boldsymbol{P}=\boldsymbol{X}^{-1}$，在分布式状态反馈一致控制器［式(9-30)］作用下，有

$$\boldsymbol{K}=\boldsymbol{R}\boldsymbol{B}^{\mathrm{T}}\boldsymbol{P}\tag{9-40}$$

证明：选择 $V(t)$ 作为 Lyapunov 函数。基于式(9-25) 和式(9-26)，对 $t\in\boldsymbol{\Xi}_{\Gamma(t)}$，结合式(9-36) 有

$$\dot{V}(t)=\boldsymbol{\delta}^{\mathrm{T}}[\boldsymbol{I}_N\otimes\boldsymbol{He}(\boldsymbol{PA})-2(\boldsymbol{L}-\boldsymbol{L}_{\Gamma(t)})\otimes\boldsymbol{PBK}]\boldsymbol{\delta}\tag{9-41}$$

式中，$\boldsymbol{\delta}=\boldsymbol{\delta}(t)$。令 $\widetilde{\boldsymbol{\delta}}=(\boldsymbol{\Psi}^{\mathrm{T}}\otimes\boldsymbol{I}_n)\boldsymbol{\delta}=\mathrm{col}(\widetilde{\boldsymbol{\delta}}_1,\cdots,\widetilde{\boldsymbol{\delta}}_N)$，则有

$$\widetilde{\boldsymbol{\delta}}_1=[(\boldsymbol{1}_N^{\mathrm{T}}/\sqrt{N})\otimes\boldsymbol{I}_n](\boldsymbol{M}\otimes\boldsymbol{I}_n)\boldsymbol{x}(t)=\boldsymbol{0}$$

于是，由式(9-41) 得

$$\begin{aligned}\dot{V}(t)&\overset{(a)}{=}\widetilde{\boldsymbol{\delta}}^{\mathrm{T}}\{\boldsymbol{I}_N\otimes\boldsymbol{He}(\boldsymbol{PA})-[\boldsymbol{\Psi}^{\mathrm{T}}(\boldsymbol{L}-\boldsymbol{L}_{\Gamma(t)})\boldsymbol{\Psi}]\otimes2\boldsymbol{PBK}\}\widetilde{\boldsymbol{\delta}}\\&\overset{(b)}{=}\widetilde{\boldsymbol{\delta}}_{2:N}^{\mathrm{T}}[\boldsymbol{I}_{N-1}\otimes\boldsymbol{He}(\boldsymbol{PA})-2(\boldsymbol{\Lambda}-\boldsymbol{\Lambda}_{\Gamma(t)})\otimes\boldsymbol{PBK}]\widetilde{\boldsymbol{\delta}}_{2:N}\\&\overset{(c)}{\leqslant}\alpha_{\Gamma(t)}\widetilde{\boldsymbol{\delta}}_{2:N}^{\mathrm{T}}(\boldsymbol{I}_{N-1}\otimes\boldsymbol{P})\widetilde{\boldsymbol{\delta}}_{2:N}\overset{(d)}{=}\alpha_{\Gamma(t)}V(t)\end{aligned}\tag{9-42}$$

式中，$\widetilde{\boldsymbol{\delta}}_{2:N}=\mathrm{col}\ (\widetilde{\boldsymbol{\delta}}_2,\ \widetilde{\boldsymbol{\delta}}_3,\ \cdots,\ \widetilde{\boldsymbol{\delta}}_N)$；(a) 是由 $\boldsymbol{\Psi}^{\mathrm{T}}\boldsymbol{\Psi}=\boldsymbol{I}_N$［在式(9-32) 中给出］得到的；(b) 的成立是由于 $\widetilde{\boldsymbol{\delta}}_1=\boldsymbol{0}$；(c) 是由式(9-37) 乘 $\boldsymbol{I}_{N-1}\otimes\boldsymbol{P}$ 前和乘后，结合式(9-40) 得到的；而 (d) 成立是由于 $\widetilde{\boldsymbol{\delta}}_1=\boldsymbol{0}$ 和 $\boldsymbol{\Psi}^{\mathrm{T}}\boldsymbol{\Psi}=\boldsymbol{I}_N$。证明完毕。

在定理 9.1 中，应选择 α_{Γ} 使得对于所有的 $\boldsymbol{\Gamma}\subseteq\boldsymbol{\varepsilon}$ 而言，式(9-37) 都是可行的，并且如式(9-38) 所示，α_{Γ} 就是衰减率。然而，因为有 $2^{\frac{|\varepsilon|}{2}}$ 个不同的 $\boldsymbol{\Gamma}$，如果系统规模较大，想解出式 (9-37) 就非常困难。接下来给出一个推论，用来降低计算要求。

推论 9.1：对于多智能体［式(9-22)］及无向连通图 $\mathcal{G}$，给定标量 α_0、$\alpha_{\varnothing}$、α_{ε}、$\alpha_{\{(i,j),(j,i)\}}$，如果存在正定对称阵 $\boldsymbol{X}$ 和 $\boldsymbol{R}$ 满足

$$\boldsymbol{He}(\boldsymbol{AX})-\alpha_{\{(i,j),(j,i)\}}\boldsymbol{X}-2\lambda_{(i,j)}\boldsymbol{BRB}^{\mathrm{T}}<0\tag{9-43}$$

$$\boldsymbol{He}(\boldsymbol{AX})-\alpha_{\varnothing}\boldsymbol{X}-2\lambda_2\boldsymbol{BRB}^{\mathrm{T}}<0\tag{9-44}$$

$$\boldsymbol{He}(\boldsymbol{AX})-\alpha_{\varepsilon}\boldsymbol{X}<0\tag{9-45}$$

$$\alpha_0\boldsymbol{X}-[\boldsymbol{He}(\boldsymbol{AX})-2\lambda_N\boldsymbol{BRB}^{\mathrm{T}}]<0\tag{9-46}$$

式中，$\lambda_{(i,j)}=\lambda(\boldsymbol{\Lambda}-\boldsymbol{\Lambda}_{\{(i,j),(j,i)\}})$，$i<j$，$(i,j)\in\boldsymbol{\varepsilon}$，那么由给定 $\alpha_{\varnothing}$，式(9-38) 以及

$$\alpha_{\Gamma}=\min\left\{\alpha_0-\sum_{\substack{i<j,\\(i,j)\in\boldsymbol{\Gamma}}}(\alpha_0-\alpha_{\{(i,j),(j,i)\}}),\alpha_{\varepsilon}\right\},\boldsymbol{\Gamma}\neq\varnothing \tag{9-47}$$

在分布式状态反馈控制器［式(9-30)］伴随式(9-40) 中定义的 $\boldsymbol{K}$ 下，就得到了保证。

证明：由式(9-43) ～式(9-45) 可得

$$\boldsymbol{\Omega}-\boldsymbol{I}_{N-1}\otimes\alpha_{\Gamma}\boldsymbol{X}+2\boldsymbol{\Lambda}_{\Gamma}\otimes\boldsymbol{BRB}^{\mathrm{T}}<0 \tag{9-48}$$

式中，$\boldsymbol{\Omega}=\boldsymbol{I}_{N-1}\otimes\boldsymbol{He}\ (\boldsymbol{AX})-2\boldsymbol{\Lambda}\otimes\boldsymbol{BRB}^{\mathrm{T}}$，在 $\boldsymbol{\Gamma}=\varnothing,\boldsymbol{\varepsilon},\{(i,j),(j,i)\}$ 时成立。

然后，对 $\alpha_{\Gamma}=\alpha_0-\sum_{i<j,(i,j)\in\boldsymbol{\Gamma}}(\alpha_0-\alpha_{\{(i,j),(j,i)\}})(\boldsymbol{\Gamma}\neq\varnothing)$，我们可以推出

$$\begin{aligned}&\boldsymbol{\Omega}-\boldsymbol{I}_{N-1}\otimes\alpha_{\Gamma}\boldsymbol{X}+2\boldsymbol{\Lambda}_{\Gamma}\otimes\boldsymbol{BRB}^{\mathrm{T}}\\&\overset{(a)}{\leqslant}\boldsymbol{\Omega}-\boldsymbol{I}_{N-1}\otimes\alpha_{\Gamma}\boldsymbol{X}-\sum_{i<j,(i,j)\in\boldsymbol{\Gamma}}(\boldsymbol{\Omega}-\boldsymbol{I}_{N-1}\otimes\alpha_{\{(i,j),(j,i)\}}\boldsymbol{X})\\&\overset{(b)}{\leqslant}\left(\frac{|\Gamma|}{2}-1\right)(\boldsymbol{I}_{N-1}\otimes\alpha_0\boldsymbol{X}-\boldsymbol{\Omega})\overset{(c)}{<}0\end{aligned} \tag{9-49}$$

式中，(a) 由式(9-48) 得到，并且事实上有 $\boldsymbol{\Lambda}_{\Gamma}=\sum_{i<j,(i,j)\in\boldsymbol{\Gamma}}\boldsymbol{\Lambda}_{\{(i,j),(j,i)\}}$；(b) 对 $\alpha_{\Gamma}=-(|\Gamma|/2-1)\alpha_0+\sum_{i<j,(i,j)\in\boldsymbol{\Gamma}}\alpha_{\{(i,j),(j,i)\}}$ 成立；并且 (c) 最终由式(9-46) 得到。

与此同时，对于 $\alpha_{\Gamma}=\alpha_{\varepsilon}(\boldsymbol{\Gamma}\neq\varnothing)$，认为 $\boldsymbol{L}-\boldsymbol{L}_{\Gamma}\geqslant\boldsymbol{0}$［由式(9-33) 给出］，容易得到

$$\boldsymbol{\Omega}-\boldsymbol{I}_{N-1}\otimes\alpha_{\Gamma}\boldsymbol{X}+2\boldsymbol{\Lambda}_{\Gamma}\otimes\boldsymbol{BRB}^{\mathrm{T}}\leqslant\boldsymbol{I}_{N-1}\otimes[\boldsymbol{He}(\boldsymbol{AX})-\alpha_{\varepsilon}\boldsymbol{X}]\leqslant0 \tag{9-50}$$

式(9-45) 可以使用。最后，式(9-48)、式(9-49) 和式(9-50) 可以保证式(9-37) 对所有 $\boldsymbol{\Gamma}\subseteq\boldsymbol{\varepsilon}$ 都成立。则该证明在定理 9.1 的帮助下完成了。

9.2.3　一致性分析

基于前文给出的控制器以及得到的衰减率 α_{Γ}，本小节主要关注在 DoS 攻击下的闭环系统的稳定性分析。

定理 9.2：对于智能体满足式(9-22) 的无向连通图 $\mathcal{G}$，如果存在 Lyapunov 函数 $V(t)$ 在控制器［式(9-30)］下满足式(9-48)，并且标量 θ_1^{ij} 和 θ_2^{ij} 满足

$$\theta_1^{ij}-\theta_2^{ij}\geqslant0 \tag{9-51}$$

$$\alpha_{\Gamma}-\left(\sum_{(i,j)\in\boldsymbol{\Gamma}}\theta_1^{ij}+\sum_{(i,j)\in\boldsymbol{\varepsilon}\backslash\boldsymbol{\Gamma}}\theta_2^{ij}\right)\leqslant0 \tag{9-52}$$

$$\overline{\mu}=\sum_{(i,j)\in\boldsymbol{\varepsilon}}[\mu_{ij}\theta_1^{ij}+(1-\mu_{ij})\theta_2^{ij}]<0 \tag{9-53}$$

式中，$(i,j)\in\boldsymbol{\varepsilon},\boldsymbol{\Gamma}\subseteq\boldsymbol{\varepsilon}$，那么只要 DoS 攻击满足假设 9.7，智能体群就能实现一致性［式(9-29)］。

证明：假设 $\zeta_k(k\in\mathbf{N},\zeta_0=0)$ 是 $\boldsymbol{\Gamma}(t)$ 改变［最少发生一次 DoS 攻击的结束/开始（或是开始/结束）］的时刻。

① 对 $t\in[\zeta_k,\zeta_{k+1})$，由式(9-38) 可得

$$V(t)\leqslant \mathrm{e}^{\alpha_{\Gamma(\zeta_k)}(t-\zeta_k)}V(\zeta_k)\leqslant \mathrm{e}^{D_k}V(\zeta_0)=\mathrm{e}^{D(0,t)}V(0) \tag{9-54}$$

式中，$D_k=\alpha_{\Gamma(\zeta_k)}(t-\zeta_k)+\sum_{m=1}^{k}\alpha_{\Gamma(\zeta_m)}(\zeta_m-\zeta_{m-1})$；$D(0,t)=\sum_{\boldsymbol{\Gamma}\subseteq\boldsymbol{\varepsilon}}\alpha_\Gamma|\boldsymbol{\Xi}_\Gamma(0,t)|$。

② 由式(9-52) 可得

$$\begin{aligned}D(0,t)&\leqslant\sum_{\boldsymbol{\Gamma}\subseteq\boldsymbol{\varepsilon}}\Big(\sum_{(i,j)\in\boldsymbol{\Gamma}}\theta_1^{ij}+\sum_{(i,j)\in\boldsymbol{\varepsilon}\backslash\boldsymbol{\Gamma}}\theta_2^{ij}\Big)\boldsymbol{\Xi}_\Gamma(0,t)\\&=\sum_{(i,j)\in\boldsymbol{\varepsilon}}\Big(\theta_1^{ij}\sum_{\boldsymbol{\Gamma}\subseteq\boldsymbol{\varepsilon},(i,j)\in\boldsymbol{\Gamma}}|\boldsymbol{\Xi}_\Gamma(0,t)|+\theta_2^{ij}\sum_{\boldsymbol{\Gamma}\subseteq\boldsymbol{\varepsilon},(i,j)\notin\boldsymbol{\Gamma}}|\boldsymbol{\Xi}_\Gamma(0,t)|\Big)\\&\overset{(a)}{=}\sum_{(i,j)\in\boldsymbol{\varepsilon}}[(\theta_1^{ij}-\theta_2^{ij})|D_{(i,j)}(0,t)|+\theta_2^{ij}t]\\&\overset{(b)}{\leqslant}\overline{\mu}t+\overline{\zeta}\end{aligned} \tag{9-55}$$

式中，$\overline{\zeta}=\sum_{(i,j)\in\boldsymbol{\varepsilon}}(\theta_1^{ij}-\theta_2^{ij})\zeta_{ij}$；(a) 可以从式(9-28) 得到，并且事实上存在 $\sum_{\boldsymbol{\Gamma}\subseteq\boldsymbol{\varepsilon},(i,j)\notin\boldsymbol{\Gamma}}|\boldsymbol{\Xi}_\Gamma(0,t)|=|[0,t]\backslash\boldsymbol{D}_{(i,j)}(0,t)|=t-|\boldsymbol{D}_{(i,j)}(0,t)|$。

③ 最后，由式(9-54) 和式(9-55) 可得 $\lim_{t\to\infty}V(t)=0$ 当且仅当

$$\lim_{t\to\infty}\|\boldsymbol{\delta}(t)\|=0 \tag{9-56}$$

其中 $\underline{\lambda}(\boldsymbol{P})\|\boldsymbol{\delta}(t)\|^2\leqslant V(t)$ 对式(9-39) 定义的 $V(t)$ 是可用的。同时由于式(9-56) 意味着式(9-29)，因此智能体群尽管受到 DoS 攻击，依然能够实现一致性。

9.2.4 编队控制

为了验证上文提出算法的有效性，此处将给出一个具体的仿真实例：

此处考虑由三个智能体组成的多智能体系统，且其中每个智能体均由一个二维状态向量来描述，其动态方程为

$$\dot{\boldsymbol{x}}_i(t)=\boldsymbol{A}\boldsymbol{x}_i(t)+\boldsymbol{B}\boldsymbol{u}_i(t)$$

式中：

$$A=\begin{bmatrix}0 & 1\\0.2 & -2\end{bmatrix}$$

$$B=\begin{bmatrix}0\\1\end{bmatrix}$$

假设系统的通信拓扑图是无向连通的，并且任意两个智能体之间均存在一条边，如图 9.8 所示。

并且规定对于 $i\neq j$ 均有 $a_{ij}=1$。给定各智能体的初值为

$$\begin{aligned}x(0)&=\mathrm{col}(x_1(0),x_2(0),x_3(0))\\&=[5\quad 4\quad -4\quad -5\quad 3\quad -3]^{\mathrm{T}}\end{aligned}$$

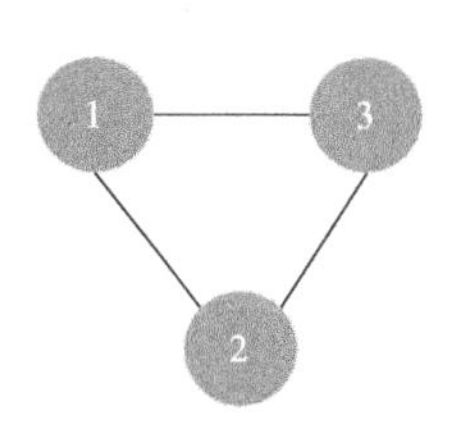

图 9.8　多智能体系统

接下来就根据前文提出的状态反馈的分布式一致性控制器［式(9-30)］进行相应的代码设计，将其应用在当前考虑的多智能体系统当中并且展示这两种控制方法的有效性。在控制器设计过程中，控制器增益 $K=[1.0936\quad 0.5199]$，并且设定该多智能体系统中各个信道分别独立受到 DoS 攻击的情况如图 9.9～图 9.11 所示，其中当攻击信号值为 1 时表示该信道遭受 DoS 攻击，该信道无法使用。

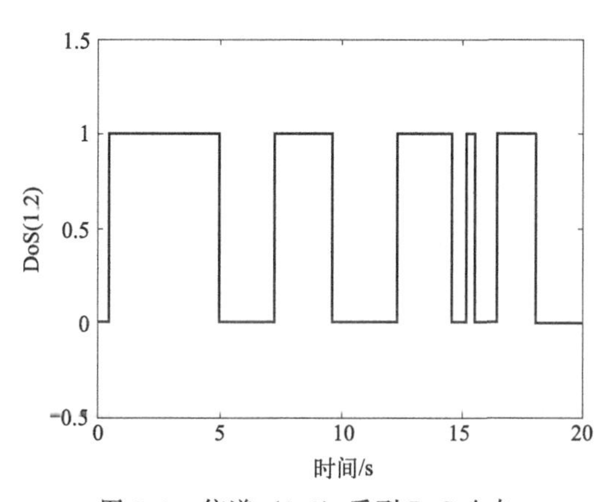

图 9.9　信道（1,2）受到 DoS 攻击

图 9.12 展示的是系统在未受到 DoS 攻击的情况下使用控制器［式(9-30)］对系统进行控制得到的输出曲线。

图 9.13 则展示了该多智能体系统在受到上文提到的 DoS 攻击的情况下，仍然使用控制器［式(9-30)］对系统进行控制的结果。

由以上的实验结果不难发现：本章提出的控制器［式(9-30)］确实能够实现多智能体系统在遭受 DoS 攻击时的一致性。

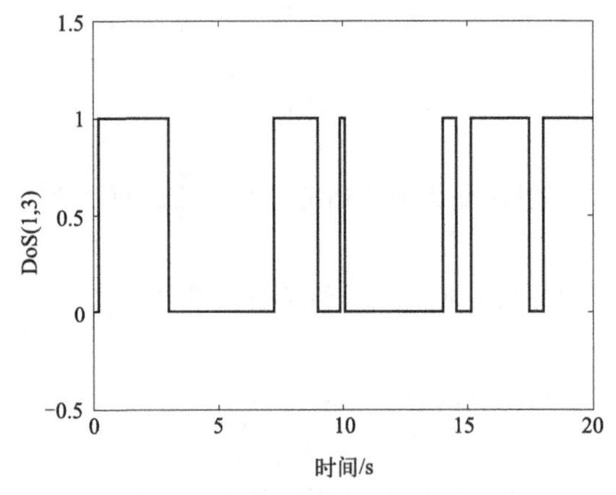

图 9.10　信道（1,3）受到 DoS 攻击

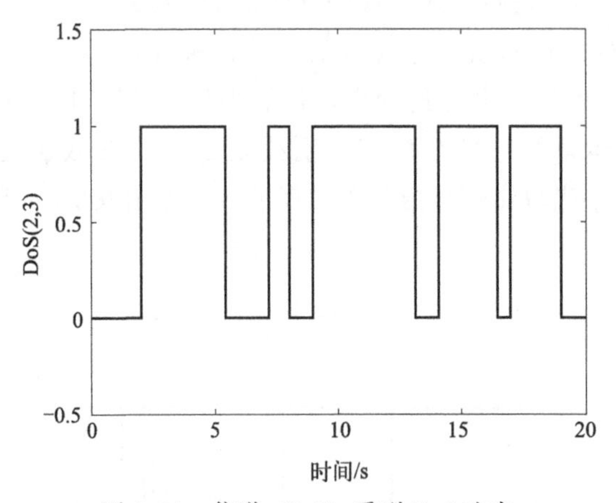

图 9.11　信道（2,3）受到 DoS 攻击

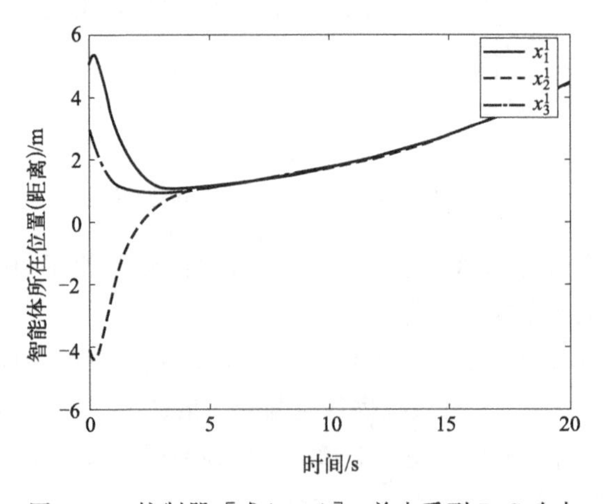

图 9.12　控制器［式(9-30)］，并未受到 DoS 攻击

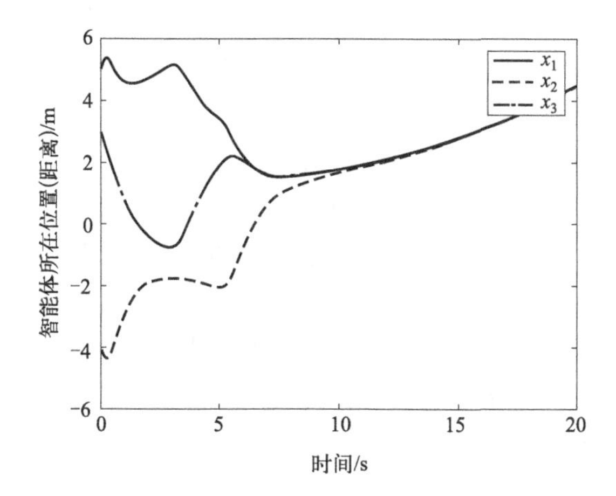

图 9.13　控制器［式(9-30)］，受到 DoS 攻击

9.3　本章小结

在本章中介绍了网络化多智能体系统的概念以及在具有时延丢包、网络攻击两种情况下分别如何控制多智能体系统实现一致性。一般情况下，我们不需要精确分辨一个多智能体系统是否为网络化的，这是因为如今的多智能体系统越来越多地应用于需要网络通信的领域当中，且多智能体系统想要实现一致性，则在大多数控制方案中离不开相邻智能体之间的彼此信息交互。

在本章的第一部分，重点关注了面对智能体之间相互传输信息时具有时延、丢包情况的网络化多智能体系统，已经对时延以及丢包现象进行了简要的介绍，因此不难理解时延及丢包问题在现实世界中的每个网络化系统中存在的广泛性，因此研究此类问题具有相当的实际意义及指导作用。在第一部分中引用了一种利用预测控制方法来对网络化多智能体系统内存在的时延和丢包问题进行补偿的控制策略［式(9-5)］：

$$\boldsymbol{u}_i(t|t-b-f)=\boldsymbol{K}\sum_{j\in \boldsymbol{N}_i} a_{ij}[\hat{\boldsymbol{x}}_j(t|t-b-f)-\hat{\boldsymbol{x}}_i(t|t-b-f)]$$

并且先后从理论以及一个具体仿真实例两方面证明了该控制器或者说此种对时延、丢包进行补偿的控制机制是有效的并且效果良好。

在本章的第二部分，重点围绕“通信信道遭受 DoS 攻击”的情景进行了说明并介绍了一种在此情形下可行的控制机制［式(9-30)］：

$$\boldsymbol{u}_i(t)=\boldsymbol{K}\sum_{\substack{j\in \boldsymbol{N}_i,\\ (j,i)\notin \boldsymbol{\Gamma}(t)}} a_{ij}[\boldsymbol{x}_j(t)-\boldsymbol{x}_i(t)]$$

不仅如此，紧随其后介绍了该类问题需要考虑的常见参数（如衰减率 α_Γ）

是如何推导得出的，以及该类问题是如何借助这些参数结合控制器［式(9-30)］对系统进行一致性分析的。最后同样给出了一个仿真实例来验证该控制器的可行性，最终得到的结果仍然表明该方案是可行的。

必须再次强调的是，本章中提出的针对时延、丢包以及系统信道受到攻击等问题的解决思路或控制策略只是众多方案中的一部分。针对时延和丢包问题的研究早已有研究人员开始探索，并且取得了丰硕的成果；而网络系统遭受网络攻击(DoS只是众多攻击模式中的一种）作为近些年的热门课题，同样有许多科研人员相继推进和发展该领域中的相关研究。因此，本章的内容相较于整个网络化多智能体系统的发展现状而言，称为冰山一角也不为过，若读者有兴趣，可以更多地去了解相关课题的发展现状，一定会被如今研究的深度和广度所震撼。但这也并不意味着此类问题已经完全被解决，笔者同样期待各位读者未来能够对各种实际工程问题或理论研究做出更大的贡献。

第10章

带有避障功能的多智能体协同控制

10.1 概述

近几十年来，由于多智能体系统的合作或协同满足了军事和民用方面的要求，受到了越来越多的关注。它们可以应用在多个领域，如卫星群的协同控制、无人机的编队控制、多机器人系统的分布式优化、自动公路系统的调度[54,153-155]。

在多智能体通信中，编队控制是最基本也是最重要的研究课题之一，它要求一组自治智能体保持预定义的编队模式，在期望的轨迹上以所需的速度移动。从某种意义上说，它也可以看作所有智能体通过协作完成一个共同的任务。因此，多智能体编队可以广泛应用于航空航天、工业、娱乐等领域。例如，卫星编队可以大大降低运行成本，提高系统的稳定性和可靠性，并超越多艘单航天器的能力。在过去的几十年中，领导者-跟随者[156]、虚拟结构[157]、基于行为[158] 等多种编队策略得到了很好的发展和应用，其中领导者-跟随者方法因其简单性和稳定性而最受欢迎。

编队避障是指多智能体编队在行进运动中遇到障碍物时，设计相对应的方法改变队形运动轨迹或编队结构，得以避开障碍的问题。编队避障是指智能体之间的避碰和智能体与外部环境障碍物的避免碰撞。常用的智能体避障算法有人工势场法[159]、模糊逻辑控制法[160]、遗传算法[161]、自由空间法[162]、可视图法[163] 等。

人工势场法的优点是在于局部避障，其避障轨迹是平滑的。相关的研究情况如下：Colledanchise 将导航函数（如势场）和基于约束的编程结合到编队中实现避障，基于约束程序设计是在控制冗余操纵器时考虑若干约束的技术[164]。代冀阳建立了一个以视觉速度为矢量的速度可变的智能模型，优化了人工势场法避障算法，并加入“回环力”解决局部困扰情况，使多智能体编队能有效地通过障碍物区域[165]。Sun 为了克服障碍物情况下的局部极小值问题，提出了考虑目标的切向力障碍回避模型，并解决了传统人工势场模型的固定位置分配和目标到达时间长的问题，提出了一种基于指数形式的人工势场编队控制方法[166]。

模糊逻辑控制法是一种采用模糊逻辑思维的自主避障方法。比如：Ramdane 将模糊逻辑技术和无线通信用于轮式移动机器人的实时导航，他的设计目标是通过寻找模糊控制器和避障模糊控制器，使机器人能够安全地导航到达目标位置[167]；Zhao 针对多移动机器人系统的导航问题，使用危险判断策略、墙跟随策略、状态记录策略设计的模糊控制器应用于每个机器人，分别解决多机器人导航中存在的避障、特定障碍区、死循环问题[168]；Chatraei 使用领航跟随法控制的编队框架，利用 Mamdani 模糊系统实时避障和保持编队队形[169]。

遗传算法是一种智能搜索方法，与其他算法融合达到避障效果。仇国庆利用遗传算法中的“最优染色体”调节智能体的运动参数至最佳状态，再利用领航跟随法与人工势场法结合，有效地保持队形的稳定性，人工势场法中归一化其超过最小安全距离的斥力，达到有效避障目的[170]。胡永仕根据智能车辆的动力学模型设计模糊控制器，并利用遗传算法对避障行为的模糊规则进行优化，使得其模糊控制器的避障行为有效[171]。

自由空间法对环境的变化具有灵活性。例如，邱杰根据飞行器运行轨迹方式不同提出基于自由空间法的航迹规划方法，将原本的解空间划分为多个解空间，及划分不同的航迹类型，从而解决协同规划问题[172]。卢晓君基于自由空间法的虚拟人行走规划方法，满足虚拟人在复杂环境下导航和漫游的要求[173]。

可视图法一般结合搜索算法达到避障效果。刘娅首先将障碍物的顶点、起始点及目标点用直线组合连接以建立可视图，并采用某种搜索策略找到最优的避障路径[174]。Ma 在有障碍物环境下进行路径规划，利用可视图法生成一系列中间目标，通过最优路径规划算法保证目标的出现[175]。

在研究多智能体系统的编队控制问题时，有必要考虑智能体之间的避碰和外部环境下与障碍物的避障问题。对于避障控制，可以根据对外部环境的不同掌握程度分为两类：环境信息已知的全局规划；环境信息未知的局部规划。根据避障方法，它可以分为两类：编队中每个智能体可以自主地避开障碍物；编队通过队形切换共同避开障碍物。有效的避障方法保证了编队任务的完成程度，也降低了外部环境对其影响度。研究人员对避障方法的不断优化，解决了避障方法所存在的局限性，也将新的结合算法用于现实问题。现实所遇到的问题对于实时性、有效性的要求提高，也让研究人员面临挑战。

人工势场法（artificial potential field，APF）是 Khatib[176] 于1985年提出的。一开始，这种方法被用于机器人的路径规划和实时避障中[177]。人工势场法是一种有效的基于虚拟力场的局部避障方法。人工势场法的主要思想是在目标点周围建立一个有吸引力的势场力，并在障碍物周围建立一个排斥的势场力[178]。斥力场的矢量方向是由障碍物指向智能体的方向，而引力场的矢量方向则指向目标位置，合力指向下一个路径方向。算法实施中最为关键的就是势能函数的设计，比如斥力势场函数与引力势场函数，而此设计需要满足[179]：

① 智能体与障碍物的距离越小，障碍物对于智能体的排斥力就越大，相反则越小，即障碍物的势能函数值为极大值。

② 智能体与目标点的距离越大，智能体所受目标点的引力越大，与目标点距离越小则引力越小，最终目标就是智能体可以移动到目标点。

③ 智能体在所处环境中受到人工势场的合力，在势场合力最小化的方向移动，避开障碍物并安全地移动到目标点。

基于上述讨论，本章研究了一类有向拓扑下二阶随机多智能体系统的编队避障控制问题。

① 将APF和领航者-跟随者编队方法相结合，解决了多智能体编队避障问题，并给出了新的方法证明。

② 所提出的编队控制方案是针对具有有向互连拓扑结构的随机二阶多智能体系统提出的，因此可以应用于广泛的实际多智能体工程。

③ 将基于 H_∞ 技术的鲁棒控制推广到随机多智能体系统。

10.2　问题描述

考虑如下多智能体系统：

$$\mathrm{d}\boldsymbol{y}(t)=[f(\boldsymbol{y})+\boldsymbol{\tau}(t)]\mathrm{d}t+g(\boldsymbol{y})\mathrm{d}\boldsymbol{\omega}(t) \tag{10-1}$$

式中，$\boldsymbol{y}(t)\in\mathbf{R}^n$，是状态；$\boldsymbol{\tau}(t)$ 是外部干扰输入；$\boldsymbol{\omega}(t)\in\mathbf{R}^r$，是一个独立的标准维纳过程；$f:\mathbf{R}^n\rightarrow\mathbf{R}^n, g:\mathbf{R}^n\rightarrow\mathbf{R}^{n\times r}$ 是满足 Lipschitz 条件的并且 $f(\mathbf{0})=\mathbf{0}, g(\mathbf{0})=\mathbf{0}$。

定义 10.1：对于与随机系统［式(10-1)］相关的一个正定的、径向无界的、两次连续可微函数 $V(\boldsymbol{y})$，对无穷小生成元 L 的定义如式(10-2) 所示。

$$L(V(\boldsymbol{y}))=\frac{\partial V}{\partial \boldsymbol{y}}[f(\boldsymbol{y})+\boldsymbol{\tau}(t)]+\frac{1}{2}\mathrm{tr}\left(g(\boldsymbol{y})^{\mathrm{T}}\frac{\partial^2 V}{\partial \boldsymbol{y}^2}g\right) \tag{10-2}$$

定义 10.2：如果存在

$$E(\|\boldsymbol{y}(t)\|^2)\leqslant k_1\|\boldsymbol{y}(0)\|^2\mathrm{e}^{-k_2 t} \tag{10-3}$$

则随机系统［式(10-1)］的平衡态 $\boldsymbol{y}\equiv\boldsymbol{0}$ 为指数均方稳定。

定义 10.3：如果满足以下条件，则可以解决随机系统［式(10-1)］的 H_∞ 问题。

① 当 $\boldsymbol{\tau}(t)=\boldsymbol{0}$ 时，闭环系统［式(10-1)］为指数均方稳定；

② 当初值为零时，满足以下不等式：

$$\|\boldsymbol{y}(t)\|_{L_{E_2}}^2\leqslant\gamma\|\boldsymbol{\tau}(t)\|_{L_{E_2}}^2 \tag{10-4}$$

式中，$\gamma>0$，为噪声衰减水平；$\boldsymbol{\tau}(t)\in\boldsymbol{L}_{E_2}([0,\infty);\mathbf{R}^{m\times n})$。

引理 10.1：假设存在一个 $\mathbf{C}^2$ 正函数 $V(\boldsymbol{y}),V:\mathbf{R}^n\rightarrow\mathbf{R}^+$，存在两个常数 c_1、c_2 和 K_∞类函数 $v_1(\cdot)$、$v_2(\cdot)$，使得

$$\begin{aligned}&v_1(\|\boldsymbol{y}\|)\leqslant V(\boldsymbol{y})\leqslant v_2(\|\boldsymbol{y}\|)\\&L[V(\boldsymbol{y})]\leqslant -c_1V(\boldsymbol{y})+c_2\end{aligned} \tag{10-5}$$

然后，对于任意初始状态 $\boldsymbol{y}(0)\in\mathbf{R}^n$，几乎肯定有一个式(10-1)的唯一解，并且以下条件满足：

$$E(V(\boldsymbol{y}(t)))\leqslant \mathrm{e}^{-c_1t}V(\boldsymbol{y}(0))+(1+\mathrm{e}^{-c_1t})\frac{c_2}{c_1} \tag{10-6}$$

备注 10.1：H_∞控制的基本思想是干扰输入 $\boldsymbol{\tau}(t)$ 对系统输出 $\boldsymbol{y}(t)$ 的影响，使之衰减到期望水平。显然，如果满足零初始状态，H_∞性能［式(10-4)］可以重写为$\dfrac{\|\boldsymbol{y}(t)\|_{L_{E_2}}^2}{\|\boldsymbol{\tau}(t)\|_{L_{E_2}}^2}\leqslant\gamma$，这意味着 $\boldsymbol{y}(t)$ 和 $\boldsymbol{\tau}(t)$ 之间的增益必须等于或小于规定的水平 γ。因此，系统输出可以通过满足 H_∞控制性能［式(10-4)］对干扰具有鲁棒性。

为了避免与障碍物发生碰撞，采用了 APF 方法，将障碍物作为高势点，产生斥力将障碍物上的所有智能体驱逐。

将智能体 i 和障碍 $\boldsymbol{o}_k$ 之间的相对位置向量 $\boldsymbol{z}_{ik}(t)$ 定义为

$$\boldsymbol{z}_{ik}(t)=\boldsymbol{x}_i(t)-\boldsymbol{o}_k,k=1,\cdots,q \tag{10-7}$$

式中，$\boldsymbol{x}_i(t)$ 为智能体 i 的位置状态。然后，将排斥作用势函数定义如下。

定义 10.4：排斥作用势函数 $P_k(\|\boldsymbol{z}_{ik}(t)\|)$ 是一个非负可微函数，并且满足

① 当$\|\boldsymbol{z}_{ik}\|\rightarrow\underline{d}_k$ 时 $P_k(\|\boldsymbol{z}_{ik}(t)\|)\rightarrow+\infty$，其中 $\underline{d}_k$ 是智能体和障碍 k 之间的最小分离距离。

② $P_k(\|\boldsymbol{z}_{ik}\|)$在$\|\boldsymbol{z}_{ik}\|>\overline{d}_k$ 时达到最小值，其中 $\overline{d}_k$ 是模拟排斥效应的距离阈值，满足 $\overline{d}_k>\underline{d}_k$。

排斥力由势函数 $P_k(\|\boldsymbol{z}_{ik}(t)\|)$的负梯度推导出，为

$$p_{i,k}(t)-\nabla_{z_{ik}}P_k(\|z_{ik}\|)=-\nabla_{x_i}P_k(\|z_{ik}\|) \tag{10-8}$$

通过采用APF方法，可以避免智能体与障碍物之间可能发生的碰撞。当所有的智能体都远离障碍时，即$\{x_1,x_2,\cdots,x_n\}\not\subseteq\Omega_k$，其中$\Omega_k=\{x_i \mid \|z_{ik}\|\leqslant\bar{d}_k\}$是一个紧集，排斥力到达最小值并满足$p_{ik}(t)\in L_2[0,T]$。虽然排斥力在此情况下衰减到最小，但它们仍然对控制行为产生不希望的副作用。为了保证编队行为对不良副作用的鲁棒性，我们将其作为干扰输入，进行了H_∞分析。当智能体$i(i\in\{1,2,\cdots,n\})$，向障碍移动时，$o_k(k\in\{1,2,\cdots,q\})$，即排斥力$p_{ik}(t)$将发挥作用，使代理远离障碍。

引理10.2：一个有向图G是强连通的，当且仅当它的拉普拉斯矩阵L是不可约的。

引理10.3：如果矩阵$L=[l_{ij}]\in\mathbf{R}^{n\times n}$满足

① $l_{ij}\leqslant 0$，$i\neq j$，$l_{ii}=-\sum_{j=1}^{n}l_{ij}$，$i=1$，2，…，$n$；

② L是不可约的。

则可以得到以下的结论：

① 除特征值0外，特征值的实数部分是正的。

② $[1,1,\cdots,1]^{\mathrm{T}}$是一个对应于特征值0的右特征向量。

③ 如果$\boldsymbol{\delta}=[\delta_1,\delta_2,\cdots,\delta_n]^{\mathrm{T}}$是一个与特征值0对应的左特征向量，那么可以选择它的归一化，使所有$i=1,2,\cdots,n$满足$\delta_i>0$。

引理10.4：设$L=[l_{ij}]\in\mathbf{R}^{n\times n}$是一个不可约矩阵，对于$i\neq j$，有$l_{ij}=l_{ji}\leqslant 0$和$l_{ii}=\sum_{j=1}^{n}l_{ij}$，然后

$$\tilde{L}=L+B=\begin{bmatrix} l_{11}+b_1 & \cdots & l_{1n} \\ \vdots & & \vdots \\ l_{n1} & \cdots & l_{nn}+b_n \end{bmatrix}$$

该矩阵的所有特征值是正的，其中$b_i\geqslant 0$，满足$b_1+b_2+\cdots+b_n>0$。

引理10.5：线性矩阵不等式

$$\begin{bmatrix} M(x) & P(x) \\ P(x)^{\mathrm{T}} & N(x) \end{bmatrix}>\mathbf{0}$$

式中，$M(x)=M^{\mathrm{T}}(x),N(x)=N^{\mathrm{T}}(x)$相当于下列任一种情况：

① $M(x)>\mathbf{0},N(x)-P^{\mathrm{T}}(x)M^{-1}(x)P(x)>\mathbf{0}$；

② $N(x)>\mathbf{0},M(x)-P(x)N^{-1}(x)P^{\mathrm{T}}(x)>\mathbf{0}$。

引理10.6：设$V(t)\in\mathbf{R}$是一个正定的连续函数，如果$L(V(t))>\beta V(t)$［或者$L(V(t))\leqslant\beta V(t))$］被满足，则式(10-9)成立。

$$E(V(t))>e^{\beta(t-t_0)}E(V(t_0))$$

$$[\text{或者 } E(V(t))\leqslant e^{\beta(t-t_0)}E(V(t_0))] \tag{10-9}$$

证明：根据 $L(V(t))>\beta V(t)$ [或者 $L(V(t))\leqslant\beta V(t)$]，可以获得

$$\frac{dE(V)}{dt}=E(L(V))>\beta E(V)$$

$$\left[\text{或者}\frac{dE(V)}{dt}=E(L(V))\leqslant\beta E(V)\right]$$

此外，我们可以得到

$$\frac{dE(V)}{E(V)}>\beta dt\left(\text{或者}\frac{dE(V)}{E(V)}\leqslant\beta dt\right)$$

将上述不等式从 t 值到 t_0 进行积分，结果如下：

$$\ln(E(V))\big|_{t_0}^{t}>\beta(t-t_0)[\ln(E(V))\big|_{t_0}^{t}\leqslant\beta(t-t_0)]$$

则式(10-9) 可以通过计算上述不等式两边的指数来得到。

10.3 主要结果

考虑由以下随机微分方程塑造的二阶多智能体系统：

$$\begin{cases} d\boldsymbol{x}_i(t)=\boldsymbol{v}_i dt \\ d\boldsymbol{v}_i(t)=[f(\boldsymbol{x}_i,\boldsymbol{v}_i)+\boldsymbol{u}_i]dt+\phi_i(\boldsymbol{x}_i,\boldsymbol{v}_i)d\omega_i(t) \\ i=1,2,\cdots,n \end{cases} \tag{10-10}$$

式中，$\boldsymbol{x}_i(t)=[x_{i1}(t),\cdots,x_{im}(t)]^T\in\mathbf{R}^m$，$\boldsymbol{v}_i(t)=[v_{i1}(t),\cdots,v_{im}(t)]^T$，它们分别是位置状态和速度状态；$\boldsymbol{u}_i=[u_{i1},\cdots,u_{im}]^T\in\mathbf{R}^m$，是控制输入；$f(\cdot)\in\mathbf{R}^m$，为具有 $f(\mathbf{0})=\mathbf{0}_m$ 的连续可微向量值函数；$\phi_i(\boldsymbol{x}_i,\boldsymbol{v}_i)\in\mathbf{R}$，是非零光滑函数；$\omega_i(t)$ 是定义在完全概率空间上的独立 m 维标准维纳过程。

备注 10.2：对于多智能体动力学 [式(10-10)]，使用标准的维纳过程 $\omega_i(t)$ 来表示随机扰动。由于随机扰动固有地存在于几乎所有的物理系统中，如通信信道的高斯白噪声，因此研究多智能体系统的随机情况是非常必要的。

领导者的动态被描述为

$$\dot{\boldsymbol{x}}_r(t)=\boldsymbol{v}_r(t),\quad \dot{\boldsymbol{v}}_r(t)=f(\boldsymbol{x}_r,\boldsymbol{v}_r) \tag{10-11}$$

式中，$\boldsymbol{x}_r(t)\in\mathbf{R}^m$，$\boldsymbol{v}_r(t)\in\mathbf{R}^m$，它们分别是位置状态和速度状态。

假设 10.1：连续可微向量值函数 $f(\cdot)$ 是 Lipschitz 函数，即存在非负常数 ρ_{1i}、ρ_{2i}，使得

$$\|f(\boldsymbol{x}_i,\boldsymbol{v}_i)-f(\boldsymbol{x}_r,\boldsymbol{v}_r)\|\leqslant\rho_{1i}\|\boldsymbol{x}_i-\boldsymbol{x}_r\|+\rho_{2i}\|\boldsymbol{v}_i-\boldsymbol{v}_r\| \tag{10-12}$$

假设 10.2：微分 [式(10-10)] 中的光滑函数 $\phi_i(\boldsymbol{x}_i,\boldsymbol{v}_i)$，$i=1,2,\cdots,n$，满

足式(10-13)。

$$\phi_i^2(\boldsymbol{x}_i,\boldsymbol{v}_i)\leqslant\zeta_{1i}\|\boldsymbol{x}_i\|^2+\zeta_{2i}\|\boldsymbol{v}_i\|^2 \tag{10-13}$$

式中，ζ_{1i} 和 ζ_{2i} 是两个正常数。

假设 10.3：参考信号 $\boldsymbol{x}_r(t)$ 和 $\boldsymbol{v}_r(t)$ 以常量 ε_1 和 ε_2 为界，即 $\|\boldsymbol{x}_r\|\leqslant\varepsilon_1$，$\|\boldsymbol{v}_r\|\leqslant\varepsilon_2$。

定义 10.5：如果有界初始条件为

$$\begin{aligned}&\lim_{t\to\infty}E(\|\boldsymbol{x}_i(t)-\boldsymbol{x}_r(t)-\boldsymbol{\eta}_i\|^2)=0,\\&\lim_{t\to\infty}E(\|\boldsymbol{v}_i(t)-\boldsymbol{v}_r(t)\|^2)=0,i=1,2,\cdots,n\end{aligned} \tag{10-14}$$

则称随机多智能体系统［式(10-10)］达到均方结构，其中 $\boldsymbol{\eta}_i=[\eta_{i1},\cdots,\eta_{im}]^{\mathrm{T}}$ 是一个常量向量，表示智能体 i 和参考［式(10-11)］之间预定义的相对位置。

本节的控制目标是设计一个 H_∞ 编队方案，使多智能体系统［式(10-10)］满足以下条件：

① 保持预定义的形成模式的均方分布；

② 以均方表示的速度跟随期望的轨迹；

③ 用均方法解决避障问题。

为了达到控制目标，将智能体和领导者之间的误差变量定义为

$$\begin{aligned}\boldsymbol{e}_{xi}&=\boldsymbol{x}_i(t)-\boldsymbol{x}_r(t)-\boldsymbol{\eta}_i\\\boldsymbol{e}_{vi}&=\boldsymbol{v}_i(t)-\boldsymbol{v}_r(t)\end{aligned} \tag{10-15}$$

从式(10-10) 和式(10-11) 中，可以得出误差动态为

$$\begin{aligned}&\mathrm{d}\boldsymbol{e}_{xi}(t)=\boldsymbol{e}_{vi}(t)\mathrm{d}t\\&\mathrm{d}\boldsymbol{e}_{vi}(t)=[\tilde{\boldsymbol{f}}_i(t)+\boldsymbol{u}_i]\mathrm{d}t+\phi_i(\boldsymbol{x}_i,\boldsymbol{v}_i)\mathrm{d}\boldsymbol{\omega}_i\end{aligned} \tag{10-16}$$

式中，$\tilde{\boldsymbol{f}}_i(t)=\boldsymbol{f}(\boldsymbol{x}_i,\boldsymbol{v}_i)-\boldsymbol{f}(\boldsymbol{x}_r,\boldsymbol{v}_r)$。

式(10-16) 被重写为如下形式：

$$\mathrm{d}e(t)=\left\{\left(\begin{bmatrix}\mathbf{0}_{n\times n}&\boldsymbol{I}_n\\\mathbf{0}_{n\times n}&\mathbf{0}_{n\times n}\end{bmatrix}\otimes\boldsymbol{I}_n\right)\boldsymbol{e}(t)+\begin{bmatrix}\mathbf{0}_{nm}\\\tilde{\boldsymbol{f}}(t)\end{bmatrix}+\begin{bmatrix}\mathbf{0}_{nm}\\\boldsymbol{u}\end{bmatrix}\right\}\mathrm{d}t+\left(\begin{bmatrix}\mathbf{0}_{n\times n}\\\boldsymbol{\Phi}\end{bmatrix}\otimes\boldsymbol{I}_n\right)\mathrm{d}\boldsymbol{\omega} \tag{10-17}$$

式中，$\boldsymbol{e}(t)=[\boldsymbol{e}_x^{\mathrm{T}}(t),\boldsymbol{e}_v^{\mathrm{T}}(t)]^{\mathrm{T}},\boldsymbol{e}_x=[\boldsymbol{e}_{x1}^{\mathrm{T}}(t),\cdots,\boldsymbol{e}_{xn}^{\mathrm{T}}(t)]^{\mathrm{T}},\boldsymbol{e}_v=[\boldsymbol{e}_{v1}^{\mathrm{T}}(t),\cdots,\boldsymbol{e}_{vn}^{\mathrm{T}}(t)]^{\mathrm{T}}$；$\tilde{\boldsymbol{f}}(t)=[\tilde{\boldsymbol{f}}_1^{\mathrm{T}}(\cdot),\cdots,\tilde{\boldsymbol{f}}_n^{\mathrm{T}}(\cdot)]$；$\boldsymbol{u}=[\boldsymbol{u}_1^{\mathrm{T}},\cdots,\boldsymbol{u}_n^{\mathrm{T}}]^{\mathrm{T}}$；$\boldsymbol{\Phi}=\mathrm{diag}(\phi_1,\cdots,\phi_n)$；$\boldsymbol{\omega}=[\boldsymbol{\omega}_1^{\mathrm{T}},\cdots,\boldsymbol{\omega}_n^{\mathrm{T}}]^{\mathrm{T}}$。

将有关位置和速度的误差定义为

$$\begin{aligned}\tilde{\boldsymbol{e}}_{xi}(t)&=\sum_{j\in\boldsymbol{N}_i}a_{ij}(\boldsymbol{x}_i-\boldsymbol{\eta}_i-\boldsymbol{x}_j+\boldsymbol{\eta}_j)+b_i(\boldsymbol{x}_i-\boldsymbol{x}_r-\boldsymbol{\eta}_i)\\\tilde{\boldsymbol{e}}_{vi}(t)&=\sum_{j\in\boldsymbol{N}_i}a_{ij}[\boldsymbol{v}_i(t)-\boldsymbol{v}_j(t)]+b_i[\boldsymbol{v}_i(t)-\boldsymbol{v}_r(t)]\end{aligned} \tag{10-18}$$

式中，a_{ij} 为邻接矩阵 $\boldsymbol{A}$ 的第 i 行和第 j 列元素；b_i 是智能体 i 和领导者之间的连接权重。

根据误差变量［式(10-15)］，可以将项 $\widetilde{\boldsymbol{e}}_{vi}(t)$ 重写为

$$\begin{aligned}\widetilde{\boldsymbol{e}}_{xi}(t)&=\sum_{j\in \boldsymbol{N}_i}a_{ij}[\boldsymbol{e}_{xi}(t)-\boldsymbol{e}_{xj}(t)]+b_i\boldsymbol{e}_{xi}(t)\\ \widetilde{\boldsymbol{e}}_{vi}(t)&=\sum_{j\in \boldsymbol{N}_i}a_{ij}[\boldsymbol{e}_{vi}(t)-\boldsymbol{e}_{vj}(t)]+b_i\boldsymbol{e}_{vi}(t)\end{aligned} \tag{10-19}$$

设计控制协议为

$$\boldsymbol{u}_i=-\alpha_i(\widetilde{\boldsymbol{e}}_{xi}+\widetilde{\boldsymbol{e}}_{vi})-\sum_{k=1}^{q}\gamma_{ik}\boldsymbol{p}_{ik}(t) \tag{10-20}$$

式中，α_i 和 γ_{ik} 是正的设计常数，会在后续的过程中设计；$p_{ik}(t)$ 是定义10.4中的斥力。

将式(10-20) 代入到式(10-16) 中，可得到以下结果：

$$\begin{aligned}&\mathrm{d}\boldsymbol{e}_{xi}(t)=\boldsymbol{e}_{vi}(t)\mathrm{d}t,\\ &\mathrm{d}\boldsymbol{e}_{vi}(t)=\left\{-\alpha_i[\widetilde{\boldsymbol{e}}_{xi}(t)+\widetilde{\boldsymbol{e}}_{vi}(t)]-\sum_{k=1}^{q}\gamma_{ik}\boldsymbol{p}_{ik}(t)+\widetilde{\boldsymbol{f}}_i(t)\right\}\mathrm{d}t\\ &\qquad+\boldsymbol{\phi}_i(\boldsymbol{x}_i,\boldsymbol{v}_i)\mathrm{d}\boldsymbol{\omega}_i\end{aligned} \tag{10-21}$$

将式(10-21) 转换为

$$\begin{aligned}\mathrm{d}\boldsymbol{e}(t)=&\left\{-\left(\begin{bmatrix}\boldsymbol{0}_{n\times n} & -\boldsymbol{I}_n\\ \boldsymbol{\Lambda}\widetilde{\boldsymbol{L}} & \boldsymbol{\Lambda}\widetilde{\boldsymbol{L}}\end{bmatrix}\otimes\boldsymbol{I}_n\right)\boldsymbol{e}(t)-\begin{bmatrix}\boldsymbol{0}_{nm}\\ \boldsymbol{p}(t)\end{bmatrix}+\begin{bmatrix}\boldsymbol{0}_{nm}\\ \widetilde{\boldsymbol{f}}(t)\end{bmatrix}\right\}\mathrm{d}t\\ &+\left(\begin{bmatrix}\boldsymbol{0}_{n\times n}\\ \boldsymbol{\Phi}\end{bmatrix}\otimes\boldsymbol{I}_n\right)\mathrm{d}\boldsymbol{\omega}\end{aligned} \tag{10-22}$$

式中，$\boldsymbol{\Lambda}=\mathrm{diag}(\alpha_1,\cdots,\alpha_n)$；$\boldsymbol{p}(t)=\left[\left(\sum_{k=1}^{q}\gamma_{1k}\boldsymbol{p}_{1k}(\boldsymbol{z}_{1k})\right)^{\mathrm{T}},\cdots,\left(\sum_{k=1}^{q}\gamma_{1k}\boldsymbol{p}_{1k}(\boldsymbol{z}_{1k})\right)^{\mathrm{T}}\right]^{\mathrm{T}}$；$\widetilde{\boldsymbol{L}}=\boldsymbol{L}+\boldsymbol{B},\boldsymbol{B}=\mathrm{diag}(b_1,\cdots,b_n)$。

定理 10.1：考虑在强连通通信图 G 下具有领导者信号［式(10-11)］的多智能体系统［式(10-1)］。如果设计参数 α_i、γ_{ik} 和 κ 满足

$$\begin{cases}\alpha_i=\kappa\delta_i\\ \gamma_{ik}>1\\ \kappa\geqslant\dfrac{\max\limits_{1\leqslant i\leqslant n}\{4\rho_{1i}+3\rho_{2i}+m(\zeta_{1i}+\zeta_{2i})\}+3}{\lambda_{\min}(\boldsymbol{\Theta}+2\boldsymbol{\Delta}\boldsymbol{B})}\end{cases} \tag{10-23}$$

式中，$\boldsymbol{\delta}=[\delta_1,\cdots,\delta_n]^{\mathrm{T}}$ 是与特征值 0 相关拉普拉斯矩阵 $\boldsymbol{L}$ 的归一化左特征向量；$\lambda_{\min}(\boldsymbol{\Theta}+2\boldsymbol{\Delta}\boldsymbol{B})$ 是 $\boldsymbol{\Theta}+2\boldsymbol{\Delta}\boldsymbol{B}$ 的最小特征值，$\boldsymbol{\Theta}=\boldsymbol{L}^{\mathrm{T}}\boldsymbol{\Delta}+\boldsymbol{\Delta}\boldsymbol{L}$，$\boldsymbol{\Delta}=\mathrm{diag}$

$(\delta_1,\cdots,\delta_n)$。那么编队控制［式(10-20)］可以实现有界初始条件下的控制目标。

备注 10.3：该证明由两部分组成，其中第一部分证明了编队性能，第二部分证明了避障性能。当所有的智能体都不在可能的碰撞区域，即$\{x_1,\cdots,x_n\}\not\subseteq\bigcup_{k=1}^{q}\boldsymbol{\Omega}_k$时，尽管排斥力项$\sum_{k=1}^{q}\gamma_{ik}\boldsymbol{p}_{ik}(\boldsymbol{z}_{ik})$达到最小，它们仍然会影响形成行为。为了获得期望的鲁棒性，通过将它们作为干扰输入来实现H_∞分析。当任何智能体进入可能发生碰撞的范围，即$\forall x_i\in\bigcup_{k=1}^{q}\boldsymbol{\Omega}_k$时，排斥力项$\sum_{k=1}^{q}\gamma_{ik}\boldsymbol{p}_{ik}(\boldsymbol{z}_{ik})$将显著增加，以使智能体远离障碍物。

证明：

第 1 部分：证明编队性能。

考虑以下李雅普诺夫函数：

$$V(t)=\frac{1}{2}\boldsymbol{e}^{\mathrm{T}}(t)(\boldsymbol{Q}\otimes\boldsymbol{I}_m)\boldsymbol{e}(t) \tag{10-24}$$

式中，$\boldsymbol{Q}=\begin{bmatrix}\kappa\ (\boldsymbol{\Theta}+2\boldsymbol{\Delta B}) & \boldsymbol{I}_n\\ \boldsymbol{I}_n & \boldsymbol{I}_n\end{bmatrix}$。

需要提到的是，可以用条件［式(10-23)］的$\alpha_i=\kappa\delta_i$，将矩阵$\boldsymbol{Q}$重新表示为

$$\boldsymbol{Q}=\begin{bmatrix}\widetilde{\boldsymbol{L}}^{\mathrm{T}}\boldsymbol{\Lambda}+\boldsymbol{\Lambda}\widetilde{\boldsymbol{L}} & \boldsymbol{I}_n\\ \boldsymbol{I}_n & \boldsymbol{I}_n\end{bmatrix}$$

根据引理 10.3，拉普拉斯矩阵$\boldsymbol{L}$的左特征向量$\boldsymbol{\delta}$满足$\delta_i>0$。根据

$$\boldsymbol{\Theta}\boldsymbol{1}_n=(\boldsymbol{L}^{\mathrm{T}}\boldsymbol{\Delta}+\boldsymbol{\Delta L})\boldsymbol{1}_n=\boldsymbol{L}^{\mathrm{T}}\boldsymbol{\Delta}\boldsymbol{1}_n+\boldsymbol{\Delta L}\boldsymbol{1}_n=\boldsymbol{L}^{\mathrm{T}}\boldsymbol{\delta}+\boldsymbol{\Delta L}\boldsymbol{1}_n=\boldsymbol{0}$$

这个结论可以得出$\boldsymbol{\Theta}$是一个各行的和为零的矩阵。通过引理 10.2 和 10.4 可知$\boldsymbol{\Theta}+2\boldsymbol{\Delta B}$是一个正定矩阵，因此，如果$\kappa$满足条件［式(10-23)］，则可以保持$\kappa(\boldsymbol{\Theta}+2\boldsymbol{\Delta B})-\boldsymbol{I}_n>\boldsymbol{0}$。

因此，矩阵$\boldsymbol{Q}$根据引理 10.5 是正定的。

$V(t)$ 的无穷小生成元为

$$\begin{aligned}L(V(t))=&-\frac{1}{2}\boldsymbol{e}^{\mathrm{T}}(t)\left(\begin{bmatrix}\boldsymbol{0}_{n\times n} & -\boldsymbol{I}_n\\ \boldsymbol{\Lambda}\widetilde{\boldsymbol{L}} & \boldsymbol{\Lambda}\widetilde{\boldsymbol{L}}\end{bmatrix}^{\mathrm{T}}\boldsymbol{Q}+\boldsymbol{Q}\begin{bmatrix}\boldsymbol{0}_{n\times n} & -\boldsymbol{I}_n\\ \boldsymbol{\Lambda}\widetilde{\boldsymbol{L}} & \boldsymbol{\Lambda}\widetilde{\boldsymbol{L}}\end{bmatrix}\right)\\ &\otimes\boldsymbol{L}_n\boldsymbol{e}(t)-\boldsymbol{e}^{\mathrm{T}}(t)(\boldsymbol{Q}\otimes\boldsymbol{I}_n)\left(\begin{bmatrix}\boldsymbol{0}_{nm}\\ \boldsymbol{p}(t)\end{bmatrix}-\begin{bmatrix}\boldsymbol{0}_{nm}\\ \widetilde{\boldsymbol{f}}(t)\end{bmatrix}\right)+\\ &\frac{1}{2}\mathrm{tr}\left(\left(\begin{bmatrix}\boldsymbol{0}_{n\times n}\\ \boldsymbol{\Phi}\end{bmatrix}^{\mathrm{T}}\boldsymbol{Q}\begin{bmatrix}\boldsymbol{0}_{n\times n}\\ \boldsymbol{\Phi}\end{bmatrix}\right)\otimes\boldsymbol{I}_m\right)\end{aligned} \tag{10-25}$$

应用于矩阵理论，结果如下：

$$\begin{bmatrix}\mathbf{0}_{n\times n} & -\boldsymbol{I}_n \\ \boldsymbol{\Lambda}\widetilde{\boldsymbol{L}} & \boldsymbol{\Lambda}\widetilde{\boldsymbol{L}}\end{bmatrix}^{\mathrm{T}} \boldsymbol{Q}+\boldsymbol{Q}\begin{bmatrix}\mathbf{0}_{n\times n} & -\boldsymbol{I}_n \\ \boldsymbol{\Lambda}\widetilde{\boldsymbol{L}} & \boldsymbol{\Lambda}\widetilde{\boldsymbol{L}}\end{bmatrix} = \begin{bmatrix}\kappa(\boldsymbol{\Theta}+2\boldsymbol{\Delta B}) & \mathbf{0}_{n\times n} \\ \mathbf{0}_{n\times n} & \kappa(\boldsymbol{\Theta}+2\boldsymbol{\Delta B})-2\boldsymbol{I}_n\end{bmatrix} \tag{10-26}$$

将式(10-26) 代入到式(10-25)，可得

$$\begin{aligned} L(V(t))=&-\frac{1}{2}\boldsymbol{e}^{\mathrm{T}}(t)\left\{\begin{bmatrix}\kappa(\boldsymbol{\Theta}+2\boldsymbol{\Delta B}) & \mathbf{0}_{n\times n} \\ \mathbf{0}_{n\times n} & \kappa(\boldsymbol{\Theta}+2\boldsymbol{\Delta B})-2\boldsymbol{I}_n\end{bmatrix}\otimes\boldsymbol{I}_m\right\}\boldsymbol{e}(t) \\ &-\boldsymbol{e}^{\mathrm{T}}(t)(\boldsymbol{Q}\otimes\boldsymbol{I}_m)\left(\begin{bmatrix}\mathbf{0}_{nm} \\ \boldsymbol{p}(t)\end{bmatrix}-\begin{bmatrix}\mathbf{0}_{nm} \\ \widetilde{\boldsymbol{f}}(t)\end{bmatrix}\right)+\frac{m}{2}\mathrm{tr}(\boldsymbol{\Phi}^{\mathrm{T}}\boldsymbol{\Phi}) \end{aligned} \tag{10-27}$$

通过使用以下结论：

$$\begin{aligned} &\boldsymbol{e}^{\mathrm{T}}(t)(\boldsymbol{Q}\otimes\boldsymbol{I}_m)\left(\begin{bmatrix}\mathbf{0}_{nm} \\ \boldsymbol{p}(t)\end{bmatrix}-\begin{bmatrix}\mathbf{0}_{nm} \\ \widetilde{\boldsymbol{f}}(t)\end{bmatrix}\right) \\ &=\boldsymbol{e}^{\mathrm{T}}(t)\begin{bmatrix}\boldsymbol{p}(t) \\ \boldsymbol{p}(t)\end{bmatrix}-[\boldsymbol{e}_x^{\mathrm{T}}(t)+\boldsymbol{e}_v^{\mathrm{T}}(t)]\widetilde{\boldsymbol{f}}(t) \end{aligned} \tag{10-28}$$

式(10-27) 可以变成

$$\begin{aligned} L(V(t))=&-\frac{1}{2}\boldsymbol{e}^{\mathrm{T}}(t)\left\{\begin{bmatrix}\kappa(\boldsymbol{\Theta}+2\boldsymbol{\Delta B}) & \mathbf{0}_{n\times n} \\ \mathbf{0}_{n\times n} & \kappa(\boldsymbol{\Theta}+2\boldsymbol{\Delta B})-2\boldsymbol{I}_n\end{bmatrix}-\otimes\boldsymbol{I}_m\right\}\boldsymbol{e}(t)- \\ &\boldsymbol{e}^{\mathrm{T}}(t)\begin{bmatrix}\boldsymbol{p}(t) \\ \boldsymbol{p}(t)\end{bmatrix}-[\boldsymbol{e}_x^{\mathrm{T}}(t)+\boldsymbol{e}_v^{\mathrm{T}}(t)]\widetilde{\boldsymbol{f}}(t)+\frac{m}{2}\sum_{i=1}^{n}\boldsymbol{\phi}_{\mathrm{i}}^2 \end{aligned} \tag{10-29}$$

基于假设 10.1～假设 10.3，利用柯西-布尼亚科夫斯基-施瓦茨不等式和杨氏不等式可以得到以下结果：

$$\left(\sum_{k=1}^{n}a_k b_k\right)^2 \leqslant \sum_{k=1}^{n}a_k^2\sum_{k=1}^{n}b_k^2$$

$$\begin{aligned} \boldsymbol{e}_x^{\mathrm{T}}(t)\widetilde{\boldsymbol{f}}(t) &\leqslant \sum_{i=1}^{n}(\|\boldsymbol{e}_{xi}\|\|\boldsymbol{f}(\boldsymbol{x}_i,\boldsymbol{v}_i)-\boldsymbol{f}(\boldsymbol{x}_r,\boldsymbol{v}_r)\|) \\ &\leqslant \sum_{i=1}^{n}[\|\boldsymbol{e}_{xi}\|(\rho_{1i}\|\boldsymbol{e}_{xi}\|+\rho_{2i}\|\boldsymbol{e}_{vi}\|+\rho_{1i}\|\boldsymbol{\eta}_i\|)] \\ &\leqslant \sum_{i=1}^{n}\left(\frac{3\rho_{1i}+\rho_{2i}}{2}\|\boldsymbol{e}_{xi}\|^2+\frac{\rho_{2i}}{2}\|\boldsymbol{e}_{vi}\|^2+\frac{\rho_{1i}}{2}\|\boldsymbol{\eta}_i\|^2\right) \end{aligned} \tag{10-30}$$

$$\begin{aligned} \boldsymbol{e}_v^{\mathrm{T}}(t)\widetilde{\boldsymbol{f}}(t) &\leqslant \sum_{i=1}^{n}(\|\boldsymbol{e}_{vi}\|\|\boldsymbol{f}(\boldsymbol{x}_i,\boldsymbol{v}_i)-\boldsymbol{f}(\boldsymbol{x}_r,\boldsymbol{v}_r)\|) \\ &\leqslant \sum_{i=1}^{n}[\|\boldsymbol{e}_{vi}\|(\rho_{1i}\|\boldsymbol{e}_{xi}\|+\rho_{2i}\|\boldsymbol{e}_{vi}\|+\rho_{1i}\|\boldsymbol{\eta}_i\|)] \end{aligned}$$

$$\leqslant \sum_{i=1}^{n}\left[\frac{\rho_{1i}}{2}\|\boldsymbol{e}_{xi}\|^2+(\rho_{1i}+\rho_{2i})\|\boldsymbol{e}_{vi}\|^2+\frac{\rho_{1i}}{2}\|\boldsymbol{\eta}_i\|^2\right] \tag{10-31}$$

$$\begin{aligned}\sum_{i=1}^{n}\boldsymbol{\phi}_i^2(\boldsymbol{x}_i,\boldsymbol{v}_i) &\leqslant \sum_{i=1}^{n}(\zeta_{1i}\|\boldsymbol{x}_i\|^2+\zeta_{2i}\|\boldsymbol{v}_i\|^2)\\ &\leqslant 2\sum_{i=1}^{n}(\zeta_{1i}\|\boldsymbol{e}_{xi}\|^2+\zeta_{2i}\|\boldsymbol{e}_{vi}\|^2+2\zeta_{1i}\|\boldsymbol{x}_r\|^2\\ &\quad+\zeta_{2i}\|\boldsymbol{v}_r\|^2+2\zeta_{1i}\|\boldsymbol{\eta}_i\|^2)\\ &\leqslant 2\sum_{i=1}^{n}(\zeta_{1i}\|\boldsymbol{e}_{xi}\|^2+\zeta_{2i}\|\boldsymbol{e}_{vi}\|^2)\\ &\quad+2\sum_{i=1}^{n}(2\zeta_{1i}\varepsilon_1^2+\zeta_{2i}\varepsilon_2^2+2\zeta_{1i}\|\boldsymbol{\eta}_i\|^2)\end{aligned} \tag{10-32}$$

将上述不等式代入式(10-29)，可以得到

$$\begin{aligned}L(V(t))\leqslant&-\frac{1}{2}\boldsymbol{e}^{\mathrm{T}}(t)\left\{\begin{bmatrix}\kappa(\boldsymbol{\Theta}+2\boldsymbol{\Delta B})-N_1 & \boldsymbol{0}_{n\times n}\\ \boldsymbol{0}_{n\times n} & \kappa(\boldsymbol{\Theta}+2\boldsymbol{\Delta B})-\boldsymbol{N}_2-2\boldsymbol{I}_n\end{bmatrix}\otimes\boldsymbol{I}_m\right\}\boldsymbol{e}(t)\\ &-\boldsymbol{e}^{\mathrm{T}}(t)\begin{bmatrix}\boldsymbol{p}(t)\\ \boldsymbol{p}(t)\end{bmatrix}+\sum_{i=1}^{n}[2m\zeta_{1i}\varepsilon_1^2+m\zeta_{2i}\varepsilon_2^2+(2m\zeta_{1i}+\rho_{1i})\|\boldsymbol{\eta}_i\|^2]\end{aligned} \tag{10-33}$$

式中：

$$\boldsymbol{N}_1=\begin{bmatrix}4\rho_{11}+\rho_{21}+2m\zeta_{11} & \cdots & 0\\ \vdots & & \vdots\\ 0 & \cdots & 4\rho_{1n}+\rho_{2n}+2m\zeta_{1n}\end{bmatrix}$$

$$\boldsymbol{N}_2=\begin{bmatrix}2\rho_{11}+3\rho_{21}+2m\zeta_{21} & \cdots & 0\\ \vdots & & \vdots\\ 0 & \cdots & 2\rho_{1n}+3\rho_{2n}+2m\zeta_{2n}\end{bmatrix}$$

将式(10-33) 做增减项处理，可以得到以下不等式：

$$\begin{aligned}L(V(t))\leqslant&-\frac{1}{2}\boldsymbol{e}^{\mathrm{T}}(t)\left\{\begin{bmatrix}\kappa(\boldsymbol{\Theta}+2\boldsymbol{\Delta B})-\boldsymbol{N}_1-\boldsymbol{I}_n & \boldsymbol{0}_{n\times n}\\ \boldsymbol{0}_{n\times n} & \kappa(\boldsymbol{\Theta}+2\boldsymbol{\Delta B})-\boldsymbol{N}_2-3\boldsymbol{I}_n\end{bmatrix}\otimes\boldsymbol{I}_m\right\}\boldsymbol{e}(t)\\ &-\left\{\boldsymbol{e}(t)+\frac{1}{2}\begin{bmatrix}\boldsymbol{p}(t)\\ \boldsymbol{p}(t)\end{bmatrix}\right\}^{\mathrm{T}}\left\{\boldsymbol{e}(t)+\frac{1}{2}\begin{bmatrix}\boldsymbol{p}(t)\\ \boldsymbol{p}(t)\end{bmatrix}\right\}+\sum_{i=1}^{n}[2m\zeta_{1i}\varepsilon_1^2\\ &+m\zeta_{2i}\varepsilon_2^2+(2m\zeta_{1i}+\rho_{1i})\|\boldsymbol{\eta}_i\|^2]\leqslant-\frac{1}{2}\boldsymbol{e}^{\mathrm{T}}(t)(\boldsymbol{M}\otimes\boldsymbol{I}_m)\boldsymbol{e}(t)+\gamma\boldsymbol{\xi}^{\mathrm{T}}(t)\boldsymbol{\xi}(t)\end{aligned} \tag{10-34}$$

式中：

$$\boldsymbol{M}=\begin{bmatrix}\kappa(\boldsymbol{\Theta}+2\boldsymbol{\Delta B})-\boldsymbol{N}_1-\boldsymbol{I}_n & \boldsymbol{0}_{n\times n}\\ \boldsymbol{0}_{n\times n} & \kappa(\boldsymbol{\Theta}+2\boldsymbol{\Delta B})-\boldsymbol{N}_2-3\boldsymbol{I}_n\end{bmatrix}$$

$$\gamma=\frac{1}{2}\max_{i=1,2,\cdots,n}\left\{\sum_{k=1}^{p}\gamma_{ik}^{2}\right\}$$

$$\boldsymbol{\xi}(t)=\left[\sqrt{\frac{\sum_{i=1}^{n}[2m\zeta_{1i}\varepsilon_{1}^{2}+m\zeta_{2i}\varepsilon_{2}^{2}+(2m\zeta_{1i}+\rho_{1i})\|\boldsymbol{\eta}_{i}\|^{2}]}{\gamma}},\right.$$

$$\left.(\sum_{k=1}^{p}\boldsymbol{p}_{1k}(\boldsymbol{z}_{1k}))^{\mathrm{T}},\cdots,(\sum_{k=1}^{p}\boldsymbol{p}_{nk}(\boldsymbol{z}_{nk}))^{\mathrm{T}}\right]^{\mathrm{T}}$$

由于在设计 κ 满足式(10-23) 时，$\boldsymbol{M}$ 是一个正定矩阵，因此式(10-34) 可以重写为

$$L(V(t))\leqslant-\frac{\lambda_{\min}(\boldsymbol{M})}{\lambda_{\max}(\boldsymbol{Q})}V(t)+\gamma\boldsymbol{\xi}^{\mathrm{T}}(t)\boldsymbol{\xi}(t) \tag{10-35}$$

在这种情况下，排斥力 $\boldsymbol{p}(t)$ 作为干扰输入进行处理。如果 $\boldsymbol{p}(t)=\boldsymbol{0}$，则式(10-35) 可以重写为

$$L(V(t))\leqslant-c_{1}V(t)+c_{2} \tag{10-36}$$

式中，$c_{1}=\frac{\lambda_{\min}(\boldsymbol{M})}{\lambda_{\max}(\boldsymbol{Q})}$; $c_{2}=\sum_{i=1}^{n}[2m\zeta_{1i}\varepsilon_{1}^{2}+m\zeta_{2i}\varepsilon_{2}^{2}+(2m\zeta_{1i}+\rho_{1i})\|\boldsymbol{\eta}_{i}\|^{2}]$。

根据引理 10.1，可以得到以下不等式：

$$E(V(t))\leqslant\mathrm{e}^{-c_{1}t}V(0)+(1-\mathrm{e}^{-c_{1}t})\frac{c_{2}}{c_{1}} \tag{10-37}$$

通过使设计参数 κ 足够大，编队误差收敛到期望的精度，这意味着可以实现指数均方稳定。

由于多智能体系统远离障碍，所以 $\xi(t)$ 属于 $L_{E_2}([0,\infty);\mathbf{R}^{mn})$。通过将式(10-34) 从 0 到 T 积分并取期望，可以得到以下结果

$$\begin{aligned}E\left(\int_{0}^{T}L(V(t))\mathrm{d}t\right)&=E(V(T)-V(0))\\&\leqslant-\frac{\lambda_{\min}(\boldsymbol{M})}{2}E\left(\int_{0}^{T}\|\boldsymbol{e}(t)\|^{2}\mathrm{d}t\right)+\gamma E\left(\int_{0}^{T}\|\boldsymbol{\xi}(t)\|^{2}\mathrm{d}t\right)\\&=-\beta\|\boldsymbol{e}(t)\|_{L_{E_2}}^{2}+\gamma\|\boldsymbol{\xi}(t)\|_{L_{E_2}}^{2}\end{aligned} \tag{10-38}$$

式中，$\beta=\frac{\lambda_{\min}(\boldsymbol{M})}{2}$。

显然，如果 $V(0)=0$，那么 $\left\|\boldsymbol{e}(t)\right\|_{L_{E_2}}^{2}\leqslant\frac{\gamma}{\beta}\left\|\boldsymbol{\xi}(t)\right\|_{L_{E_2}}^{2}$，因此，满足 H_{∞} 控制性能 [式(10-4)]。

第 2 部分：在该部分中，只分析了智能体 i 和障碍物 j 的避碰情况。对于其他情况，证明是相似的。

考虑以下能量函数：

$$V_{ij}(t)=\frac{1}{2}\boldsymbol{z}_{ij}^{\mathrm{T}}(t)\boldsymbol{z}_{ij}(t)+\frac{1}{2}\boldsymbol{v}_i^{\mathrm{T}}(t)\boldsymbol{v}_i(t) \tag{10-39}$$

应用式(10-10)，无穷小的发生元可以得到

$$\begin{aligned}L(V_{ij}(t))=&\boldsymbol{z}_{ij}^{\mathrm{T}}\boldsymbol{v}_i-\alpha_i\boldsymbol{v}_i^{\mathrm{T}}[\widetilde{e}_{xi}(t)+\widetilde{e}_{vi}(t)]+\boldsymbol{v}_i^{\mathrm{T}}\widetilde{f}_i(t)\\&-\boldsymbol{v}_i\sum_{k=1,k\neq j}^{p}\gamma_{ik}p_{ik}(t)-\gamma_{ij}\boldsymbol{v}_i^{\mathrm{T}}p_{ij}(t)+\frac{1}{2}\phi_i^2\end{aligned} \tag{10-40}$$

由于智能体 i 在 Ω_j 区域的停留时间是有限的，这些连续项即 $\boldsymbol{z}_{ij}(t)$、$\boldsymbol{v}_i(t)$、$\widetilde{\boldsymbol{e}}_{xi}(t)$、$\widetilde{\boldsymbol{e}}_{vi}(t)$、$\widetilde{\boldsymbol{f}}_i(t)$、$\boldsymbol{\phi}_i$ 和 $\sum_{k=1,\ k\neq j}^{p}\gamma_{ik}\boldsymbol{p}_{ik}(t)$ 是有界的。此外，如果智能体接近障碍 j，这意味着代理向梯度方向的人工潜力 $\boldsymbol{P}_j(t)$，根据排斥势的定义（定义 10.2），有这样一个事实：如果 $\|\boldsymbol{z}_{ij}\|\rightarrow\underline{d}_j$，那么 $-\boldsymbol{v}_i^{\mathrm{T}}(t)\boldsymbol{p}_{ij}(t)=\boldsymbol{v}_i^{\mathrm{T}}\nabla_{xi}\boldsymbol{P}_j(t)\rightarrow\infty$。因此，如果智能体 i 足够接近障碍 j，则可以保持以下不等式：

$$\begin{aligned}-\gamma_{ij}\boldsymbol{v}_i^{\mathrm{T}}(t)\boldsymbol{p}_{ij}(t)>&\frac{\gamma_{ij}}{2}\boldsymbol{z}_{ij}^{\mathrm{T}}\boldsymbol{z}_{ij}+\frac{\gamma_{ij}}{2}\boldsymbol{v}_{ij}^{\mathrm{T}}\boldsymbol{v}_{ij}-\boldsymbol{z}_{ij}^{\mathrm{T}}\boldsymbol{v}_i-\boldsymbol{v}_i^{\mathrm{T}}\widetilde{\boldsymbol{f}}_i(t)\\&+\alpha_i\boldsymbol{v}_i^{\mathrm{T}}[\widetilde{\boldsymbol{e}}_{xi}(t)-\widetilde{\boldsymbol{e}}_{vi}(t)]+\frac{1}{2}\boldsymbol{\phi}_i^2+\sum_{k=1}^{p}\gamma_{ik}\boldsymbol{p}_{ik}\end{aligned} \tag{10-41}$$

将上述结果应用于式(10-40) 中，可以得到

$$L(V(t))>\gamma_{ij}V_{ij}(t) \tag{10-42}$$

根据引理 10.6，以下结果成立：

$$E(\|\boldsymbol{z}_{ij}(t)\|^2)>2\mathrm{e}^{\gamma_{ij}(t-t_0)}E(V_{ij}(t_0))-E(\|\boldsymbol{v}_i(t)\|^2) \tag{10-43}$$

因此，通过适当设计参数 γ_{ij} 可以保证 $\|\boldsymbol{z}_{ij}(t)\|>\underline{d}_j$，即在均方上可以避免智能体 i 与障碍物 j 之间的碰撞。

10.4 仿真结果

为了证明所提控制策略的有效性，本节进行了一个由四种主体组成的随机多主体形成的仿真实例。多智能体系统被建模为

$$\mathrm{d}\boldsymbol{x}_i(t)=\boldsymbol{v}_i(t)\mathrm{d}t,$$

$$\mathrm{d}\boldsymbol{v}_i(t)=\left(\begin{bmatrix}5\cos(0.1v_{i1})\\3\sin(0.2v_{i2})\end{bmatrix}+\boldsymbol{u}_i\right)\mathrm{d}t+\frac{\|\boldsymbol{v}_i\|}{\|\boldsymbol{x}_i\|}\mathrm{d}\boldsymbol{\omega}_i(t)$$

选择初始条件为 $\boldsymbol{x}_1(0)=[6,5]$，$\boldsymbol{x}_2(0)=[-5,6]$，$\boldsymbol{x}_3(0)=[5,-6]$，$\boldsymbol{x}_4(0)=[-6,5]$。

领导者的信号设计成如下形式：

$$\dot{\boldsymbol{x}}_i(t)=\boldsymbol{v}_i(t)$$

$$\dot{\boldsymbol{v}}_i(t)=\begin{bmatrix}5\cos(0.1x_{i1}(t))\\3\sin(0.2x_{i2}(t))\end{bmatrix}$$

所需的编队模式为 $\boldsymbol{\eta}_1=[4;4]$，$\boldsymbol{\eta}_2=[-4;4]$，$\boldsymbol{\eta}_3=[4;-4]$，$\boldsymbol{\eta}_4=[-4;-4]$。两个障碍点 $\boldsymbol{o}_1$ 和 $\boldsymbol{o}_2$ 分别设置为 $t=4.2$ 和 $t=14$。所需的轨迹和两个障碍物如图 10.1 所示。

势函数被设计为

$$P_1(\|\boldsymbol{z}_{i1}\|)=\|\boldsymbol{z}_{i1}(t)\|\mathrm{e}^{(\|\boldsymbol{z}_{i1}(t)\|-5)^2}$$

$$P_2(\|\boldsymbol{z}_{i2}\|)=\|\boldsymbol{z}_{i2}(t)\|\mathrm{e}^{(\|\boldsymbol{z}_{i2}(t)\|-4)^2}$$

智能体和领导者之间的权重矩阵为 $\boldsymbol{B}=\mathrm{diag}(0,0.9,0,0.9)$。

拉普拉斯矩阵设计为

$$\boldsymbol{L}=\begin{bmatrix}1.5 & -0.7 & 0 & -0.8\\-0.6 & 1.4 & -0.8 & 0\\-0.8 & 0 & 1.7 & -0.9\\0 & -0.7 & -0.9 & 1.6\end{bmatrix}$$

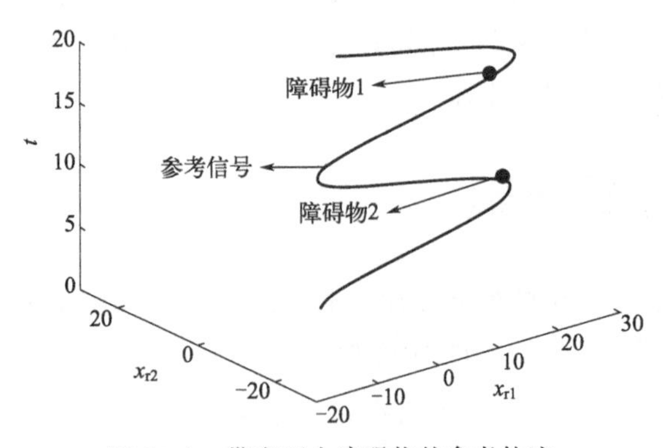

图 10.1　带有两个障碍物的参考轨迹

由势函数的负梯度推导出的相应的排斥力为

$$\boldsymbol{p}_{i1}=[(2\|\boldsymbol{z}_{i1}\|-5)^{-3}\mathrm{e}^{(\|\boldsymbol{z}_{i1}\|-5)^{-2}}-\|\boldsymbol{z}_{i1}\|^{-1}\mathrm{e}^{(\|\boldsymbol{z}_{i1}\|-5)^{-2}}]\boldsymbol{z}_{i1}(t)$$

$$\boldsymbol{p}_{i2}=[(2\|\boldsymbol{z}_{i2}\|-4)^{-3}\mathrm{e}^{(\|\boldsymbol{z}_{i2}\|-4)^{-2}}-\|\boldsymbol{z}_{i2}\|^{-1}\mathrm{e}^{(\|\boldsymbol{z}_{i2}\|-4)^{-2}}]\boldsymbol{z}_{i2}(t)$$

$$i=1,2,3,4$$

仿真结果如图10.2～图10.4所示。图10.2显示了在没有人工电势的帮助下的编队控制轨迹。图10.3显示了在人工电势辅助下的控制性能。显然，这是可以实现的避障效果。图10.4为多主体形成的速度误差，说明所有主体在完成避障后都能跟随参考速度。仿真结果进一步表明，所提出的随机编队方法能很好地解决避障问题。

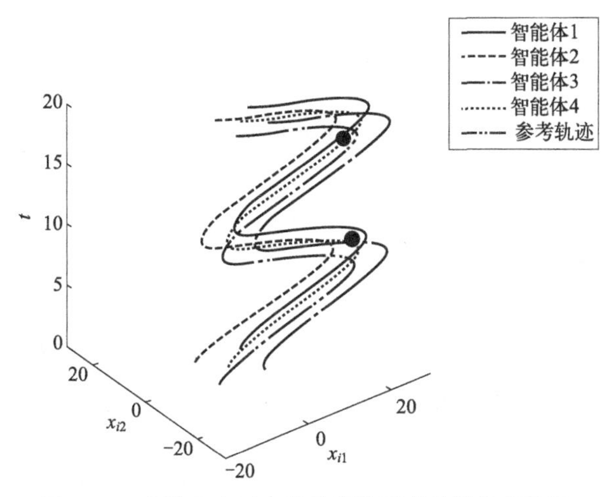

图10.2　在没有人工电势的帮助下的编队控制轨迹

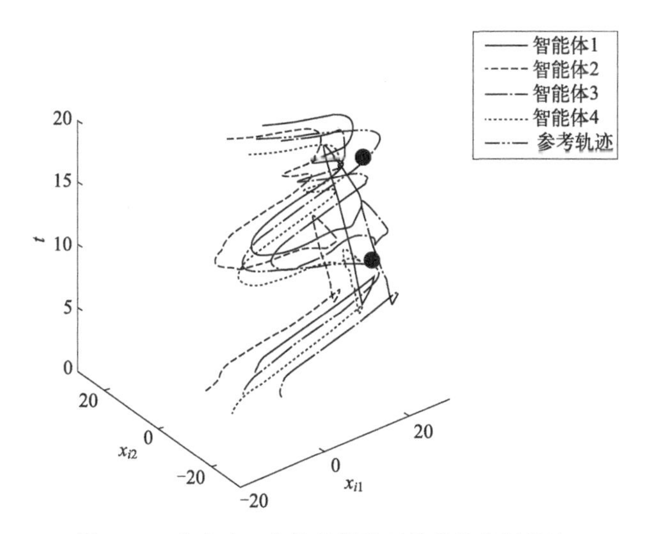

图10.3　在有人工电势的帮助下的编队控制轨迹

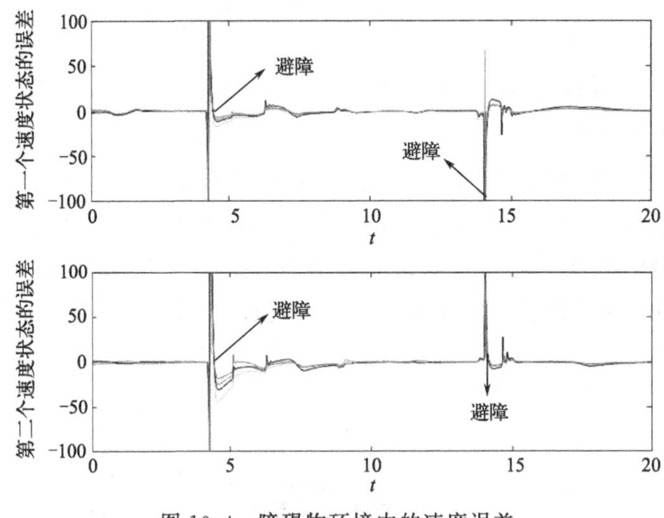

图 10.4 障碍物环境中的速度误差

10.5 本章小结

针对有向拓扑下的二阶随机多智能体系统，提出了基于 H_∞ 技术的编队控制方案。为了解决避障问题，采用 APF 方法使所有代理远离障碍物。根据李雅普诺夫稳定性理论，证明了所提出的编队方法可以保证多智能体系统在保持预定编队模式的同时沿所需的速度方向移动，避免与障碍物的碰撞。最后，通过数值模拟验证了该方法的有效性。

第 11 章

多智能体系统的优化协同控制

11.1 概述

在前面的章节中，我们利用势能函数法以及其他方法解决了多智能体系统的避障与防碰撞问题。在势能函数的影响下，每个智能体会调整自身轨迹，选择安全方向以防止碰撞。这类控制目标在某种程度上不再是单纯的一致性控制或编队控制，而且对运动轨迹有了更高的要求。在分析与控制系统时，除了关注系统的稳定性外，对于系统性能指标的优化也具有十分重要的意义。最优控制理论便是研究使控制系统的性能指标实现最优化的控制学理论。这方面的主要开创性工作可以追溯到由贝尔曼提出的动态规划和庞特里亚金等人提出的最大值原理。

许多场景下，单个个体已经不足以完成某项任务，需要多个个体协同进行工作，这也是多智能体协同控制发展起来的一个现实条件。多智能体一致性控制是多智能体研究最基本、最重要的课题，因此也是众多研究人员广泛关注的热点问题。多智能体的一致性是指个体与周围邻居智能体在相互通信的过程中，不断接收外界的反馈信号来调整自身的动作，最终保证每个智能体全部都达到期望状态。一致性概念描述了在外界环境变化时个体间行为调整和信息交流的过程，如今多智能体一致性问题在航空航天、军事和网络通信等方面具有很重要的现实意义。虽然目前关于多智能体一致性控制的研究成果十分丰富，但关于最优控制的结果却相对较少。设计怎样的控制协议或控制算法，才能够使多智能体系统实现一致性，并且系统性能达到最优，是一个非常值得探讨的新兴研究课题。

目前已有部分学者对于多智能体系统的最优一致性问题给出了相应的解决方案，比如现代控制中的二次型调节器[180]、机器学习中的聚类算法[181]，以及控制技术中的模型预测控制算法[182]。然而每种方法都有其自身的局限性：二次型调节器算法不适用于非线性系统，聚类算法没有在分布式模型上进行研究，模型预测控制中的周期采样会导致网络计算压力增大。作为最优控制理论的核心问题，最优控制问题本质上是带约束条件的优化问题，在一定约束条件下（比如系统的动态方程、控制输入受限制），寻求最优反馈控制，使得性能指标取极值。早期解决最优控制问题的方法主要为变分法，将性能指标视为控制函数的泛函，通过对泛函求极值得到最优控制。最优控制问题发展中的另一个经典方法，是美国科学家贝尔曼在研究多级决策过程优化问题中提出的动态规划方法。动态规划方法在经济管理、生产调度、工程技术等方面得到了广泛的应用，是求解最优控制问题的有效手段。然而，动态规划方法仅适用于小规模系统的最优控制问题求解，当系统的维数增大，系统变得复杂时，动态规划方法将面对“维数诅咒”问题[183]，计算的复杂度指数级上升。为了解决这一问题，一种融合了动态规划、强化学习、自适应控制及函数逼近的，用于逼近系统最优解的优化方法被Werbos[184] 提出，该控制方法被称为自适应动态规划（approximate/adaptive dynamic programming，ADP）。

ADP 的基本原理是利用函数近似结构（例如用神经网络）来逼近经典动态规划中的值函数，从而获得达到最优性能指标的最优控制。近年来，很多学者在最优控制问题中采用 ADP 取得了出色的成果。在文献［185-186］里，针对一类非线性系统的最优控制问题，分别采用 ADP 方法，提出值迭代和策略迭代算法，并证明了算法的收敛性。在文献［187］中，作者研究了未知离散系统的线性二次跟踪器（LQT），采用一种 Q-learning 算法以在线迭代的方式求解增强黎卡蒂方程，整个过程不需要知道追随系统和参考系统的动力学方程的任何模型。关于多智能体的最优控制，也有许多不同方向的研究。其中多智能体图形博弈问题因为不仅涉及多智能体信息交互，还涉及多方博弈优化问题而备受关注[188-192]。在多智能体图形博弈中，每个智能体从其邻居接收有限的信息，最终状态取决于整个多智能体系统。与一般的分布式优化不同，相关研究致力于寻找多智能体系统中的纳什均衡点而非全局最优点，使得每个智能体都能够执行纳什均衡意义下的最优控制策略。

本章主要讨论多智能体最优一致性问题中的一类图形博弈问题，分别考虑了无领导者的最优一致性、单领导者的最优一致性以及多领导者的最优一致性三种情况，并分析了三种情况下的多智能体误差系统以及纳什均衡相关概念。文章采用 ADP 算法，构建了 Actor-Critic 网络，通过在线迭代的方式求解纳什均衡意义下的最优控制策略。

11.2 问题描述

在这一节，我们先简单介绍一类离散多智能体系统动态，最后设计相应的误差系统并推导其动态特性。

11.2.1 多智能体系统动态

考查一个包含 N 个多智能体的系统，智能体分布在通信图 $\mathcal{G}=(V,\varepsilon)$ 中，每个智能体的动态为

$$\boldsymbol{x}_i(k+1)=\boldsymbol{A}\boldsymbol{x}_i(k)+\boldsymbol{B}_i\boldsymbol{u}_i(k) \tag{11-1}$$

式中，$\boldsymbol{x}_i(\cdot)\in\mathbf{R}^n$ 为智能体 i 的状态；$\boldsymbol{u}_i(\cdot)\in\mathbf{R}^{m_i}$ 为智能体 i 的输入；$\boldsymbol{A}\in\mathbf{R}^{n\times n}$，$\boldsymbol{B}_i\in\mathbf{R}^{n\times m_i}$，分别为系统矩阵和输入矩阵。这里我们假设（$\boldsymbol{A},\boldsymbol{B}_i$）是可达的。此外，我们还考虑一个产生参考轨迹的领导者节点 v_0，其动态为

$$\boldsymbol{x}_0(k+1)=\boldsymbol{A}\boldsymbol{x}_0(k) \tag{11-2}$$

式中，$\boldsymbol{x}_0(\cdot)\in\mathbf{R}^n$ 为参考轨迹的状态。在通信图中，存在一部分节点与领导者节点相连接，也就是说存在一部分节点能够知道参考轨迹的状态。

我们第一个控制目标是为每个智能体 i 设计相应的控制输入 $\boldsymbol{u}_i$，使得每个智能体仅利用自身及其邻居的信息便能够跟踪上参考信号，即

$$\lim_{k\to\infty}\|\boldsymbol{x}_i(k)-\boldsymbol{x}_0(k)\|=0,\forall i\in\{1,2,\cdots,N\} \tag{11-3}$$

式中，$\|\cdot\|$代表向量的二范数。

11.2.2 邻接跟踪误差系统动态

为了描述多智能体间的状态关系和跟踪误差，我们定义如下的局部邻接跟踪误差 $\boldsymbol{\delta}_i$：

$$\boldsymbol{\delta}_i=\sum_{j\in\boldsymbol{N}_i}a_{ij}[\boldsymbol{x}_i(k)-\boldsymbol{x}_j(k)]+g_i(\boldsymbol{x}_i-\boldsymbol{x}_0) \tag{11-4}$$

式中，g_i 为节点 i 的固定增益，如果智能体 i 能够直接得到参考轨迹的信息，那么 $g_i>0$，否则 $g_i=0$；$\boldsymbol{N}_i$ 表示智能体 i 的邻居集合。从上式可以看出，智能体 i 的局部邻接跟踪误差就是智能体 i 和它的邻居（包括领导者节点）的加权状态差之和。并且我们知道当所有智能体的状态都与参考轨迹的状态一致时，所有智能体的局部邻接跟踪误差都为 0。接下来我们将从通信图整体的角度来看系统的邻接跟踪误差。

我们定义全局节点状态向量 $\boldsymbol{x}=[\boldsymbol{x}_1^{\mathrm{T}},\boldsymbol{x}_2^{\mathrm{T}},\cdots,\boldsymbol{x}_N^{\mathrm{T}}]^{\mathrm{T}}$ 以及全局邻接跟踪误差

$\boldsymbol{\delta}=[\boldsymbol{\delta}_1^{\mathrm{T}},\boldsymbol{\delta}_2^{\mathrm{T}},\cdots,\boldsymbol{\delta}_N^{\mathrm{T}}]^{\mathrm{T}}$，根据拉普拉斯矩阵 $\boldsymbol{L}$ 的相关性质，我们有

$$\boldsymbol{\delta}(k)=-[(\boldsymbol{L}+\boldsymbol{G})\otimes\boldsymbol{I}_n]\boldsymbol{x}(k)+[(\boldsymbol{L}+\boldsymbol{G})\otimes\boldsymbol{I}_n]\boldsymbol{x}_0(k) \tag{11-5}$$

式中，$\boldsymbol{x}_0(k)=\boldsymbol{I}\boldsymbol{x}_0(k)$，$\boldsymbol{I}=\boldsymbol{1}\otimes\boldsymbol{I}_n$，$\boldsymbol{1}$ 为全 1 的 N 维列向量；$\boldsymbol{G}=\mathrm{diag}(g_i)\in\mathbf{R}^{N\times N}$，是对角元素为固定增益的对角阵；$\otimes$表示克罗内克积。记 $\boldsymbol{\xi}(k)=\boldsymbol{x}(k)-\boldsymbol{x}_0(k)$ 为全局一致性误差，我们可以得到

$$\boldsymbol{\delta}(k)=-[(\boldsymbol{L}+\boldsymbol{G})\otimes\boldsymbol{I}_n]\boldsymbol{\xi}(k) \tag{11-6}$$

引理 11.1：如果图中包含一个有向生成树且存在 $i\in\{1,2,\cdots,N\}$，使得 $g_i>0$，那么矩阵（$\boldsymbol{L}+\boldsymbol{G}$）是非奇异的。

引理 11.2：如果（$\boldsymbol{L}+\boldsymbol{G}$）是非奇异的，那么全局一致性误差满足

$$\|\boldsymbol{\xi}(k)\|\leqslant\|\boldsymbol{\delta}(k)\|/\sigma(\boldsymbol{L}+\boldsymbol{G}) \tag{11-7}$$

式中，$\sigma(\boldsymbol{L}+\boldsymbol{G})$ 为矩阵（$\boldsymbol{L}+\boldsymbol{G}$）的最小特征值，并且 $\boldsymbol{\delta}(k)=\boldsymbol{0}$ 当且仅当 $\xi(k)=\boldsymbol{0}$。

根据上面两个定理，我们知道如果图中包含一个有向生成树且全局邻接跟踪误差趋于 0，那么全局一致性误差也趋于 0，也就是所有智能体的状态和参考轨迹的状态趋于一致，因此我们对通信图做如下假设：

假设 11.1：增广通信图（包含领导者节点）中包含一个有向生成树且其根节点为领导者节点。

由式(11-1)、式(11-2) 和式(11-4)，我们可以推导出局部邻接跟踪误差的动态为

$$\boldsymbol{\delta}_i(k+1)=\boldsymbol{A}\boldsymbol{\delta}_i(k)-(d_{ii}+g_i)\boldsymbol{B}_i\boldsymbol{u}_i(k)+\sum_{j\in\boldsymbol{N}_i}a_{ij}\boldsymbol{B}_j\boldsymbol{u}_j(k) \tag{11-8}$$

式中，d_{ii} 为度矩阵 $\boldsymbol{D}$ 的相应对角元素。注意到局部邻接跟踪误差的动态是由智能体 i 的控制输入和其邻居的控制输入交互作用的系统。如果能够设计控制协议使得全局邻接工作误差渐近收敛，那么引理 11.2 保证所有智能体将渐近与参考轨迹达成一致。

11.3 图形博弈和纳什均衡

在这一节，我们将定义一种多方的动态图形博弈，这一动态的图形博弈问题是基于误差系统［式(11-8)］构建而成的。由于误差系统［式(11-8)］是由智能体本身和其邻居的控制输入共同驱动的，所以这是一种多方耦合的控制系统。基于此，我们将设计基于局部邻接误差、自身控制输入和邻居控制输入的耦合性能指标。另外，通过对性能指标优化的分析，我们将引入多智能体协同最优控制中纳什均衡的概念。

11.3.1 图形博弈问题

图形博弈是一种多方动态博弈问题，所有智能体的决策共同决定博弈的结果。我们记智能体 i 的邻居的控制输入为 $\boldsymbol{u}_{-i}$，根据式(11-8)描述的误差系统，我们定义智能体 i 的性能指标为

$$
\begin{aligned}
& J_i(\boldsymbol{\delta}_i(k),\boldsymbol{u}_i(k),\boldsymbol{u}_{-i}(k)) \\
&= \sum_{l=k}^{\infty} U_i(\boldsymbol{\delta}_i(l),\boldsymbol{u}_i(l),\boldsymbol{u}_{-i}(l)) \\
&= \frac{1}{2}\sum_{l=k}^{\infty}\left[\boldsymbol{\delta}_i^{\mathrm{T}}(l)\boldsymbol{Q}_i\boldsymbol{\delta}_i(l)+\boldsymbol{u}_i^{\mathrm{T}}(k)\boldsymbol{R}_{ii}\boldsymbol{u}_i(k)+\sum_{j\in\mathcal{N}_i}\boldsymbol{u}_j^{\mathrm{T}}(k)\boldsymbol{R}_{ij}\boldsymbol{u}_j(k)\right]
\end{aligned}
\tag{11-9}
$$

式中，$\boldsymbol{Q}_i>\boldsymbol{O}$，$\boldsymbol{R}_{ii}>\boldsymbol{O}$，$\boldsymbol{R}_{ij}>\boldsymbol{O}$，为相应规格的时不变正定矩阵。如果给定多智能体系统的控制协议，我们定义每个智能体的值函数为

$$
V_i(\boldsymbol{\delta}_i(k))=\sum_{l=k}^{\infty}U_i(\boldsymbol{\delta}_i(l),\boldsymbol{u}_i(l),\boldsymbol{u}_{-i}(l)) \tag{11-10}
$$

而如果仅给定邻居智能体的控制策略，那么智能体 i 在这种情况下的最优控制策略对应的值函数为

$$
V_i^*(\boldsymbol{\delta}_i(k))=\min_{\overline{\boldsymbol{u}}_i}\sum_{l=k}^{\infty}U_i(\boldsymbol{\delta}_i(l),\boldsymbol{u}_i(l),\boldsymbol{u}_{-i}(l)) \tag{11-11}
$$

同时，这种情况所采取的策略 $\overline{\boldsymbol{u}}_i=\{\boldsymbol{u}_i(l):l=k,k+1,\cdots\}$ 被称为邻居策略固定条件下的最佳反应策略。

定义 11.1：联合控制策略 $\boldsymbol{u}_i$，$\forall i\in\{1,2,\cdots,N\}$，被称为是可容许的，是指其镇定了误差系统［式(11-8)］，且使得性能指标 V_i 有界，$\forall i\in\{1,2,\cdots,N\}$。

在一般的最优控制中，我们要求找到最小化或最大化性能指标的控制输入，然而，在多智能体系统［式(11-1)］以及性能指标设计［式(11-9)］中，每个智能体都有自己的性能指标，这些性能指标关乎所有智能体构成的联合控制策略，在形式上相互耦合，很难找到一个共同意义下的最小性能指标。所以，在多智能体系统中，我们主要关心一种在纳什均衡意义下的最优。

11.3.2 纳什均衡

纳什均衡，又称为非合作博弈均衡，是博弈论的一个重要术语，以约翰·纳什命名。本质上，纳什均衡描述了这样的场景：每个玩家选择一个策略，当所有其他玩家不改变策略时，没有玩家能从改变策略中获益。纳什均衡的一个著名的例子就是囚徒困境问题，而在多智能体图形博弈中，我们用如下方式定义纳什均衡。

定义 11.2：具有 N 个智能体的图形博弈中，如果 N 个智能体所采取的联合控制策略为$\{\boldsymbol{u}_1^*,\boldsymbol{u}_2^*,\cdots,\boldsymbol{u}_N^*\}$，且对于所有智能体 i 满足

$$J_i^* \triangleq J_i(\boldsymbol{u}_i^*,\boldsymbol{u}_{-i}^*) \leqslant J_i(\boldsymbol{u}_i,\boldsymbol{u}_{-i}^*) \tag{11-12}$$

式中，$\boldsymbol{u}_i$ 代表任意控制策略，那么我们称这一联合控制策略$\{\boldsymbol{u}_1^*,\boldsymbol{u}_2^*,\cdots,\boldsymbol{u}_N^*\}$构成了该图形博弈问题的一个纳什均衡解。此时，所有智能体达到了纳什均衡状态。

达到纳什均衡意味着所有智能体都达到了自己的最佳响应策略，所有智能体无法通过单独改变自身策略获益。本章的目的也在于提供一种在线实时自适应算法，用来解决动态图形博弈问题，也就是说找到一组联合控制策略使得误差系统［式(11-8)］稳定，且所有智能体达到纳什均衡意义下的最优。

11.4 最优性分析和稳定性分析

在这一节我们将利用最优控制原理对多智能体图形博弈问题进行分析。分析后，我们会发现多智能体图形博弈问题的最优解可以由一组耦合贝尔曼方程描述。此外，我们还会知道耦合贝尔曼方程的解就是纳什均衡意义下的最优解，且能够保证误差系统［式11-8)］渐近稳定。

11.4.1 耦合贝尔曼方程

对于值函数［式(11-10)］，我们对其取一次差分得到图形博弈问题的贝尔曼方程：

$$V_i(\boldsymbol{\delta}_i(k))=U_i(\boldsymbol{\delta}_i(k),\boldsymbol{u}_i(k),\boldsymbol{u}_{-i}(k))+V_i(\boldsymbol{\delta}_i(k+1)) \tag{11-13}$$

以及边界条件 $V_i(\boldsymbol{0})=0$。

对于智能体 i，博弈的目的在于寻找自身的最优值函数：

$$V_i^*(\boldsymbol{\delta}_i(k))=\min_{u_i} V_i(\boldsymbol{\delta}_i(k))=\min_{u_i}\sum_{l=k}^{\infty} U_i(\boldsymbol{\delta}_i(l),\boldsymbol{u}_i(l),\boldsymbol{u}_{-i}(l)) \tag{11-14}$$

根据贝尔曼最优性原理，我们可以知道

$$V_i^*(\boldsymbol{\delta}_i(k))=\min_{u_i}[U_i(\boldsymbol{\delta}_i(k),\boldsymbol{u}_i(k),\boldsymbol{u}_{-i}(k))+V_i^*(\boldsymbol{\delta}_i(k+1))] \tag{11-15}$$

对式(11-15) 两边关于 $\boldsymbol{u}_i$ (k) 求导，并利用驻点条件，我们得到智能体 i 的最优控制策略为

$$\boldsymbol{u}_i^*(k)=(d_i+g_i)\boldsymbol{R}_{ii}^{-1}\boldsymbol{B}_i^{\mathrm{T}}\ \boldsymbol{\nabla} V_i^*(\boldsymbol{\delta}_i(k+1)) \tag{11-16}$$

式中，$\boldsymbol{\nabla} V_i^*(\boldsymbol{\delta}_i(k+1))=\partial V_i^*(\boldsymbol{\delta}_i(k+1))/\partial \boldsymbol{u}_i(k)$。将式(11-16) 代入式(11-15) 中，我们便得到耦合的图形博弈贝尔曼最优方程：

$$V_i^*(\boldsymbol{\delta}_i(k))=V_i^*(\boldsymbol{\delta}_i(k+1))+\frac{1}{2}\boldsymbol{\delta}_i^{\mathrm{T}}(l)\boldsymbol{Q}_i\boldsymbol{\delta}_i(l)$$

$$+\frac{1}{2}\sum_{j\in \boldsymbol{N}_i}(d_j+g_j)^2[\nabla V_j^*(\boldsymbol{\delta}_i(k+1)]^{\mathrm{T}}\boldsymbol{B}_j\boldsymbol{R}_{jj}^{-1}\boldsymbol{R}_{ij}\boldsymbol{R}_{jj}^{-1}\boldsymbol{B}_j^{\mathrm{T}}\ \nabla V_j^*(\boldsymbol{\delta}_i(k+1))$$

$$+\frac{(d_i+g_i)^2}{2}[\nabla V_i^*(\boldsymbol{\delta}_i(k+1))]^{\mathrm{T}}\boldsymbol{B}_i\boldsymbol{R}_{ii}^{-1}\boldsymbol{B}_i^{\mathrm{T}}\ \nabla V_i^*(\boldsymbol{\delta}_i(k+1)) \quad (11\text{-}17)$$

以及边界条件 $V_i(\mathbf{0})=0$。

注意，在多智能体系统中，式(11-17) 这样的图形博弈贝尔曼最优方程共存在 N 个。每个方程既包含智能体自身的最优值函数 $V_i^*(\boldsymbol{\delta}_i(k))$，还包含其邻居的最优值函数的导数$\nabla V_{-i}^*(\boldsymbol{\delta}_i(k+1))$，因此这 N 个方程相互耦合。理想情况下，如果这 N 个耦合的图形博弈贝尔曼最优方程能够被精确地解析解出，那么相应的最优控制策略便能够轻松地得到。然而，耦合的图形博弈贝尔曼最优方程常常很难设置，不可能被解析地解出，因此在下文我们将介绍一种 ADP 方法，通过在线迭代求解图形博弈贝尔曼最优方程。在此之前，我们先要用一节来证明图形博弈贝尔曼最优方程所对应的解确实是一个稳定的纳什均衡意义下的最优解。

11.4.2　图形博弈的稳定性和纳什均衡解

这一节，我们会给出一个定理，该定理将证明满足式(11-17) 的贝尔曼最优方程的解能够稳定误差系统［式(11-8)］，并且是图形博弈中的一个纳什均衡解。

定理 11.1： 在假设 11.1 成立的条件下，设对于所有 $i\in\{1,2,\cdots,N\}$，$0<V_i^*(\boldsymbol{\delta}_i(k))\in\mathbf{C}^2$ 且满足式(11-17) 的贝尔曼最优方程，那么如果所有智能体采用如式(11-16) 的控制策略，则

① 误差系统［式(11-8)］渐近稳定，所有智能体能够达到与参考轨迹状态的一致。

② 每个智能体相应的性能指标 $J_i(\boldsymbol{\delta}_i(k),\boldsymbol{u}_i^*(k),\boldsymbol{u}_{-i}^*(k))=V_i^*(\boldsymbol{\delta}_i(k))$。

③ 智能体达到了纳什均衡状态。

证明：

命题 1：由条件知，$V_i^*(\boldsymbol{\delta}_i(k))$ 满足贝尔曼最优方程，即

$$V_i^*(\boldsymbol{\delta}_i(k+1))-V_i^*(\boldsymbol{\delta}_i(k))=-U_i(\boldsymbol{\delta}_i(k),\boldsymbol{u}_i^*(k),\boldsymbol{u}_{-i}^*(k))<0 \quad (11\text{-}18)$$

因此，$V_i^*(\boldsymbol{\delta}_i(k))$ 可以作为误差系统［式(11-8)］的一个李雅普诺夫函数。由式(11-18)，可知 $V_i^*(\boldsymbol{\delta}_i(k))$ 的差分小于 0，根据离散李雅普诺夫第二法，我们得出误差系统［式(11-8)］是渐近稳定的。再利用引理 11.2 和假设 11.1 的条件，我们可以推出，全局一致性误差 $\xi(k)$ 也是渐近稳定的，即命题 1 中所说的所有智能体能够达到与参考轨迹状态的一致。

命题 2：利用命题 1 的结论，我们知道 $\boldsymbol{\delta}_i(\infty)=\mathbf{0}$ 以及 $V_i^*(\boldsymbol{\delta}_i(\infty))=0$。根据性能指标在式(11-9) 中的定义，我们有

$$J_i(\boldsymbol{\delta}_i(k),\boldsymbol{u}_i(k),\boldsymbol{u}_{-i}(k))=V_i^*(\boldsymbol{\delta}_i(\infty))+\sum_{l=k}^{\infty}U_i(\boldsymbol{\delta}_i(l),\boldsymbol{u}_i(l),\boldsymbol{u}_{-i}(l)) \tag{11-19}$$

再由值函数的定义［式(11-10)］，我们重组式(11-19) 得到

$$\begin{aligned}&J_i(\boldsymbol{\delta}_i(k),\boldsymbol{u}_i(k),\boldsymbol{u}_{-i}(k))\\&=V_i^*(\boldsymbol{\delta}_i(k))+\sum_{l=k}^{\infty}[U_i(\boldsymbol{\delta}_i(k),\boldsymbol{u}_i(k),\boldsymbol{u}_{-i}(k))-U_i(\boldsymbol{\delta}_i(k),\boldsymbol{u}_i^*(k),\boldsymbol{u}_{-i}^*(k))]\end{aligned} \tag{11-20}$$

进一步地利用式(11-9)，我们可以得到

$$\begin{aligned}&U_i(\boldsymbol{\delta}_i(k),\boldsymbol{u}_i(k),\boldsymbol{u}_{-i}(k))-U_i(\boldsymbol{\delta}_i(k),\boldsymbol{u}_i^*(k),\boldsymbol{u}_{-i}^*(k))\\&=\frac{1}{2}[\boldsymbol{u}_i(k)-\boldsymbol{u}_i^*(k)]^{\mathrm{T}}\boldsymbol{R}_{ii}[\boldsymbol{u}_i(k)-\boldsymbol{u}_i^*(k)]+\boldsymbol{u}_i^{*\mathrm{T}}(k)\boldsymbol{R}_{ii}[\boldsymbol{u}_i(k)-\boldsymbol{u}_i^*(k)]\\&\quad+\frac{1}{2}\sum_{j\in\boldsymbol{N}_i}[\boldsymbol{u}_j(k)-\boldsymbol{u}_j^*(k)]^{\mathrm{T}}\boldsymbol{R}_{ij}[\boldsymbol{u}_j(k)-\boldsymbol{u}_j^*(k)]\\&\quad+\sum_{j\in\boldsymbol{N}_i}\{\boldsymbol{u}_j^{*\mathrm{T}}(k)\boldsymbol{R}_{ij}[\boldsymbol{u}_i(k)-\boldsymbol{u}_j^*(k)]\}\end{aligned} \tag{11-21}$$

将式(11-21) 代入式(11-20) 中，有

$$\begin{aligned}&J_i(\boldsymbol{\delta}_i(k),\boldsymbol{u}_i(k),\boldsymbol{u}_{-i}(k))\\&=V_i^*(\boldsymbol{\delta}_i(k))+\sum_{l=k}^{\infty}\Big\{\frac{1}{2}[\boldsymbol{u}_i(k)-\boldsymbol{u}_i^*(k)]^{\mathrm{T}}\boldsymbol{R}_{ii}[\boldsymbol{u}_i(k)-\boldsymbol{u}_i^*(k)]\\&\quad+\boldsymbol{u}_i^{*\mathrm{T}}(k)\boldsymbol{R}_{ii}[\boldsymbol{u}_i(k)-\boldsymbol{u}_i^*(k)]\\&\quad+\frac{1}{2}\sum_{j\in\boldsymbol{N}_i}[\boldsymbol{u}_j(k)-\boldsymbol{u}_j^*(k)]^{\mathrm{T}}\boldsymbol{R}_{ij}[\boldsymbol{u}_j(k)-\boldsymbol{u}_j^*(k)]\\&\quad+\sum_{j\in\boldsymbol{N}_i}\boldsymbol{u}_j^{*\mathrm{T}}(k)\boldsymbol{R}_{ij}[\boldsymbol{u}_i(k)-\boldsymbol{u}_j^*(k)]\Big\}\end{aligned} \tag{11-22}$$

我们将式(11-16) 得到的最优控制策略代入式(11-22) 中便得到结论：

$$J_i(\boldsymbol{\delta}_i(k),\boldsymbol{u}_i^*(k),\boldsymbol{u}_{-i}^*(k))=V_i^*(\boldsymbol{\delta}_i(k)) \tag{11-23}$$

命题 3：对于智能体 i，我们假设所有其他智能体采取由式(11-16) 得到的控制策略，由贝尔曼最优方程的最优性可得

$$V_i^*(\boldsymbol{\delta}_i(k))=\sum_{l=k}^{\infty}U_i(\boldsymbol{\delta}_i(l),\boldsymbol{u}_i^*(l),\boldsymbol{u}_{-i}^*(l))\leqslant\sum_{l=k}^{\infty}U_i(\boldsymbol{\delta}_i(l),\boldsymbol{u}_i(l),\boldsymbol{u}_{-i}^*(l)) \tag{11-24}$$

再由式(11-23) 可知

$$J_i(\boldsymbol{\delta}_i(k),\boldsymbol{u}_i^*(k),\boldsymbol{u}_{-i}^*(k))\leqslant J_i(\boldsymbol{\delta}_i(k),\boldsymbol{u}_i(k),\boldsymbol{u}_{-i}^*(k)) \tag{11-25}$$

注意到，当所有智能体都采取由式(11-16) 得到的控制策略时，式(11-25) 始终成立。根据定理 11.1 的条件和定义 11.2 中纳什均衡的定义，我们能够知道所有智能体达到了纳什均衡状态。证明完毕。

11.5　图形博弈问题的 ADP 迭代算法

在这一节，我们引入了一种基于值迭代（value iteration）的 ADP 算法来求解图形博弈问题。算法的迭代思想基于强化学习中的时序差分法并且使用了一种 Actor-Critic 结构来近似智能体的值函数和控制策略。通过数学分析，我们还将证明 Actor-Critic 网络的收敛性。

11.5.1　值迭代 ADP 算法

值迭代是一种典型的 ADP 算法。值迭代算法依赖于重复执行策略改进和策略评估两个步骤。当改进步骤不再改变当前策略时，算法实现收敛，意味着最优策略已经被找到。针对多方图形博弈问题的特性，给出了如下值迭代算法。

算法 1（值迭代 ADP 算法）：

步骤 1：对于所有智能体，初始化初始值函数 $V_i^0=0$。

步骤 2：策略改进。利用下式更新控制策略。

$$\boldsymbol{u}_i^{l+1}=(d_i+g_i)\boldsymbol{R}_{ii}^{-1}\boldsymbol{B}_i^{\mathrm{T}}\ \nabla V_i^{l+1}(\boldsymbol{\delta}_i(k+1)) \tag{11-26}$$

步骤 3：策略评估。对所有智能体，从如下贝尔曼方程中计算 $\boldsymbol{V}_i^{l+1}(\cdot)$：

$$V_i^{l+1}(\boldsymbol{\delta}_i(k))=U_i(\boldsymbol{\delta}_i(k),\boldsymbol{u}_i^l(k),\boldsymbol{u}_{-i}^l(k))+V_i^l(\boldsymbol{\delta}_i(k+1)) \tag{11-27}$$

式中，$l=0,1,2,\cdots$，为迭代次数。

步骤 4：令 $l=l+1$ 并重复步骤 2 和 3 直到收敛。

算法的流程图如图 11.1 所示。

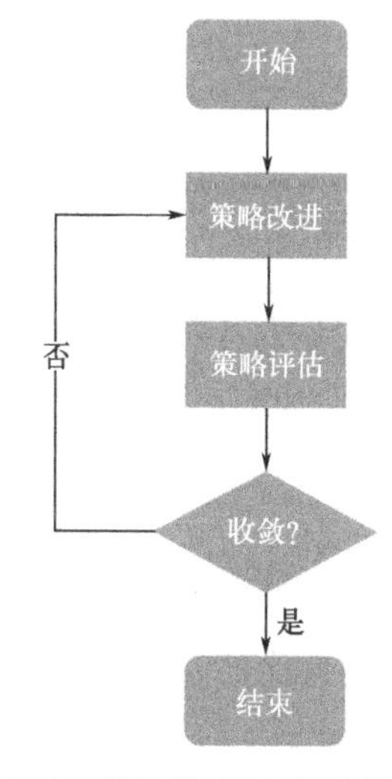

图 11.1　值迭代 ADP 算法流程图

11.5.2　收敛性分析

下面我们将证明当所有智能体同步更新它们的策略时，算法 1 可以保证每个智能体收敛到最优值函数 $V_i^*(\boldsymbol{\delta}_i(k))$。在此之前，我们先引入并证明两个引理。

引理 11.3：给定任意可容许的联合控制策略$\{\boldsymbol{M}_1^0,\boldsymbol{M}_2^0,\cdots,\boldsymbol{M}_N^0\}$，以零初始值函数集合$\{Z_1^0,Z_2^0,\cdots,Z_N^0\}$执行算法1，在步骤2中不进行策略改进，依然采用$\{\boldsymbol{M}_1^0,\boldsymbol{M}_2^0,\cdots,\boldsymbol{M}_N^0\}$进行策略评估，即$\boldsymbol{M}_i^l=\boldsymbol{M}_i^0$，$\forall i\in\{1,2,\cdots,N\}$。智能体$i$得到的迭代值函数集合为$\{Z_i^l:l=0,1,2,\cdots\}$。另外给定零初始值函数集合为$\{V_1^0,V_2^0,\cdots,V_N^0\}$，执行算法1，智能体$i$得到的迭代控制策略为$\{\boldsymbol{L}_i^l:l=0,1,2,\cdots\}$，智能体$i$的邻居$j$得到的迭代控制策略为$\{\boldsymbol{L}_j^l:l=0,1,2,\cdots\}$，智能体$i$的迭代值函数集合为$\{V_i^l:l=0,1,2,\cdots\}$。假设矩阵$\boldsymbol{R}_{jj}^{-1}\boldsymbol{R}_{ij}$的最大特征值$\bar{\sigma}(\boldsymbol{R}_{jj}^{-1}\boldsymbol{R}_{ij})$足够小，那么我们有$V_i^l\leqslant Z_i^l$，$\forall l\geqslant 0$。

证明：首先由$V_i^0=0$，我们知道$V_i^0\leqslant Z_i^0$，由数学归纳法，假设对某个$l\geqslant 0$，$V_i^l\leqslant Z_i^l$。将迭代控制策略$\boldsymbol{M}_j^l$和$\boldsymbol{M}_i^l$分别重写为$\boldsymbol{M}_i^l=\boldsymbol{L}_i^l+(\boldsymbol{M}_i^l-\boldsymbol{L}_i^l)$和$\boldsymbol{M}_j^l=\boldsymbol{L}_j^l+(\boldsymbol{M}_j^l-\boldsymbol{L}_j^l)$。考察$Z_i^{l+1}$的更新方式，我们有

$$
\begin{aligned}
&Z_i^{l+1}(\boldsymbol{\delta}_i(k))\\
&\equiv F_i(Z_i^l,\boldsymbol{L}_i^l,\boldsymbol{L}_j^l)+\frac{1}{2}\sum_{j\in\boldsymbol{N}_i}(\boldsymbol{M}_j^l-\boldsymbol{L}_j^l)^{\mathrm{T}}\boldsymbol{R}_{ij}(\boldsymbol{M}_j^l-\boldsymbol{L}_j^l)\\
&\quad+\frac{1}{2}(\boldsymbol{M}_i^l-\boldsymbol{L}_i^l)^{\mathrm{T}}\boldsymbol{R}_{ii}(\boldsymbol{M}_i^l-\boldsymbol{L}_i^l)+\sum_{j\in\boldsymbol{N}_i}(\boldsymbol{M}_j^l-\boldsymbol{L}_j^l)^{\mathrm{T}}\boldsymbol{R}_{ij}\boldsymbol{L}_j^l\\
&\quad+Z_i^l(\boldsymbol{\delta}_i(k+1)\,|\,\boldsymbol{M}_i^l,\boldsymbol{M}_j^l)+\boldsymbol{M}_i^{l\mathrm{T}}\boldsymbol{R}_{ii}\boldsymbol{L}_i^l\\
&\quad-Z_i^l(\boldsymbol{\delta}_i(k+1)\,|\,\boldsymbol{L}_i^l,\boldsymbol{L}_j^l)-\boldsymbol{L}_i^{l\mathrm{T}}\boldsymbol{R}_{ii}\boldsymbol{L}_i^l
\end{aligned}
\tag{11-28}
$$

式中：

$$
\begin{aligned}
F_i(Z_i^l,\boldsymbol{L}_i^l,\boldsymbol{L}_j^l)=&Z_i^l(\boldsymbol{\delta}_i(k+1)\,|\,\boldsymbol{L}_i^l,\boldsymbol{L}_j^l)\\
&+\frac{1}{2}\boldsymbol{\delta}_i^{\mathrm{T}}(k)\boldsymbol{Q}_i\boldsymbol{\delta}_i(k)+\frac{1}{2}\boldsymbol{L}_i^{l\mathrm{T}}(k)\boldsymbol{R}_{ii}\boldsymbol{L}_i^l(k)\\
&+\frac{1}{2}\sum_{j\in\boldsymbol{N}_i}\boldsymbol{L}_j^{l\mathrm{T}}(k)\boldsymbol{R}_{ij}\boldsymbol{L}_j^l(k)
\end{aligned}
\tag{11-29}
$$

显然，我们有

$$
\begin{aligned}
&\frac{1}{2}(\boldsymbol{M}_i^l-\boldsymbol{L}_i^l)^{\mathrm{T}}\boldsymbol{R}_{ii}(\boldsymbol{M}_i^l-\boldsymbol{L}_i^l)+Z_i^l(\boldsymbol{\delta}_i(k+1)\,|\,\boldsymbol{M}_i^l,\boldsymbol{M}_j^l)+\boldsymbol{M}_i^{l\mathrm{T}}\boldsymbol{R}_{ii}\boldsymbol{L}_i^l\\
&\qquad-Z_i^l(\boldsymbol{\delta}_i(k+1)\,|\,\boldsymbol{L}_i^l,\boldsymbol{L}_j^l)-\boldsymbol{L}_i^{l\mathrm{T}}\boldsymbol{R}_{ii}\boldsymbol{L}_i^l>\boldsymbol{0}
\end{aligned}
\tag{11-30}
$$

如果要求

$$
\frac{1}{2}\sum_{j\in\boldsymbol{N}_i}(\boldsymbol{M}_j^l-\boldsymbol{L}_j^l)^{\mathrm{T}}\boldsymbol{R}_{ij}(\boldsymbol{M}_j^l-\boldsymbol{L}_j^l)+\sum_{j\in\boldsymbol{N}_i}(\boldsymbol{M}_j^l-\boldsymbol{L}_j^l)^{\mathrm{T}}\boldsymbol{R}_{ij}\boldsymbol{L}_j^l>\boldsymbol{0}
\tag{11-31}
$$

再考虑到迭代控制策略

$$
\boldsymbol{L}_i^l=(d_i+g_i)\boldsymbol{R}_{ii}^{-1}\boldsymbol{B}_i^{\mathrm{T}}\,\boldsymbol{\nabla}V_i^l(\boldsymbol{\delta}_i(k+1))
\tag{11-32}
$$

式(11-31)的一个充分条件为

$$
\begin{aligned}
&\frac{1}{2}\sum_{j\in \boldsymbol{N}_i}\underline{\sigma}(\boldsymbol{R}_{ij})\|\boldsymbol{\Delta E}_j\| \\
&>\sum_{j\in \boldsymbol{N}_i}(g_j+d_j)\overline{\sigma}(\boldsymbol{R}_{jj}^{-1}\boldsymbol{R}_{ij})\|\boldsymbol{B}_j\|\|\nabla V_j^l(\boldsymbol{\delta}_j(k+1))\|
\end{aligned}
\tag{11-33}
$$

式中，$\|\boldsymbol{\Delta E}_j\|=\|\boldsymbol{L}_j^l-\boldsymbol{M}_j^l\|$。

考虑到假设矩阵 $\boldsymbol{R}_{jj}^{-1}\boldsymbol{R}_{ij}$ 的最大特征值 $\overline{\sigma}(\boldsymbol{R}_{jj}^{-1}\boldsymbol{R}_{ij})$ 足够小，有式(11-33) 成立。那么由式(11-28) 有

$$
Z_i^{l+1}(\boldsymbol{\delta}_i(k))>F_i(Z_i^l,\boldsymbol{L}_i^l,\boldsymbol{L}_j^l)\geqslant F_i(V_i^l,\boldsymbol{L}_i^l,\boldsymbol{L}_j^l)=V_i^{l+1}(\boldsymbol{\delta}_i(k))
$$

由数学归纳法可得 $V_i^l\leqslant Z_i^l$，$\forall l\geqslant 0$。证明完毕。

由引理 11.3，我们可以知道由任意可容许的联合控制策略进行策略评估所得到的值函数大于或等于所设计的值迭代算法得到的值函数（从零初始值函数开始迭代）。利用这个结论，我们进一步可以得到迭代值函数有界的结果。

引理 11.4： 给定零初始值函数集合为 $\{V_1^0,V_2^0,\cdots,V_N^0\}$，执行算法 1，智能体 i 得到的迭代控制策略为 $\{\boldsymbol{L}_i^l:l=0,1,2,\cdots\}$，智能体 i 的邻居 j 得到的迭代控制策略为 $\{\boldsymbol{L}_j^l:l=0,1,2,\cdots\}$，智能体 i 的迭代值函数集合为 $\{V_i^l:l=0,1,2,\cdots\}$。假设矩阵 $\boldsymbol{R}_{jj}^{-1}\boldsymbol{R}_{ij}$ 的最大特征值 $\overline{\sigma}(\boldsymbol{R}_{jj}^{-1}\boldsymbol{R}_{ij})$ 足够小，那么存在上界 $\overline{V}_i$ 使得 $V_i^l\leqslant\overline{V}_i$，$\forall l\geqslant 0$。

证明： 给定任意可容许的联合控制策略 $\{\boldsymbol{M}_1^0,\boldsymbol{M}_2^0,\cdots,\boldsymbol{M}_N^0\}$，以零初始值函数集合 $\{Z_1^0,Z_2^0,\cdots,Z_N^0\}$ 执行算法 1，在步骤 2 中不进行策略改进而依然采用 $\{\boldsymbol{M}_1^0,\boldsymbol{M}_2^0,\cdots,\boldsymbol{M}_N^0\}$ 进行策略评估。智能体 i 得到的迭代值函数集合为 $\{Z_i^l:l=0,1,2,\cdots\}$。显然，由引理 11.3 有 $V_i^l\leqslant Z_i^l$，$\forall l\geqslant 0$。然后，我们有

$$
\begin{aligned}
&Z_i^{l+1}(\boldsymbol{\delta}_i(k))-Z_i^l(\boldsymbol{\delta}_i(k)) \\
&=Z_i^l(\boldsymbol{\delta}_i(k+1)\,|\,\boldsymbol{M}_i^0,\boldsymbol{M}_j^0)-Z_i^{l-1}(\boldsymbol{\delta}_i(k+1)\,|\,\boldsymbol{M}_i^0,\boldsymbol{M}_j^0) \\
&=\cdots \\
&=Z_i^1(\boldsymbol{\delta}_i(k+l)\,|\,\boldsymbol{M}_i^0,\boldsymbol{M}_j^0)-Z_i^0(\boldsymbol{\delta}_i(k+l)\,|\,\boldsymbol{M}_i^0,\boldsymbol{M}_j^0)
\end{aligned}
\tag{11-34}
$$

由于 $Z_i^0=0$，我们进一步可以得到

$$
\begin{aligned}
&Z_i^{l+1}(\boldsymbol{\delta}_i(k)) \\
&=Z_i^l(\boldsymbol{\delta}_i(k+1)\,|\,\boldsymbol{M}_i^0,\boldsymbol{M}_j^0)+Z_i^1(\boldsymbol{\delta}_i(k+l)\,|\,\boldsymbol{M}_i^0,\boldsymbol{M}_j^0) \\
&=Z_i^{l-1}(\boldsymbol{\delta}_i(k)\,|\,\boldsymbol{M}_i^0,\boldsymbol{M}_j^0)+Z_i^1(\boldsymbol{\delta}_i(k+l-1)\,|\,\boldsymbol{M}_i^0,\boldsymbol{M}_j^0) \\
&\quad+Z_i^1(\boldsymbol{\delta}_i(k+l)\,|\,\boldsymbol{M}_i^0,\boldsymbol{M}_j^0) \\
&=\cdots \\
&=Z_i^1(\boldsymbol{\delta}_i(k+l)\,|\,\boldsymbol{M}_i^0,\boldsymbol{M}_j^0)+Z_i^1(\boldsymbol{\delta}_i(k+l-1)\,|\,\boldsymbol{M}_i^0,\boldsymbol{M}_j^0) \\
&\quad+\cdots+Z_i^1(\boldsymbol{\delta}_i(k)\,|\,\boldsymbol{M}_i^0,\boldsymbol{M}_j^0)
\end{aligned}
\tag{11-35}
$$

经过整理可得

$$\begin{aligned} Z_i^{l+1}(\boldsymbol{\delta}_i(k)) &= \sum_{h=0}^{l} Z_i^1(\boldsymbol{\delta}_i(k+h) \mid \boldsymbol{M}_i^0, \boldsymbol{M}_j^0) \\ &= \sum_{h=0}^{l} U_i(\boldsymbol{\delta}_i(k+h), \boldsymbol{M}_i^0(k+h), \boldsymbol{M}_j^0(k+h)) \\ &\leqslant \sum_{h=0}^{\infty} U_i(\boldsymbol{\delta}_i(k+h), \boldsymbol{M}_i^0(k+h), \boldsymbol{M}_j^0(k+h)) \end{aligned} \tag{11-36}$$

由于$\{\boldsymbol{M}_1^0, \boldsymbol{M}_2^0, \cdots, \boldsymbol{M}_N^0\}$是可容许的，所以我们令

$$\overline{V}_i = \sum_{h=0}^{\infty} U_i(\boldsymbol{\delta}_i(k+h), \boldsymbol{M}_i^0(k+h), \boldsymbol{M}_j^0(k+h)) \tag{11-37}$$

于是有 $V_i^l \leqslant Z_i^l \leqslant \overline{V}_i$，$\forall l \geqslant 0$。证明完毕。

经过上面两个引理的铺垫，接下来，我们将给出收敛性的证明。

定理 11.2：对于多智能体系统［式(11-1)］和性能指标［式(11-9)］，如果每个智能体同步执行算法 1 更新它们自己的策略，且假设矩阵 $\boldsymbol{R}_{jj}^{-1}\boldsymbol{R}_{ij}$ 的最大特征值 $\bar{\sigma}(\boldsymbol{R}_{jj}^{-1}\boldsymbol{R}_{ij})$ 足够小，那么迭代值函数 V_i^l 收敛至最优值函数 V_i^*，$\forall i \in \{1,2,\cdots,N\}$。

证明：由式(11-27) 我们知道

$$V_i^{l+1}(\boldsymbol{\delta}_i(k)) = U_i(\boldsymbol{\delta}_i(k), \boldsymbol{u}_i^l(k), \boldsymbol{u}_{-i}^l(k)) + V_i^l(\boldsymbol{\delta}_i(k+1)) \tag{11-38}$$

我们令 $Z_i^0 = 0, \forall i \in \{1,2,\cdots,N\}$，并根据下式更新序列$\{Z_i^l : l=0,1,2,\cdots\}$。

$$Z_i^{l+1}(\boldsymbol{\delta}_i(k)) = U_i(\boldsymbol{\delta}_i(k), \boldsymbol{u}_i^{l+1}(k), \boldsymbol{u}_{-i}^{l+1}(k)) + Z_i^l(\boldsymbol{\delta}_i(k+1)) \tag{11-39}$$

由引理 11.4 我们知道 $V_i^l \leqslant Z_i^l \leqslant \overline{V}_i$，$\forall l \geqslant 0$。此外，当 $l=0$ 时有

$$V_i^{l+1} - Z_i^l \geqslant 0 \tag{11-40}$$

即 $V_i^1 - Z_i^0 \geqslant 0$。利用数学归纳法，不难证明 $V_i^{l+1} - Z_i^l \geqslant 0$ 成立，$\forall l \geqslant 0$。于是有

$$V_i^{l+1} \geqslant Z_i^l \geqslant V_i^l \tag{11-41}$$

从式(11-41) 不难发现 V_i^l 单调递增，又由于 V_i^l 有上界，可以得知 V_i^l 最终将收敛到最优值。证明完毕。

11.5.3 神经网络 Actor-Critic 结构

在这部分，我们使用 Actor-Critic 结构去实施算法 1。Actor-Critic 基于强化学习中时间差分方法，它使用两个神经网络，即 Actor 网络和 Critic 网络分别近似值函数和控制策略。因此 Actor-Critic 强化学习结构主要由三部分组成：动态

系统，Actor 网络和 Critic 网络。在实际应用中，Actor 网络生成系统的控制策略，通过调节执行网络的参数来达到逼近最优控制策略的目的；Critic 网络用于评价执行网络生成的控制策略。不同于传统的反馈控制方法，Critic 网络到 Actor 网络的增强信号是对 Actor 网络控制策略的评价结果。在多智能体系统中，Actor 网络和 Critic 网络还需要接收来自邻居或领导者的信息用于自身权值更新或生成输出。多智能体情形下的 Actor-Critic 强化学习结构如图 11.2 所示。

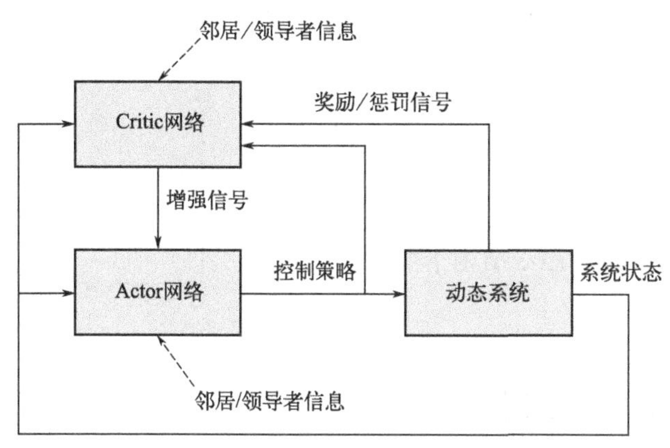

图 11.2　Actor-Critic 强化学习结构图

我们使用 Critic 网络来近似每个智能体的值函数。在图形博弈问题中，我们采用如下的近似值函数：

$$\hat{V}_i(\boldsymbol{\delta}_i(k))=\boldsymbol{E}_i^{\mathrm{T}}(k)\widetilde{\boldsymbol{W}}_{ic}\boldsymbol{E}_i(k) \tag{11-42}$$

以及使用如下的近似控制策略：

$$\hat{\boldsymbol{u}}_i(\boldsymbol{e}_i(k))=\widetilde{\boldsymbol{W}}_{ia}\boldsymbol{E}_i(k) \tag{11-43}$$

式中，$\boldsymbol{E}_i(k)$ 是一个由 $\boldsymbol{\delta}_i(k)$ 和智能体 i 的邻居的状态构成的向量；$\widetilde{\boldsymbol{W}}_{ic}\in\mathbf{R}^{nh_i\times nh_i}$，是评价权值矩阵，$h_i$ 是智能体 i 和它邻居的个数；$\widetilde{\boldsymbol{W}}_{ia}\in\mathbf{R}^{nh_i\times m_i}$，是动作权值矩阵。

定义在迭代次数 s 时的评价误差为

$$\sigma_i^{e_i(k)}=\xi_i^{e_i(k)}-\hat{V}_i^s(\boldsymbol{e}_i(k)) \tag{11-44}$$

式中：

$$\begin{aligned}\xi_i^{e_i(k)}&=\boldsymbol{e}_i(k)^{\mathrm{T}}\boldsymbol{Q}_i\boldsymbol{e}_{(k)}+\hat{\boldsymbol{u}}_i^{s\mathrm{T}}(\boldsymbol{e}_i(k))\boldsymbol{R}_{ii}\hat{\boldsymbol{u}}_i^s(\boldsymbol{e}_i(k))\\&\quad+\sum_{j\in\boldsymbol{N}_i}\hat{\boldsymbol{u}}_j^{s\mathrm{T}}(\boldsymbol{e}_i(k))\boldsymbol{R}_{ij}\hat{\boldsymbol{u}}_j^s(\boldsymbol{e}_i(k))+\hat{V}_i^s(\boldsymbol{e}_i(k+1))\end{aligned} \tag{11-45}$$

是 Critic 网络的目标输出。利用梯度下降算法设计如下的评价更新律：

$$\widetilde{\boldsymbol{W}}_{ic}^{s+1}=\widetilde{\boldsymbol{W}}_{ic}^s-\alpha_c\sigma_i^{e_i(k)}\boldsymbol{E}_i(k)\boldsymbol{E}_i^{\mathrm{T}}(k) \tag{11-46}$$

式中，α_c 是学习率。

Actor 网络的更新律同样可以采用梯度下降法。定义在迭代次数 s 时的动作误差为

$$\boldsymbol{\rho}_i^{e_i(k)}=\hat{\boldsymbol{u}}_i^s(\boldsymbol{e}_i(k))-\boldsymbol{\mu}_i^{e_i(k)} \tag{11-47}$$

式中，$\boldsymbol{\mu}_i=-\dfrac{1}{2}(d_i+g_i)\boldsymbol{R}_{ii}^{-1}\boldsymbol{B}_i^{\mathrm{T}}\boldsymbol{\nabla}\hat{V}_i(\boldsymbol{e}_i(k+1))$，是 Actor 网络的目标输出。设计的动作更新律为

$$\widetilde{\boldsymbol{W}}_{ia}^{s+1}=\widetilde{\boldsymbol{W}}_{ia}^{s}-\alpha_a\boldsymbol{\rho}_i^{e_i(k)}\boldsymbol{E}_i^{\mathrm{T}}(k) \tag{11-48}$$

式中，α_a 是学习率。

为了能更加直观地将上面的设计展现，我们将算法 1 在 Actor-Critic 结构下的流程总结为图 11.3。

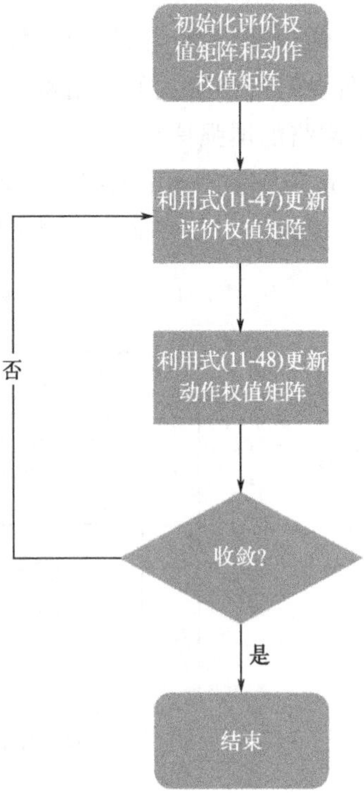

初始化评价权值矩阵和动作权值矩阵

利用式(11-47)更新评价权值矩阵

利用式(11-48)更新动作权值矩阵

收敛?

否

是

结束

图 11.3 Actor-Critic 结构下的算法 1 流程图

11.6 仿真实验

在本节中，我们将用一组数值仿真来验证所提出算法的有效性。考虑一个带有四个智能体和一个领导者的多智能体系统，智能体间的通信图如图 11.4 所示，节点 0 代表领导者节点。智能体间的边的权值选为 $e_{21}=0.7$，$e_{23}=0.8$，$e_{43}=0.6$，智能体 1 的固定增益为 $g_1=1$。

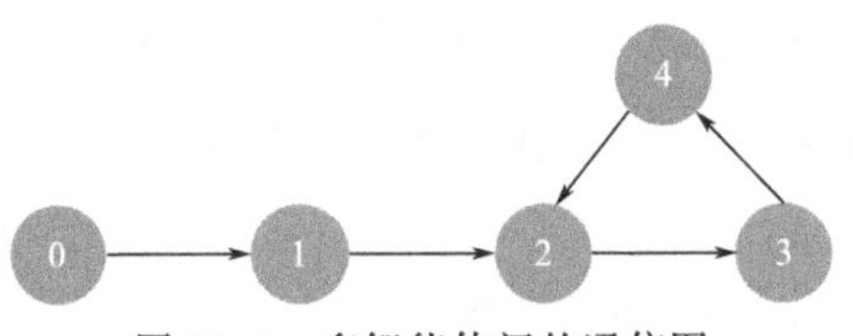

图 11.4 多智能体间的通信图

性能指标的相关矩阵选为

$$\boldsymbol{Q}_1=\boldsymbol{Q}_2=\boldsymbol{Q}_3=\boldsymbol{Q}_4=\boldsymbol{I}_{2\times2}$$

$$\boldsymbol{R}_{11}=\boldsymbol{R}_{22}=\boldsymbol{R}_{33}=\boldsymbol{R}_{44}=\boldsymbol{1}$$

$$\boldsymbol{R}_{21}=\boldsymbol{R}_{32}=\boldsymbol{R}_{43}=\boldsymbol{R}_{24}=\boldsymbol{1}$$

多智能体系统的系统矩阵和输入矩阵为

$$\boldsymbol{A}=\begin{bmatrix}0.995 & 0.0998\\-0.0998 & 0.996\end{bmatrix}$$

$$\boldsymbol{B}_1=\begin{bmatrix}0.2\\0.1\end{bmatrix},\boldsymbol{B}_2=\begin{bmatrix}0.2047\\0.08984\end{bmatrix}$$

$$\boldsymbol{B}_3=\begin{bmatrix}0.2097\\0.1897\end{bmatrix},\boldsymbol{B}_4=\begin{bmatrix}0.2147\\0.2895\end{bmatrix}$$

另外四个智能体的初始状态设置为 $\boldsymbol{x}_1(0)=[0.3,0.5]$，$\boldsymbol{x}_2(0)=[0.2,0.3]$，$\boldsymbol{x}_3(0)=[0.4,0.3]$，$\boldsymbol{x}_4(0)=[0.6,0.4]$，领导者初始状态为 $\boldsymbol{x}_0(0)=[0.1,0.2]$。

依据算法 1，我们选取零矩阵来初始化评价权值矩阵，动作权值矩阵的初始元素在 [0，1] 中随机选取。算法的学习率为 $\alpha_c=0.05$，$\alpha_a=0.05$。

为了验证算法的收敛性，图 11.5 展示了智能体 4 的评价权值矩阵和动作权值矩阵的收敛过程。图 11.6 为所有智能体（包括领导者）不同维状态的变化图。可以发现随着时间的增长，智能体的所有状态都能够跟上由领导者决定的参考轨线。图 11.7 为多智能体运动轨线的相平面图。图 11.8 所示为四个智能体各自的性能指标随时间的变化，可以看到所有智能体的性能指标是有界且收敛的。

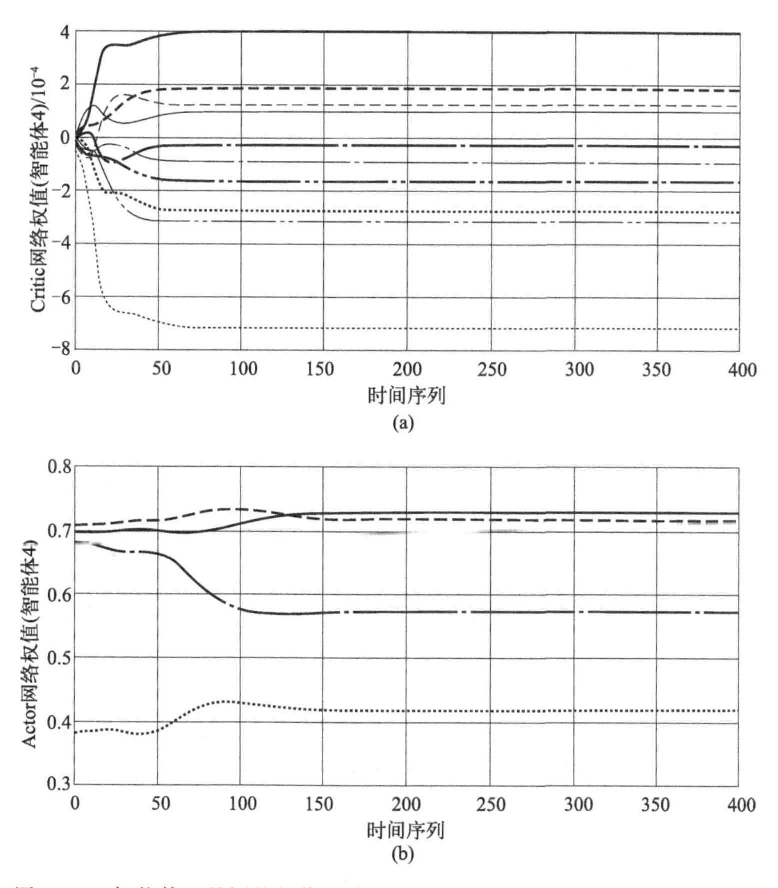

图 11.5　智能体 4 的评价权值矩阵 (a) 和动作权值矩阵 (b) 的收敛过程

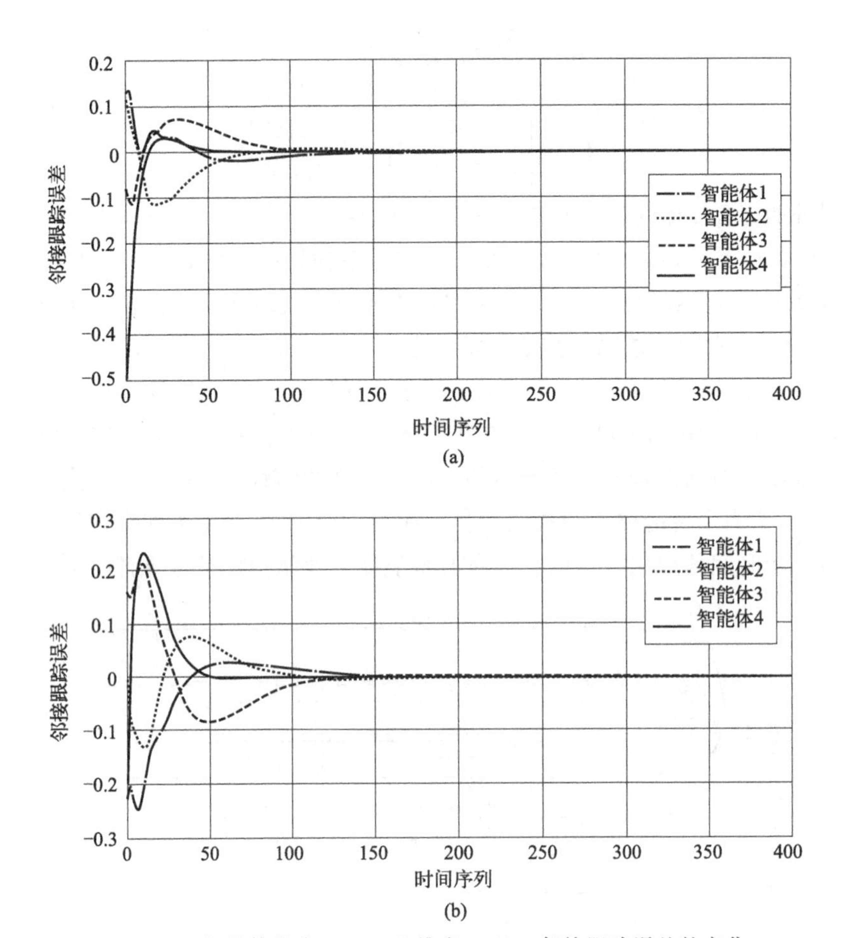

图 11.6　智能体维度 1（a）和维度 2（b）邻接跟踪误差的变化

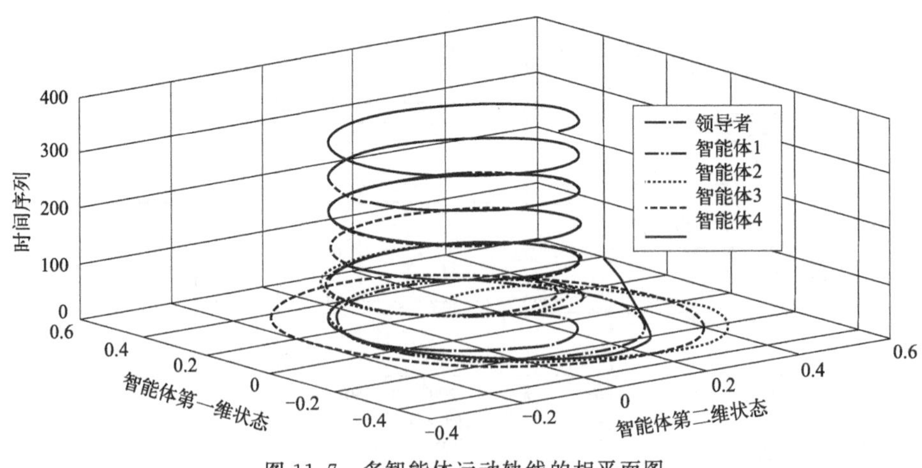

图 11.7　多智能体运动轨线的相平面图

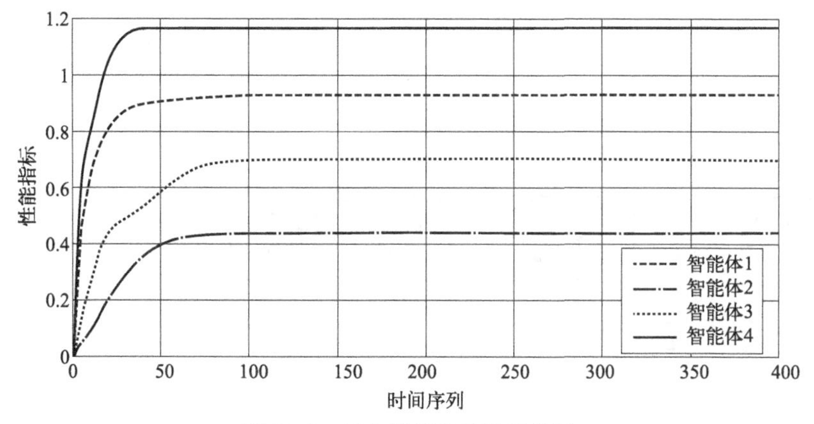

图 11.8　四个智能体的性能指标

11.7　本章小结

博弈问题是多智能体系统协同优化控制的重要问题。本章将多智能体协同控制、ADP 和博弈论结合起来，定义并解决了通信图拓扑上的图形博弈问题。根据多智能体的通信特点为每个智能体设计了自身的控制性能指标，并提供一种值迭代 ADP 学习算法，用于使用沿系统轨迹测量的数据实时在线计算智能体在纳什均衡意义下的最优控制策略。借助于数学归纳法证明了迭代策略的单调性以及最终收敛于最优策略。为了实现所介绍的多智能体 ADP 学习算法，本章还为每个智能体设计 Actor-Critic 网络结构用于学习最优值函数与最优控制策略，并利用在线学习的方式进行优化控制。在仿真结果中，我们已经展示了该优化算法的原理与特点。

多智能体系统的协同优化控制是一项研究潜力巨大且十分具有现实意义的课题，下至多车辆、多机器人的协同控制，上至人类社会的运行，都隐含着“优化”思想。如果读者对博弈论有所了解，便可知在多智能体系统中，优化的目标可以不仅仅局限于一般的合作目标，也可以是纳什均衡意义或者帕累托意义下的最优，这意味着在多智能体的协同优化控制中可能存在博弈的因素。目前多方博弈问题及其在控制问题中的应用是学术界广泛关注的问题，尚面临许多亟待解决的问题，有待后续的学者进一步研究与突破。

第12章

多智能体系统的有限时间协同控制

在协同控制领域，一致性问题作为多智能体协同控制的基础，受到越来越多研究者关注的同时，各式各类的一致性问题被研究，相关的协议已被大量报告，现已成为一个较为成熟的研究领域。读者经过对前文相关章节的学习，可以了解到以上章节无论是在考虑输入延迟、测量噪声或切换拓扑的多智能体系统协同控制问题中，还是在基于其他方式（如采样数据）的多智能体系统协同控制或优化协同控制问题中，所讨论的协同问题以及设计的控制协议都是基于渐进稳定意义或均方收敛意义所阐述的，实现的是多智能体系统的渐近稳定或一致性误差的均方收敛，并未约束具体的收敛时间。从理论上来看，前文的控制效果实现的是：多智能体系统只有当时间 t 趋于无穷大时才能够实现控制目标（相应状态到达指定位置、实现一致或编队等任务目标）。然而，收敛速度作为评价一致性算法优劣的重要指标之一，也是多智能体系统协同控制问题研究过程中的重要优化对象。为了获得更好的性能和鲁棒性，通常在实践中追求快速收敛或指定收敛。在多智能体系统协同控制的背景下，有结果表明信息拓扑交互图的拉普拉斯矩阵的第二最小特征值，即代数连通性，决定了一致收敛速度。有学者进行了一些研究，通过适当设计智能体之间的交互图的方式来提高收敛速度。在实际工程应用中，存在很多在控制精度、系统性能以及收敛时间方面高要求、严把控的系统，这类系统往往要求在控制协议实现控制目标的同时，系统的收敛时间还是有限的、固定的或可预设的。此时，为满足收敛（或稳定）时间有限的需求，用户们常常会对系统收敛的时间进行约束，给定一个收敛上界或收敛时刻值。值得一提的是，大部分现有的研究成果是基于 Lyapunov 渐近稳定意义获得的，其实现一致的收敛时长明显不满足这类系统的实际需求，可对比本书前述章节的内容。显然，书中前述章节中所设计的一致性协议和编队控制协议并不能满足这样的要求。

为了解决这一类问题，有限时间控制方法的研究渐渐吸引了研究者的注意和兴趣。其应用领域也随着该方法的优势体现和深入探讨逐渐广泛，在很多经典系统中都有所推广，如混沌系统的有限时间镇定和同步[193]、空间飞行器姿态的有限时间镇定与跟踪[194]、多智能体一致性的有限时间控制[195]以及永磁同步电机的有限时间控制[196]等。根据控制信号的连续性可将有限时间控制方法分为：连续有限时间控制、不连续有限时间控制、光滑有限时间控制及其他经典有限时间控制方法。

在实际的多智能体系统中，有限时间内实现协同控制以满足特定的系统需求是特别有意义的一项研究。多智能体系统的有限时间一致性（finite-time consensus，FTC）是指系统中所有智能体的某个或某几个状态在一个有限的时间范围内趋于一致，满足了实际工程问题中希望系统收敛时间有限的需求。多智能体系统有限时间协同控制的目标是设计有限时间（完全）分布式控制协议，使系统中所有智能体在所设计协议的控制下可以在一个特定的时间内完成相应的协同任务，是实现系统时间优化的一种方式。早期的有限时间控制大都集中于开环控制方法，如最小能量控制，它使得系统状态在有限时间内从初始状态到达原点，同时可使其性能指标最小。但这类控制器往往需要依赖初始值信息，不能实现全局的有限时间稳定，且缺乏抗干扰能力和鲁棒性。而多智能体系统的FTC协议设计过程中涉及了多种有限时间控制方法和工具，主要包括齐次性理论、Lyapunov有限时间稳定理论[197,198]、终端滑模控制[199-201]、固定时间稳定理论[202]、预设时间理论以及加幂积分法[203-205]等。采用不同的方法和工具所设计的控制协议具有不同的形式，也具有不同的控制效果。2000年，Bhat等人结合了Lyapunov函数和稳定时间函数的规律性，从连续但不满足利普希茨（Lipschitz）条件的多智能体系统出发，提出了有限时间Lyapunov稳定性定理。与齐次性理论不同的是，使用Lyapunov有限时间稳定理论可明确得到系统实现有限时间协同的收敛时间的表达式。很多研究成果都表明，除收敛速度快之外，基于有限时间控制技术设计的协同协议往往带有分数幂项，可以有效地抑制外部扰动，提高系统的鲁棒性等；此外，还可以节省成本，克服系统的不确定性。有限时间控制在非线性单系统控制以及多智能体系统中越加受到关注和广泛研究，在机器人编队、电路组网、协同作战等实际工程中得到应用。研究者们在研究多智能体系统协同控制问题时，所讨论的多智能体系统模型也逐渐一般化，考虑了更多因素对协议控制效果的影响，如时延、干扰、测量噪声等。但对于非线性多智能体系统，特别是具有更为一般、复杂的动力学的多智能体系统，实现系统的有限时间协同控制仍然有很多亟待解决的问题。

本章将展开讨论多智能体系统的有限时间协同控制问题，简单介绍有限时间稳定的概念、判别依据、基本引理以及一些主流的有限时间协同协议设计方法。然后，分别考虑无向拓扑结构以及有向拓扑结构两种情况，向读者展示基于领导-跟随的有限时间一致性控制和有限时间编队控制协议的设计流程与方法。该部分包括借助合适的有限时间控制方法设计相应的协同控制协议，并基于所设计的协议形式对系统的稳定性进行理论分析。在本章的最后将会给出几个数值示例以及仿真实验结果，对给出的有限时间控制策略或协议的可行性和有效性进行验证和探讨。

12.1 问题描述

目前面向领导-跟随以及无领导者情况的有限时间协同控制问题均已被广泛研究。为介绍相应的多智能体系统的有限时间协同协议的设计和分析，这里考虑由 N 个跟随者和 1 个领导者组成的多智能体系统，借由如下的一阶线性积分形式描述每一个跟随者的动力学模型：

$$\dot{\boldsymbol{x}}_i=\boldsymbol{u}_i, \quad i\in\boldsymbol{\Gamma}=\{1,2,\cdots,N\} \tag{12-1}$$

式中，$\boldsymbol{x}_i$ 代表第 i 个跟随者的位置状态；$\boldsymbol{u}_i$ 是第 i 个跟随者的控制输入，也是后续需要设计的控制策略。

领导者的动力学模型如下所示：

$$\dot{\boldsymbol{x}}_d=\boldsymbol{u}_0 \tag{12-2}$$

式中，$\boldsymbol{x}_d$ 是领导者的位置状态。为了方便介绍相关协议的设计过程，这里假设领导者的输入 $\boldsymbol{u}_0$ 已知。

定义 12.1[191]：如果系统在原点处是 Lyapunov 渐近稳定的，并且对于任何解 $\boldsymbol{x}(t,\boldsymbol{x}_0)$，都存在一个收敛时间 $T(\boldsymbol{x}_0)$，且该时间是有限的，则称该系统在原点处是有限时间稳定的。此时，系统状态可在有限时间内达到一致。

定义 12.2：对于领导-跟随的多智能体系统而言，如果存在时间 $T\in[0,\infty)$ 使得每一个智能体的状态都能满足

$$\lim_{t\to T}\|\boldsymbol{x}_i(t)-\boldsymbol{x}_d(t)\|=0,\text{且对于}\ \forall t\geqslant T,\boldsymbol{x}_i(t)=\boldsymbol{x}_j(t)=\boldsymbol{x}_d(t),i\in\mathbf{V}$$

则可称系统［式(12-1) 和式(12-2)］的领导-跟随有限时间一致性（也可称作有限时间一致性跟踪）被实现。

定义 12.3：对于无领导者的多智能体系统而言，如果存在有限时间 $T\in[0,\infty)$，使得每一个智能体的状态都能满足

$$\lim_{t\to T}\|\boldsymbol{x}_i(t)-\boldsymbol{x}_j(t)\|=0,\text{且对于}\ \forall t\geqslant T,\boldsymbol{x}_i(t)=\boldsymbol{x}_j(t),i\in\mathbf{V}$$

则可称系统［式(12-1) 和式(12-2)］的有限时间一致性（也可称作平均有限时间一致性）被实现。

为了简化和方便我们后续的理论分析，有些假设以及引理是有必要进行介绍的。

假设 12.1：跟随者的图 G 是无向且连通的，至少有一个跟随者与领导者相连，即 $\boldsymbol{B}\neq\boldsymbol{0}$。

引理 12.1：如果假设 12.1 成立，则有 $\overline{\boldsymbol{L}}=\boldsymbol{L}+\boldsymbol{B}>\boldsymbol{0}$，即 $\overline{\boldsymbol{L}}$ 是正定的。

引理 12.2：对于任何 $c>0$，$d>0$，$\gamma>0$，下面的不等式关系成立。

$$|x|^{c}|y|^{d}\leqslant\frac{c}{c+d}\gamma|x|^{c+d}+\frac{c}{c+d}\gamma^{-\frac{c}{d}}|y|^{c+d}$$

式中，x，y 是随机实数。

引理 12.3：满足 $\xi_1,\xi_2,\cdots,\xi_n\geqslant0$ 且 $0<p\leqslant1$ 时，有

$$\sum_{i=1}^{N}\xi_i^{p}\geqslant\left(\sum_{i=1}^{N}\xi_i\right)^{p}$$

对于含有领导者的多智能体系统而言，实现系统的有限时间一致性控制就是设计出一种分布式控制规则，使所有跟随者的某一状态能在有限时间内趋向一致且同时与领导者状态保持一致。对于无领导者的多智能体系统，实现有限时间一致性控制，智能体的状态都是在有限时间内趋向一致，最终收敛的值往往是所有智能体初始状态的平均值。与前面几章所讨论的内容和实现效果不同的是，这里不仅实现了系统的分布式协同控制，还强调了收敛时间的有限。

多智能体系统有限时间协同控制协议的设计过程涉及了多种经典的且较为普遍使用的有限时间控制方法和工具，包括齐次性理论、Lyapunov 有限时间稳定性理论、固定时间稳定理论、预设时间理论、终端滑模控制以及加幂积分法等。

(1) 齐次性理论

齐次性理论是基于齐次系统而言的判定方法，可简述为当且仅当系统是渐近稳定的且系统具有负的齐次度时，该齐次系统是有限时间稳定的。此种方式的处理过程较为简便，所获得的控制协议的形式也较为简单。此种方式广泛应用在机械臂系统、无摩擦的机械系统、感应电机直接转矩控制等实际场景中。然而，它只能处理齐次系统的有限时间稳定问题，无法用于处理一些扰动系统或其他非齐次系统；在处理非齐次系统时，需要更为严格的要求，如非齐次系统是渐近稳定的，拆分开的齐次部分是有限时间稳定的且非齐次部分满足特定约束，才能称该非齐次系统是有限时间稳定的。在基于齐次性理论设计有限时间控制协议时，以下引理常被使用。

引理 12.4（齐次性）：对于一个非线性系统 $\dot{\boldsymbol{x}}=f(\boldsymbol{x}),f(\boldsymbol{0})=\boldsymbol{0},\boldsymbol{x}\in\mathbf{R}^{n}$，令膨胀系数$(r_1,r_2,\cdots,r_n)\in\mathbf{R}^{n}$ 且 $r_i>0,i=1,2,\cdots,n$，如果对于任意给定的$\varepsilon>0$，都有 $f_i(\varepsilon^{r_1}x_1,\cdots,\varepsilon^{r_n}x_n)=\varepsilon^{k+r_1}f_i(\boldsymbol{x}),\forall\boldsymbol{x}=[x_1,x_2,\cdots,x_n]^{\mathrm{T}}\in\mathbf{R}^{n}$，其中 $k>-\min\{r_i:i=1,2,\cdots,n\}$，则 $f(\boldsymbol{x})$ 关于$(r_1,r_2,\cdots,r_n)$是 k 阶齐次的。上述非

线性系统是齐次的条件是 $f(\boldsymbol{x})$ 是齐次的。

引理 12.5：对于一个非线性系统 $\dot{\boldsymbol{x}}=f(\boldsymbol{x})+\hat{f}(\boldsymbol{x}),f(\mathbf{0})=\mathbf{0},\hat{f}(\mathbf{0})=\mathbf{0},\boldsymbol{x}\in\mathbf{R}^n$，其中 $f(\boldsymbol{x})$ 关于膨胀系数（$r_1,r_2,\cdots,r_n$）是 k 阶齐次的。如果平衡点 $\boldsymbol{x}=\mathbf{0}$ 是渐近稳定的并且对于所有的 t，有

$$\lim_{\varepsilon\to 0}\frac{\hat{f}_i(\varepsilon^{r_1}x_1,\cdots,\varepsilon^{r_n}x_n)}{\varepsilon^{k+r_1}}=0,i=1,2,\cdots,n,\forall\,\boldsymbol{x}\neq\mathbf{0}$$

成立，则 $\boldsymbol{x}=\mathbf{0}$ 是上述系统的局部有限时间平衡点。进一步，稳定平衡点 $\boldsymbol{x}=\mathbf{0}$ 是全局有限时间稳定的条件是 $\boldsymbol{x}=\mathbf{0}$ 是全局渐近稳定的。

(2) Lyapunov 有限时间稳定性理论

Lyapunov 有限时间稳定性理论是基于 Lyapunov 稳定的判定方法，引理 12.6 与引理 12.7 所展现的形式是其中一部分判别形式，其局限性在于收敛时间过度依赖于智能体的初始状态值以及 Lyapunov 函数的选取，这样的缺陷限制了相应的有限时间协同协议在实际场景中的实施。为克服这样的依赖和局限，相继提出了固定时间（fixed-time）以及预设/给定时间（prescribed-time）协同控制协议。其中固定时间控制理论是在有限时间理论的基础之上所提出的，基于 Lyapunov 稳定的判定方法的固定时间稳定性理论也有多种形式，基于此种方式所获得收敛时间可利用一个不依赖于智能体初始状态的表达式，仅与一些可调的参数有关，可通过调节相应的参数直接调整系统的收敛时间。

以下基于 Lyapunov 稳定的引理常用来判别系统的有限时间稳定，可从以下引理得到有限时间稳定的充分条件。

引理 12.6（实用 Lyapunov 有限时间稳定）：条件为

① $V(x)$ 是正定的；

② $\dot{V}(x)+cV(x)^{\alpha}\leqslant\varepsilon[\text{或 }\dot{V}(x)+cV(x)^{\alpha}+bV(x)\leqslant\varepsilon,b>0],\varepsilon>0$。

一个在原点正定可微的函数 $V(x)$，若存在实数 $c>0$ 和 $0<\alpha<1$，使得条件①、②成立，则系统是实用有限时间稳定的，并且收敛时间 $T(x_0)$ 与智能体初始条件 $x(0)=x_0$ 有关，满足

$$T(x_0)\leqslant T_{\max}=\frac{V(x_0)^{1-\alpha}}{k\theta_0(1-\alpha)}$$

$$\text{或 } T(x_0)\leqslant T_{\max}=\max\left\{\frac{\ln[1+\frac{k\theta_0}{c}V(x_0)^{1-\alpha}]}{k\theta_0(1-\alpha)},\frac{\ln[\theta_0+\frac{k}{c}V(x_0)^{1-\alpha}]}{k(1-\alpha)}\right\}$$

引理 12.7（Lyapunov 有限时间稳定性）：条件为一个在原点正定可微的函数 $V(x)$，若存在实数 $c>0$ 和 $0<\alpha<1$，使得条件①、②成立

① $V(x)$ 是正定的；

② $\dot{V}(x)+cV(x)^{\alpha}\leqslant 0$[或 $\dot{V}(x)+cV(x)^{\alpha}+bV(x)\leqslant 0, b>0$]。
则系统在原点处是有限时间稳定的，并且收敛时间 $T(x_0)$ 与智能体初始条件 $x(0)=x_0$ 有关，满足

$$T(x_0)\leqslant T_{\max}=\frac{V(x_0)^{1-\alpha}}{c(1-\alpha)}$$

或
$$T(x_0)\leqslant T_{\max}=\frac{1}{b(1-\alpha)}\ln[1+\frac{b}{c}V(x_0)^{1-\alpha}]$$

示例 12.1：对于一个简单的单系统 $\dot{x}=u$，$x(0)=x_0$，其中 x 是该系统的状态，u 是系统的控制输入。选择 Lyapunov 函数为 $V=\frac{1}{2}x^2$，其对时间的导数为 $\dot{V}=x\dot{x}=xu$。为了得到如引理 12.7 中的条件②，可设计 $u=-x^{\frac{1}{3}}(t)$，则 $\dot{V}=-x^{\frac{4}{3}}=-2^{\frac{2}{3}}V^{\frac{2}{3}}$，令 $0<k\leqslant 2^{\frac{2}{3}}$，可以得到 $\dot{V}\leqslant -kV^{\frac{2}{3}}$。根据引理 12.7 可知，函数 V 将在有限时间内收敛到 0。故而，在控制输入 $u=-x^{\frac{1}{3}}$ 的控制下，该单系统在原点处是有限时间稳定的，系统状态 x 将在有限时间内收敛到平衡点 0，收敛时间上界为 $T_{\max}=\frac{3}{k}[V(x_0)]^{\frac{1}{3}}$。

引理 12.8（固定时间稳定性）：条件为一个在原点正定可微的函数 $V(x)$，若存在实数 $c>0$ 和 $0<\alpha<1$，$\beta>1$ 使得条件①、②成立，

① $V(x)$ 是正定的；

② $\dot{V}(x)+cV(x)^{\alpha}+bV(x)^{\beta}\leqslant 0$。

则系统在原点处是有限时间稳定的，并且收敛时间 $T(x_0)$ 与智能体初始条件 $x(0)=x_0$ 有关，满足

$$T(x_0)\leqslant T_{\max}=\frac{1}{c(1-\alpha)}+\frac{1}{b(\beta-1)}$$

相应的协议设计以及判别方式可参见如下示例。

示例 12.2：对于一个简单的单系统 $\dot{x}=u$，$x(0)=x_0$，其中 x 是该系统的状态，u 是系统的控制输入。选择 Lyapunov 函数为 $V=\frac{1}{2}x^2$，其对时间的导数为 $\dot{V}=x\dot{x}=xu$。为了得到如引理 12.8 中的条件②，可设计 $u=-x^{\frac{1}{3}}(t)-x^{\frac{5}{3}}(t)$，则 $\dot{V}=-x^{\frac{4}{3}}-x^{\frac{8}{3}}=-2^{\frac{2}{3}}V^{\frac{2}{3}}-2^{\frac{4}{3}}V^{\frac{4}{3}}$，令 $0<c\leqslant 2^{\frac{2}{3}}$，$0<b\leqslant 2^{\frac{4}{3}}$，可以得到 $\dot{V}\leqslant -cV^{\frac{2}{3}}-bV^{\frac{4}{3}}$。根据引理 12.8 可知，函数 V 将在有限时间内收敛到 0。故而，在控制输入 $u=-x^{\frac{1}{3}}(t)-x^{\frac{5}{3}}(t)$的控制下，该单系统在原点处是固定时间

稳定的，收敛时间上界为 $T_{\max}=\frac{3}{c}+\frac{3}{b}$。

为了满足引理 12.8 中条件②的形式，在设计固定时间控制的过程中，往往会包括两部分：幂次小于 1 的一部分去试凑出条件中的 $V(x)^{\alpha}$，幂次大于 1 的一部分去试凑条件中的 $V(x)^{\beta}$。相比于实现有限时间稳定的控制器，固定时间控制器能够使得系统在一个不依赖于系统初始状态值的固定时间内实现控制目标。但是显然地，为了满足形如引理 12.8 中条件②，控制器的形式会更复杂，而且对于一些复杂的系统而言，将最后 V 函数的导数放缩转变为引理 12.8 中条件②的形式往往会更加困难，甚至无法转换，往往只能实现如引理 12.6 的实用 Lyapunov 有限时间稳定或实用 Lyapunov 固定时间稳定（实现一致性误差有界收敛而不是完全收敛）。

齐次性理论和 Lyapunov 有限时间稳定性理论常常被用来设计有限时间协同协议以及判定系统的有限时间稳定。另外，相较于 Lyapunov 有限时间稳定性理论，齐次性理论还具有一个明显的局限性，即它无法得到收敛时间的显式表达式，不能计算出具体的收敛时间上界。为了得到稳定时间的显式估计，必须构造一个 Lyapunov 函数，该函数通常涉及复杂动力学系统，甚至对复杂动力学系统具有抑制作用。

(3) 滑模控制方法

滑模控制方法包括一阶、二阶、高阶滑模估计器以及终端滑模估计器等。当多智能体系统中存在干扰或者系统不确定性时，基于滑模控制方法设计的有限时间一致性协议具有很好的鲁棒性和收敛效果。它的优点在于可以使得系统在有限时间内实现一致性，同时也可以有效地抑制外部扰动或者系统中的不确定性。其中终端滑模控制方法与传统的滑模控制方法的不同在于终端滑模控制方法引入了非线性滑模面，其目标是实现系统状态到达滑动面后，在有限时间内滑动到原点，基于该方法所设计的有限时间协同协议可以计算出具体的收敛时间。但它同使用符号函数所设计的协议一样，由于其对系统输入的不连续性，系统输入容易产生抖动。

(4) 加幂积分法

加幂积分法作为有限时间控制协议设计的一种技巧，能够得到一类连续非光滑的有限时间控制器，除了可提高系统的收敛速度，还能克服齐次性理论的局限性以及终端滑模方法带来的抖振问题，且可得到现实的收敛时间表达式。该种方法常常用在具有上三角结构或下三角结构的系统当中。故而，当使用加幂积分方法设计控制器时，该方法往往不能直接应用于实际控制系统中，需要先对具体的系统模型进行相应的改进。

现有的基于以上方式设计的有限时间协同协议可以提供沉降时间的上限估

计，但不是精确的估计，会产生对稳定时间的相当保守的估计，这可能导致实际应用中的某些设计较为保守。学者们也期望寻求用于有限时间协同控制的系统设计工具或方法。

12.2　有限时间一致性协议设计

本节将基于上述给出的多智能体系统［式(12-1) 和式(12-2)］以及相应的假设和引理，分别从无向图和有向图两种情形出发介绍有限时间一致性协议设计过程和相关定理。

12.2.1　无向图情形

对于无向图情形的通信拓扑，智能体之间的通信是双向的。若假设 12.1 成立，就会使得该无向图的 Laplacian 矩阵是对称且半正定的，且满足一些特殊的性质。由于这些特殊性质的存在，基于无向图情形的有限时间协同协议设计过程相较于有向图的情形会简单很多。

对于无向连通图，其 Laplacian 矩阵 $\boldsymbol{L}$ 除了具有第 2 章中介绍的性质之外，还满足：对于任意的 $\boldsymbol{\xi}\in\mathbf{R}^n$，有 $\boldsymbol{\xi}^{\mathrm{T}}\boldsymbol{L}\boldsymbol{\xi}=\dfrac{1}{2}\sum\limits_{i,j=1}^{N}a_{ij}(\xi_j-\xi_i)^2$；如果 $\mathbf{1}_n^{\mathrm{T}}\boldsymbol{\xi}=0$，则 $\lambda_2(\boldsymbol{L})\boldsymbol{\xi}^{\mathrm{T}}\boldsymbol{\xi}\leqslant\boldsymbol{\xi}^{\mathrm{T}}\boldsymbol{L}\boldsymbol{\xi}\leqslant\lambda_n(\boldsymbol{L})\boldsymbol{\xi}^{\mathrm{T}}\boldsymbol{\xi}$。

对于无领导者的情况，现已提出很多典型的有限时间一致性协议，如

$$u_i(t)=\beta\,\mathrm{sig}\Big(\sum_{j\in\boldsymbol{N}_i}a_{ij}(x_j(t)-x_i(t))\Big)^{\alpha} \tag{12-3}$$

或

$$u_i(t)=\beta\sum_{j\in\boldsymbol{N}_i}a_{ij}\,\mathrm{sig}^{\alpha}(x_j(t)-x_i(t)) \tag{12-4}$$

式中，$\alpha\in(0,1)$；β 是大于 0 的适宜增益；定义函数 $\mathrm{sig}(\cdot)^{\alpha}$ 为 $\mathrm{sig}(\cdot)^{\alpha}=\mathrm{sig}^{\alpha}(\cdot)=|\cdot|\,\mathrm{sign}(\cdot)$，其中 $\mathrm{sign}(\cdot)$ 是符号函数。$\mathrm{sig}(\cdot)^{\alpha}$ 不同于符号函数，它是一个连续的函数；也不同于 $(\cdot)^{\alpha}$，它可以保证不管内部变量是正数还是负数都能有定义（开 α 次根），该函数常常在有限时间协同协议中被使用。

基于以上介绍的有限时间一致性协议，形如式(12-1) 的多智能体系统在有限时间内实现平均一致性已被研究和证明。对于具有切换拓扑结构或时变拓扑结构的多智能体系统，若 $a_{ij}(t)\in(0,1)$，可设计如下形式的有限时间一致性协议来实现系统的平均一致性：

$$u_i(t)=\beta\sum_{j\in\boldsymbol{N}_i}a_{ij}(t)\,\mathrm{sig}^{a_{ij}(t)}(x_j(t)-x_i(t)) \tag{12-5}$$

对于有形如式(12-2) 形式的领导者的情况，有如下协议：

$$u_i(t)=u_0+\beta\Big[\sum_{j\in \boldsymbol{N}_i}a_{ij}\operatorname{sig}(x_j(t)-x_i(t))^{\alpha}-a_{i0}\operatorname{sig}(x_i(t)-x_d(t))^{\alpha}\Big] \tag{12-6}$$

式中，$\beta>0;0<\alpha<1;\operatorname{sig}(\cdot)^{\alpha}=|\cdot|^{\alpha}\operatorname{sign}(\cdot),\operatorname{sign}(\cdot)$是一个符号函数；$a_{i0}=b_i$，$b_0=0$。

以上给出的协议使得系统［式(12-1)］的收敛速度与初始条件、交互拓扑以及协议参数密切相关。特别是，具有更大代数连通性的拓扑图将导致具有更短的稳定时间，或以较大的初始控制输入为代价来实现快速收敛速度。在有限时间协同控制的现有结果中很少考虑输入约束的问题。此外，分数指数 α 还能提供规定收敛速度的额外自由度。

下面将以协议［式(12-6)］为例子来介绍在含领导者的情况下，协议［式(12-6)］的设计以及稳定性分析的具体过程。

定理 12.1：对于由式(12-1) 和式(12-2) 组成的多智能体系统，当系统的交流拓扑图是无向的且假设 12.1 成立时，形如式(12-6) 的分布式有限时间一致性协议，可以使得多智能体系统中所有跟随者的状态在有限时间内跟踪上领导者的状态，多智能体系统［式(12-1) 和式(12-2)］实现了领导-跟随有限时间一致性。

证明：根据上一节描述的跟随者以及领导者的动力学方程［式(12-1) 和式(12-2)］，对两者相同状态进行做差，计算系统的跟踪误差，可构建得到如下形式的跟踪误差：

$$e_i(t)=x_i(t)-x_d(t),\forall i\in V$$

对其求导可以得到误差系统的形式为

$$\begin{aligned}\dot{e}_i(t)&=\dot{x}_i(t)-\dot{x}_d(t)\\&=\beta\Big[\sum_{j\in \boldsymbol{N}_i}a_{ij}\operatorname{sig}(e_j(t)-e_i(t))^{\alpha}-a_{i0}\operatorname{sig}(e_i(t))^{\alpha}\Big]\\&=\beta\sum_{j=0}^{N}a_{ij}\operatorname{sig}(e_j(t)-e_i(t))^{\alpha}\end{aligned}$$

接下来，本节将通过 Lyapunov（李雅普诺夫）有限时间稳定性理论来进行上述误差系统的收敛性以及稳定性分析。首先选择一个 Lyapunov 函数，即 $V(t)=\sum_{i=0}^{N}[e_i(t)]^2$，对该函数进行求导可得到

$$\dot{V}(t)=2\sum_{i=0}^{n}e_i(t)\dot{e}_i(t)$$

将跟踪误差 $e_i(t)$ 的导数代入到上式中，可得到 $\dot{V}(t)$ 满足

$$\begin{aligned}\dot{V}(t)&=2\beta\sum_{i=0}^{n}e_i(t)\sum_{j=0}^{N}a_{ij}\,\mathrm{sig}(e_j(t)-e_i(t))^{\alpha}\\&=-\beta\sum_{i=0}^{n}\sum_{j=0}^{N}a_{ij}\,\mathrm{sig}(e_j(t)-e_i(t))^{\alpha}[e_j(t)-e_i(t)]\\&=-\beta\sum_{i=0}^{n}\sum_{j=0}^{N}a_{ij}\,|e_j(t)-e_i(t)|^{\alpha+1}\\&=-\beta\sum_{i=0}^{n}\sum_{j=0}^{N}\left[a_{ij}^{\frac{2}{\alpha+1}}|e_j(t)-e_i(t)|^2\right]^{\frac{\alpha+1}{2}}\end{aligned}$$

通过使用引理 12.4 的结论，且 $\beta>0$，可进一步得到 $\dot{V}(t)$ 满足

$$\dot{V}(t)\leqslant-\beta\left[\sum_{i=0}^{n}\sum_{j=0}^{N}(a_{ij}^{\frac{2}{\alpha+1}}|e_j(t)-e_i(t)|^2)\right]^{\frac{\alpha+1}{2}}$$

令 $\boldsymbol{H}=\boldsymbol{L}_L+\boldsymbol{B}_L$，其中 $\boldsymbol{L}_L$ 为图$G(A^{\frac{2}{1+\alpha}})$ 的 Laplacian（拉普拉斯）矩阵，它是一个正定矩阵，$\boldsymbol{B}_L=\mathrm{diag}(a_{10}^{\frac{2}{1+\alpha}},\cdots,a_{n0}^{\frac{2}{1+\alpha}})$，令 $\boldsymbol{e}=[e_1,\cdots,e_n]^{\mathrm{T}}$。

通过引理 12.5 可得到 $\sum_{i=0}^{N}\sum_{j=0}^{N}(a_{ij}^{\frac{2}{\alpha+1}}|e_j(t)-e_i(t)|^2)=\boldsymbol{e}^{\mathrm{T}}\boldsymbol{He}$，对上式进行向量形式转换得

$$\dot{V}(t)\leqslant-\beta[2\boldsymbol{e}^{\mathrm{T}}\boldsymbol{He}]^{\frac{\alpha+1}{2}}\leqslant-\beta[2\lambda_2(\boldsymbol{H})]^{\frac{\alpha+1}{2}}V(t)^{\frac{\alpha+1}{2}}$$

由引理 12.6 可知，在有限时间内 $V(t)$ 将趋近于 0，也就是跟踪误差$e_i(t)$ 在有限时间趋近于 0，且系统实现收敛的建立时间满足

$$T(x(0))\leqslant\frac{2V(0)^{\frac{1-\alpha}{2}}}{\beta(1+\alpha)[2\lambda_2(\boldsymbol{H})]^{\frac{1+\alpha}{2}}}$$

通过有限时间一致性跟踪的定义（即定义 12.2）可知，这里所考虑的多智能体系统在一致性协议［式(12-6)］的控制下可以实现有限时间一致性跟踪。证明完毕。

为了在跟踪误差偏差值很大时加快收敛速度，有很多其他形式的算法被提出。比如可以在上述给出的协议［式(12-6)］中再增添分布式线性一致性项，即

$$\begin{aligned}u_i(t)=&\beta\left[\sum_{j\in\boldsymbol{N}_i}a_{ij}\,\mathrm{sig}(x_j(t)-x_i(t))^{\alpha}-a_{i0}\,\mathrm{sig}(x_i(t)-x_d(t))^{\alpha}\right]\\&+\gamma\left\{\sum_{j\in\boldsymbol{N}_i}a_{ij}[x_j(t)-x_i(t)]-a_{i0}[x_i(t)-x_d(t)]\right\}\end{aligned}\tag{12-7}$$

定义一致性误差为 $\phi_i=\sum_{j\in\mathcal{N}_i}a_{ij}[x_j(t)-x_i(t)]-a_{i0}[x_i(t)-x_d(t)]$。相较于协议［式(12-6)］，在该协议的控制下，当一致性误差 ϕ_i 较大时，主要是以协议中的线性一致性项来调节，使误差能更快地减小到一个较小的值；当一致性

误差较小时，主要是分数幂次项对误差进行调节，使误差能更快地收敛到 0，系统能够更快地收敛到平衡点。基于协议 [式(12-7)] 控制的系统的稳定性证明过程类似于定理 12.1，读者可自行证明，此处不再赘述。

12.2.2 有向图情形

上一节讨论了具有无向拓扑结构的多智能体系统，本节在此基础之上进一步考虑有向通信拓扑结构的情况。相较于无向图，有向拓扑图中节点之间的信息交互是单向传输，其拉普拉斯矩阵不是对称的，有向图中无向图拉普拉斯矩阵所具有的特殊性质在这里将不再适用，想要设计出合适的有限时间一致性协议也较为困难。为了解决这个难点，目前很多面向有向图的有限时间协同协议设计方法常常对有向拓扑结构加以约束，比如假设所讨论的有向拓扑图是有向强连通的、平衡的，或者拥有一棵有向生成树等。而对于无向图来说，具有生成树等同于强连通。那些强连通的无向图通常被称为连通图。由于无向图是有向图的一种特殊形式，针对有向图情形所设计的有限时间一致性协议往往也可以适用于无向图的情况。

本节考虑如式(12-1) 和式(12-2) 所示的多智能体系统，其通信拓扑结构满足如下的假设：

假设 12.2：图 G 是有向强连通的，且至少有一个跟随智能体与领导者相连，即 $\boldsymbol{B}\neq\boldsymbol{0}$。令 $\boldsymbol{H}=\boldsymbol{L}+\boldsymbol{B}$。

当假设 12.2 成立时如下的引理成立。

引理 12.9：拉普拉斯矩阵 $\boldsymbol{L}$ 是一个不可约的 M 阵，定义 $\boldsymbol{p}=[p_1,p_2,\cdots,p_n]^{\mathrm{T}}$ 是矩阵 $\boldsymbol{L}$ 的 0 特征值所对应的特征向量，$\boldsymbol{p}^{\mathrm{T}}\boldsymbol{L}=\boldsymbol{0}$。定义矩阵 $\boldsymbol{P}=\mathrm{diag}(p_1,p_2,\cdots,p_n)$ 是正定的，其中 $p_1,p_2,\cdots,p_n$ 是向量 $\boldsymbol{p}$ 的元素，则有 $\boldsymbol{Q}=\boldsymbol{PH}+\boldsymbol{H}^{\mathrm{T}}\boldsymbol{P}$ 是对称矩阵且半正定。

面向有向图情形，当假设 12.2 成立且无领导者时，可设计如下典型线性形式的协议使系统实现有限时间一致性：

$$u_i(t)=-k\,\mathrm{sig}\Big(\sum_{j\in \boldsymbol{N}_i}a_{ij}[x_i(t)-x_j(t)]\Big)^{\alpha} \tag{12-8}$$

当假设 12.2 成立且考虑有领导者的情况时，领导者动力学模型如式(12-2) 所示，可给出如下的有限时间一致性协议：

$$u_i(t)=-k\,\mathrm{sig}^{\alpha}\Big(\sum_{j\in \boldsymbol{N}_i}a_{ij}[x_i(t)-x_j(t)]+a_{i0}[x_i(t)-x_d(t)]\Big) \tag{12-9}$$

式中，$0<\alpha<1$；a_{i0} 是领导者和跟随者之间的连接权值。增益 k 是一个正常数，k 的选取往往与矩阵 $\boldsymbol{Q}$ 的第二特征值相关。当多智能体系统的通信拓扑是有向强连通的或具有一棵有向生成树时，形如式(12-8) 和式(12-9) 的分布式协

议可以在有限时间内实现一致性或一致性跟踪，但这两类协议中增益参数的选取以及实现协同任务的充分条件是不一样的，且涉及系统的模型参数，如智能体的数目、与拉普拉斯矩阵相关矩阵的特征值等，这两类协议实现的是分布式控制而非完全分布式控制。

12.3　一致性分析

以上给出的协议［式(12-8) 和式(12-9)］均可以使得形如式(12-1) 和式(12-2) 的多智能体系统实现一致性和一致性跟踪。这里我们考虑存在一个领导者的情况，基于协议［式(12-9)］对系统的一致性和稳定性进行分析。

定理 12.2：当假设 12.2 成立时，在协议［式(12-9)］的控制下，选择合适的控制参数 $k>0$，$0<\alpha<1$，所考虑的多智能体系统［式(12-1) 和式(12-2)］能实现有限时间一致性跟踪。

证明：与无向图类似，首先为每个跟随者的状态构建跟踪误差为 $e_i(t)=x_i(t)-x_d(t)$，则可将式(12-5) 改写为

$$u_i(t)=-k\,\mathrm{sig}^{\alpha}\Big(\sum_{j\in \boldsymbol{N}_i}a_{ij}[e_i(t)-e_j(t)]+a_{i0}[e_i(t)]\Big) \qquad (12\text{-}10)$$

定义 $\phi_i(t)=\sum_{j\in \boldsymbol{N}_i}a_{ij}[e_i(t)-e_j(t)]+a_{i0}[e_i(t)]=\boldsymbol{H}_i\boldsymbol{e}$，其中 $\boldsymbol{H}_i$ 是 $\boldsymbol{H}$ 的第 i 行，对其求在时间上的导数，得到其导数为 $\dot{\phi}(t)=\boldsymbol{H}\dot{\boldsymbol{e}}=\boldsymbol{H}\boldsymbol{u}$。

故而，式(12-6) 又可重新写为：$u(t)=-k\,\mathrm{sig}^{\alpha}(\phi(t))$。假设矩阵 $\boldsymbol{P}=\mathrm{diag}(p_1,p_2,\cdots,p_n)$ 且符合引理 12.9 中 $\boldsymbol{P}$ 的定义。选择一个 Lyapunov 函数为 $V(t)=\sum_{i=1}^{n}\frac{p_i}{1+\alpha}[\phi_i(t)]^{1+\alpha}$，对其求时间的导数得到

$$\begin{aligned}\dot{V}(t)&=\sum_{i=1}^{n}p_i\,\mathrm{sig}^{\alpha}(\phi_i(t))\dot{\phi}_i(t)\\&=-k\sum_{i=1}^{n}p_i\,\mathrm{sig}^{\alpha}(\phi_i(t))\boldsymbol{H}_i[\mathrm{sig}^{\alpha}(\phi_i(t))]\end{aligned}$$

令 $\varphi_i(\boldsymbol{e})=\mathrm{sig}^{\alpha}(\phi_i(t)),\varphi(\boldsymbol{e})=[\varphi_1(\boldsymbol{e}),\varphi_2(\boldsymbol{e}),\cdots,\varphi_n(\boldsymbol{e})]$，则有

$$\begin{aligned}\dot{V}(t)&=-k\varphi(\boldsymbol{e})^{\mathrm{T}}\boldsymbol{P}\boldsymbol{H}\varphi(\boldsymbol{e})\\&=-\frac{1}{2}k\varphi(\boldsymbol{e})^{\mathrm{T}}(\boldsymbol{P}\boldsymbol{H}+\boldsymbol{H}^{\mathrm{T}}\boldsymbol{P})\varphi(\boldsymbol{e})\end{aligned}$$

通过利用引理 12.6，可得到

$$\begin{aligned}\dot{V}(t) &= -\frac{1}{2}k\varphi(\boldsymbol{e})^{\mathrm{T}}\boldsymbol{Q}\varphi(\boldsymbol{e}) \\ &\leqslant -\frac{1}{2}\lambda_2(\boldsymbol{Q})k\varphi(\boldsymbol{e})^{\mathrm{T}}\varphi(\boldsymbol{e}) \\ &\leqslant -k_1|\phi_i(t)|^{2\alpha} = -k_1(|\phi_i(t)|^{1+\alpha})^{\frac{2\alpha}{1+\alpha}}\end{aligned}$$

定义 $k_1=\frac{1}{2}\lambda_2(\boldsymbol{Q})k, 0<k_2\leqslant k_1[\lambda_2(\boldsymbol{P})(1+\alpha)]^{\frac{2\alpha}{1+\alpha}}$，可得

$$\begin{aligned}\dot{V}(t) &\leqslant -k_1[\lambda_2(\boldsymbol{P})(1+\alpha)]^{\frac{2\alpha}{1+\alpha}}\left(\sum_{i=1}^{n}\frac{p_i}{1+\alpha}|\phi_i(t)|^{1+\alpha}\right)^{\frac{2\alpha}{1+\alpha}} \\ &\leqslant -k_2V(t)^{\frac{2\alpha}{1+\alpha}}\end{aligned}$$

因为 $0<\alpha<1$，通过引理 12.6 可知，在有限时间 T 内，$V(t)$ 能够收敛到 0，即 $\phi_i(t)=0$，意味着在有限时间 T 内 $e_i(t)=0, i\in\boldsymbol{V}$，且系统的收敛时间 T 的最大值可通过下式获得：

$$T(x(0))\leqslant\frac{(1+\alpha)V(0)^{\frac{1-\alpha}{1+\alpha}}}{k_2(1-\alpha)}$$

根据定义 12.1 可得，多智能体系统［式(12-1) 和式(12-2)］在控制协议［式(12-9)］的控制下，所有的跟随者能在有限时间里跟踪上领导者的状态，系统的有限时间一致性得以实现。证明完毕。

同理，为了加快收敛速度，在上述算法上增添线性部分，该项幂次为 1，如

$$\begin{aligned}u_i(t) = &-k\,\mathrm{sig}^{\alpha}\Big(\sum_{j\in\boldsymbol{N}_i}a_{ij}[x_i(t)-x_j(t)]+a_{i0}[x_i(t)-x_d(t)]\Big) \\ &-\gamma\Big\{\sum_{j\in\boldsymbol{N}_i}a_{ij}[x_i(t)-x_j(t)]+a_{i0}[x_i(t)-x_d(t)]\Big\}\end{aligned} \tag{12-11}$$

式中，增益 γ 是一个正常数。相较于协议［式 (12-9)］，该协议可使系统更快地收敛到平衡点，系统可实现快速有限时间收敛，其误差系统的稳定性证明过程类似于定理 12.2，读者可参考定理 12.2 的证明过程自行证明，此处不再赘述。

12.4 编队控制

编队控制的主要内容包括：队形形成、队形保持、队形切换和避障。主要用到的方法有基于行为法、虚拟结构法、人工势场法和领导-跟随（leader-follower）法等。本节主要基于领导-跟随的方法并进一步在无向图和有向图情况下所设计的有限时间一致性协议的基础之上，展开讨论多智能体的有限时间编队控制

问题，设计有限时间编队控制协议，使所有智能体可实现任务队形并保持队形按照预设轨迹前进。

给定编队信息为 $\boldsymbol{h}=[h_1,h_2,\cdots,h_n]$，代表的是期望队形的框架，同时包含了每个智能体任务队形中的状态信息，如相对位置状态信息、相对速度状态信息。假设 $\boldsymbol{h}$ 是固定的，令 h_c 为队形时变的期望参考轨迹，可以将其看作一个领导者，h_c 则可以看作领导者的时变状态，其导数满足 $\dot{h}_c=f(t,h_c)$。

为了便于控制协议设计与稳定性分析，本节给出了下面的假设。

假设 12.3：智能体间的有向通信交流拓扑结构有一棵生成树，每个智能体都可以获得全局的编队信息 $\boldsymbol{h}$。

当假设 12.3 成立时，面向固定编队信息，对 $\boldsymbol{h}$ 可以设计如下形式的协议[206,207] 来实现多智能体系统的有限时间编队控制：

$$
\begin{aligned}
u_i(t)=&f(t,h_c)-k\,\mathrm{sig}^{\alpha}\Big(\sum_{j\in \boldsymbol{N}_i}a_{ij}\{[x_i(t)-h_i(t)]-[x_j(t)-h_j(t)]\}\\
&+b_{ci}\{[x_i(t)-h_i(t)]-h_c\}\Big)-\gamma\Big(\sum_{j\in \boldsymbol{N}_i}a_{ij}\{[x_i(t)-h_i(t)]\\
&-[x_j(t)-h_j(t)]\}+b_{ci}\{[x_i(t)-h_i(t)]-h_c\}\Big)
\end{aligned}
\tag{12-12}
$$

式中，参数满足 $0<\alpha<1$，$k>0$，$\gamma\geqslant 0$。该协议中直接包含了编队信息的导数 $f(t,h_c)$，可克服编队信息的变化。此外，此类协议使用了所有智能体与最终编队状态间的一致性误差来构造，其主体框架包含了幂次项以及线性项。

定理 12.3：对于多智能体系统［式(12-1)］而言，当假设 12.3 成立时，在协同协议［式(12-12)］的控制下，选择合适的控制增益 k、γ 和参数 α，该系统中所有智能体可以在有限时间实现编队 $\boldsymbol{h}$，并在实现编队后跟踪上参考运动轨迹 h_c。

证明：定义编队误差为 $e_i=[x_i(t)-h_i(t)]-h_c$，通过联结系统动力学［式(12-1)］和一致性协议［式(12-8)］，可得到编队误差的导数为

$$
\begin{aligned}
\dot{e}_i(t)=&-k\,\mathrm{sig}^{\alpha}\Big(\sum_{j\in \boldsymbol{N}_i}a_{ij}[e_i(t)-e_j(t)]+b_{ci}e_i(t)\Big)\\
&-\gamma\Big\{\sum_{j\in \boldsymbol{N}_i}a_{ij}[e_i(t)-e_j(t)]+b_{ci}e_i(t)\Big\}\\
=&-k\,\mathrm{sig}^{\alpha}(\boldsymbol{H}_{ci}\boldsymbol{e})-\gamma\boldsymbol{H}_{ci}\boldsymbol{e}
\end{aligned}
$$

式中，b_{ci} 是权重，$b_{ci}>0$ 代表了智能体能够获取参考运动轨迹信息；$\boldsymbol{H}_{ci}$ 是 $\boldsymbol{H}_c$ 的第 i 行，$\boldsymbol{H}_c=\boldsymbol{L}+\boldsymbol{B}_c$，这里的矩阵 $\boldsymbol{B}_c$ 类似于 12.3 节中领导者和跟随者之间的关系。

定义 $\Psi_i(t)=\sum_{j\in \boldsymbol{N}_i} a_{ij}[e_i(t)-e_j(t)]+b_{ci}[e_i(t)]=\boldsymbol{H}_{ci}\boldsymbol{e}$，其导数为

$$\dot{\Psi}_i(t)=\boldsymbol{H}_{ci}\dot{\boldsymbol{e}}=-k\boldsymbol{H}_{ci}\operatorname{sig}^{\alpha}(\Psi(t))-\gamma\boldsymbol{H}_{ci}\Psi(t)$$

定义编队误差向量 $\boldsymbol{e}=[e_1,e_2,\cdots,e_n]^{\mathrm{T}}$，则可知 $\boldsymbol{\Psi}=\boldsymbol{H}_c\boldsymbol{e}$，可将控制输入[式(12-8)] 重新写为

$$u_i(t)=-k\operatorname{sig}^{\alpha}(\Psi_i(t))-\gamma\Psi_i(t)$$

类似于定理 12.2 的证明过程，首先假设矩阵 $\boldsymbol{P}=\operatorname{diag}(p_1,p_2,\cdots,p_n)$ 且 $\boldsymbol{P}$ 应符合引理 12.6 的定义。选择一个如下形式的 Lyapunov 函数：

$$V_s(t)=\sum_{i=1}^{n}p_i\left[\left(\frac{k}{1+\alpha}\right)|\Psi_i|^{1+\alpha}+\frac{\gamma}{2}\Psi_i^2\right]$$

显然可以看出 $V_s(t)\geqslant 0$，可求得其时间导数为

$$\begin{aligned}\dot{V}_s(t)&=\sum_{i=1}^{n}p_i[k\operatorname{sig}^{\alpha}(\Psi_i)+\gamma\Psi_i]\dot{\Psi}_i\\&=-[k\operatorname{sig}^{\alpha}(\boldsymbol{\Psi})+\gamma\boldsymbol{\Psi}]^{\mathrm{T}}\boldsymbol{P}\boldsymbol{H}_c[k\operatorname{sig}^{\alpha}(\boldsymbol{\Psi})+\gamma\boldsymbol{\Psi}]\\&=-\frac{1}{2}[k\operatorname{sig}^{\alpha}(\boldsymbol{\Psi})+\gamma\boldsymbol{\Psi}]^{\mathrm{T}}(\boldsymbol{P}\boldsymbol{H}_c+\boldsymbol{H}_c^{\mathrm{T}}\boldsymbol{P})[k\operatorname{sig}^{\alpha}(\boldsymbol{\Psi})+\gamma\boldsymbol{\Psi}]\end{aligned}$$

由于 $\boldsymbol{P}\boldsymbol{H}_c+\boldsymbol{H}_c^{\mathrm{T}}\boldsymbol{P}$ 是正定矩阵，我们可得到其所有特征值都是正数。类似于第 2 章中无向图的 Laplacian 矩阵的性质。则上式可以放缩为

$$\dot{V}_s(t)\leqslant -k_1[k\operatorname{sig}^{\alpha}(\boldsymbol{\Psi})+\gamma\boldsymbol{\Psi}]^{\mathrm{T}}[k\operatorname{sig}^{\alpha}(\boldsymbol{\Psi})+\gamma\boldsymbol{\Psi}]$$

式中，$k_1=2^{-1}\lambda_{\min}(\boldsymbol{P}\boldsymbol{H}_c+\boldsymbol{H}_c^{\mathrm{T}}\boldsymbol{P})$。故而存在一个正常数 k_2 使得上式满足 $\dot{V}_s(t)\leqslant -k_2V_s(t)^{\frac{2\alpha}{1+\alpha}}$，通过引理 12.7 可知，$V_s(t)$ 将在有限时间内收敛到 0。

我们可以验证该结论是成立的。假设 $V_s(t)\neq 0$，则下面的式子成立：

$$\begin{aligned}-\frac{\dot{V}_s(t)}{V_s^{\frac{2\alpha}{1+\alpha}}(t)}&\geqslant\frac{k_1[k\operatorname{sig}^{\alpha}(\boldsymbol{\Psi})+\gamma\boldsymbol{\Psi}]^{\mathrm{T}}[k\operatorname{sig}^{\alpha}(\boldsymbol{\Psi})+\gamma\boldsymbol{\Psi}]}{V_s^{\frac{2\alpha}{1+\alpha}}(t)}\\&\geqslant\frac{k_1\sum_{i=1}^{n}[k\operatorname{sig}^{\alpha}(\boldsymbol{\Psi}_i)+\gamma\boldsymbol{\Psi}_i]^2}{\sum_{i=1}^{n}\left(\frac{p_ik}{1+\alpha}\right)^{\frac{2\alpha}{1+\alpha}}|\Psi_i|^{2\alpha}+\sum_{i=1}^{n}\left(\frac{p_i\gamma}{2}\right)^{\frac{2\alpha}{1+\alpha}}|\Psi_i|^{\frac{4\alpha}{1+\alpha}}}\\&\geqslant\frac{k_1\sum_{i=1}^{n}|\Psi_i|^{2\alpha}}{\sum_{i=1}^{n}\left(\frac{p_ik}{1+\alpha}\right)^{\frac{2\alpha}{1+\alpha}}|\Psi_i|^{2\alpha}+\sum_{i=1}^{n}\left(\frac{p_i\gamma}{2}\right)^{\frac{2\alpha}{1+\alpha}}|\Psi_i|^{\frac{4\alpha}{1+\alpha}}}\end{aligned}$$

令 $k_0=\max\left\{\left(\frac{p_i k}{1+\alpha}\right)^{\frac{2\alpha}{1+\alpha}},\left(\frac{p_i\gamma}{2}\right)^{\frac{2\alpha}{1+\alpha}}\right\}$，则可以得到

$$-\frac{\dot{V}_s(t)}{V_s^{\frac{2\alpha}{1+\alpha}}(t)}\geqslant\frac{k_1\sum_{i=1}^{n}|\Psi_i|^{2\alpha}}{k_0\left(\sum_{i=1}^{n}|\Psi_i|^{2\alpha}+\sum_{i=1}^{n}|\Psi_i|^{\frac{4\alpha}{1+\alpha}}\right)}$$

$$\geqslant\frac{k_1\sum_{i=1}^{n}|\Psi_i|^{2\alpha}}{k_0\left(\sum_{i=1}^{n}|\Psi_i|^{2\alpha}+\sum_{i=1}^{n}|\Psi_i|^{\frac{4\alpha}{1+\alpha}}\right)}=\Delta$$

此处可对 $\|\boldsymbol{\Psi}\|_\infty$ 进行判断，得到其中 $k_2=\min\left\{\Delta,\frac{k_1k^2}{2k_0}\right\}$，$\dot{V}_s(t)\leqslant-k_2V_s^{\frac{2\alpha}{1+\alpha}}(t)$。

由于参数需满足 $0<\alpha<1$，$k>0$，$\gamma\geqslant0$，则可以得到 $k_2>0$，$0<\frac{2\alpha}{1+\alpha}<1$。故而，根据引理 12.7 和定义 12.2 可知，函数 $V_s(t)$ 会在有限时间内收敛到 0，也就是意味着向量 $\boldsymbol{\Psi}$ 会在有限时间内收敛到 $\mathbf{0}$。故而，在有限时间内可得到多智能体系统中所有智能体的编队误差 $e_1=e_2=\cdots=e_n=0$，收敛时间满足：

$$T(x(0))\leqslant\frac{(1+\alpha)V_s^{\frac{1-\alpha}{1+\alpha}}(0)}{k_2(1-\alpha)}$$

所以，在协议［式(12-8)］的控制下，编队 $x_i(t)-h_i(t),i\in\mathbf{V}$ 在有限时间里收敛到一个共同值，即期望参考轨迹 h_c。在一定时间之后，所有智能体形成任务队形，并将按照固定队形随着期望轨迹向前运动着。

12.5 仿真示例

在本章 12.3 节和 12.4 节中分别讨论并阐述了在无向图情形和有向图情形下的有限时间协同协议的设计方式以及稳定性分析过程，多种类型的有限时间一致性和编队协议被介绍。为了验证上述章节中面向无向图和有向图情况所介绍的有限时间一致性协议和有限时间编队协议的有效性，本节将会给出三个数值示例，对一些协议的可行性进行验证和进一步分析。

示例 12.3： 针对无向固定拓扑的情形，为了验证一致性协议［式(12-6)］的可行性，考虑由 5 个跟随者（由 1,2,…,5 索引）和 1 个领导者（由 0 索引）组成的多智能体系统。该系统的动力学模型被建立，跟随者如式(12-1) 所示，领导者如式(12-2) 所示，其通信拓扑结构图如图 12.1 所示，该拓扑结构是无

向且连通的。

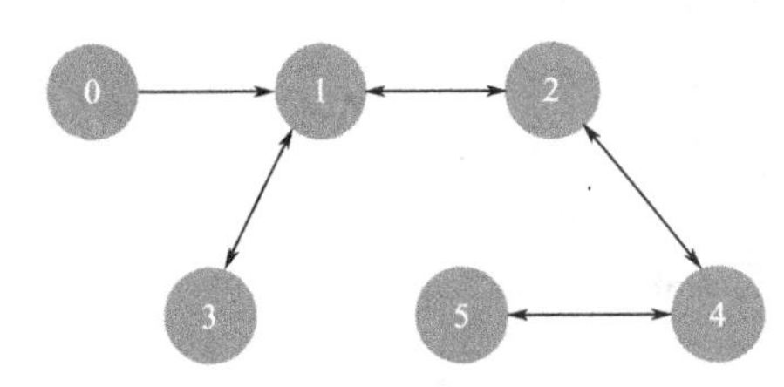

图 12.1　示例 12.3 的拓扑结构图

选择所有跟随者的初始状态为 $\boldsymbol{x}(0)=[5,-1,0.5,3,-2]^{\mathrm{T}}$，领导者的初始状态为 $x_0(0)=2$，令参数 $\beta=3$，$\alpha=3/5$。基于系统模型以及设计的协议形式，在 MATLAB 中编写相应的仿真程序，仿真结果如图 12.2 所示。由图中可以看出，随着时间的演变，5 个智能体的状态逐渐趋于一致并在约 5.77s 之后，状态信息实现了一致并跟踪上了领导者的位置状态。可见协议［式(12-6)］针对无向固定的拓扑结构，多智能体系统［式(12-1)和式(12-2)］实现了有限时间一致性跟踪。

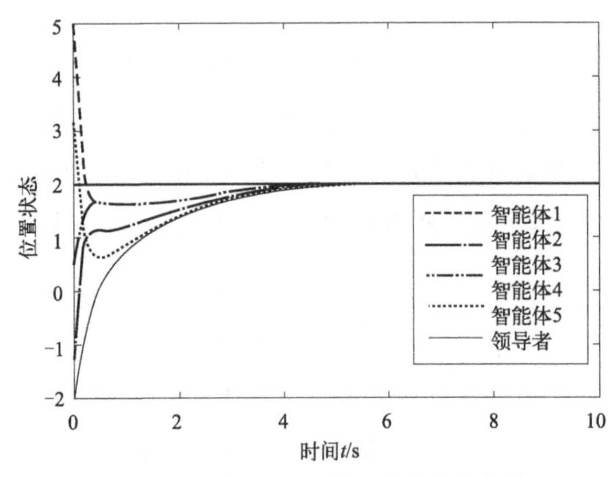

图 12.2　示例 12.3 的位置状态变化曲线

示例 12.4：同样地，为了验证有向通信拓扑情况下，有限时间一致性协议［式(12-9)］的可行性，这里仍然考虑由 5 个跟随者和 1 个领导者组成的多智能体系统。系统的动力学模型可由式(12-1) 和式(12-2) 描述，该系统的有向拓扑图 $G=\{\boldsymbol{V},\boldsymbol{E},\boldsymbol{A}\}$ 如图 12.3 所示，其中节点集 $\boldsymbol{E}=\{1,2,3,4,5\}$，边集 $\boldsymbol{V}=\{(1,4),(2,1),(2,3),(3,1),(2,5),(4,2),(5,4)\}$。这里只有第一个跟随者 1 可以直接接收领导者 0 的信息，满足相应假设。

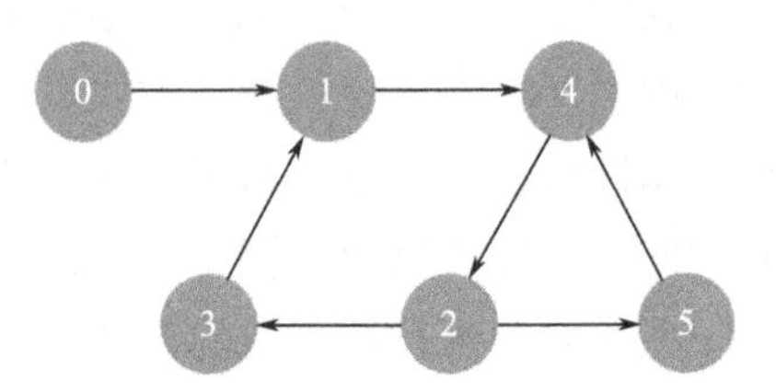

图 12.3　示例 12.4 的拓扑结构图

所有跟随者和领导者的初始状态和参数的选取与示例 12.3 相同，不再赘述。该示例的仿真结果如图 12.4 所示，展现的是所有跟随者和领导者的位置状态随着时间的演化过程。根据图 12.4 可以看出，随着时间的演化，具有如图 12.3 所示的通信拓扑的多智能体系统的状态能够在该协议的控制下逐渐趋向一致且跟随领导者状态进行变化，所有跟随者智能体在有限时间内实现了一致并跟踪上了领导者的状态，其收敛时间约为 2.42s。可见，针对具有有向固定拓扑结构情形，在协议［式(12-9)］的控制下，由式(12-1) 和式(12-2) 所描述的多智能体系统在有限时间内实现了一致性跟踪。

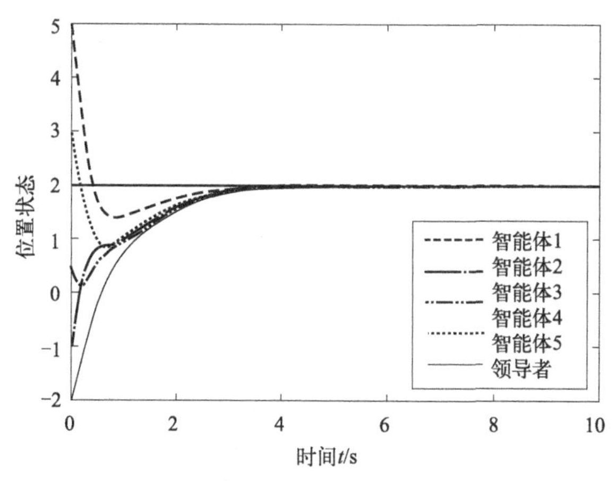

图 12.4　示例 12.4 的位置状态变化曲线

示例 12.5：为了验证编队控制协议［式(12-12)］的可行性，这里仍然考虑由 5 个智能体组成的多智能体系统，系统的动力学模型如式(12-1) 和式(12-2) 所示，其有向拓扑结构图与示例 12.4 一致，即图 12.3。所有智能体的二维初始状态为 $\boldsymbol{x}(0)=\{(5,3),(-1,2),(0.5,-2),(3,-3),(-2,\ 1)\}$。设置系统的编队信息 $\boldsymbol{h}_i$ 以及参考运动轨迹 $\boldsymbol{h}_c$ 为

$$\boldsymbol{h}_i=\left[r\cos(\frac{2i\pi}{5}),r\sin(\frac{2i\pi}{5})\right]^{\mathrm{T}},i=1,2,\cdots,5,\boldsymbol{h}_c=[t,30]^{\mathrm{T}}$$

也就是呈现一个五边形的编队形状，$\boldsymbol{h}_i$ 内部代表的是智能体的位置坐标。相应的参数选择为 $r=15$，$k=\gamma=1$。假设第一个智能体能够接收到队伍运动参考轨迹信息。基于以上给出的相应初始状态和参数进行仿真验证，仿真结果如图 12.5 和图 12.6 所示。图 12.5 展现的是当 $t=30$s 时，二维空间中所有智能体的位置和编队情况，可看到多智能体系统在此刻已经实现了五边形队形编队。图 12.6 所示是二维平面中所有智能体随着时间变化的位置和运动轨迹变化趋势，可以看出所有的智能体都在有限时间内到达了编队的指定位置，并且系统实现了编队后保持队形，在有限时间内跟踪上了期望的运动轨迹。故而，针对有向固定的拓扑结构和编队信息 $\boldsymbol{h}$，可见设计的协议［式(12-12)］可以使得多智能体系统中所有的智能体在有限时间内达到指定的位置，形成所需的队形。

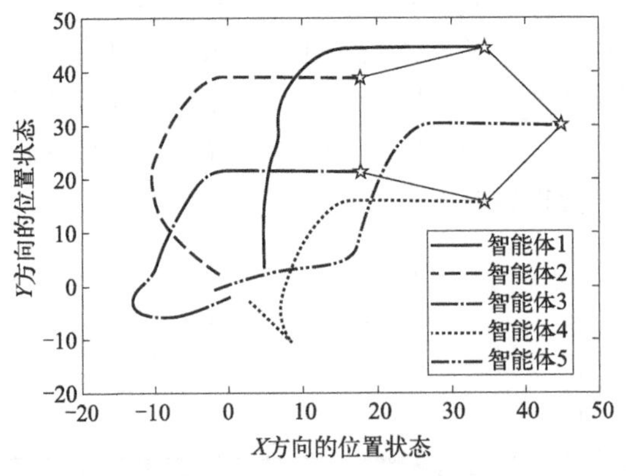

图 12.5 二维编队状态图（$t=30$s）

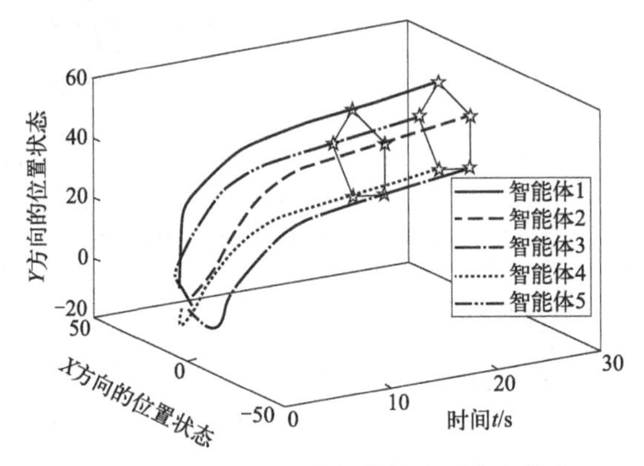

图 12.6 示例 12.5 中智能体实时位置状态

12.6 本章小结

本章探讨了多智能体系统有限时间协同控制问题相关的理论知识、控制协议的设计方法及过程。分别面向无向固定拓扑和有向固定拓扑两种结构类型，展开讨论了多智能体系统的有限时间一致性问题和相应控制算法的设计方法，并基于有限时间 Lyapunov 稳定性理论给出了两个一致性协议，使得多智能体系统中所有智能体的状态能够在有限时间内实现一致。此外，也面向多智能体系统的有限时间编队控制问题展开了讨论，并基于上述有限时间一致性协议设计方法和图论、Lyapunov 稳定性理论等知识给出了相应的有限时间编队控制协议，使多智能体系统可以在有限时间内实现编队控制，所有智能体按照所需队形进行编队和运动。最后还给出了数值示例来验证所设计协议的可行性。

相较于大部分基于 Lyapunov 渐近稳定意义所设计的控制器，基于有限时间控制方法的控制器使得多智能体系统能够在有限的时间内实现指定的控制目标，且在很多已发表的成果中都表现出了更好的抗干扰能力、鲁棒性和准确性。随着其优势越加显著，其在众多实际系统和实际工程当中已得以应用。同样，其在多智能体系统的协同控制当中也被广泛研究着，现如今已有很多的成果被报道，如面向一阶、二阶以及高阶，线性或非线性，固定拓扑或切换拓扑，有向或无向，有领航者或无领航者的多智能体系统形式都已有学者展开相关的研究和探索。然而，针对多智能体有限时间协同控制问题，为获得实用性更广泛、控制性能更优越且保守性更小的控制协议，现已存在的成果尚未能实现并得到应用，仍然面临很多亟待突破的理论和技术问题。

第13章

分数阶多智能体系统的协同控制

13.1 概述

在现实世界中，单个的个体或者组织，例如智能机器人等智能体，都可称作单智能体，并且各个智能体之间都是存在着一定的关联的。由多个智能体组成的集合则称作多智能体系统，在丰富多彩的自然界中存在着许许多多的多智能体系统，例如，结队南飞的大雁群、合作运输食物的蚁群、一起巡游的鱼群等。这些自然界中普遍存在的物种生活规律或现代科技产物的运动现象，都可以成为研究多智能体系统的基础。为了能够更确切地揭示实际生活中多智能体系统的运行规律，学者们通过大量的实验观察和研究，发现有些多智能体系统表现出了一定的运动规律和特点，例如：多智能体系统内部智能体之间本身具有信息识别、传递、交流、反馈、协调及控制等特性，在此基础上再给出一定的假设条件和推理方法，就可初步预测模拟出所研究的多智能体系统在未来某个时间的运动状态，来帮助人们进行判断抉择。进而在实际生活中，人们就可考虑运用多智能体系统的相关策略来解决大而复杂的类似多智能体系统的相关问题。

所谓多智能体系统，是指一组具备一定的感应、通信、计算和执行能力的智能体通过通信耦合方式形成的一个通过网络协作完成某个任务的系统。由此可看出，多智能体系统具有如下特点：

① 每个智能体都是自主的，具有独立的感知、计算和决策能力。在没有通信交互时智能体之间在动力学上通常是解耦的。

② 单个智能体的有限测量或通信能力或者说有限的感知、计算和决策能力，使得对于每个智能体的控制只能依赖于其自身的信息和它所感知范围内的邻居智

能体的状态信息，因而智能体系统的控制只能是分布式的。

③ 为达到某种目的或控制要求，智能体间通过信息沟通和交流相互合作，形成一个耦合的网络化系统，实现其目的。

与传统的控制系统相比，多智能体系统具有非常明显的优势，主要表现在如下几个方面：

① 功能性更强。系统中的智能体在时间、空间和功能上的分布更广，它们可以在同一时间处于不同位置，执行各自的任务，它们之间通过相互协作，在动态不确定的环境下完成单个智能体无法完成的任务。

② 系统的设计简单。多智能体系统主要依靠系统中的智能体之间的相互影响和作用完成复杂任务，而且对单个智能体的功能要求比较简单，更不需要设计复杂的集中控制，从而大大降低了系统的设计难度。

③ 系统具有良好的灵活性和鲁棒性。当系统中的个别智能体发生故障或系统所处的外部环境发生变化时，系统中的智能体仍能通过自组织能力和其内在的协作机制重新建立相互协作，完成指定任务。

④ 更加经济。采用多智能体系统吸取单个高级机器人来完成复杂任务可以将复杂任务细分为一个个简单的子任务，由于降低了对每个独立个体的能力要求，整体的生产成本相应地大大减少了。

目前，对于多智能体系统的主要研究成果，基本集中在对具有整数阶（一阶、二阶或者高阶）的系统动态行为进行研究。但是近年来，研究发现许多环境中的复杂系统因其特殊的材料、元件等而展现出分数阶（非整数阶）动力学行为特性，如随机扩散和波动传播、各种材料的记忆、力学和电特件描述、岩石的流变性质描述、地震分析、黏弹性阻尼器、电力分形网络、分数阶正弦振荡器、机器人、电子电路、电解化学、分数电容理论、电极电解质接口描述、分形理论，以及自相似和多孔结构的动态过程、黏弹性系统和柔软构造物体的振动运动、分数阶生物神经元等[208,209]。作为整数阶系统的扩展，基于分数阶微积分的分数阶系统建模可以提高模型对实际动态系统的表征、设计以及控制能力，因此分数阶控制系统成为控制领域的一个研究热点。多智能体所处环境常具有复杂性，群体的动力学特性往往更适合用分数阶（非整数阶）动力学的智能个体合作行为来解释，例如：借助于个体的分泌物而进行的微生物的群集运动和食物搜索，在有大量微生物和黏性物质的海底工作的水下机器人，在复杂太空环境运行的无人驾驶飞行器等[210-213]。在复杂网络的动力学行为的研究中，与整数阶系统相比，分数阶系统的优势在于：整数阶微分表示的是一个物理或力学过程在某个时刻的变化，因此整数阶系统刻画的是个体的物理或力学行为在空间中某一个位置的局部性质，而分数阶导数是用来描述与整个空间有关的物理或力学过程，因此分数阶系统刻画的是个体的物理或力学行为在整个发展历史中的整体性质。此外，整数阶复杂网络系统可作为分数阶系统的一种特殊情况，因此，用分数阶微分模型表征复杂网络中个体的动力学行为，研究分数阶意义下的复杂网络有着重大的理论与实际意义。虽然目前已经出现了一些关于分数阶多智能体系统一致性问题的研究成果，但相比于整数阶多智能体系统，分数阶多智能体系统一致性问题[212-227] 的相关理论，特别是其在实际中的应用仍需进一步发展和完善。

在本章中，我们利用 Mittag-Leffler 稳定性和分数李雅普诺夫直接方法研究在有向网络拓扑下的非线性分数阶多智能体系统的无领导者和有领导者的一致性问题。

本章首先对所研究的问题进行描述，然后考虑了一类非线性分数阶多智能体系统的无领导者一致性问题。对以上问题，本章先后考虑了采用不变（常数）和时变（自适应）的控制增益设计方法。最后，举实例验证了所设计算法的有效性。

13.2 预备知识和问题描述

13.2.1 预备知识

本节简单介绍一些分数阶微积分、矩阵性质的相关定义和一些辅助引理，这些都是本章后面研究结论的重要理论基础。

定义 13.1[222]：函数 $f(t)\in\mathbf{C}^n([t_0,\infty),\mathbf{R})$的 q 阶积分定义为

$$I_t^q f(t)=\frac{1}{\Gamma(q)}\int_{t_0}^{t}\frac{f(s)}{(t-s)^{1-q}}\mathrm{d}s$$

式中，$n-1<q\leqslant n$，$n\in\mathbf{Z}^+=\{1,2,\cdots\}$；$\Gamma(q)$表示伽马函数，即 $\Gamma(q)=\int_0^{\infty}t^{q-1}\mathrm{e}^{-t}\mathrm{d}t$ 。

定义 13.2[222]：函数 $f(t)\in\mathbf{C}^n([t_0,\infty),\mathbf{R})$的 q 阶 Caputo 导数定义为

$${}_{t_0}^{C}D_t^q f(t)=\frac{1}{\Gamma(n-q)}\int_{t_0}^{t}\frac{f^{(n)}(s)}{(t-s)^{q-n+1}}\mathrm{d}s$$

式中，$n-1<q\leqslant n$，$n\in\mathbf{Z}^+$。

由于本章只用到 Caputo 分数阶导数定义，为了符号简便起见，本章将用 D^q 来替代 Caputo 分数阶导数符号${}_{t_0}^{C}D_t^q$。

定义 13.3（Mittag-Leffler 函数[222]）：含有两个正参数 a 和 b 的 Mittag-Leffler 函数的定义是

$$E_{a,b}(z)=\sum_{k=1}^{\infty}\frac{z^k}{\Gamma(ka+b)}$$

式中，z 可以为复数。当 $b=1$ 时，令 $E_{a,1}(z)=E_a(z)$，并且 $E_{1,1}(z)=e^z$。

定义 13.4[222]：含有两个正参数 a 和 b 的 Mittag-Leffler 函数的拉普拉斯变换为

$$\boldsymbol{L}(t^{b-1}E_{a,b}(-\lambda t^a))=\frac{s^{a-b}}{s^a+\lambda},\lambda\in\mathbf{R},\boldsymbol{R}(s)>|\lambda|^{\frac{1}{a}}$$

式中，s 和 t 分别是频域和时域的自变量；$\boldsymbol{L}(\cdot)$和 $\boldsymbol{R}(\cdot)$分别表示其拉普拉斯变换和实部。

用 $\mathcal{G}=(\boldsymbol{v},\boldsymbol{\varepsilon},\boldsymbol{A})$表示一个具有 N 个节点的有向图，其中 $\boldsymbol{v}=\{v_1,v_2,\cdots,v_n\}$ 为节点集，$\boldsymbol{\varepsilon}\subseteq\mathbf{V}\times\mathbf{V}$ 为边集，$\boldsymbol{A}=[a_{ij}]_{N\times N}$ 为加权邻接矩阵且 $a_{ij}>0$。图 $\mathcal{G}$ 的边记作 $e_{ij}=(v_j,v_i)$，其中 v_j 和 v_i 分别称为父节点和子节点，若 $e_{ij}\in\boldsymbol{\varepsilon}$ 则 $a_{ij}>0$，否则 $a_{ij}=0$，并且令 $a_{ii}=0$，$\forall i\in\boldsymbol{I}$。图 $\mathcal{G}$ 的拉普拉斯矩阵 $\boldsymbol{L}=[l_{ij}]_{N\times N}$ 定义为

$$l_{ij}=\begin{cases}-a_{ij},i\neq j\\ \sum\limits_{\kappa=1,\kappa\neq i}^{N}a_{i\kappa},i=j\end{cases}\tag{13-1}$$

注意到 $\sum\limits_{j=1}^{N}a_{ij}=0$，且当 $l_{ij}=l_{ji}$，$\forall i\neq j$ 时 $\mathcal{G}$ 就是一个无向图。我们说一个有向图是强连通的当且仅当任何一对不同的节点之间都有一条有向路径。如果在有向图中存在一个节点（根节点）至少具有一条到达图中其他任何一个节点的有向路径，我们就说该有向图包含一个有向生成树。

引理 13.1[221]：若 $\mathcal{G}$ 表示一个具有 N 个节点的强连通的有向图，则 $\widehat{\boldsymbol{L}}=(\boldsymbol{\Xi}\boldsymbol{L}+\boldsymbol{L}^{\mathrm{T}}\boldsymbol{\Xi})/2$ 是某个无向连通图所对应的对称的拉普拉斯矩阵，其中 $\boldsymbol{\Xi}=\mathrm{diag}(\xi_1,\xi_2,\cdots,\xi_N)$。此外 $\boldsymbol{\xi}=[\xi_1,\xi_2,\cdots,\xi_N]^{\mathrm{T}}$，$\min\limits_{\boldsymbol{x}^{\mathrm{T}}\boldsymbol{\xi}=\boldsymbol{0},\boldsymbol{x}\neq\boldsymbol{0}}\boldsymbol{x}^{\mathrm{T}}\widehat{\boldsymbol{L}}\boldsymbol{x}/(\boldsymbol{x}^{\mathrm{T}}\boldsymbol{x})>\lambda_2(\widehat{\boldsymbol{L}})/N$，其中 $\lambda_2(\widehat{\boldsymbol{L}})$ 表示 $\widehat{\boldsymbol{L}}$ 的最小非零特征值。

引理 13.2[223]：令 $\boldsymbol{x}(t)\in\mathbf{R}^n$ 为一个连续可微的实向量函数，$\boldsymbol{A}(t)\in\mathbf{R}^{m\times n}$ 为一个可微的时变矩阵，则对于任意时刻 $t\geqslant t_0$ 和 $\forall q\in(0,1]$有

(1) $D^q(\boldsymbol{x}^{\mathrm{T}}(t)\boldsymbol{P}\boldsymbol{x}(t))\leqslant 2\boldsymbol{x}^{\mathrm{T}}(t)\boldsymbol{P}D^q\boldsymbol{x}(t)$；

(2) $D^q(\mathrm{tr}(\boldsymbol{A}^{\mathrm{T}}(t)\boldsymbol{A}(t)))\leqslant 2\mathrm{tr}(\boldsymbol{A}^{\mathrm{T}}(t)D^q\boldsymbol{A}(t))$。

式中，$\boldsymbol{P}\in\mathbf{R}^{n\times n}$，是一个正定矩阵。

引理 13.3[219,220]：如果一个函数 $V(t)\in\mathbf{C}([0,\infty),\mathbf{R})$的 q 阶导数满足

$$D^qV(t)\leqslant-\kappa_1V(t)+\kappa_2\tag{13-2}$$

式中，$0<q\leqslant 1$，$\kappa_1>0$ 和 $\kappa_2>0$ 都是常数，则有

$$V(t)\leqslant V(0)E_q(-\kappa_1t^q)+\frac{\kappa_2 d}{\kappa_1},t\geqslant 0\tag{13-3}$$

式中，d 是一个正常数。

引理 13.4 [Schur（舒尔）补][225]：

下面的线性矩阵不等式（LMI）：

$$\begin{bmatrix} \boldsymbol{Q}(x) & \boldsymbol{S}(x) \\ \boldsymbol{S}^{\mathrm{T}}(x) & \boldsymbol{R}(x) \end{bmatrix} > \boldsymbol{0}$$

式中，$\boldsymbol{Q}(x)=\boldsymbol{Q}^{\mathrm{T}}(x)$和$\boldsymbol{R}(x)=\boldsymbol{R}^{\mathrm{T}}(x)$等价于下面任意一个条件：

① $\boldsymbol{Q}(x)>\boldsymbol{0}$，$\boldsymbol{R}(x)-\boldsymbol{S}^{\mathrm{T}}(x)\boldsymbol{Q}^{-1}(x)\boldsymbol{S}(x)>\boldsymbol{0}$；

② $\boldsymbol{R}(x)>\boldsymbol{0}$，$\boldsymbol{Q}(x)-\boldsymbol{S}(x)\boldsymbol{R}^{-1}(x)\boldsymbol{S}^{\mathrm{T}}(x)>\boldsymbol{0}$。

引理 13.5[226]：若 $\boldsymbol{M}\in\mathbf{R}^{n\times n}$ 为一个正定矩阵，$\boldsymbol{N}\in\mathbf{R}^{n\times n}$ 为一个对称矩阵，则对于任意向量 $\boldsymbol{x}\in\mathbf{R}^n$，下面不等式成立。

$\lambda_{\min}(\boldsymbol{M}^{-1}\boldsymbol{N})\boldsymbol{x}^{\mathrm{T}}\boldsymbol{M}\boldsymbol{x}\leqslant\boldsymbol{x}^{\mathrm{T}}\boldsymbol{N}\boldsymbol{x}\leqslant\lambda_{\max}(\boldsymbol{M}^{-1}\boldsymbol{N})\boldsymbol{x}^{\mathrm{T}}\boldsymbol{M}\boldsymbol{x}$。

13.2.2 问题描述

本章考虑由有向图 $\mathcal{G}$ 描述的具有交互拓扑的分数阶多智能体系统，每个智能体的动力学满足

$$\begin{cases} D^q\boldsymbol{x}_i(t)=\boldsymbol{\omega}_i(t) \\ D^q\boldsymbol{\omega}_i(t)=f(\boldsymbol{x}_i(t),\boldsymbol{\omega}_i(t))+\boldsymbol{u}_i(t), \quad i\in\boldsymbol{I} \end{cases} \tag{13-4}$$

式中，$0<q<1$；$\boldsymbol{x}_i(t)=\boldsymbol{x}_i=[x_i^1,\cdots,x_i^n]^{\mathrm{T}}\in\mathbf{R}^n$，$\boldsymbol{\omega}_i(t)=\boldsymbol{\omega}_i=[\omega_i^1,\cdots,\omega_i^n]^{\mathrm{T}}\in\mathbf{R}^n$，都是智能体 i 的状态量；$\boldsymbol{u}_i(t)=\boldsymbol{u}_i\in\mathbf{R}^n$，是智能体 i 的控制输入；$f(\boldsymbol{x}_i(t),\boldsymbol{\omega}_i(t))=[f_1(\boldsymbol{x}_i(t),\boldsymbol{\omega}_i(t)),\cdots,f_n(\boldsymbol{x}_i(t),\boldsymbol{\omega}_i(t))]^{\mathrm{T}}$：$\mathbf{R}^n\times\mathbf{R}^n\to\mathbf{R}^n$，是智能体 i 的内在非线性动力性，且满足下面假设。

假设 13.1：对于式(13-4) 中非线性函数 f 存在两个常数矩阵 $\boldsymbol{W}=[\omega_{ij}]_{n\times n}$ 和 $\boldsymbol{M}=[m_{ij}]_{n\times n}$，其中 ω_{ij}，$m_{ij}\geqslant 0$，$\forall\,\boldsymbol{x}$，$\boldsymbol{v}$，$\boldsymbol{y}$，$\boldsymbol{z}\in\mathbf{R}^n$，$i=1,2,\cdots,n$，使得

$$|f_i(\boldsymbol{x},\boldsymbol{v})-f_i(\boldsymbol{y},\boldsymbol{z})|\leqslant\sum_{j=1}^{n}(\omega_{ij}|\boldsymbol{x}_j-\boldsymbol{y}_j|+m_{ij}|\boldsymbol{y}_j-\boldsymbol{z}_j|) \tag{13-5}$$

备注 13.1：注意到假设 13.1 的条件是温和的（见文献 [226] ），且文献 [227,228] 中的 Lipschitz（利普希茨）条件是假设 13.1 的一种特殊情况。可以很容易地看到几类混沌系统满足这一假设，例如 Chua 振荡器、Lorenz 系统和 Chen 系统、Lü 系统等等。值得注意的是，当式(13-4) 中的非线性函数 $f(\boldsymbol{x}_i(t),\boldsymbol{\omega}_i(t))$用 $f(t,\boldsymbol{x}_i(t),\boldsymbol{\omega}_i(t))$替代时假设 13.1 仍能成立，因此下面的结论对于非线性函数 $f(t,\boldsymbol{x}_i(t),\boldsymbol{\omega}_i(t))$依然成立。

接下来将考虑系统[式(13-4)]在如下控制器下的无领导者的分数阶一致性：

$$\boldsymbol{u}_i(t)=\alpha\sum_{j=1}^{N}a_{ij}\left[\boldsymbol{x}_j(t)-\boldsymbol{x}_i(t)\right]+\beta\sum_{j=1}^{N}a_{ij}\left[\boldsymbol{\omega}_j(t)-\boldsymbol{\omega}_i(t)\right],\quad i\in\boldsymbol{I}\tag{13-6}$$

式中，$\alpha>0$ 和 $\beta>0$，都是常数耦合增益。

定义 13.5：多智能体系统[式(13-4)]达到分数阶一致性，如果对于任意的初始条件和 $\forall i$，$j\in\boldsymbol{I}$，智能体满足

$$\lim_{t\to\infty}\|\boldsymbol{x}_i(t)-\boldsymbol{x}_j(t)\|=0,\quad \lim_{t\to\infty}\|D^q\boldsymbol{x}_i(t)-D^q\boldsymbol{x}_j(t)\|=0$$

显然 $\sum_{j=1}^{N}l_{ij}=0$，如果一致性能够达到，分数阶多智能体系统[式(13-4)]的任意一个解 $\boldsymbol{s}(t)=[\boldsymbol{x}_0^{\mathrm{T}},\boldsymbol{\omega}_0^{\mathrm{T}}]$ 必须是一个孤立的节点，其轨迹满足

$$\begin{cases}D^q\boldsymbol{x}_0(t)=\boldsymbol{\omega}_0(t)\\D^q\boldsymbol{\omega}_0(t)=f(\boldsymbol{x}_0(t),\boldsymbol{\omega}_0(t))\end{cases}\tag{13-7}$$

式中，$\boldsymbol{s}(t)$ 一定是一个孤立的平衡点、一个周期轨道。在后半部分中，系统[式(13-7)]将用于描述为虚拟领导者 $\boldsymbol{v}_0$，跟踪者智能体满足系统[式(13-4)]，最后设计跟踪一致性算法。

备注 13.2：非线性系统[式(13-7)]可以重写为如式(13-8) 所示形式。

$$D^{2q}\boldsymbol{x}_0=f(\boldsymbol{x}_0(t),D^q\boldsymbol{x}_0(t)),t\geqslant 0,\tag{13-8}$$

从文献 [223] 中知道非线性[式(13-8)]在 $q>1$ 时是局部不稳定的。因此，本章只考虑 $0<q<1$ 的情形。

13.3 一致性分析

本节考虑非线性分数阶多智能体系统[式(13-4)]的无领导者分布式一致性控制问题。为了得到本章的主要结论，首先给出如下假设。

假设 13.2：有向图 $\mathcal{G}$ 是强连通的。令 $\hat{\boldsymbol{x}}_i(t)=\boldsymbol{x}_i(t)-\sum_{\kappa=1}^{N}\xi_\kappa\boldsymbol{x}_\kappa(t)$ 和 $\hat{\boldsymbol{\omega}}_i(t)=\boldsymbol{\omega}_i(t)-\sum_{\kappa=1}^{N}\xi_\kappa\boldsymbol{\omega}_\kappa(t)$ 分别表示系统[式(13-4)]中智能体的位移和速度误差，其中 $\boldsymbol{\xi}=[\xi_1,\cdots,\xi_N]^{\mathrm{T}}>\boldsymbol{0}$，$\boldsymbol{\xi}^{\mathrm{T}}\boldsymbol{L}=\boldsymbol{0}$ 且 $\boldsymbol{\xi}^{\mathrm{T}}\boldsymbol{1}_N=1$。通过一些计算，从系统[式(13-4)]中知：

$$D^q\hat{\boldsymbol{x}}_i(t)=\hat{\boldsymbol{\omega}}_i(t)$$

$$D^q\hat{\boldsymbol{\omega}}_i(t)=f(\boldsymbol{x}_i(t),\boldsymbol{\omega}_i(t))-\sum_{\kappa=1}^{N}\xi_\kappa f(\boldsymbol{x}_\kappa(t),\boldsymbol{\omega}_\kappa(t))-\sum_{j=1}^{N}l_{ij}\left[\alpha\boldsymbol{x}_j(t)+\beta\boldsymbol{\omega}_j(t)\right]$$
$$+\sum_{\kappa=1}^{N}\xi_\kappa\sum_{j=1}^{N}l_{\kappa j}\left[\alpha\boldsymbol{x}_j(t)+\beta\boldsymbol{\omega}_j(t)\right]$$

$$=f(\boldsymbol{x}_i(t),\boldsymbol{\omega}_i(t))-\sum_{\kappa=1}^{N}\xi_\kappa f(\boldsymbol{x}_\kappa(t),\boldsymbol{\omega}_\kappa(t))-\sum_{j=1}^{N}l_{ij}\left[\alpha\boldsymbol{x}_j(t)+\beta\boldsymbol{\omega}_j(t)\right] \tag{13-9}$$

式中，在最后一个等式中用到了这个事实，即$\boldsymbol{\xi}^{\mathrm{T}}\boldsymbol{L}=\boldsymbol{0}$。注意到$\sum_{j=1}^{N}l_{ij}=0$，所以误差系统[式(13-9)]可以写成

$$\begin{cases}D^q\hat{\boldsymbol{x}}_i(t)=\hat{\boldsymbol{\omega}}_i(t)\\ D^q\hat{\boldsymbol{\omega}}_i(t)=f(\boldsymbol{x}_i(t),\boldsymbol{\omega}_i(t))-\sum_{\kappa=1}^{N}\xi_\kappa f(\boldsymbol{x}_\kappa(t),\boldsymbol{\omega}_\kappa(t))-\sum_{j=1}^{N}l_{ij}\left[\alpha\hat{\boldsymbol{x}}_j(t)+\beta\hat{\boldsymbol{\omega}}_j(t)\right]\end{cases} \tag{13-10}$$

令$f(\boldsymbol{x},\boldsymbol{\omega})=[f^{\mathrm{T}}(\boldsymbol{x}_1,\boldsymbol{\omega}_1),\cdots,f^{\mathrm{T}}(\boldsymbol{x}_N,\boldsymbol{\omega}_N)]^{\mathrm{T}}$，$\hat{\boldsymbol{x}}=[\hat{\boldsymbol{x}}_1^{\mathrm{T}},\cdots,\hat{\boldsymbol{x}}_N^{\mathrm{T}}]^{\mathrm{T}}$和$\hat{\boldsymbol{\omega}}=[\hat{\boldsymbol{\omega}}_1^{\mathrm{T}},\cdots,\hat{\boldsymbol{\omega}}_N^{\mathrm{T}}]^{\mathrm{T}}$。则系统[式(13-9)]具有下面的紧凑形式：

$$\begin{cases}D^q\hat{\boldsymbol{x}}(t)=\hat{\boldsymbol{\omega}}(t)\\ D^q\hat{\boldsymbol{\omega}}(t)=-\boldsymbol{L}[\alpha\hat{\boldsymbol{x}}(t)+\beta\hat{\boldsymbol{\omega}}(t)]+(\boldsymbol{I}_N-\boldsymbol{1}_N\boldsymbol{\xi}^{\mathrm{T}})f(\boldsymbol{x},\boldsymbol{\omega})\end{cases} \tag{13-11}$$

式中，$\boldsymbol{L}=[l_{ij}]_{N\times N}$定义为

$$l_{ij}=\begin{cases}-a_{ij}, & i\neq j\\ \sum_{\kappa=1}^{N}a_{i\kappa}, & i=j\end{cases}$$

容易得到$[\hat{\boldsymbol{x}}^{\mathrm{T}}(t),\hat{\boldsymbol{\omega}}^{\mathrm{T}}(t)]\rightarrow\boldsymbol{0}_{2N}$当且仅当$\lim_{t\to\infty}\|\boldsymbol{x}_i(t)-\boldsymbol{x}_j(t)\|=\lim_{t\to\infty}\|\boldsymbol{\omega}_i(t)-\boldsymbol{\omega}_j(t)\|=0$，$\forall i,\ j\in\boldsymbol{I}$。

定理 13.1：若假设 13.1 和假设 13.2 成立，并且式(13-12) 成立，则在控制协议[式(13-6)]下多智能体系统[式(13-4)]达到分数阶一致性。

$$\lambda_2(\hat{\boldsymbol{L}})>\max\left\{\frac{\rho_1}{\alpha^2}N\bar{\xi},\frac{\alpha+\rho_2}{\beta^2}N\bar{\xi}\right\} \tag{13-12}$$

式中，$\hat{\boldsymbol{L}}=(\boldsymbol{\Xi}\boldsymbol{L}+\boldsymbol{L}^{\mathrm{T}}\boldsymbol{\Xi})/2$是一个对称矩阵且满足$\sum_{j=1}^{N}\hat{l}_{ij}=\sum_{j=1}^{N}\hat{l}_{ji}=0$，$\forall i\in\boldsymbol{I}$；$\bar{\xi}=\max_{i\in\boldsymbol{I}}\{\xi_i\}$；$\rho_1$和$\rho_2$随后给出。

证明：令$\tilde{\boldsymbol{y}}(t)=[\hat{\boldsymbol{x}}^{\mathrm{T}}(t),\hat{\boldsymbol{\omega}}^{\mathrm{T}}(t)]^{\mathrm{T}}$，则系统[式(13-11)]可以重写为

$$D^q\tilde{\boldsymbol{y}}(t)=\boldsymbol{G}(t)+\tilde{\boldsymbol{L}}\tilde{\boldsymbol{y}}(t) \tag{13-13}$$

式中，$\boldsymbol{G}(t)=\begin{bmatrix}\boldsymbol{0}_N\\(\boldsymbol{I}_N-\boldsymbol{1}_N\boldsymbol{\xi}^{\mathrm{T}})f(\boldsymbol{x},\boldsymbol{\omega})\end{bmatrix}$；$\tilde{\boldsymbol{L}}=\begin{bmatrix}\boldsymbol{0}_N & \boldsymbol{I}_N\\-\alpha\boldsymbol{L} & -\beta\boldsymbol{L}\end{bmatrix}$。

定义函数：

$$\widetilde{V}(t)=\frac{1}{2}\widetilde{\boldsymbol{y}}^{\mathrm{T}}(t)\widetilde{\boldsymbol{P}}\widetilde{\boldsymbol{y}}(t) \tag{13-14}$$

式中，$\widetilde{\boldsymbol{P}}=\begin{bmatrix}2\alpha\beta\widehat{\boldsymbol{L}} & \alpha\boldsymbol{\Xi}\\ \alpha\boldsymbol{\Xi} & \beta\boldsymbol{\Xi}\end{bmatrix}$，$\boldsymbol{\Xi}=\mathrm{diag}(\xi_1,\cdots,\xi_N)$，$\boldsymbol{\xi}=[\xi_1,\cdots,\xi_N]^{\mathrm{T}}$ 是 $\boldsymbol{L}$ 的相对于特征值为 0 满足 $\boldsymbol{\xi}^{\mathrm{T}}\boldsymbol{1}_N=1$ 的正的左特征向量。易知 $\widetilde{V}(t)$是分析误差动力系统[式(13-11)]稳定性的一个有效的李雅普诺夫函数。

由引理 13.1 知

$$\begin{aligned}\widetilde{V}(t)&=\alpha\beta\widehat{\boldsymbol{x}}^{\mathrm{T}}(t)\boldsymbol{L}\widehat{\boldsymbol{x}}(t)+\frac{\alpha}{2}\widehat{\boldsymbol{x}}^{\mathrm{T}}(t)\boldsymbol{\Xi}\widehat{\boldsymbol{\omega}}(t)+\frac{\alpha}{2}\widehat{\boldsymbol{\omega}}^{\mathrm{T}}(t)\boldsymbol{\Xi}\widehat{\boldsymbol{x}}(t)+\frac{\beta}{2}\widehat{\boldsymbol{\omega}}^{\mathrm{T}}(t)\boldsymbol{\Xi}\widehat{\boldsymbol{\omega}}(t)\\&\geqslant\frac{1}{2}\widetilde{\boldsymbol{y}}^{\mathrm{T}}(t)(\widehat{\boldsymbol{P}}\otimes\boldsymbol{\Xi})\widetilde{\boldsymbol{y}}(t)\end{aligned}$$

式中，$\widehat{\boldsymbol{P}}=\begin{bmatrix}2\alpha\beta\lambda_2(\widehat{\boldsymbol{L}})/(N\bar{\xi}) & \alpha\\ \alpha & \beta\end{bmatrix}$。由引理 13.4 可知 $\widehat{\boldsymbol{P}}\otimes\boldsymbol{\Xi}>\boldsymbol{0}$ 等价于 $\lambda_2(\widehat{\boldsymbol{L}})>\alpha N\bar{\xi}/(2\beta^2)$，由条件[式(13-12)]知 $\lambda_2(\widehat{\boldsymbol{L}})>(\alpha+\rho_2)N\bar{\xi}/(2\beta^2)>\alpha N\bar{\xi}/(2\beta^2)$，故 $\widehat{\boldsymbol{P}}\otimes\boldsymbol{\Xi}>\boldsymbol{0}$。因为 $\widetilde{\boldsymbol{P}}\geqslant\widehat{\boldsymbol{P}}\otimes\boldsymbol{\Xi}$，知 $\widetilde{\boldsymbol{P}}$ 是一个实对称正定矩阵。因此有 $\widetilde{V}(t)\geqslant 0$ 和 $\widetilde{V}(t)=0$ 当且仅当 $\widetilde{y}(t)=\boldsymbol{0}_{2N}$。

令 $\overline{\boldsymbol{x}}=\sum_{\kappa=1}^{N}\xi_\kappa\boldsymbol{x}_\kappa$ 和 $\overline{\boldsymbol{\omega}}=\sum_{\kappa=1}^{N}\xi_\kappa\omega_\kappa$。从引理 13.2 和系统[式(13-11)]中不难看出

$$\begin{aligned}D^q\widetilde{V}(t)&=\frac{1}{2}D^q(\widetilde{\boldsymbol{y}}^{\mathrm{T}}(t)\widetilde{\boldsymbol{P}}\widetilde{\boldsymbol{y}}(t))\\&\leqslant\widetilde{\boldsymbol{y}}^{\mathrm{T}}(t)\widetilde{\boldsymbol{P}}D^q\widetilde{\boldsymbol{y}}(t)\\&=\widetilde{\boldsymbol{y}}^{\mathrm{T}}(t)\widetilde{\boldsymbol{P}}\boldsymbol{G}+\widetilde{\boldsymbol{y}}^{\mathrm{T}}(t)\widetilde{\boldsymbol{P}}\widetilde{\boldsymbol{L}}\widetilde{\boldsymbol{y}}(t)\\&=\frac{1}{2}\widetilde{\boldsymbol{y}}^{\mathrm{T}}(t)(\widetilde{\boldsymbol{P}}\widetilde{\boldsymbol{L}}+\widetilde{\boldsymbol{L}}^{\mathrm{T}}\widetilde{\boldsymbol{P}})\widetilde{\boldsymbol{y}}(t)+[\alpha\widehat{\boldsymbol{x}}^{\mathrm{T}}(t)+\beta\widehat{\boldsymbol{\omega}}^{\mathrm{T}}(t)]\boldsymbol{\Xi}[(\boldsymbol{I}_N-\boldsymbol{1}_N\xi^{\mathrm{T}})f(\boldsymbol{x},\boldsymbol{\omega})]\\&=\frac{1}{2}\widetilde{\boldsymbol{y}}^{\mathrm{T}}(t)(\widetilde{\boldsymbol{P}}\widetilde{\boldsymbol{L}}+\widetilde{\boldsymbol{L}}^{\mathrm{T}}\widetilde{\boldsymbol{P}})\widetilde{\boldsymbol{y}}(t)+[\alpha\widehat{\boldsymbol{x}}^{\mathrm{T}}(t)+\beta\widehat{\boldsymbol{\omega}}^{\mathrm{T}}(t)]\boldsymbol{\Xi}[f(\boldsymbol{x},\boldsymbol{\omega})-\boldsymbol{1}_N\otimes f(\overline{\boldsymbol{x}},\overline{\boldsymbol{\omega}})]\\&\quad+[\alpha\widehat{\boldsymbol{x}}^{\mathrm{T}}(t)+\beta\widehat{\boldsymbol{\omega}}^{\mathrm{T}}(t)]\boldsymbol{\Xi}[\boldsymbol{1}_N\otimes f(\overline{\boldsymbol{x}},\overline{\boldsymbol{\omega}})-\boldsymbol{1}_N\boldsymbol{\xi}^{\mathrm{T}}f(\boldsymbol{x},\boldsymbol{\omega})]\end{aligned} \tag{13-15}$$

注意到 $\widehat{\boldsymbol{x}}^{\mathrm{T}}(t)=(\boldsymbol{I}_N-\boldsymbol{1}_N\boldsymbol{\xi}^{\mathrm{T}})\boldsymbol{x}(t)$，$\widehat{\boldsymbol{\omega}}^{\mathrm{T}}(t)=(\boldsymbol{I}_N-\boldsymbol{1}_N\boldsymbol{\xi}^{\mathrm{T}})\boldsymbol{\omega}(t)$和 $\boldsymbol{\xi}^{\mathrm{T}}\boldsymbol{1}_N=1$，得到

$$\begin{aligned}\widehat{\boldsymbol{x}}^{\mathrm{T}}(t)\boldsymbol{\Xi}[\boldsymbol{1}_N\otimes f(\overline{\boldsymbol{x}},\overline{\boldsymbol{\omega}})]&=\boldsymbol{x}^{\mathrm{T}}(t)(\boldsymbol{I}_N-\boldsymbol{\xi}\boldsymbol{1}_N^{\mathrm{T}})\boldsymbol{\Xi}[\boldsymbol{1}_N\otimes f(\overline{\boldsymbol{x}},\overline{\boldsymbol{\omega}})]\\&=\boldsymbol{x}^{\mathrm{T}}(t)(\boldsymbol{\xi}-\boldsymbol{\xi})\otimes f(\overline{\boldsymbol{x}},\overline{\boldsymbol{\omega}})=0\end{aligned} \tag{13-16}$$

$$\begin{aligned}\widehat{\boldsymbol{x}}^{\mathrm{T}}(t)\boldsymbol{\Xi}[\boldsymbol{1}_N\boldsymbol{\xi}^{\mathrm{T}}f(\boldsymbol{x},\boldsymbol{\omega})]&=\boldsymbol{x}^{\mathrm{T}}(t)(\boldsymbol{I}_N-\boldsymbol{\xi}\boldsymbol{1}_N^{\mathrm{T}})\boldsymbol{\Xi}\boldsymbol{1}_N\boldsymbol{\xi}^{\mathrm{T}}f(\boldsymbol{x},\boldsymbol{\omega})\\&=\boldsymbol{x}^{\mathrm{T}}(t)(\boldsymbol{\xi}\boldsymbol{\xi}^{\mathrm{T}}-\boldsymbol{\xi}\boldsymbol{\xi}^{\mathrm{T}})f(\boldsymbol{x},\boldsymbol{\omega})=0\end{aligned} \tag{13-17}$$

类似地，有

$$\begin{aligned} &\hat{\boldsymbol{\omega}}^{\mathrm{T}}(t)\boldsymbol{\Xi}[\mathbf{1}_N \otimes \boldsymbol{f}(\bar{\boldsymbol{x}},\bar{\boldsymbol{\omega}})]=0 \\ &\hat{\boldsymbol{\omega}}^{\mathrm{T}}(t)\boldsymbol{\Xi}[\mathbf{1}_N \boldsymbol{\xi}^{\mathrm{T}} f(\boldsymbol{x},\boldsymbol{\omega})]=0 \end{aligned} \tag{13-18}$$

鉴于 $\hat{\boldsymbol{L}}=(\boldsymbol{\Xi L}+\boldsymbol{L}^{\mathrm{T}}\boldsymbol{\Xi})/2$，有

$$\frac{1}{2}(\tilde{\boldsymbol{P}}\tilde{\boldsymbol{L}}+\tilde{\boldsymbol{L}}^{\mathrm{T}}\tilde{\boldsymbol{P}})=\begin{bmatrix} -\alpha^2\hat{\boldsymbol{L}} & \mathbf{0}_{\mathrm{N}} \\ \mathbf{0}_{\mathrm{N}} & \alpha\boldsymbol{\Xi}-\beta^2\hat{\boldsymbol{L}} \end{bmatrix} \tag{13-19}$$

由假设 13.1，对于任意的 $\varepsilon\in[0,1]$[7]，有

$$\begin{aligned} &[\alpha\hat{\boldsymbol{x}}^{\mathrm{T}}(t)+\beta\hat{\boldsymbol{\omega}}^{\mathrm{T}}(t)]\boldsymbol{\Xi}[f(\boldsymbol{x},\boldsymbol{\omega})-\mathbf{1}_N\otimes f(\bar{\boldsymbol{x}},\bar{\boldsymbol{\omega}})] \\ \leqslant &\rho_1\hat{\boldsymbol{x}}^{\mathrm{T}}(t)\boldsymbol{\Xi}\hat{\boldsymbol{x}}(t)+\rho_2\hat{\boldsymbol{\omega}}^{\mathrm{T}}(t)\boldsymbol{\Xi}\hat{\boldsymbol{\omega}}(t) \end{aligned} \tag{13-20}$$

式中：

$$\rho_1=\max_{1\leqslant j\leqslant n}\sum_{\kappa=1}^{n}\left[\frac{\alpha}{2}(\omega_{j\kappa}^{2\varepsilon}+m_{j\kappa}^{2\varepsilon})+\frac{\alpha+\beta}{2}\omega_{\kappa j}^{2(1-\varepsilon)}\right] \tag{13-21}$$

$$\rho_2=\max_{1\leqslant j\leqslant n}\sum_{\kappa=1}^{n}\left[\frac{\beta}{2}(m_{j\kappa}^{2\varepsilon}+\omega_{j\kappa}^{2\varepsilon})+\frac{\alpha+\beta}{2}m_{\kappa j}^{2(1-\varepsilon)}\right] \tag{13-22}$$

联立式(13-15)～式(13-20) 有

$$\begin{aligned} D^q\tilde{V}(t)=&\frac{1}{2}\tilde{\mathbf{y}}^{\mathrm{T}}(t)(\tilde{\boldsymbol{P}}\tilde{\boldsymbol{L}}+\tilde{\boldsymbol{L}}^{\mathrm{T}}\tilde{\boldsymbol{P}})\tilde{\mathbf{y}}(t)+[\alpha\hat{\boldsymbol{x}}^{\mathrm{T}}(t)+\beta\hat{\boldsymbol{\omega}}^{\mathrm{T}}(t)][f(\boldsymbol{x},\boldsymbol{\omega})- \\ &\mathbf{1}_N\otimes f(\bar{\boldsymbol{x}},\bar{\boldsymbol{\omega}})]\leqslant\hat{\boldsymbol{x}}^{\mathrm{T}}(t)(\rho_1\boldsymbol{\Xi}-\alpha^2\hat{\boldsymbol{L}})\hat{\boldsymbol{x}}(t)+\hat{\boldsymbol{\omega}}^{\mathrm{T}}(t)[(\alpha+\beta_2)\boldsymbol{\Xi}- \\ &\beta^2\hat{\boldsymbol{L}}]\hat{\boldsymbol{\omega}}(t)\leqslant-\tilde{\mathbf{y}}^{\mathrm{T}}(t)\tilde{\boldsymbol{Q}}\tilde{\mathbf{y}}(t) \end{aligned} \tag{13-23}$$

式中：

$$\tilde{\boldsymbol{Q}}=\begin{bmatrix} [\alpha^2\lambda_2(\hat{\boldsymbol{L}})/(N\bar{\xi})-\rho_1]\boldsymbol{\Xi} & \mathbf{0}_N \\ \mathbf{0}_N & [\beta^2\lambda_2(\hat{\boldsymbol{L}})/(N\bar{\xi})-\alpha-\rho_2]\boldsymbol{\Xi} \end{bmatrix}$$

因此，$\tilde{\boldsymbol{Q}}>\mathbf{0}$ 等价于条件[式(13-12)]成立。由引理 13.5 有

$$D^q\tilde{V}(t)\leqslant-\lambda_{\min}(\tilde{\boldsymbol{Q}})\tilde{\mathbf{y}}^{\mathrm{T}}(t)\tilde{\mathbf{y}}(t)\leqslant-\tilde{\theta}\tilde{V}(t)$$

式中，$\tilde{\theta}=2\lambda_{\min}(\tilde{\boldsymbol{Q}})\lambda_{\max}^{-1}(\tilde{\boldsymbol{P}})>0$。由引理 13.3 可以得到

$$\tilde{V}(t)\leqslant\tilde{V}(0)E_q(-\tilde{\theta}t^q),t\geqslant0$$

则鉴于式(13-14)，知

$$\|\tilde{\mathbf{y}}(t)\|\leqslant\sqrt{2\tilde{V}(t)\lambda_{\min}^{-1}(\tilde{\boldsymbol{P}})}\leqslant\sqrt{\tilde{m}E_q(-\tilde{\theta}t^q)}$$

式中，$\tilde{m}=2\tilde{V}(0)\lambda_{\min}^{-1}(\tilde{\boldsymbol{P}})\geqslant0$，$\tilde{m}=0$ 成立当且仅当 $\tilde{\mathbf{y}}(0)=\mathbf{0}_{2N}$。由于 $\tilde{V}(0)=0$ 当且仅当 $\tilde{\mathbf{y}}(0)=\mathbf{0}_{2N}$，故 $\tilde{\mathbf{y}}(t)$ 是 Mittag-Leffler 稳定的，即 $\lim\limits_{t\to\infty}\tilde{\mathbf{y}}(t)=$

$\mathbf{0}_{2N}$。因此系统[式(13-4)]在控制协议[式(13-6)]下能够达到分数阶一致。定理得证。

备注 13.3： 条件[式(13-12)]等价于 $\alpha>\sqrt{\rho_1 N\bar{\xi}\lambda_2^{-1}(\hat{\boldsymbol{L}})}$ 和 $\beta>\sqrt{(\alpha+\rho_2)N\bar{\xi}\lambda_2^{-1}(\hat{\boldsymbol{L}})}$。因此总是可以选取两个足够大的常量 α 和 β 使得条件[式(13-12)]成立。

实际上，系统的反馈控制增益 α 和 β 通常比需要的大得多。另外一方面，为了使系统[式(13-4)]在控制协议[式(13-6)]下达到一致性，需要用到最小的非零特征值 $\lambda_2(\hat{\boldsymbol{L}})$ 和最大的参数 $\bar{\xi}$。然而，$\lambda_2(\hat{\boldsymbol{L}})$ 和 $\bar{\xi}$ 都是全局信息，当网络中存在大量节点时，其计算非常困难。下面将设计一个不需要用到 $\lambda_2(\hat{\boldsymbol{L}})$ 和 $\bar{\xi}$ 的自适应控制器来解决一致性问题。

考虑下面的自适应一致性协议：

$$u_i(t)=\alpha(t)\sum_{j=1}^{N}a_{ij}[x_j(t)-x_i(t)]+\beta(t)\sum_{j=1}^{N}a_{ij}[\omega_j(t)-\omega_i(t)],\quad i\in\boldsymbol{I} \tag{13-24}$$

式中，$\alpha(t)$ 和 $\beta(t)$ 都是时变的耦合增益，定义如下：

$$\begin{cases}D^q\alpha(t)=a\hat{\boldsymbol{x}}^{\mathrm{T}}(t)\hat{\boldsymbol{L}}\hat{\boldsymbol{x}}(t), & \alpha(0)>0\\ D^q\beta(t)=b\hat{\boldsymbol{\omega}}^{\mathrm{T}}(t)\hat{\boldsymbol{L}}\hat{\boldsymbol{\omega}}(t), & \beta(0)>0\end{cases} \tag{13-25}$$

式中，$a>0$ 和 $b>0$ 是两个小的常数。

类似地，得到如下的误差动力系统：

$$D^q\tilde{\boldsymbol{y}}(t)=\boldsymbol{G}(t)+\boldsymbol{A}\tilde{\boldsymbol{y}}(t) \tag{13-26}$$

式中，$\boldsymbol{A}=\begin{bmatrix}\mathbf{0}_N & \boldsymbol{I}_N\\ -\alpha(t)\boldsymbol{L} & -\beta(t)\boldsymbol{L}\end{bmatrix}$，其余的变量如式(13-13)所定义。

备注 13.4： 因为 $\hat{\boldsymbol{x}}^{\mathrm{T}}\boldsymbol{\xi}=\hat{\boldsymbol{\omega}}^{\mathrm{T}}\boldsymbol{\xi}=0$，由引理 13.1 知 $D^q\alpha(t)>(a/N)\lambda_2(\hat{\boldsymbol{L}})\hat{\boldsymbol{x}}^{\mathrm{T}}(t)\hat{\boldsymbol{x}}(t)>0$ 和 $D^q\beta(t)>(b/N)\lambda_2(\hat{\boldsymbol{L}})\hat{\boldsymbol{\omega}}^{\mathrm{T}}(t)\hat{\boldsymbol{\omega}}(t)>0$，$\forall t\in\mathbf{R}^+$，$\tilde{\boldsymbol{y}}(t)\neq\mathbf{0}_{2N}$。另外，$\alpha(t)>0$ 和 $\beta(t)>0$，$\forall t\in\mathbf{R}^+$。然而，当 $0<q<1$ 时不能得到 $\alpha(t)$ 和 $\beta(t)$ 是单调递增的。为了说明其原因，假设 $\alpha(t)$ 满足

$$D^q\alpha(t)=g(t,\alpha(t))\geqslant 0,\quad 0<q<1,\quad t\geqslant 0 \tag{13-27}$$

当 $0<q<1$ 时有 $I_t^qD^q\alpha(t)=\alpha(t)-\alpha(t_0)$，$\forall t\geqslant 0$，由定义 13.1，对式(13-27)的两边从 0 到 t 积分有

$$\alpha(t)=\alpha(0)+\frac{1}{\Gamma(q)}\int_0^t\frac{g(s,\alpha(s))}{(t_1-s)^{1-q}}\mathrm{d}s\geqslant\alpha(0)>0$$

类似地，若对于 $\forall t_1$、t_2，$0\leqslant t_1<t_2<+\infty$，对式(13-27)两边分别从 0 到 t_1 和从 0 到 t_2 积分，有

$$\alpha(t_1)=\alpha(0)+\frac{1}{\Gamma(q)}\int_0^{t_1}\frac{g(s,\alpha(s))}{(t_1-s)^{1-q}}\mathrm{d}s \tag{13-28}$$

$$\alpha(t_2)=\alpha(0)+\frac{1}{\Gamma(q)}\int_0^{t_2}\frac{g(s,\alpha(s))}{(t_2-s)^{1-q}}\mathrm{d}s \tag{13-29}$$

由式(13-29) 减去式(13-28)，有

$$\begin{aligned}\alpha(t_2)-\alpha(t_1)&=\frac{1}{\Gamma(q)}\int_0^{t_2}\frac{g(s,\alpha(s))}{(t_2-s)^{1-q}}\mathrm{d}s-\frac{1}{\Gamma(q)}\int_0^{t_1}\frac{g(s,\alpha(s))}{(t_1-s)^{1-q}}\mathrm{d}s\\&=\underbrace{\frac{1}{\Gamma(q)}\int_0^{t_1}\left[\frac{1}{(t_2-s)^{1-q}}-\frac{1}{(t_1-s)^{1-q}}\right]g(s,\alpha(s))\mathrm{d}s}_{\leqslant 0}+\\&\quad\underbrace{\frac{1}{\Gamma(q)}\int_{t_1}^{t_2}\frac{g(s,\alpha(s))}{(t_2-s)^{1-q}}\mathrm{d}s}_{\geqslant 0}\end{aligned} \tag{13-30}$$

则由式(13-30) 不能得到 $\alpha(t_2)\leqslant\alpha(t_1)$或者 $\alpha(t_2)\geqslant\alpha(t_1)$。类似于 $\alpha(t)$ 的证明，有 $\beta(t)\geqslant\beta(0)>0$，且在 $0<q<1$ 时，$\beta(t)$并非单调递增。

定理 13.2：若假设 13.1 和假设 13.2 成立，在自适应控制协议[式(13-24)、式(13-25)]下多智能体系统[式(13-4)]达到分数阶一致性。

证明：

考虑下面的李雅普诺夫函数：

$$\hat{V}(t)=\frac{1}{2}\tilde{\boldsymbol{y}}^{\mathrm{T}}(t)\boldsymbol{B}\tilde{\boldsymbol{y}}(t)+\frac{\varepsilon}{2a}[\alpha(t)-\hat{\alpha}]^2+\frac{\eta}{2b}[\beta(t)-\hat{\beta}]^2 \tag{13-31}$$

式中，$\boldsymbol{B}=\begin{bmatrix}\mu\hat{\boldsymbol{L}} & \varepsilon\boldsymbol{\Xi}\\ \varepsilon\boldsymbol{\Xi} & \eta\boldsymbol{\Xi}\end{bmatrix}$，$\mu\gg\varepsilon>0$，$\eta>0$；$\alpha$ 和 β 是两个即将给定的正常数。由定理 13.1 知

$$\hat{V}(t)\geqslant\frac{1}{2}\tilde{\boldsymbol{y}}^{\mathrm{T}}(t)\hat{\boldsymbol{B}}\tilde{\boldsymbol{y}}(t)+\frac{\varepsilon}{2a}[\alpha(t)-\hat{\alpha}]^2+\frac{\eta}{2b}[\beta(t)-\hat{\beta}]^2$$

式中，$\boldsymbol{B}=\begin{bmatrix}\mu\lambda_2(\hat{\boldsymbol{L}})/(N\bar{\xi}) & \varepsilon\\ \varepsilon & \eta\end{bmatrix}\otimes\boldsymbol{\Xi}$。由引理 13.4 知 $\hat{\boldsymbol{B}}>\boldsymbol{0}$ 等价于 $\eta>0$ 和 $\mu\lambda_2(\hat{\boldsymbol{L}})/(N\bar{\xi})>\varepsilon^2/\eta$。$\hat{V}(t)\geqslant 0$和 $\hat{V}(t)=0$当且仅当 $\tilde{\boldsymbol{y}}(t)=\boldsymbol{0}_{2N}$，$\alpha(t)=\hat{\alpha}$ 和 $\beta(t)=\hat{\beta}$，$\forall t\in\mathbf{R}^+$。

由引理 13.2，沿着轨迹[式(13-26)]取[式(13-31)]的 q 阶导数，有

$$\begin{aligned}D^q\hat{V}(t)&=\tilde{\boldsymbol{y}}^{\mathrm{T}}(t)\boldsymbol{B}D^q\tilde{\boldsymbol{y}}(t)+\frac{\varepsilon}{a}[\alpha(t)-\hat{\alpha}]D^q(\alpha(t)-\hat{\alpha})+\frac{\eta}{b}[\beta(t)-\hat{\beta}]D^q(\beta(t)-\hat{\beta})\\&=\tilde{\boldsymbol{y}}^{\mathrm{T}}(t)\boldsymbol{B}[G(t)+\boldsymbol{A}\tilde{\boldsymbol{y}}(t)]+\varepsilon[\alpha(t)-\hat{\alpha}]\tilde{\boldsymbol{x}}^{\mathrm{T}}(t)\hat{\boldsymbol{L}}\tilde{\boldsymbol{x}}(t)\\&\quad+\eta[\beta(t)-\hat{\beta}]\tilde{\boldsymbol{\omega}}^{\mathrm{T}}(t)\hat{\boldsymbol{L}}\tilde{\boldsymbol{\omega}}(t)\end{aligned}$$

$$
\begin{aligned}
&=\widetilde{\boldsymbol{y}}^{\mathrm{T}}(t)\begin{bmatrix}\varepsilon[\alpha(t)-\widehat{\alpha}]\widehat{\boldsymbol{L}} & \boldsymbol{0}_N \\ \boldsymbol{0}_N & \eta[\beta(t)-\widehat{\beta}]\widehat{\boldsymbol{L}}\end{bmatrix}\widetilde{\boldsymbol{y}}(t)+\frac{1}{2}\widetilde{\boldsymbol{y}}^{\mathrm{T}}(t)(\boldsymbol{BA}+\boldsymbol{A}^{\mathrm{T}}\boldsymbol{B})\widetilde{\boldsymbol{y}}(t)+\\
&\quad[\varepsilon\widehat{\boldsymbol{x}}^{\mathrm{T}}(t)+\eta\widehat{\boldsymbol{\omega}}^{\mathrm{T}}(t)]\boldsymbol{\Xi}[f(\boldsymbol{x},\boldsymbol{\omega})-\boldsymbol{1}_N\otimes f(\overline{\boldsymbol{x}},\overline{\boldsymbol{\omega}})]+\\
&\quad[\varepsilon\widehat{\boldsymbol{x}}^{\mathrm{T}}(t)+\eta\widehat{\boldsymbol{\omega}}^{\mathrm{T}}(t)]\boldsymbol{\Xi}[\boldsymbol{1}_N\otimes f(\overline{\boldsymbol{x}},\overline{\boldsymbol{\omega}})-\boldsymbol{1}_N\xi^{\mathrm{T}}f(\boldsymbol{x},\boldsymbol{\omega})]
\end{aligned}
\tag{13-32}
$$

注意到 $\widehat{\boldsymbol{L}}=(\boldsymbol{\Xi L}+\boldsymbol{L}^{\mathrm{T}}\boldsymbol{\Xi})/2$，通过简单计算得到

$$
\frac{1}{2}(\boldsymbol{BA}+\boldsymbol{A}^{\mathrm{T}}\boldsymbol{B})=\begin{bmatrix}-\varepsilon\alpha(t)\widehat{\boldsymbol{L}} & \boldsymbol{C} \\ \boldsymbol{C}^{\mathrm{T}} & \varepsilon\boldsymbol{\Xi}-\eta\beta(t)\widehat{\boldsymbol{L}}\end{bmatrix}
\tag{13-33}
$$

式中，$\boldsymbol{C}=[\mu\widehat{\boldsymbol{L}}-\varepsilon\beta(t)\boldsymbol{\Xi L}-\eta\alpha(t)\boldsymbol{L}^{\mathrm{T}}\boldsymbol{\Xi}]/2$。

由假设 13.1，对任意的 $\varepsilon\in[0,1]$[7]，有

$$
\begin{aligned}
&[\varepsilon\widehat{\boldsymbol{x}}^{\mathrm{T}}(t)+\eta\widehat{\boldsymbol{\omega}}^{\mathrm{T}}(t)]\boldsymbol{\Xi}[f(\boldsymbol{x},\boldsymbol{\omega})-\boldsymbol{1}_N\otimes f(\overline{\boldsymbol{x}},\overline{\boldsymbol{\omega}})]\\
\leqslant\;&\widehat{\rho}_1\widehat{\boldsymbol{x}}^{\mathrm{T}}(t)\boldsymbol{\Xi}\widehat{\boldsymbol{x}}(t)+\widehat{\rho}_2\widehat{\boldsymbol{\omega}}^{\mathrm{T}}(t)\boldsymbol{\Xi}\widehat{\boldsymbol{\omega}}(t)
\end{aligned}
\tag{13-34}
$$

式中：

$$
\widehat{\rho}_1=\max_{1\leqslant j\leqslant n}\sum_{\kappa=1}^{n}\left[\frac{\varepsilon}{2}(\omega_{j\kappa}^{2\epsilon}+m_{j\kappa}^{2\epsilon})+\frac{\varepsilon+\eta}{2}\omega_{\kappa j}^{2(1-\epsilon)}\right]
$$

$$
\widehat{\rho}_2=\max_{1\leqslant j\leqslant n}\sum_{\kappa=1}^{n}\left[\frac{\eta}{2}(m_{j\kappa}^{2\epsilon}+\omega_{j\kappa}^{2\epsilon})+\frac{\varepsilon+\eta}{2}m_{\kappa j}^{2(1-\epsilon)}\right]
$$

令 $\bar{l}=\max\limits_{i,j\in\boldsymbol{I}}|l_{ij}|$，$\bar{l}_*=\max\limits_{i,j\in\boldsymbol{I}}|\widehat{l}_{ij}|$ 和 $c(t)=(N/2)\{\mu\bar{l}_*+\bar{\xi}[\varepsilon\beta(t)+\eta\alpha(t)]\bar{l}\}$。注意到

$$
\begin{aligned}
&\widehat{\boldsymbol{x}}^{\mathrm{T}}\boldsymbol{C}\widehat{\boldsymbol{\omega}}+\widehat{\boldsymbol{\omega}}^{\mathrm{T}}\boldsymbol{C}\widehat{\boldsymbol{x}}\\
&=\frac{1}{2}\sum_{i=1}^{N}\sum_{j=1}^{N}\widehat{\boldsymbol{x}}_i^{\mathrm{T}}[\mu\widehat{l}_{ij}-\varepsilon\beta(t)\xi_i l_{ij}-\eta\alpha(t)\xi_j l_{ji}]\widehat{\boldsymbol{\omega}}_j\\
&\quad+\sum_{i=1}^{N}\sum_{j=1}^{N}\widehat{\boldsymbol{\omega}}_i^{\mathrm{T}}[\mu\widehat{l}_{ij}-\varepsilon\beta(t)\zeta_j l_{ji}-\eta\alpha(t)\xi_i l_{ij}]\widehat{\boldsymbol{x}}_j\\
&\leqslant\sum_{i=1}^{N}\sum_{j=1}^{N}\|\widehat{\boldsymbol{x}}_i\|\|\widehat{\boldsymbol{\omega}}_j\|\left\{\mu|\widehat{l}_{ij}|+\frac{\bar{\xi}}{2}[\varepsilon\beta(t)+\eta\alpha(t)](|l_{ij}|+l_{ji})\right\}\\
&\leqslant\frac{N}{2}\left\{\mu\bar{l}_*+\bar{\xi}[\varepsilon\beta(t)+\eta\alpha(t)]\bar{l}\right\}\sum_{i=1}^{N}\sum_{j=1}^{N}(\|\widehat{\boldsymbol{x}}_i\|^2+\|\widehat{\boldsymbol{\omega}}_j\|^2)\\
&=c(t)(\widehat{\boldsymbol{x}}^{\mathrm{T}}\widehat{\boldsymbol{x}}+\widehat{\boldsymbol{\omega}}^{\mathrm{T}}\widehat{\boldsymbol{\omega}})
\end{aligned}
\tag{13-35}
$$

联立式(13-16)～式(13-18) 和式(13-32)～式(13-35) 可得

$$\begin{aligned} D^q\widetilde{V}(t) \leqslant & \widehat{\boldsymbol{x}}^{\mathrm{T}}(t)\left[\widehat{\rho}_1\boldsymbol{\Xi}+c(t)\boldsymbol{I}_n-\varepsilon\widehat{\alpha}\widehat{\boldsymbol{L}}\right]\widehat{\boldsymbol{x}}(t) \\ & +\widehat{\boldsymbol{\omega}}^{\mathrm{T}}(t)\left[(\widehat{\rho}_2+\varepsilon)\boldsymbol{\Xi}+c(t)\boldsymbol{I}_n-\eta\widehat{\beta}\widehat{\boldsymbol{L}}\right]\widehat{\boldsymbol{\omega}}(t) \\ \leqslant & -\left[\varepsilon\widehat{\alpha}\frac{\lambda_2(\widehat{\boldsymbol{L}})}{N}-\widehat{\rho}_1\bar{\xi}-c(t)\right]\widehat{\boldsymbol{x}}^{\mathrm{T}}(t)\widehat{\boldsymbol{x}}(t) \\ & -\left[\eta\widehat{\beta}\frac{\lambda_2(\widehat{\boldsymbol{L}})}{N}-(\widehat{\rho}_2+\varepsilon)\bar{\xi}-c(t)\right]\widehat{\boldsymbol{\omega}}^{\mathrm{T}}(t)\widehat{\boldsymbol{\omega}}(t) \end{aligned} \tag{13-36}$$

令 $\bar{\alpha}=\max\limits_{t\in\mathbf{R}^+}|\alpha(t)|$ 和 $\bar{\beta}=\max\limits_{t\in\mathbf{R}^+}|\beta(t)|$，选择 $\varepsilon=\widehat{\varepsilon}/(\bar{\beta}+1)<\widehat{\varepsilon}\ll\mu$ 和 $0<\eta=\widehat{\eta}/(\bar{\alpha}+1)<\widehat{\eta}<\infty$，有

$$c(t)\leqslant\frac{N\mu\bar{l}_*}{2}+\frac{N\bar{\xi}}{2}\left(\frac{\widehat{\varepsilon}\bar{\beta}}{\bar{\beta}+1}+\frac{\widehat{\eta}\bar{\alpha}}{\bar{\alpha}+1}\right)\bar{l}<\frac{N\mu\bar{l}_*}{2}+\frac{N\bar{\xi}}{2}(\widehat{\varepsilon}+\widehat{\eta})\bar{l}$$

因此 $\bar{c}=\max\limits_{t\in\mathbf{R}^+}|c(t)|<(N/2)\left[\mu\bar{l}_*+\bar{\xi}(\widehat{\varepsilon}+\widehat{\eta})\bar{l}\right]<\infty$。$c(t)$ 有界，总是可以选择两个足够大的常数 $\widehat{\alpha}$ 和 $\widehat{\beta}$，使得 $c_1\triangleq\varepsilon\widehat{\alpha}\lambda_2(\widehat{\boldsymbol{L}})/N-\widehat{\rho}_1-\bar{c}>1$ 和 $c_2\triangleq\eta\widehat{\beta}(\widehat{\boldsymbol{L}})/N-(\widehat{\rho}_2+\varepsilon)\bar{\xi}-\bar{c}>1$ 成立。从式(13-31) 知，存在一个大的常数 $\widehat{\kappa}>0$ 使得 $\widehat{V}(t)\leqslant\widehat{\kappa}\widetilde{\mathbf{y}}^{\mathrm{T}}(t)\widetilde{\mathbf{y}}(t)$。由引理 13.5 知

$$D^q\widehat{V}(t)\leqslant-\min\{c_1,c_2\}\widetilde{\mathbf{y}}^{\mathrm{T}}(t)\widetilde{\mathbf{y}}(t)\leqslant-\widehat{\theta}\widehat{V}(t)$$

式中，$\widehat{\theta}=(1/\widehat{\kappa})\min\{c_1,c_2\}>0$。由引理 13.3 可以得到

$$\widehat{V}(t)\leqslant\widehat{V}(0)E_q(-\widehat{\theta}t^q),\quad t\geqslant0$$

这与式(13-31) 意味着

$$\|\widetilde{\mathbf{y}}(t)\|\leqslant\sqrt{2\widehat{V}(t)\lambda_{\min}^{-1}(\boldsymbol{B})}\leqslant\sqrt{\widehat{m}E_q(-\widehat{\theta}t^q)}$$

式中，$\widehat{m}=2\widehat{V}(0)\lambda_{\min}^{-1}(\boldsymbol{B})\geqslant0$，$\widehat{m}=0$ 成立当且仅当 $\widetilde{\mathbf{y}}(0)=\mathbf{0}_{2N}$，$\alpha(0)=\widehat{\alpha}$ 和 $\beta(0)=\widehat{\beta}$。因为 $\widetilde{V}(0)=0$ 当且仅当 $\widetilde{\mathbf{y}}(0)=\mathbf{0}_{2N}$，$\alpha(0)=\widehat{\alpha}$ 且 $\beta(0)=\widehat{\beta}$，故 $\widetilde{\mathbf{y}}(t)$ 是 Mittag-Leffler 稳定的，即 $\widetilde{\mathbf{y}}(t)\rightarrow\mathbf{0}_{2N}$（当 $t\rightarrow\infty$）。因此，系统[式(13-4)]在自适应控制协议[式(13-24)、式(13-25)]下达到分数阶一致。定理得证。

备注 13.5：注意到在一致性协议[式(13-24)]下，多智能体系统的时变耦合增益 $\alpha(t)$ 和 $\beta(t)$ 都是相同的。如果 $\alpha(t)$ 和 $\beta(t)$ 分别变为 $\alpha_i(t)$ 和 $\beta_i(t)$，不能得到式(13-9)，因为这增加了处理以下等式关系的难度：$\sum\limits_{\kappa=1}^{N}\xi_\kappa\sum\limits_{j=1}^{N}l_{\kappa j}(\alpha_\kappa\boldsymbol{x}_j+\beta_\kappa\boldsymbol{\omega}_j)=\sum\limits_{\kappa=1}^{N}\boldsymbol{x}_j\sum\limits_{j=1}^{N}\alpha_\kappa\xi_\kappa l_{\kappa j}+\sum\limits_{\kappa=1}^{N}\boldsymbol{\omega}_j\sum\limits_{j=1}^{N}\beta_\kappa\xi_\kappa l_{\kappa j}=\mathbf{0}$。但是如果令 $\alpha_i(t)=\alpha(t)$ 和 $\beta_i(t)=\beta(t)$，这个问题通过利用 $\boldsymbol{\xi}^{\mathrm{T}}\boldsymbol{L}=\mathbf{0}$ 容易解决。

13.4 仿真实例

在本节中，给出了一个仿真示例来验证相应结论的有效性。

考虑在控制输入[式(13-6)]下分数阶多智能体系统的分布式一致性控制问题。图13.1给出了六个智能体之间的有向网络拓扑结构图 $\mathcal{G}$，易知 $\mathcal{G}$ 是强连通的。有向图 $\mathcal{G}$ 的拉普拉斯矩阵为

$$\boldsymbol{L}=\begin{bmatrix} 2 & -1 & 0 & 0 & 0 & -1 \\ 0 & 1 & -1 & 0 & 0 & 0 \\ -1 & 0 & 1 & 0 & 0 & 0 \\ 0 & -1 & 0 & 1 & 0 & 0 \\ 0 & 0 & 0 & -1 & 1 & 0 \\ 0 & 0 & 0 & 0 & -1 & 1 \end{bmatrix}$$

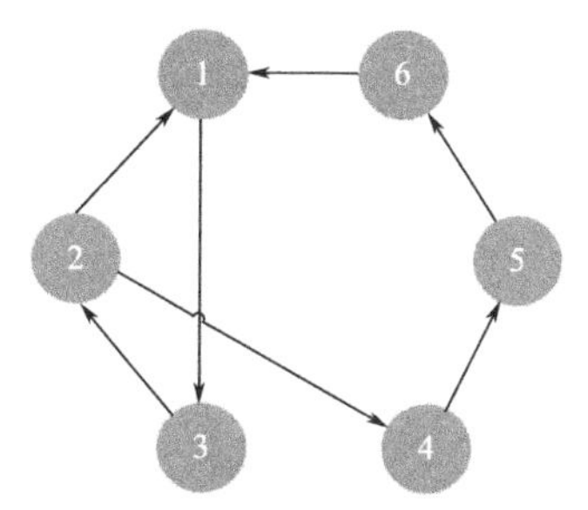

图13.1 网络拓扑 $\mathcal{G}$

非线性函数 f 为 $f(x_i(t),\omega_i(t))=0.2\sin[x_i(t)-0.8\omega_i(t)]$；选取 $\varepsilon=0.5$，$q=0.95$，$\alpha=60$ 和 $\beta=70$。容易验证非线性函数 f 满足假设13.1且 $W=1.2$ 和 $M=0.8$。通过计算可以求得参数 $\boldsymbol{\xi}=[0.125,0.25,0.25,0.125,0.125,0.125]^{\mathrm{T}}$，而参数 $\rho_1=138$，$\rho_2=122$，$\max\{\rho_1 N\bar{\xi}/\alpha^2,(\alpha+\rho_2)N\bar{\xi}/\beta^2\}=0.0575<\lambda_2(\hat{\boldsymbol{L}})=0.0672$。由图13.2知，在控制协议[式(13-24)]下多智能体系统[式(13-4)]达到了分数阶一致，因此验证了定理13.1。图13.2表明，当 $q=1$ 时二阶一致性依然可以达到。

考虑多智能体系统[式(13-4)]在自适应反馈控制输入[式(13-24)]下满足 $a=0.5$ 和 $b=1.5$，并且 $\alpha(0)$ 和 $\beta(0)$ 在 $(0,1)$ 中随机取值。由图13.3知所有智能体的状态轨迹在 $q=0.95$ 或 $q=1$ 时达到一致。相应的自适应反馈控制增益 $\alpha(t)$ 和 $\beta(t)$ 如图13.4所示，从中可以观察到当 $q=0.95$ 时 $\alpha(t)>0$ 和 $\beta(t)>0$ 都是有界的但并非单调递增的，这与备注13.4中的理论分析相吻合。同时注意到当 $q=1$ 时，$\alpha(t)>0$ 和 $\beta(t)>0$ 是单调递增的。

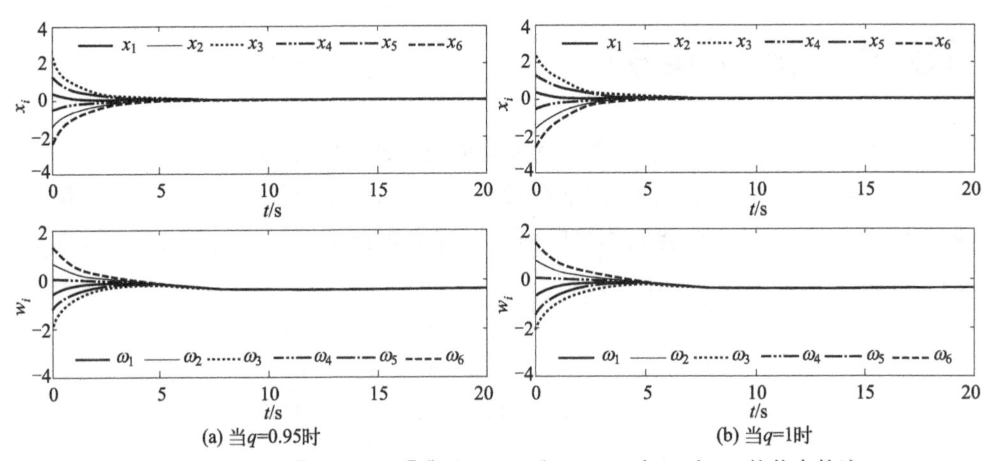

图 13.2　在协议[式(13-24)]满足 $\alpha=60$ 和 $\beta=70$ 时 x_i 和 ω_i 的状态轨迹

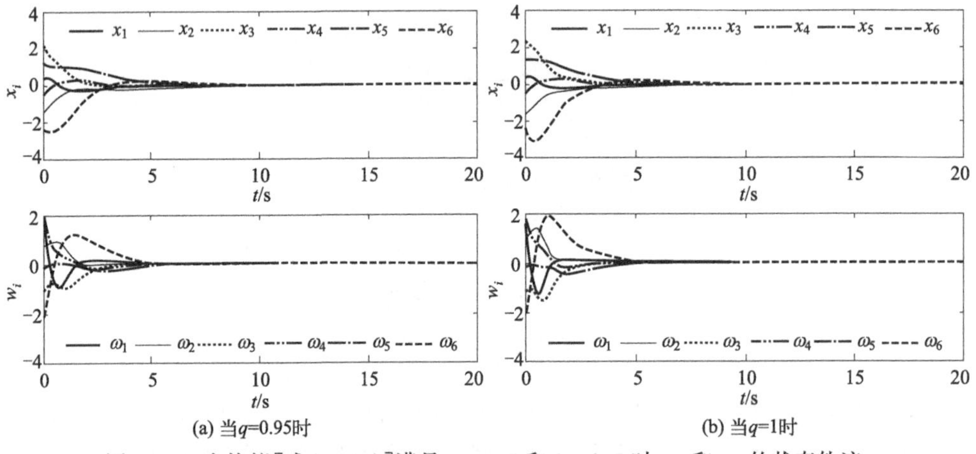

图 13.3　在协议[式(13-24)]满足 $a=0.5$ 和 $b=1.5$ 时 x_i 和 ω_i 的状态轨迹

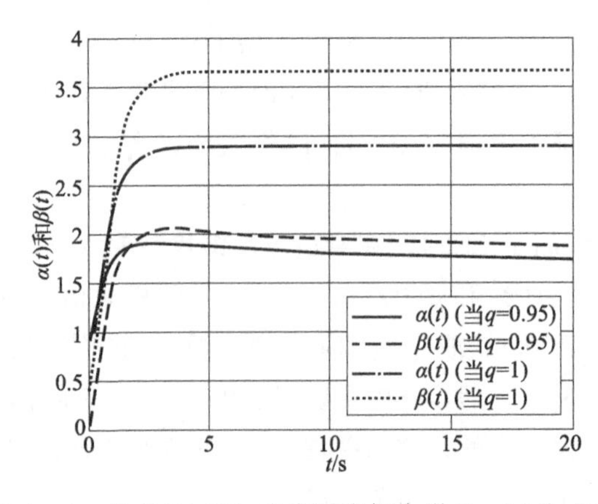

图 13.4　在式(13-25) 中自适应耦合增益 $\alpha(t)$和 $\beta(t)$

13.5 本章小结

在本章中，利用 Mittag-LeMer 稳定性和分数李雅普洛夫直接方法，在有向网络拓扑结构下，研究非线性分数阶无领导者多智能体系统的一致性问题。首先设计了不变增益控制算法，通过利用分数李雅普诺夫直接方法，给出了达到分数阶一致性的充分条件。随后设计了自适应反馈控制算法，去掉了不变常数增益控制算法中的全局性限制条件。

未来的一些可能的工作包括：①通过自适应一致性控制，考虑具有未知外部干扰的异构非线性分数阶多智能体系统；②考虑具有有界控制输入的非线性分数阶多智能体系统的一致性跟踪问题，或领导者是具有有界导数的任意参考信号；③考虑具有切换拓扑或事件触发的非线性分数阶多智能体系统的一致性控制。

第 14 章

多无人艇的编队控制

14.1 概述

以上章节重点介绍了在线性、非线性、切换、输入延迟、测量噪声等多种情况下多智能体系统的协同控制。目前，多智能体方面的研究已逐渐深入各领域，如无人水面艇、四旋翼无人机、移动机器人、智能微电网等。从本章起，将着重对这些实际系统进行协同控制，并针对具体案例详细分析。

众所周知，21 世纪是海洋的世纪，海洋中蕴藏着丰富的资源，是人类生存和可持续发展的战略空间和资源要地。大力发展无人航行器，包括无人水面艇（unmanned surface vehicle，USV）和自主式水下航行器（autonomous underwater vehicle，AUV）等，可用于海洋资源的开发和海洋权益的维护。

当前，海洋航行器的发展呈现智能化、网络化、集群化等趋势，由于海洋环境日益复杂、作业任务日益多样、单艇作业能力极其受限等问题，多无人艇通过协同实现集群化作业成为未来海洋作业的主要形式之一。近年来，多智能体系统的控制问题引起了科学界的广泛关注，典型的问题有集群问题[229,230]、编队问题[207,231]、一致性问题[1,2,99,101,142,232]、连通性问题[145]、会合问题[233]以及协同输出调节问题[158]等。在这些研究领域中，编队控制因其在工程上的广泛应用而成为一个重要的研究热点，如多机器人协同编队控制[234,235]、无人机编队控制[236]、欠驱动水面舰艇编队控制[237-241]等。在多智能体系统的编队控制方面，分布式智能体的一个显著优势在于其控制策略与集中控制相比，通信和计算成本更低。目前，实现无人水面艇分布式控制设计的方法有很多，如基于行为的方法[234]、基于虚拟结构的方法[235]、基于图论的方法[242,243]、人工势函数的方法[244]、领导者-跟随者的方法[245]等。在这些控制策略中，领导者-跟随者控制方法因其简单和可拓展性而成为工程应用中最理想的控制策略。领导者-跟随者框架下分布式控制器的设计目标是将领导者和跟随者之间位置和方向的相对误差减小到所要求的水平。

近几十年来，国内外学者对欠驱动无人艇的编队控制问题展开了众多研究，并取得了丰硕的成果。文献［238］提出了一种基于神经网络的动态面控制方法。文献［239］研究了领导者-跟随者框架下的欠驱动无人艇编队控制策略，通过定义线性滑模面、设计线性滑模控制器，使得相对误差趋向于零。文献［240］采用李雅普诺夫稳定性理论和反步法，对有限通信范围的欠驱动无人艇控制器进行设计。然而上述方法一方面不能保证无人艇在有限时间内达到给定的编队模式，另一方面，当无人艇受到波浪、风、海流等外部环境扰动时，这些方法的鲁棒性均不理想。

为此，本章重点研究欠驱动无人艇的编队控制问题。将非线性滑模控制方法与有限时间稳定理论相结合，提出了一种针对无人艇的分布式控制器，使得相对误差在有限时间内减小到零。最后，通过仿真验证了该方法的有效性和优越性。

14.2 问题描述

14.2.1 图论知识

本章采用有向拓扑图来描述多无人艇的网络连通特性，且考虑的是由 N 艘无人艇和一个用下标 L 表示的领导者无人艇组成的多无人艇系统。

假设 14.1： 考虑本章的有向网络拓扑，假设由 $N+1$ 艘无人艇组成的整个网络是弱连通的，即至少存在一条从领导者无人艇到任意一艘跟随者无人艇的有向路径。相反，不存在从任何跟随者无人艇到领导者无人艇的有向路径，领导者无人艇生成的实时运动信息不受网络中其他无人艇的影响。此外，在这个固定网络拓扑中所有的无人艇均假定是同构的。

备注 14.1： 考虑拉普拉斯矩阵 $\boldsymbol{L}=\boldsymbol{D}_{in}-\boldsymbol{A}$，其对应的归一化有向拉普拉斯矩阵 $\boldsymbol{l}$ 通常给定如下：

$$\boldsymbol{l}=[l_{ij}]\in\mathbf{R}^{N\times N}$$

式中：

$$l_{ij}=\begin{cases}0,l_{ii}=0\\1,l_{ii}\neq 0\text{ 且 }i=j\\l_{ij}/l_{ii},l_{ii}\neq 0\text{ 且 }i\neq j\end{cases}$$

对于本章研究的情况，归一化拉普拉斯矩阵 $\boldsymbol{l}$ 可以改写为

$$l=[l_{ij}]_{(N+1)\times(N+1)}=\begin{bmatrix}0 & \mathbf{0}_{1\times N}\\ \boldsymbol{l}_1 & \boldsymbol{l}_2\end{bmatrix} \tag{14-1}$$

式中：

$$l_{ij}=\begin{cases}0, i=L\\ l_{ij}/l_{ii}, i\neq L \text{ 且 } i\neq j\\ 1, i\neq L \text{ 且 } i=j\end{cases}$$

$$\boldsymbol{l}_1=\begin{bmatrix}l_{1L}\\ \vdots\\ l_{NL}\end{bmatrix}, \boldsymbol{l}_2=\begin{bmatrix}l_{11} & \cdots & l_{1N}\\ \vdots & & \vdots\\ l_{N1} & \cdots & l_{NN}\end{bmatrix}$$

14.2.2 有限时间稳定性理论

本章使用 $\mathbf{R}$ 表示实数集，用 $\mathbf{R}^{n\times n}$ 表示 $n\times n$ 实数矩阵集合。A_{ij} 表示矩阵 $\boldsymbol{A}$ 中第 i 行 j 列的元素，$\boldsymbol{A}^{\mathrm{T}}$ 表示矩阵 $\boldsymbol{A}$ 的转置，$(\boldsymbol{A})^{-1}$ 表示矩阵 $\boldsymbol{A}$ 的逆矩阵。$\mathring{\boldsymbol{\Delta}}$、$\overline{\boldsymbol{\Delta}}$ 和 $\partial\boldsymbol{\Delta}$ 分别代表集合的内部、闭包和边界。此外，$V'(\boldsymbol{x})$ 表示向量函数 V 在 $\boldsymbol{x}$ 处的弗雷歇导数。$\|\boldsymbol{A}\|_{\infty}$ 表示矩阵 $\boldsymbol{A}$ 的 ∞ 范数。

以下主要介绍研究有限时间稳定性理论所必需的两个引理。考虑非线性动力学系统如下：

$$\dot{\boldsymbol{x}}(t)=f(\boldsymbol{x}(t)), \boldsymbol{x}(0)=\boldsymbol{x}_0, t\geqslant 0 \tag{14-2}$$

式中，$\boldsymbol{x}(t)\in\boldsymbol{\Delta}\subseteq\mathbf{R}^{n\times 1}$，$t\geqslant 0$，表示系统的状态向量，$\boldsymbol{\Delta}$ 为系统[式(14-2)]包含坐标原点的某一开邻域；$f(\cdot)$ 在 $\boldsymbol{\Delta}$ 上连续且满足 $f(\mathbf{0})=\mathbf{0}$。显然，式(14-2) 在初始条件 $\boldsymbol{x}_0\in\boldsymbol{\Delta}$ 下的解可以记为 $r^{\boldsymbol{x}_0}(t)$，$t\geqslant 0$ 或 $r(\boldsymbol{x}_0, t)$，$t\geqslant 0$。

引理 14.1：考虑由式(14-2) 给出的非线性动力学，$\boldsymbol{\Delta}'\subset\boldsymbol{\Delta}$ 表示关于式(14-2) 的正不变集。如果在 $\boldsymbol{\Delta}'$ 中存在一个开邻域 $\boldsymbol{\Gamma}\subset\boldsymbol{\Delta}$ 及调节时间函数 T：$\boldsymbol{\Gamma}\setminus\boldsymbol{\Delta}'\rightarrow(0,\infty)$，且满足以下要求 (1)、(2)，那么不变集 $\boldsymbol{\Delta}'$ 是有限时间稳定的。此外，如果它是有限时间稳定的，且 $\boldsymbol{\Gamma}=\boldsymbol{\Delta}=\mathbf{R}^{n\times 1}$，则称不变集 $\boldsymbol{\Delta}'$ 是全局有限时间稳定的。

(1) 有限时间收敛：对于任意 $\boldsymbol{x}\in\Gamma\setminus\boldsymbol{\Delta}'$ 及定义于 $[0, T(\boldsymbol{x}))$ 上的 $r^{\boldsymbol{x}}(t)$，当 $t\in[0, T(\boldsymbol{x}))$ 时，$r^{\boldsymbol{x}}(t)\in\boldsymbol{\Gamma}\setminus\boldsymbol{\Delta}'$，且 $\lim\limits_{t\rightarrow T(\boldsymbol{x})}\operatorname{dist}(r(t,\boldsymbol{x}),\boldsymbol{\Delta}')=0$。

(2) 李雅普诺夫稳定：对于 $\boldsymbol{\Delta}'$ 中任意一开邻域 $\boldsymbol{\Lambda}_1\subseteq\boldsymbol{\Gamma}$，存在 $\boldsymbol{\Delta}'$ 中的一个开邻域 $\boldsymbol{\Lambda}_2\subseteq\boldsymbol{\Lambda}_1$，满足当 $t\in[0, T(\boldsymbol{x})]$ 时，对于 $\boldsymbol{x}\in\boldsymbol{\Lambda}_2\setminus\boldsymbol{\Delta}'$，均有 $r(t,\boldsymbol{x})\in\Lambda_1$。

下面的引理给出了给定不变集是有限时间稳定的充分条件。

引理 14.2[243]：考虑由式(14-2) 给出的非线性动力学，$\boldsymbol{\Delta}'\subset\boldsymbol{\Delta}$ 表示关于式(14-2) 的不变集。假设存在一个连续可微函数 V：$\boldsymbol{\Delta}\rightarrow\mathbf{R}$，满足当 $V(\boldsymbol{x})=0$ 时，

$\boldsymbol{x}\in\boldsymbol{\Delta}'$，当 $V(\boldsymbol{x})>0$ 时，$\boldsymbol{x}\in\boldsymbol{\Delta}\backslash\boldsymbol{\Delta}'$，且不等式

$$V'(\boldsymbol{x})f(\boldsymbol{x})\leqslant -c[V(\boldsymbol{x})]^{\alpha},\boldsymbol{x}\in\boldsymbol{\Delta} \tag{14-3}$$

成立，其中实数 $c>0$，$\alpha\in(0,1)$，则称不变集 $\boldsymbol{\Delta}'$ 是有限时间稳定的。此外，如果 $\boldsymbol{\Gamma}$ 满足引理 14.1 及 T：$\boldsymbol{\Gamma}\rightarrow[0,\infty)$ 为调节时间函数，则

$$T(\boldsymbol{x}_0)\leqslant\frac{1}{c(1-\alpha)}[V(\boldsymbol{x}_0)]^{1-\alpha},\boldsymbol{x}_0\in\boldsymbol{\Gamma} \tag{14-4}$$

且 $T(\cdot)$ 在 $\boldsymbol{\Gamma}$ 上连续。另外，如果 $V(\cdot)$ 在 $\boldsymbol{\Delta}=\mathbf{R}^{n\times 1}$ 上是径向无界的，且式(14-3) 在 $\mathbf{R}^{n\times 1}$ 上成立，那么称 $\boldsymbol{\Delta}'$ 为全局有限时间稳定的。

14.2.3 多无人艇动力学模型

在笛卡儿坐标系下，带有两个独立驱动装置的欠驱动无人艇示意图如图 14.1 所示。

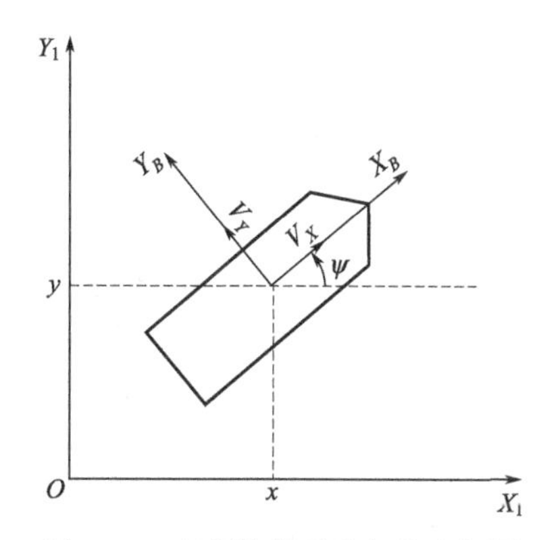

图 14.1 双螺旋桨无人艇的坐标图

假设仅考虑无人艇在纵荡、横荡和艏摇这三个自由度上的运动，且假设无人艇具有平面对称性，那么一艘无人艇的三维模型可以描述为

$$\dot{\boldsymbol{\eta}}=R(\psi)\boldsymbol{v} \tag{14-5}$$

式中，$\boldsymbol{\eta}=[x,y,\psi]^{\mathrm{T}}\in\mathbf{R}^{3\times 1}$ 表示无人艇在惯性坐标系下的位置和方向角；$\boldsymbol{v}=[v_x,v_y,w_z]^{\mathrm{T}}\in\mathbf{R}^{3\times 1}$ 表示无人艇在机体坐标系下的线速度和角速度；$\boldsymbol{R}(\psi)\in\mathbf{R}^{3\times 3}$ 表示转换矩阵：

$$\boldsymbol{R}(\psi)=\begin{bmatrix}\cos\psi & -\sin\psi & 0\\ \sin\psi & \cos\psi & 0\\ 0 & 0 & 1\end{bmatrix} \tag{14-6}$$

式中，$\boldsymbol{R}^{\mathrm{T}}(\psi)=[\boldsymbol{R}(\psi)]^{-1}$。

欠驱动无人艇的动力学方程如下：

$$\boldsymbol{M}\dot{\boldsymbol{v}}+\boldsymbol{C}(\boldsymbol{v})\boldsymbol{v}+\boldsymbol{D}(\boldsymbol{v})\boldsymbol{v}=\boldsymbol{\tau} \tag{14-7}$$

式中，$\boldsymbol{\tau}=[F_x,0,T_z]^{\mathrm{T}}\in\mathbf{R}^{3\times 1}$ 代表两个独立螺旋桨产生的力与力矩；$\boldsymbol{M}\in\mathbf{R}^{3\times 3}$ 为惯性矩阵：

$$\boldsymbol{M}=\boldsymbol{M}^{\mathrm{T}}=\begin{bmatrix} m_{11} & 0 & 0 \\ 0 & m_{22} & m_{23} \\ 0 & m_{32} & m_{33} \end{bmatrix} \tag{14-8}$$

$\boldsymbol{C}(\boldsymbol{v})\in\mathbf{R}^{3\times 3}$ 为科里奥利力和向心力矩阵，并表示为

$$\boldsymbol{C}(\boldsymbol{v})=\begin{bmatrix} 0 & 0 & c_{13} \\ 0 & 0 & c_{23} \\ -c_{13} & -c_{23} & 0 \end{bmatrix} \tag{14-9}$$

式中，$c_{13}=-m_{22}v_y-(1/2)(m_{23}+m_{32})w_z$，$c_{23}=m_{11}v_x$。$\boldsymbol{D}(\boldsymbol{v})\in\mathbf{R}^{3\times 3}$ 是阻尼矩阵，表示为

$$\boldsymbol{D}(\boldsymbol{v})=\begin{bmatrix} d_{11} & 0 & 0 \\ 0 & d_{22} & d_{23} \\ 0 & d_{32} & d_{33} \end{bmatrix} \tag{14-10}$$

此外，假设机体坐标系的原点位于船体中心线上，且惯性矩阵 $\boldsymbol{M}$ 和阻尼矩阵 $D(\boldsymbol{v})$ 同时为常量对角矩阵，由此可以得到欠驱动无人艇简化后的动力学模型[241]：

$$\begin{cases} m_{11}\dot{v}_x-m_{22}v_yw_z+d_{11}v_x=F_x \\ m_{22}\dot{v}_y+m_{11}v_xw_z+d_{22}v_y=0 \\ m_{33}\dot{w}_z+m_{22}v_yv_x-m_{11}v_xv_y+d_{33}w_z=T_z \end{cases} \tag{14-11}$$

备注 14.2：本章所研究的无人艇没有侧螺旋桨，仅配备两个独立的驱动装置分别用来产生纵向的推进力和艏摇的转向力矩，即 $\boldsymbol{\tau}=[F_x,0,T_z]^{\mathrm{T}}$，这就是所谓的欠驱动无人艇。

14.3 协议设计

本节将重点考虑网络中 N 艘欠驱动无人艇分布式编队控制器的设计。下标 L 表示领导者无人艇，下标 $i=1,2,\cdots,N$ 用于表示 N 个跟随者无人艇。具体来说，我们将为每艘欠驱动无人艇设计分布式非线性滑模控制器。第 i 艘无人艇动力学模型如下：

$$\begin{cases}\dot{x}_i=v_{ix}\cos\psi_i-v_{iy}\sin\psi_i\\ \dot{y}_i=v_{ix}\sin\psi_i+v_{iy}\cos\psi_i\\ \dot{\psi}_i=w_{iz}\end{cases} \tag{14-12}$$

通过式(14-11)，我们可以得到

$$\begin{cases}\dot{v}_{ix}=\dfrac{m_{22}}{m_{11}}v_{iy}w_{iz}-\dfrac{d_{11}}{m_{11}}v_{ix}+\dfrac{1}{m_{11}}F_{ix}+g_{i1}\\ \dot{v}_{iy}=-\dfrac{m_{11}}{m_{22}}v_{ix}w_{iz}-\dfrac{d_{22}}{m_{22}}v_{iy}+g_{i2}\\ \dot{w}_{iz}=\dfrac{m_{11}-m_{22}}{m_{33}}v_{ix}v_{iy}-\dfrac{d_{33}}{m_{33}}w_{iz}+\dfrac{1}{m_{33}}T_{iz}+g_{i3}\end{cases} \tag{14-13}$$

式(14-12)、式(14-13) 中，$\boldsymbol{\eta}_i=[x_i,y_i,\psi_i]^{\mathrm{T}}$ 表示第 i 艘无人艇在惯性坐标系下的位置与方向角；$\boldsymbol{v}_i=[v_{ix},v_{iy},w_{iz}]^{\mathrm{T}}$ 表示第 i 艘无人艇在机体坐标系下的线速度和角速度；$\boldsymbol{g}_i=(g_{i1},g_{i2},g_{i3})^{\mathrm{T}}$ 表示作用于第 i 艘无人艇的环境干扰，其中 $i=1,2,\cdots,N$。

对式(14-12) 进行求导得

$$\begin{cases}\ddot{x}_i(t)=U_{i1}(t)+B_{i1}(t)\\ \ddot{y}_i(t)=U_{i2}(t)+B_{i2}(t)\\ \ddot{\psi}_i(t)=U_{i3}(t)+B_{i3}(t)\end{cases} \tag{14-14}$$

式中：

$$U_{i1}(t)=\left(\frac{m_{22}}{m_{11}}v_{iy}w_{iz}-\frac{d_{11}}{m_{11}}v_{ix}-v_{iy}w_{iz}+\frac{1}{m_{11}}F_{ix}\right)\cos\psi_i+\left(\frac{m_{11}}{m_{22}}v_{ix}w_{iz}-v_{ix}w_{iz}+\frac{d_{22}}{m_{22}}v_{iy}\right)\sin\psi_i$$

$$U_{i2}(t)=\left(\frac{m_{22}}{m_{11}}v_{iy}w_{iz}-\frac{d_{11}}{m_{11}}v_{ix}-v_{iy}w_{iz}+\frac{1}{m_{11}}F_{ix}\right)\sin\psi_i+\left(-\frac{m_{11}}{m_{22}}v_{ix}w_{iz}+v_{ix}w_{iz}-\frac{d_{22}}{m_{22}}v_{iy}\right)\cos\psi_i$$

$$U_{i3}(t)=\frac{m_{11}-m_{22}}{m_{33}}v_{ix}v_{iy}-\frac{d_{33}}{m_{33}}w_{iz}+\frac{1}{m_{33}}T_{iz}$$

$$B_{i1}(t)=g_{i1}\cos\psi_i-g_{i2}\sin\psi_i$$

$$B_{i2}(t)=g_{i1}\sin\psi_i+g_{i2}\cos\psi_i$$

$$B_{i3}(t)=g_{i3}$$

$$\boldsymbol{U}_i\triangleq[U_{i1},U_{i2},U_{i3}]^{\mathrm{T}},\boldsymbol{B}_i\triangleq[B_{i1},B_{i2},B_{i3}]^{\mathrm{T}}$$

本章主要研究领导者-跟随者框架下多无人艇编队控制问题。跟随者无人艇的动力学模型由式(14-12)给出，要求跟随者无人艇在有限时间内达到期望的位置和姿态，并相对于领导者无人艇维持编队协同运动。具体来说，领导者无人艇的位置和速度分别是 $\boldsymbol{\eta}_L(t)(t\geqslant 0)$ 和 $\dot{\boldsymbol{\eta}}_L(t)(t\geqslant 0)$，为完全已知的。考虑到无人艇之间可能出现的碰撞问题，令相邻无人艇的预期相对位置，即系统中第 i 艘无人艇和第 j 艘无人艇之间的实时距离矢量为 $\boldsymbol{E}_{ij}(t)\in \mathbf{R}^{3\times 1},t\geqslant 0,i,j=L,1,\cdots,N$。基于上述考虑，需要稳定为零的误差可以表示为

$$\boldsymbol{e}_{ij}(t)\triangleq\boldsymbol{\eta}_i(t)-\boldsymbol{\eta}_j(t)-\boldsymbol{E}_{ij}(t),i,j=L,1,2,\cdots,N \tag{14-15}$$

式中，$\boldsymbol{e}_{ij}(t)\in \mathbf{R}^{3\times 1}(t\geqslant 0)$表示第 i 艘无人艇相对于第 j 艘无人艇的位置误差。这里需要注意的是 $\boldsymbol{e}_{ij}(t)$(其中 $i,j=L,1,2,\cdots,N$)的定义没有考虑通信拓扑。因此，提出了关于第 i 艘无人艇的广义误差为

$$\begin{gathered}\boldsymbol{z}_i(t)\triangleq\boldsymbol{\eta}_i(t)+\frac{l_{ij}}{l_{ii}}\sum[\boldsymbol{\eta}_j(t)+\boldsymbol{E}_{ij}(t)] \\ i=1,2,\cdots,N;j=L,1,2,\cdots,N;i\neq j\end{gathered} \tag{14-16}$$

引理 14.3[245]：考虑在式(14-1) 中给出的由 $N+1$ 艘无人艇和归一化有向拉普拉斯矩阵组成的通信拓扑 $\boldsymbol{l}\in \mathbf{R}^{(N+1)\times(N+1)}$。定义 $\boldsymbol{z}\triangleq[\boldsymbol{z}_1^{\mathrm{T}},\boldsymbol{z}_2^{\mathrm{T}},\cdots,\boldsymbol{z}_N^{\mathrm{T}}]^{\mathrm{T}}$，其中 $z_i\in \mathbf{R}^{3\times 1}$ 由式(14-16)给出，定义 $\boldsymbol{e}_j\triangleq[\boldsymbol{e}_{1j}^{\mathrm{T}},\boldsymbol{e}_{2j}^{\mathrm{T}},\cdots,\boldsymbol{e}_{Nj}^{\mathrm{T}}]^{\mathrm{T}}$，$j=L,1,2,\cdots,N$。我们可以得到以下结论：

(1) 若 $\boldsymbol{z}=\boldsymbol{0}$，则 $\boldsymbol{e}_{ij}=\boldsymbol{0}$，$i=1,2,\cdots,N$，$j=L,1,2,\cdots,N$。

(2) 若 $\boldsymbol{e}_{ij}=\boldsymbol{0}$，$i=1,2,\cdots,N$，$j=L,1,2,\cdots,N$，$i\neq j$，则 $\boldsymbol{z}=\boldsymbol{0}$。

对式(14-16) 关于时间 t 进行二阶求导后，可以得到无人艇的广义误差动力学，如下所示：

$$\begin{gathered}\ddot{\boldsymbol{z}}_i(t)=\ddot{\boldsymbol{\eta}}_i(t)+\frac{l_{ij}}{l_{ii}}\sum[\ddot{\boldsymbol{\eta}}_j(t)+\ddot{\boldsymbol{E}}_{ij}(t)] \\ =\boldsymbol{u}_i(t)+\boldsymbol{b}_i(t)+\ell_{iL}\ddot{\boldsymbol{\eta}}_L+\frac{l_{ij}}{l_{ii}}\sum\ddot{\boldsymbol{E}}_{ij}(t) \\ \boldsymbol{z}_i(0)=\boldsymbol{z}_{0i},\dot{\boldsymbol{z}}_i(0)=\dot{\boldsymbol{z}}_{0i} \\ i=1,2,\cdots,N;j=L,1,2,\cdots,N;i\neq j\end{gathered} \tag{14-17}$$

式中，$t\geqslant 0$，且

$$\boldsymbol{u}_i(t)\triangleq\boldsymbol{U}_i(t)+\frac{l_{ij}}{l_{ii}}\sum_{j\neq L}\boldsymbol{U}_j(t)$$

$$\boldsymbol{b}_i(t)\triangleq\boldsymbol{B}_i(t)+\frac{l_{ij}}{l_{ii}}\sum_{j\neq L}\boldsymbol{B}_j(t)$$

备注 14.3：本章给出误差变量 $e_{ij}(t)$ 用来直观地描述最终控制目标。由于

$e_{ij}(t)$的定义不考虑通信拓扑，即$(i,j)\in\boldsymbol{\varepsilon},i=1,2,\cdots,N,j=L,1,2,\cdots,N,i\neq j$，因此 $\boldsymbol{e}_{ij}(t)$ 难以实现控制。所以，在考虑通信拓扑的前提下，引入与误差变量 $\boldsymbol{e}_{ij}(t)$ 相关的广义误差变量 $\boldsymbol{z}_i(t)$。首先，由定理 14.3 可知对广义误差变量 $\boldsymbol{z}_i(t)$ 的镇定即等价于对误差 $\boldsymbol{e}_{ij}(t)$ 的镇定。此外，$\boldsymbol{z}_i(t)$ 中涉及包含了图论信息的归一化有向拉普拉斯矩阵 $\boldsymbol{L}$。因此，在后续的设计中，本章实际上采用 $\boldsymbol{z}_i(t)$ 进行多无人艇的编队控制。

接下来，我们将给出使用一种新型滑模控制方法的总体设计过程，以确保实现多无人艇系统有限时间内的编队控制。

根据式(14-17) 考虑终端滑模变量 $\boldsymbol{\sigma}_i$：$\mathbf{R}^{3\times1}\times\mathbf{R}^{3\times1}\rightarrow\mathbf{R}^{3\times1}$ 如式(14-18) 所示。

$$\begin{gathered}\boldsymbol{\sigma}_i(\boldsymbol{z}_i,\dot{\boldsymbol{z}}_i)=\dot{\boldsymbol{z}}_i+\boldsymbol{C}_i\boldsymbol{H}_i(\boldsymbol{z}_i)|\boldsymbol{z}_i|^{\frac{1}{2}}\\(\boldsymbol{z}_i,\dot{\boldsymbol{z}}_i)\in\mathbf{R}^{3\times1}\times\mathbf{R}^{3\times1}\end{gathered}\tag{14-18}$$

式中，$\boldsymbol{C}_i=\mathrm{diag}(c_{i1},c_{i2},c_{i3})$，$c_{im}>0,i=1,2,\cdots,N,m=1,2,3;\boldsymbol{H}_i(\boldsymbol{z}_i)\triangleq\mathrm{diag}(\mathrm{sign}(z_{i1}),\mathrm{sign}(z_{i2}),\mathrm{sign}(z_{i3}))$，$z_{im}\in\mathbf{R}$，$i=1,2,\cdots,N$，$m=1,2,3$，$z_{im}$ 表示的是 $\boldsymbol{z}_i\in\mathbf{R}^{3\times1}$ 中第 m 个元素且 $|\boldsymbol{z}_i|^{(1/2)}\triangleq[|z_{i1}|^{(1/2)},|z_{i2}|^{(1/2)},|z_{i3}|^{(1/2)}]^{\mathrm{T}}$。那么第 i 端滑模面定义如下，即

$$S_i(\boldsymbol{z}_i,\dot{\boldsymbol{z}}_i)\triangleq\{(\boldsymbol{z}_i,\dot{\boldsymbol{z}}_i)\in\mathbf{R}^{3\times1}\times\mathbf{R}^{3\times1}:\boldsymbol{\sigma}_i(\boldsymbol{z}_i,\dot{\boldsymbol{z}}_i)=\mathbf{0}\}\tag{14-19}$$

一般情况下，等效控制律的推导通常是将滑模量对于时间的一阶导数设为 0，并添加一个符号函数项以保证滑模面有限时间的稳定性。因此由式(14-17) 和式(14-18) 可设置终端滑模控制律为

$$\begin{gathered}\boldsymbol{u}_i(t)=\boldsymbol{u}_{ieq}(t)=-l_{iL}\ddot{\boldsymbol{\eta}}_L-\frac{l_{ij}}{l_{ii}}\sum\ddot{\boldsymbol{E}}_{ij}(t)-\frac{1}{2}\boldsymbol{C}_i p_i(\boldsymbol{z}_i,\dot{\boldsymbol{z}}_i)-\boldsymbol{K}_i\,\mathrm{sign}(\boldsymbol{\sigma}_i(\boldsymbol{z}_i,\dot{\boldsymbol{z}}_i))\\(\boldsymbol{z}_i,\dot{\boldsymbol{z}}_i)\in\boldsymbol{q}_i,i=1,2,\cdots,N\\(\boldsymbol{z}_j,\dot{\boldsymbol{z}}_j)\in\mathbf{R}^{3\times1}\times\mathbf{R}^{3\times1},j=1,2,\cdots,N,j\neq i\end{gathered}\tag{14-20}$$

式中，$\boldsymbol{K}_i=\mathrm{diag}(k_{i1},k_{i2},k_{i3})$，$k_{im}\in\mathbf{R}$，$i=1,2,\cdots,N$，$m=1,2,3$。并且有

$$\mathrm{sign}(\boldsymbol{\sigma}_i(\boldsymbol{z}_i,\dot{\boldsymbol{z}}_i))\triangleq\begin{bmatrix}\mathrm{sign}(\sigma_{i1}(\boldsymbol{z}_i,\dot{\boldsymbol{z}}_i))\\\mathrm{sign}(\sigma_{i2}(\boldsymbol{z}_i,\dot{\boldsymbol{z}}_i))\\\mathrm{sign}(\sigma_{i3}(\boldsymbol{z}_i,\dot{\boldsymbol{z}}_i))\end{bmatrix}$$

$$p_i(\boldsymbol{z}_i,\dot{\boldsymbol{z}}_i)\triangleq\left[\dot{z}_{i1}|z_{i1}|^{-\frac{1}{2}},\dot{z}_{i2}|z_{i2}|^{-\frac{1}{2}},\dot{z}_{i3}|z_{i3}|^{-\frac{1}{2}}\right]^{\mathrm{T}}$$

式中，$\sigma_{im}(\cdot,\cdot)$，$i=1,2,\cdots,N$，$m=1,2,3$，是 $\sigma_i(\cdot,\cdot)$ 的第 m

个元素。此外，$\boldsymbol{q}_i \subseteq \mathbf{R}^{3\times1}\times\mathbf{R}^{3\times1}$，是 $\boldsymbol{q}_i(\cdot,\ \cdot)$ 的有界集。定义 $\boldsymbol{q}_i(i=1,2,\cdots,N)$为

$$\boldsymbol{q}_i \triangleq \{(\boldsymbol{z}_i,\dot{\boldsymbol{z}}_i)\in\mathbf{R}^{3\times1}\times\mathbf{R}^{3\times1}:\|p_i(\boldsymbol{z}_i,\dot{\boldsymbol{z}}_i)\|_\infty\leqslant\lambda_i\} \tag{14-21}$$

式中：

$$\lambda_i \triangleq \|\boldsymbol{C}_i\|_\infty+\delta_i,\delta_i>0$$

由于 $p_i(\cdot,\ \cdot)$ 在 $q_i\subseteq\mathbf{R}^{3\times1}\times\mathbf{R}^{3\times1}$ 内是有界的，所以很明显 $\boldsymbol{u}_{ieq}(t)$也是有界的。下一个引理将给出 $\boldsymbol{q}_i$ 为广义误差动态不变集的充分条件。

引理 14.4[245]：考虑第 i 艘无人艇的广义误差[式(14-17)]及终端滑模控制律[式(14-20)]，如果终端滑模控制器增益 $k_{im}(i=1,2,\cdots,N;m=1,2,3)$满足

$$k_{im}=\alpha_{im}+\sup_{(\boldsymbol{z},\dot{\boldsymbol{z}},t)\in\mathbf{R}^{3N}\times\mathbf{R}^{3N}\times\mathbf{R}}\|\boldsymbol{b}_i(t)\|_\infty \tag{14-22}$$

式中：

$$\alpha_{im}>\frac{\lambda_i^2-c_{im}\lambda_i}{2}>0$$

那么式(14-21) 中给定的集合 q_i 为广义误差动态的不变集。

备注 14.4：如文献 [31,246,247] 所示，式(14-18) 中设计的终端滑模变量 $\boldsymbol{\sigma}_i(\boldsymbol{z}_i,\dot{\boldsymbol{z}}_i)=\dot{\boldsymbol{z}}_i+\boldsymbol{C}_iH_i(\boldsymbol{z}_i)|\boldsymbol{z}_i|^{(1/2)}$在包含绝对值函数和符号函数的情况下是连续可微的。

备注 14.5：注意，当$(\boldsymbol{z}_i,\dot{\boldsymbol{z}}_i)\to\boldsymbol{0}$，$p_i(\boldsymbol{z}_i,\dot{\boldsymbol{z}}_i)\to\infty$，从而导致 $\boldsymbol{u}_{ieq}(t)$ 的奇异问题。为了避免这种现象，引入了关于式(14-17) 的正不变集合 $\boldsymbol{q}_i$，并且当 $(\boldsymbol{z}_i,\ \dot{\boldsymbol{z}}_i)\in\boldsymbol{q}_i$ 时，$\boldsymbol{u}_{ieq}(t)$ 保持有界。

接下来，对于初始条件 $(\boldsymbol{z}_{0i},\ \dot{\boldsymbol{z}}_{0i})\in\mathbf{R}^{3\times1}\times\mathbf{R}^{3\times1}\setminus\boldsymbol{q}_i$ 的情况，为了避免奇异性问题，我们设计一个线性辅助滑模面 $\boldsymbol{S}_{iaux}\subseteq\mathbf{R}^{3\times1}\times\mathbf{R}^{3\times1}$ 以及线性滑模控制器。具体地，考虑线性化滑模变量（函数）$\boldsymbol{\sigma}_{iaux}$：$\mathbf{R}^{3\times1}\times\mathbf{R}^{3\times1}\to\mathbf{R}^{3\times1}$ 如式(14-23) 所示。

$$\boldsymbol{\sigma}_{iaux}(\boldsymbol{z}_i,\dot{\boldsymbol{z}}_i)=\dot{\boldsymbol{z}}_i,(\boldsymbol{z}_i,\dot{\boldsymbol{z}}_i)\in\mathbf{R}^{3\times1}\times\mathbf{R}^{3\times1} \tag{14-23}$$

对应的线性滑模面 S_{iaux} 可定义为

$$S_{iaux}(\boldsymbol{z}_i,\dot{\boldsymbol{z}}_i)\triangleq\{(\boldsymbol{z}_i,\dot{\boldsymbol{z}}_i)\in\mathbf{R}^{3\times1}\times\mathbf{R}^{3\times1}:\boldsymbol{\sigma}_{iaux}(\boldsymbol{z}_i,\dot{\boldsymbol{z}}_i)=\boldsymbol{0}\} \tag{14-24}$$

同样地，设 $\dot{\boldsymbol{\sigma}}_{iaux}(\boldsymbol{z}_i,\dot{\boldsymbol{z}}_i)=\boldsymbol{0}$，利用式(14-17) 和式(14-23)，可得线性滑模控制律为

$$\begin{aligned}&\boldsymbol{u}_i(t)=\boldsymbol{u}_{iaux}(t)=-l_{iL}\ddot{\boldsymbol{\eta}}_L-\frac{l_{ij}}{l_{ii}}\sum\ddot{\boldsymbol{E}}_{ij}(t)-\boldsymbol{K}_{iaux}\operatorname{sign}(\boldsymbol{\sigma}_{iaux}(\boldsymbol{z}_i,\dot{\boldsymbol{z}}_i))\\&(\boldsymbol{z}_i,\dot{\boldsymbol{z}}_i)\notin\boldsymbol{q}_i,i=1,2,\cdots,N\\&(\boldsymbol{z}_j,\dot{\boldsymbol{z}}_j)\in\mathbf{R}^{3\times1}\times\mathbf{R}^{3\times1},j=1,2,\cdots,N,j\neq i\end{aligned} \tag{14-25}$$

式中，$\boldsymbol{K}_{iaux} \triangleq \operatorname{diag}(k_{i1aux}, k_{i2aux}, k_{i3aux})$，$i=1, 2, \cdots, N$，并且

$$k_{imaux} = \alpha_{imaux} + \sup_{(\boldsymbol{z},\dot{\boldsymbol{z}},t)\in \mathbf{R}^{3N}\times\mathbf{R}^{3N}\times\mathbf{R}} \|\boldsymbol{b}_i(t)\|_\infty \tag{14-26}$$

对于 $m=1,2,3$，$\alpha_{imaux}>0$ 且

$$\operatorname{sign}(\boldsymbol{\sigma}_{iaux}(\boldsymbol{z}_i,\dot{\boldsymbol{z}}_i)) \triangleq \begin{bmatrix} \operatorname{sign}(\sigma_{i1aux}(\boldsymbol{z}_i,\dot{\boldsymbol{z}}_i)) \\ \operatorname{sign}(\sigma_{i2aux}(\boldsymbol{z}_i,\dot{\boldsymbol{z}}_i)) \\ \operatorname{sign}(\sigma_{i3aux}(\boldsymbol{z}_i,\dot{\boldsymbol{z}}_i)) \end{bmatrix}$$

备注 14.6：式(14-17) 中的控制律 $u_i(t)$ 为待设计的分布式控制器的一般形式。基于变结构控制的基本原理，控制器 $u_i(t)$具体包含针对不同区域的两种方案，即 $u_{ieq}(t)$ 和 $u_{iaux}(t)$，也就是说，在非奇异区域 $(\boldsymbol{z}_i, \dot{\boldsymbol{z}}_i) \in q_i$ 中$u_i(t)$控制器为终端滑模控制律 $u_{ieq}(t)$，在补体区域$(\boldsymbol{z}_i,\dot{\boldsymbol{z}}_i)\notin q_i$ 中控制器为线性滑模控制律 $u_{iaux}(t)$。在这两个区域分别应用滑模面 $S_i(\boldsymbol{z}_i,\dot{\boldsymbol{z}}_i)$和 $S_{iaux}(\boldsymbol{z}_i,\dot{\boldsymbol{z}}_i)$进行具体的控制器设计。

14.4 一致性分析

下一个定理给出本章的主要结论，即式(14-20) 和式(14-25) 所给出的滑模控制器能够保证式(14-17) 中的误差状态$(\boldsymbol{z}_i,\dot{\boldsymbol{z}}_i)$在有限时间内收敛到原点，从而表明所提出的算法可以实现多无人艇在有限时间内协同编队的目标。

定理 14.1：考虑由式(14-12) 给出的欠驱动无人艇动力学模型和由式(14-17) 给出的动力学误差方程，已知滑模控制律由式(14-20) 和式(14-25) 组成，对应的滑模面分别由式(14-19) 和式(14-24) 给出，其中 $i=1, 2, \cdots, N$，控制增益矩阵 $\boldsymbol{K}_i \in \mathbf{R}^{3\times3}$ 满足式(14-22)，控制增益矩阵 $\boldsymbol{K}_{iaux} \in \mathbf{R}^{3\times3}$ 满足式(14-26)，则可以保证式(14-17) 中的误差状态 $(\boldsymbol{z}_i, \dot{\boldsymbol{z}}_i)$ 在有限时间内收敛到原点，从而解决有限时间欠驱动无人艇编队问题。

证明：首先，对于 $i\in\{1,2,\cdots,N\}$，令 $(\boldsymbol{z}_{i0}, \dot{\boldsymbol{z}}_{i0})\notin \boldsymbol{q}_i$，构造李雅普诺夫函数如式(14-27) 所示。

$$V_i(\boldsymbol{\sigma}_{iaux}(\boldsymbol{z}_i,\dot{\boldsymbol{z}}_i)) = \frac{1}{2}\boldsymbol{\sigma}_{iaux}^{\mathrm{T}}(\boldsymbol{z}_i,\dot{\boldsymbol{z}}_i)\boldsymbol{\sigma}_{iaux}(\boldsymbol{z}_i,\dot{\boldsymbol{z}}_i), (\boldsymbol{z}_i,\dot{\boldsymbol{z}}_i)\notin \boldsymbol{q}_i \tag{14-27}$$

注意，当$(\boldsymbol{z}_i,\dot{\boldsymbol{z}}_i)\in \boldsymbol{S}_{iaux}$ 时，$V_i(\boldsymbol{\sigma}_{iaux}(\boldsymbol{z}_i,\dot{\boldsymbol{z}}_i))=0$。当$(\boldsymbol{z}_i,\dot{\boldsymbol{z}}_i)\notin \boldsymbol{S}_{iaux}$ 时，$V_i(\boldsymbol{\sigma}_{iaux}(\boldsymbol{z}_i,\dot{\boldsymbol{z}}_i))>0$。此外，对 $V_i(\boldsymbol{\sigma}_{iaux}(\boldsymbol{z}_i,\dot{\boldsymbol{z}}_i))$沿着式(14-17)、式(14-23) 和式(14-25) 的轨迹关于时间 t 求导，得到

$$
\begin{aligned}
&\dot{V}_i(\boldsymbol{\sigma}_{iaux}(z_i,\dot{z}_i))\\
&=\boldsymbol{\sigma}_{iaux}^{\mathrm{T}}(z_i,\dot{z}_i)\dot{\boldsymbol{\sigma}}_{iaux}(z_i,\dot{z}_i)\\
&=\boldsymbol{\sigma}_{iaux}^{\mathrm{T}}(z_i,\dot{z}_i)\ddot{z}_i\\
&=\boldsymbol{\sigma}_{iaux}^{\mathrm{T}}(z_i,\dot{z}_i)\left[\boldsymbol{u}_i(t)+\boldsymbol{b}_i(t)+l_{iL}\ddot{\boldsymbol{\eta}}_L+\frac{l_{ij}}{l_{ii}}\sum\ddot{E}_{ij}(t)\right]\\
&=\boldsymbol{\sigma}_{iaux}^{\mathrm{T}}(z_i,\dot{z}_i)\left[\boldsymbol{u}_{iaux}(t)+\boldsymbol{b}_i(t)+l_{iL}\ddot{\boldsymbol{\eta}}_L+\frac{l_{ij}}{l_{ii}}\sum\ddot{\boldsymbol{E}}_{ij}(t)\right]\\
&=\boldsymbol{\sigma}_{iaux}^{\mathrm{T}}(z_i,\dot{z}_i)[-\boldsymbol{K}_{iaux}\operatorname{sign}(\boldsymbol{\sigma}_{iaux}(z_i,\dot{z}_i))+\boldsymbol{b}_i(t)]\\
&\leqslant-\sum_{m=1}^{3}\alpha_{imaux}\left|\boldsymbol{\sigma}_{imaux}(z_i,\dot{z}_i)\right|\\
&\leqslant-\sum_{m=1}^{3}\min_{m=1,2,3}\{\alpha_{imaux}\}\left|\boldsymbol{\sigma}_{imaux}(z_i,\dot{z}_i)\right|\\
&\leqslant-\min_{m=1,2,3}\{\alpha_{imaux}\}\|\dot{z}_i\|_1\\
&\leqslant-\sqrt{2}\min_{m=1,2,3}\{\alpha_{imaux}\}V_i^{\frac{1}{2}}(\boldsymbol{\sigma}_{iaux}(z_i,\dot{z}_i))\\
&(z_i,\dot{z}_i)\notin\boldsymbol{q}_i,i=1,2,\cdots,N
\end{aligned}
\tag{14-28}
$$

在此情况下，我们可以由引理 14.2 得出线性滑模面 $\boldsymbol{S}_{iaux}(z_i,\dot{z}_i)$是有限时间稳定的，即从奇异区域$(z_i,\dot{z}_i)\notin\boldsymbol{q}_i$ 开始的轨迹将收敛至线性滑模面$\boldsymbol{S}_{iaux}(z_i,\dot{z}_i)$，并沿其进行滑动。

备注 14.7[245]：由于$\boldsymbol{S}_{iaux}(z_i,\dot{z}_i)\subset\boldsymbol{q}_i^o$，因此存在有限时间 T_i^*，当$t=T_i^*$时，$(z_i(T),\dot{z}_i(T))\in\partial\boldsymbol{q}_i$。此时，对于第 i 艘无人艇，反馈控制器从式(14-25)切换到式(14-20)。在这种情况下，由于$\partial\boldsymbol{q}_i\subseteq\boldsymbol{q}_i$，由引理 14.4 可以得出，对于所有$t\geqslant T_i^*$，轨迹$(z_i,\dot{z}_i)$将保留在非奇异区域$\boldsymbol{q}_i$ 中。令$T^*\triangleq\max_{i=1,2,\cdots,N}\{T_i^*\}$，对于$i=1$，2，…，$N$，可以发现（$z_i$，$\dot{z}_i$）$\in\boldsymbol{q}_i$，$t\geqslant T^*$。因此，如果初始条件为（$z_{0i}$，$\dot{z}_{0i}$）$\notin\boldsymbol{q}_i$，则从这个奇异区域出发的误差状态的轨迹必定会离开该区域，并向非奇异区域$\boldsymbol{q}_i$ 运动。

而对于$(z_i,\dot{z}_i)\in\boldsymbol{q}_i$，$i=\{1,2,\cdots,N\}$，我们构造李雅普诺夫函数如下：

$$
V_i(\boldsymbol{\sigma}_i(z_i,\dot{z}_i))=\frac{1}{2}\boldsymbol{\sigma}_i^{\mathrm{T}}(z_i,\dot{z}_i)\boldsymbol{\sigma}_i(z_i,\dot{z}_i),(z_i,\dot{z}_i)\in\boldsymbol{q}_i \tag{14-29}
$$

注意，当$(z_i,\dot{z}_i)\in\boldsymbol{S}_i$ 时，$V_i(\boldsymbol{\sigma}_i(z_i,\dot{z}_i))=0$；当$(z_i,\dot{z}_i)\notin\boldsymbol{S}_i$ 时，$V_i(\boldsymbol{\sigma}_i(z_i,\dot{z}_i))>0$。沿着式(14-17)、式(14-18) 和式(14-20) 的轨迹进一步对 $V_i(\boldsymbol{\sigma}_i$

$(\boldsymbol{z}_i,\dot{\boldsymbol{z}}_i))$关于时间 $t(t\geqslant T^*)$求导，得到

$$\begin{aligned}
&\dot{V}_i(\boldsymbol{\sigma}_i(\boldsymbol{z}_i,\dot{\boldsymbol{z}}_i))\\
&=\boldsymbol{\sigma}_i^{\mathrm{T}}(\boldsymbol{z}_i,\dot{\boldsymbol{z}}_i)\dot{\boldsymbol{\sigma}}_i(\boldsymbol{z}_i,\dot{\boldsymbol{z}}_i)\\
&=\boldsymbol{\sigma}_i^{\mathrm{T}}(\boldsymbol{z}_i,\dot{\boldsymbol{z}}_i)\left[\ddot{\boldsymbol{z}}_i(t)+\frac{1}{2}\boldsymbol{C}_i p_i(\boldsymbol{z}_i,\dot{\boldsymbol{z}}_i)\right]\\
&=\boldsymbol{\sigma}_i^{\mathrm{T}}(\boldsymbol{z}_i,\dot{\boldsymbol{z}}_i)\left[\boldsymbol{u}_i(t)+\boldsymbol{b}_i(t)+l_{iL}\ddot{\boldsymbol{\eta}}_L+\frac{l_{ij}}{l_{ii}}\sum\ddot{\boldsymbol{E}}_{ij}(t)+\frac{1}{2}\boldsymbol{C}_i p_i(\boldsymbol{z}_i,\dot{\boldsymbol{z}}_i)\right]\\
&=\boldsymbol{\sigma}_i^{\mathrm{T}}(\boldsymbol{z}_i,\dot{\boldsymbol{z}}_i)\left[\boldsymbol{u}_{ieq}(t)+\boldsymbol{b}_i(t)+l_{iL}\ddot{\boldsymbol{\eta}}_L+\frac{l_{ij}}{l_{ii}}\sum\ddot{\boldsymbol{E}}_{ij}(t)+\frac{1}{2}\boldsymbol{C}_i p_i(\boldsymbol{z}_i,\dot{\boldsymbol{z}}_i)\right]\\
&=\boldsymbol{\sigma}_i^{\mathrm{T}}(\boldsymbol{z}_i,\dot{\boldsymbol{z}}_i)[-\boldsymbol{K}_i\operatorname{sign}(\boldsymbol{\sigma}_i(\boldsymbol{z}_i,\dot{\boldsymbol{z}}_i))+\boldsymbol{b}_i(t)]\\
&\leqslant-\sum_{m=1}^{3}\alpha_{im}\left|\boldsymbol{\sigma}_{im}(\boldsymbol{z}_i,\dot{\boldsymbol{z}}_i)\right|\\
&\leqslant-\sum_{m=1}^{3}\min_{m=1,2,3}\{\alpha_{im}\}\left|\boldsymbol{\sigma}_{im}(\boldsymbol{z}_i,\dot{\boldsymbol{z}}_i)\right|\\
&\leqslant-\min_{m=1,2,3}\{\alpha_{im}\}\|\dot{\boldsymbol{z}}_i\|_1\\
&\leqslant-\sqrt{2}\min_{m=1,2,3}\{\alpha_{im}\}V_i^{\frac{1}{2}}(\boldsymbol{\sigma}_i(\boldsymbol{z}_i,\dot{\boldsymbol{z}}_i)),(\boldsymbol{z}_i,\dot{\boldsymbol{z}}_i)\in\boldsymbol{q}_i,i=1,2,\cdots,N
\end{aligned}\tag{14-30}$$

因此，由引理 14.2 可以得出结论：从$(\boldsymbol{z}_i,\dot{\boldsymbol{z}}_i)\in\boldsymbol{q}_i$ 出发，式(14-17) 的轨迹能够在有限时间收敛到终端滑模面 $\boldsymbol{S}_i(\boldsymbol{z}_i,\dot{\boldsymbol{z}}_i)$并沿其进行滑动。由上述分析可知，无论初始条件如何，轨迹（$\boldsymbol{z}_i$，$\dot{\boldsymbol{z}}_i$）在有限时间内始终收敛于终端滑模面 $\boldsymbol{S}_i(\boldsymbol{z}_i,\dot{\boldsymbol{z}}_i)$并沿着该滑模面运动。此外，由式(14-18) 可知，当系统沿 $\boldsymbol{S}_i(\boldsymbol{z}_i,\dot{\boldsymbol{z}}_i)$滑动时，闭环误差动力学特征为

$$\dot{\boldsymbol{z}}_i=\ \ \boldsymbol{C}_iH_i(\boldsymbol{z}_i)\left|\boldsymbol{z}_i\right|^{\frac{1}{2}},\boldsymbol{z}_i\in\boldsymbol{S}_i\tag{14-31}$$

式中，$\boldsymbol{C}_i$ 和 $H_i(\boldsymbol{z}_i)$ 与前文定义相同。构造李雅普诺夫函数如下所示：

$$V_i(\boldsymbol{z}_i)=\|\boldsymbol{z}_i\|_1\tag{14-32}$$

沿着式(14-31) 的轨迹对 $V_i(\boldsymbol{z}_i)$ 关于时间 t 求导，我们有

$$\begin{aligned}
\dot{V}_i(\boldsymbol{z}_i)&=\sum_{m=1}^{3}\operatorname{sign}(z_{im})\dot{z}_{im}\\
&=-\sum_{m=1}^{3}c_{im}\left|z_{im}\right|^{\frac{1}{2}}\\
&\leqslant-\|\boldsymbol{C}_i^{-1}\|_{\infty}^{-1}[V_i(\boldsymbol{z}_i)]^{\frac{1}{2}},\boldsymbol{z}_i\in\boldsymbol{S}_i,i=1,2,\cdots,N
\end{aligned}\tag{14-33}$$

式中，利用引理 14.2 及 $\boldsymbol{\Delta}'=\{0\}$，表示式(14-31) 轨迹能够在有限时间内收敛

到原点。因此，由式(14-20)和式(14-25)组成的滑模控制器，无论初始条件如何，都能保证式(14-17)的轨迹在有限时间内收敛到原点。与此同时，根据引理14.3可知，控制器可以实现N艘跟随者无人艇和领导者无人艇有限时间编队控制。

注意每个分布式滑模控制器$\boldsymbol{u}_i(t)$由$\boldsymbol{u}_{ieq}(t)$和$\boldsymbol{u}_{iaux}(t)$组成，$i=1,2,\cdots,N$，仅使用第i艘无人艇及其相邻无人艇的局部信息进行反馈。

备注14.8： 由$(\boldsymbol{z}_i,\dot{\boldsymbol{z}}_i)$的初始条件决定，轨迹收敛的滑模面在控制过程中可能发生切换。如果初始状态$(\boldsymbol{z}_i,\dot{\boldsymbol{z}}_i)\in\boldsymbol{q}_i$，则状态轨迹将收敛到终端滑模面$\boldsymbol{S}_i(\boldsymbol{z}_i,\dot{\boldsymbol{z}}_i)$，然后在有限时间内沿其滑动到原点。对于初始状态$(\boldsymbol{z}_i,\dot{\boldsymbol{z}}_i)\notin\boldsymbol{q}_i$，在最开始引入线性辅助滑模面$\boldsymbol{S}_{iaux}(\boldsymbol{z}_i,\dot{\boldsymbol{z}}_i)$以避免控制器的奇异问题。此外，正如在备注14.7中所述，由该奇异区域出发的状态轨迹最终会离开该区域并趋向于非奇异区域。因此对于后一种情况，轨迹收敛的滑模面从$\boldsymbol{S}_{iaux}(\boldsymbol{z}_i,\dot{\boldsymbol{z}}_i)$切换到$\boldsymbol{S}_i(\boldsymbol{z}_i,\dot{\boldsymbol{z}}_i)$，同时控制器$\boldsymbol{u}_i(t)$也将相应地从$\boldsymbol{u}_{iaux}(t)$切换到$\boldsymbol{u}_{ieq}(t)$。

备注14.9： 在控制器设计过程中，为了分别计算等效控制律$\boldsymbol{u}_{ieq}(t)$和$\boldsymbol{u}_{iaux}(t)$，将$\dot{\boldsymbol{\sigma}}_i(\boldsymbol{z}_i,\dot{\boldsymbol{z}}_i)$和$\dot{\boldsymbol{\sigma}}_{iaux}(\boldsymbol{z}_i,\dot{\boldsymbol{z}}_i)$设置为零，这在变结构控制理论中是经典且通用的设计方法。根据上述分析，式(14-20)和式(14-25)设计的控制器可以保证滑模面$\boldsymbol{S}_i(\boldsymbol{z}_i,\dot{\boldsymbol{z}}_i)$和$\boldsymbol{S}_{iaux}(\boldsymbol{z}_i,\dot{\boldsymbol{z}}_i)$的有限时间稳定性，以及式(14-17)的误差状态$(\boldsymbol{z}_i,\dot{\boldsymbol{z}}_i)$在有限时间内收敛到原点，这意味着该控制器保证了网络中多无人艇有限时间编队的形成。

14.5 仿真结果及分析

为验证本章所提出的非线性滑模控制方法的有效性，在此实例中，考虑了固定通信网络中三艘无人艇的组合，相应模型参数如下[248]：

$$m_{11}=200\text{kg},m_{22}=250\text{kg},m_{33}=80\text{kg}$$

$$d_{11}=70\text{kg/s},d_{22}=100\text{kg/s},d_{33}=50\text{kg/s}$$

领导者无人艇路径是一个半径为3m的逆时针圆弧，其位置为$x_L(t)=3\sin t$，$y_L=3\cos t$，跟随者无人艇的初始状态为$\boldsymbol{\eta}_1(0)=[1,2,(5/6)\pi]^{\mathrm{T}}$和$\boldsymbol{\eta}_2(0)=[-1,5,\pi]^{\mathrm{T}}$，控制增益设置为$\boldsymbol{K}_1=\boldsymbol{K}_2=\boldsymbol{K}_{1aux}=\boldsymbol{K}_{2aux}=\mathrm{diag}(2,2,2)$，终端滑模面参数设置为$\boldsymbol{C}_1=\boldsymbol{C}_2=\mathrm{diag}(3,3,3)$，相对位置参数设置为$\boldsymbol{E}_{1L}=[-\sqrt{48},4,0]^{\mathrm{T}}$，$\boldsymbol{E}_{12}=[0,8,0]^{\mathrm{T}}$，$\boldsymbol{E}_{2L}=[-\sqrt{48},-4,0]^{\mathrm{T}}$，$\boldsymbol{E}_{21}=[0,-8,0]^{\mathrm{T}}$。

邻接矩阵由计算得出，即

$$\boldsymbol{A}=\begin{bmatrix}0&0&0\\1&0&1\\1&1&0\end{bmatrix}\tag{14-34}$$

拉普拉斯矩阵由计算得出，即

$$\boldsymbol{L}=\begin{bmatrix}0 & 0 & 0\\ -1 & 2 & -1\\ -1 & -1 & 2\end{bmatrix} \tag{14-35}$$

此外，归一化有向拉普拉斯矩阵可以表示为

$$\boldsymbol{l}=\begin{bmatrix}0 & 0 & 0\\ -\frac{1}{2} & 1 & -\frac{1}{2}\\ -\frac{1}{2} & -\frac{1}{2} & 1\end{bmatrix} \tag{14-36}$$

图 14.2 描述了预期的编队队形以及无人艇与无人艇之间的信息传递，领导者无人艇可以向两个跟随者无人艇传递信号，且两个跟随者无人艇之间可以进行相互通信。图 14.3 给出领导者无人艇和跟随者无人艇的实时轨迹，可以看出各无人艇分别从不同的初始位置出发，能够得到期望的编队队形。广义误差动态的变化曲线如图 14.4 所示，不难看出广义误差可以在有限时间内镇定，且趋于 0。从图 14.5 中可看出跟随者无人艇的

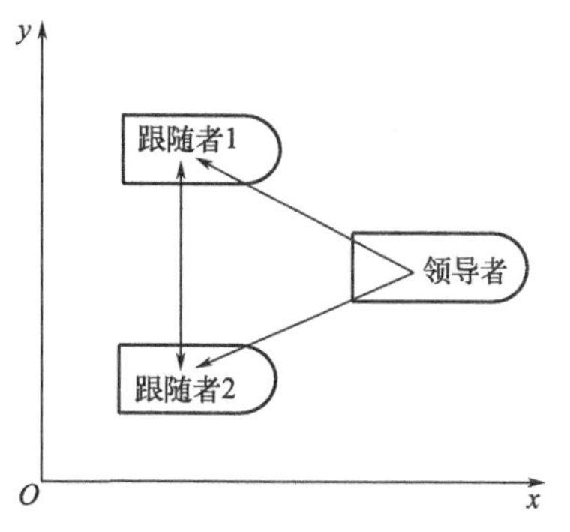

图 14.2　理想编队队形及通信拓扑

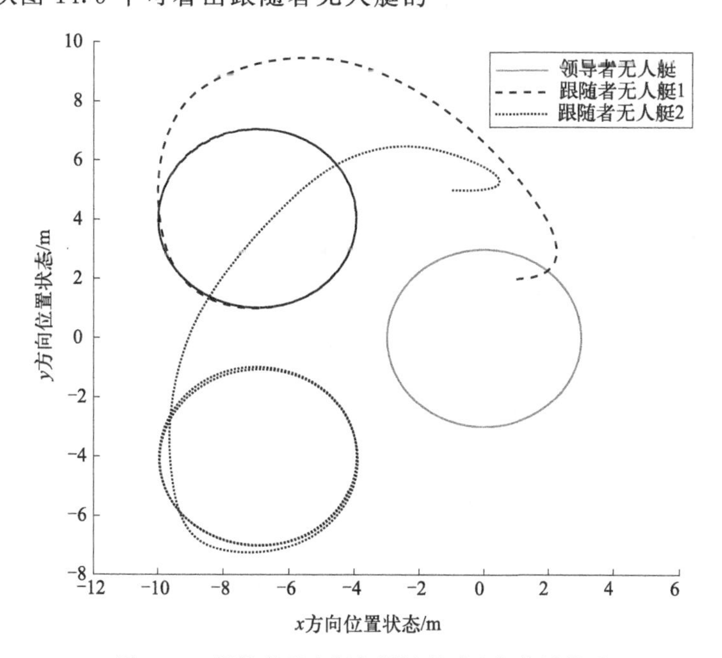

图 14.3　领导者无人艇与跟随者无人艇位置关系

控制力 F_x 和力矩 T_z 也能在有限时间内快速地实现镇定。三艘无人艇的位置 x_i，y_i 和艏摇角 ψ_i 变量变化曲线分别如图 14.6～图 14.8 所示，可以看出跟随者无人艇均可在有限时间内达到期望的位置与姿态，并相对领导者无人艇进行协同运动。

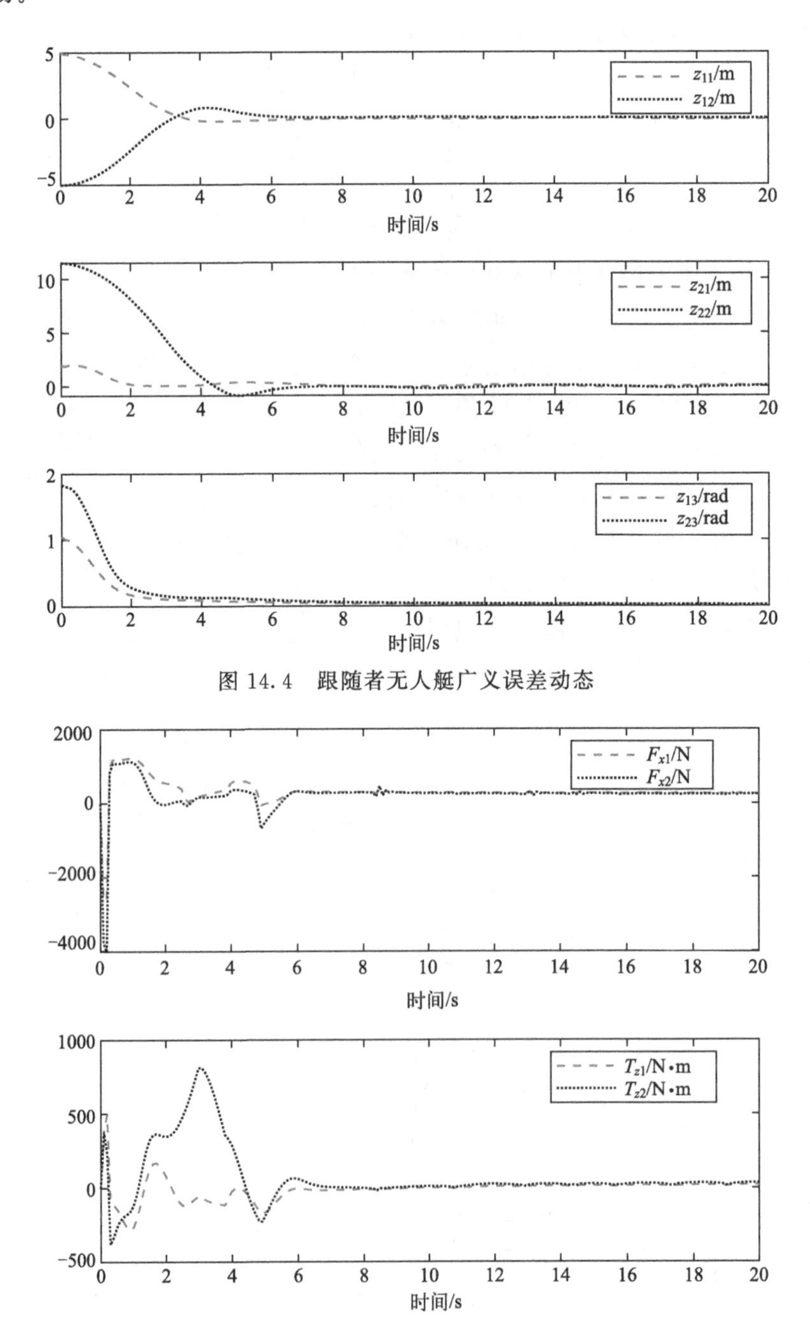

图 14.4 跟随者无人艇广义误差动态

图 14.5 跟随者无人艇的前向推进力及转向力矩

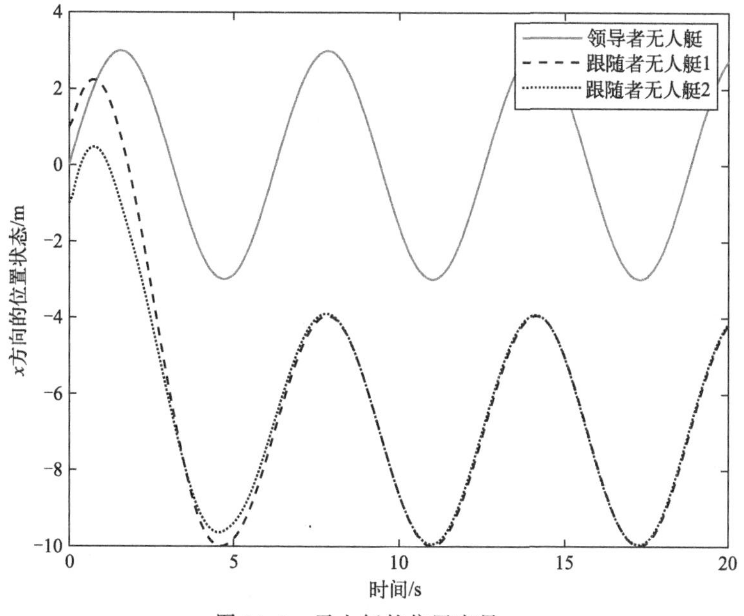

图 14.6　无人艇的位置变量 x_i

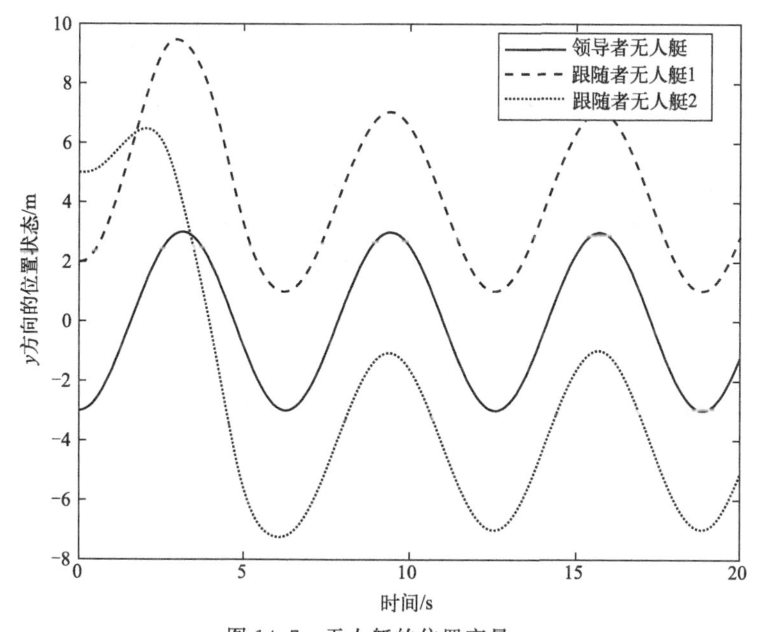

图 14.7　无人艇的位置变量 y_i

从上述仿真分析中可以清晰地看出，本章所提出的基于非线性滑模的控制方法具有有效性和优越性，可以在不影响控制精度的情况下，快速地实现所需编队，广义误差动态收敛速度较快，且其控制力和力矩趋于稳定，具有较短的调节时间。

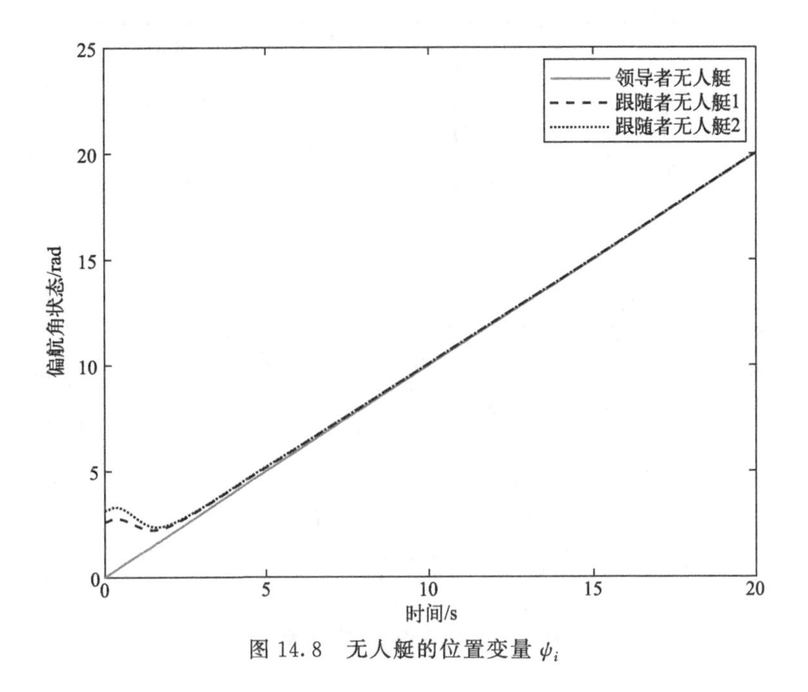

图 14.8　无人艇的位置变量 ψ_i

14.6　本章小结

本章针对欠驱动无人艇编队控制问题，提出了一种非线性滑模控制方法。为避免系统状态的奇异性问题，将系统空间分为两个区域，其中一个区域为终端滑模控制的有界区域，其补域为终端滑模控制的奇异区域，设计了从补域开始的系统轨迹线性辅助滑模控制器。然后基于李雅普诺夫理论，提出了一种用于欠驱动无人艇编队控制的分布式滑模控制器，使得相对误差在有限时间内被控制到零。最后，通过理论分析与仿真验证均证明了所设计的分布式滑模控制方案的有效性。

第 15 章

四旋翼无人机的编队控制

15.1 概述

由于新型材料、机械电子、惯性导航系统及控制技术的发展进步，以及微型旋翼飞行器低廉的价格、灵活的操作性、稳定的控制性能、较强的适应环境能力及可避免人员伤亡的特点，近些年旋翼飞行器在军事、民用领域得到了广泛的应用。无人驾驶航空器（unmanned aerial vehicle，简称 UAV，也称为无人飞行器或无人机）是一种装备了必要的数据处理单元、传感器、自动控制器以及通信系统的，能够在无人干预的情况下完成自主飞行任务的航空器[249]。虽然早在 1907 年，法国科学家 Breguet 兄弟就设计了一架小型的无人直升机 Breguet-Richet Gyroplane，但因技术的制约并未成功[250]；同样，这之后相当长的时间内无人直升机并没有取得较快的发展。近几十年来，随着新型材料、机械电子、惯性导航系统及控制技术的发展进步，又由于无人机适应环境能力强及可避免人员伤亡等特点[251]，其在军事上得到广泛应用，例如：情报搜集；监视及侦察任务；战斗行动、打击任务；镇压或破坏敌人及其设备[252]。最近十年间由于无人机的微型发展，一些微小型无人机在民用方面同样得到大量应用，并以其低廉的价格、炫酷的功能得到大众的认可。

在复杂环境中执行任务的无人机有多种不同的类型，按照不同的平台构型可以分为固定机翼无人机、多旋翼无人机、无人直升机以及扑翼无人机等，其中固定机翼无人机和多旋翼无人机最为普遍。不同于固定机翼无人机，多旋翼无人机是一种通过多个旋翼轴提供飞行动力的无人机，具有机械结构简单、可垂直升降、可悬停、对飞行场地要求不高等优点。四旋翼无人机作为多旋翼无人机中的一种，其研制成本低、重量轻、体积小并且操控简单。随着无人机应用环境愈加复杂，单无人机受体积、重量、载荷量、续航时间的限制，无法满足许多特定任务的需求。因此，为了弥补单无人机能力上的不足，最简单有效的方式便是采用多架无人机协同合作，共同完成复杂任务。与单架无人机相比，多无人机可以搭载更多的设备，在执行任务时可以做到信息融合与资源互补[253]，从而提高任务的执行效率。并且当不可预知原因导致单架无人机出现故障而失效时也不会引发整个任务的失败，能大大提高系统的可靠性和容错率，从而满足任务各方面的需求。

多无人机的编队控制问题越来越成为无人机研究领域的热点问题。所谓的编队控制是指多架无人机能够快速形成期望的队形，然后按照此编队形态向指定方向飞行，同时又能适应环境干扰的控制形式[254-256]。编队飞行的控制策略主要由两个方面组成，即无人机之间的信息交互及队形控制算法。多架无人机之间必须要有信息交互才能确保其在编队中相对位置的不变，从而保持一定的队形。在信息交互的控制策略中主要有集中式控制、分布式控制、分散式控制。每种方式有其独特的定义和优缺点。集中式控制中，编队中的无人机两两进行信息交互，交互的信息包括各自的位置、速度、姿态和运动目标等信息。在集中式控制策略中，由于每架无人机都知道整个编队的信息，因此控制效果肯定好；但是交互的信息量特别大，容易造成信息的冲突，所以对机载计算机的性能要求高，整个编队控制系统的计算量会较大。分布式控制中，编队中的每架无人机只需要与相邻的无人机进行信息交互。在此控制方案中，由于每架无人机只需要知道和它相邻的无人机的信息，因此相比于集中式控制策略，分布式控制策略控制效果相对较差，但是交互的信息较少，计算量小，也容易避免信息冲突，且整个编队控制系统的实现相对简单。从工程的实现角度，分布式控制策略易于实现和维护，且具有较好的扩充性与容错性，如在执行任务的过程中变更任务需要加入无人机或者有故障的无人机需要替换等比较容易实现。由于这样的突变在分布式控制方案中可以将影响限制在局部范围内，因此分布式编队控制方案已经逐渐取代集中式控制成为编队信息交互研究的热点。分布式控制中，各架无人机之间不会进行信息交互，编队中的每架无人机只需要保持其与编队中约定点的相对关系。虽然此种策略计算量更少，结构最简单，但编队控制效果最差且不能保证编队形成及飞行中无人机之间不发生碰撞的事故。

对于四旋翼无人机编队队形控制算法的研究相对成熟，且通用的方法有：跟随领航者法、基于行为法、虚拟结构法和人工势场法等。长机-僚机策略即属于跟随领航者策略。跟随领航者法中需要指定队形中某一架（或几架）四旋翼无人机作为领航者，其他无人机作为跟随者并跟随领航者运动。它将队形控制问题转化为跟随长机的朝向和位置跟踪问题。此编队方式是时下最流行的也是最古老的一种编队控制方式。跟随领航者法的优点在于四旋翼无人机机群的行为可以由单架或几架领航者决定；缺点在于编队的鲁棒性依赖于长机的鲁棒性，无人机飞行误差会随着僚机的跟随逐级放大，僚机一般不影响长机的运动，这种编队控制系统易受到外界干扰的影响。针对跟随领航者法的缺点，众多科研人员结合了 PID 控制、LQR 控制方法、滑模变结构控制方法、神经网络控制方法、反步控制方法、模型预测控制方法、非线性动态方法和人工物理的方法等多种技术改进了此种控制策略，并取得了一定的成果。

另外，滑模变结构控制算法也可以应用到多四旋翼无人机系统的一致性问题中。在多智能体系统一致性问题研究中，基于滑模控制设计的滑模一致性控制器受到了一些学者的欢迎。来自台湾长庚大学电机工程系的团队采用长机-僚机的编队策略，针对多智能体系统一致性问题，分别设计了模糊滑模一致性控制器[257,258]、自适应模糊滑模一致性控制器[259] 和自适应模糊终端滑模一致性控制器[260]；来自东北大学信息科学与工程学院的刘建昌教授同样采用长机-僚机的编队策略，针对多智能体系统设计了带有时变延迟的鲁棒积分滑模一致性控制器[261]。以上团队的研究针对多智能体的一阶积分、二阶积分和线性系统数学模型做了深入讨论，所提出的模糊滑模一致性控制器、自适应模糊滑模一致性控制器、自适应模糊终端滑模一致性控制器和鲁棒积分滑模一致性控制器，都能够改进滑模控制系统自身存在的抖振现象。四旋翼无人机属于智能体的范畴，显然以上的方法适用于多四旋翼无人机系统的一致性问题。然而，对于多四旋翼无人机，自适应神经网络分布式编队控制问题尚未得到深入研究。

本章将考虑多四旋翼无人机神经网络自适应分布式编队控制问题。其中，每个无人机与虚拟领导者之间的通信已通过图论建立。本章设计了相应的神经网络自适应滑模控制算法，使系统具有更快的收敛速度和更小的跟踪误差。最后，通过理论分析和仿真表明了所设计的神经网络分布式自适应滑模控制算法的有效性。

15.2　预备知识和问题描述

考虑一个场景，在该场景中，多架四旋翼无人机与虚拟领队一起进入编队，四旋翼无人机配置示意图如图 15.1 所示。每架无人机都有不同的初始位置，跟踪虚拟领队飞行路径，并快速形成和维持编队。根据拉格朗日方程，考虑第 i 个四旋翼无人机动力学模型如下[257]：

$$\begin{cases}\ddot{x}_i=u_{x,i}-K_{i,1}\dot{x}_i/m_i\\ \ddot{y}_i=u_{y,i}-K_{i,2}\dot{y}_i/m_i\\ \ddot{z}_i=u_{z,i}-K_{i,3}\dot{z}_i/m_i-g\\ \ddot{\theta}_i=U_{i,2}-l_i^*K_{i,4}\dot{\theta}_i/I_{i,1}\\ \ddot{\varphi}_i=U_{i,3}-l_i^*K_{i,5}\dot{\varphi}_i/I_{i,2}\\ \ddot{\psi}_i=U_{i,4}-l_i^*K_{i,6}\dot{\psi}_i/I_{i,3}\end{cases} \tag{15-1}$$

式中，$i=1,2,\cdots,N$，是无人机的数量；$[\theta_i,\varphi_i,\psi_i]$是三个姿态角（分别为俯仰角、侧倾角和偏航角）；$[x_i,y_i,z_i]$是飞机在惯性坐标系中的质心位置；$l_i^*$是半径长度；$m_i$ 是总载荷质量；$I_{i,j^*}(j^*=1,2,3)$表示围绕每个轴的惯性矩；$K_{i,j^*}(j^*=1,2,\cdots,6)$是阻力系数；$g$ 是重力引起的加速度。定义式(15-1) 中的 $u_{x,i}$、$u_{y,i}$、$u_{z,i}$ 为

$$\begin{cases}u_{x,i}=(\sin\varphi_i\cos\theta_i\cos\psi_i+\sin\theta_i\sin\psi_i)U_{i,1}\\u_{y,i}=(\sin\varphi_i\cos\theta_i\sin\psi_i-\sin\theta_i\cos\psi_i)U_{i,1}\\u_{z,i}=(\cos\varphi_i\cos\theta_i)U_{i,1}\end{cases}\tag{15-2}$$

式(15-1)、式(15-2) 中，$U_{i,1}$、$U_{i,2}$、$U_{i,3}$ 和 $U_{i,4}$ 表示由四个转子产生的控制输入。

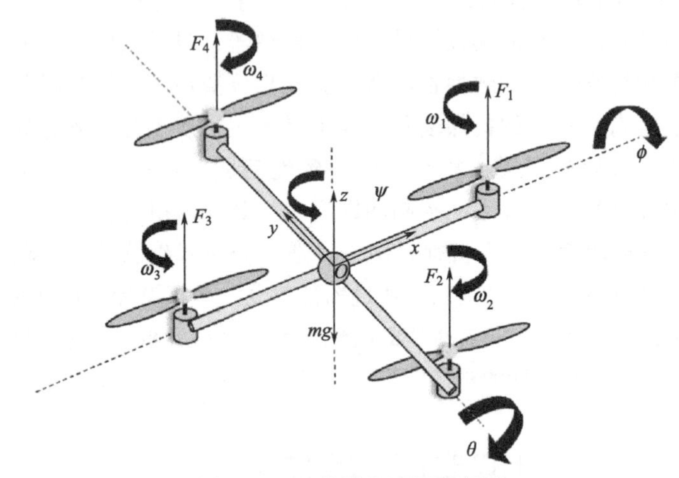

图 15.1　四旋翼机配置示意图

为了描述 N 架无人机之间的通信网络，使用无向固定图 $\mathcal{G}=(\boldsymbol{V},\boldsymbol{E},\boldsymbol{A})$来建立信息交换关系，假设图 $\mathcal{G}$ 是无向且连通的，并且至少一架无人机可以从虚拟领导者那里接收信息。$\boldsymbol{L}+\boldsymbol{B}$ 是对称且正定的。

控制目标：设计自适应神经网络控制策略，使所有的四旋翼无人机都能跟踪虚拟领航者，并保持彼此之间给定的相对距离，也就是说，当 $t\rightarrow\infty$时，有 $x_i-x_d\rightarrow x_i^d$，$y_i-y_d\rightarrow y_i^d$，$z_i-z_d\rightarrow z_i^d$，$\dot{x}_i\rightarrow\dot{x}_d$，$\dot{y}_i\rightarrow\dot{y}_d$，$\dot{z}_i\rightarrow\dot{z}_d$，$\psi_i\rightarrow\psi_d$。$[x_i^d$，$y_i^d$，$z_i^d]$[1] 是第 i 架无人机的期望定位偏移。ψ_d 是虚拟引线的偏航角。$[x_d,y_d,z_d]$和$[\dot{x}_d,\dot{y}_d,\dot{z}_d]$是虚拟引线的位置和速度。

备注 15.1：欧拉角（横滚角 φ_i、俯仰角 θ_i 和偏航角 ψ_i）是有界的，并且满

[1] x_i^d、y_i^d、z_i^d 符号右上角的 d 并非表示次幂，仅作为区分标志。

足$\frac{-\pi}{2}<\varphi_i<\frac{\pi}{2}$，$\frac{-\pi}{2}<\theta_i<\frac{\pi}{2}$，以及$-\pi<\psi_i<\pi$。

假设 15.1：期望的位置和方向轨迹 x_d，y_d，z_d，$\dot{x}_d$，$\dot{y}_d$，$\dot{z}_d$，$\ddot{x}_d$，$\ddot{y}_d$，$\ddot{z}_d$，ψ_d，$\dot{\psi}_d$，$\ddot{\psi}_d$ 是有界的，并且存在常数 $R_x>0$，$R_y>0$，$R_z>0$，$R_\psi>0$，使得 $|\ddot{x}_d|\leqslant R_x$，$|\ddot{y}_d|\leqslant R_y$，$|\ddot{z}_d|\leqslant R_z$，$|\ddot{\psi}_d|\leqslant R_\psi$。此外，系统状态是可测量的。

15.3　控制器设计

首先，设计位置控制器来驱动无人机跟踪虚拟目标。

根据式(15-1)，位置子系统为

$$\begin{cases}\ddot{x}_i=u_{x,i}+f_{x,i}(x_i,\dot{x}_i)\\ \ddot{y}_i=u_{y,i}+f_{y,i}(y_i,\dot{y}_i)\\ \ddot{z}_i=u_{z,i}+f_{z,i}(z_i,\dot{z}_i)\end{cases}\tag{15-3}$$

式中，$f_{x,i}(x_i,\dot{x}_i)=-K_{i,1}\dot{x}_i/m_i$；$f_{y,i}(y_i,\dot{y}_i)=-K_{i,2}\dot{y}_i/m_i$；$f_{z,i}(z_i,\dot{z}_i)=-K_{i,3}\dot{z}_i/m_i-g$。

定义四旋翼无人机在 X、Y、Z 方向上的目标轨迹和虚拟引线之间的位置跟踪误差 $e_{x,i}$、$e_{y,i}$、$e_{z,i}$ 如下所示：

$$\begin{cases}e_{x,i}=\sum\limits_{j=1}^{n}a_{ij}[(x_i^s-x_i^d)-(x_j^s-x_j^d)]+b_i(x_i^s-x_d-x_i^d)\\ e_{y,i}=\sum\limits_{j=1}^{n}a_{ij}[(y_i^s-y_i^d)-(y_j^s-y_j^d)]+b_i(y_i^s-y_d-y_i^d)\\ e_{z,i}=\sum\limits_{j=1}^{n}a_{ij}[(z_i^s-z_i^d)-(z_j^s-z_j^d)]+b_i(z_i^s-z_d-z_i^d)\end{cases}\tag{15-4}$$

式中，x_i^s、y_i^s、z_i^s 分别是 x_i、y_i、z_i 的目标轨迹，各自上角标 s 也仅作为区分标志。

根据矩阵理论，式(15-4) 可以改写为

$$\begin{cases}\boldsymbol{e}_x=(\boldsymbol{L}+\boldsymbol{B})(\boldsymbol{x}^s-x_d\cdot\boldsymbol{1}_N-\boldsymbol{x}^d)\\ \boldsymbol{e}_y=(\boldsymbol{L}+\boldsymbol{B})(\boldsymbol{y}^s-y_d\cdot\boldsymbol{1}_N-\boldsymbol{y}^d)\\ \boldsymbol{e}_z=(\boldsymbol{L}+\boldsymbol{B})(\boldsymbol{z}^s-z_d\cdot\boldsymbol{1}_N-\boldsymbol{z}^d)\end{cases}\tag{15-5}$$

式中，$\boldsymbol{e}_x=[e_{x,1},e_{x,2},\cdots,e_{x,N}]^{\mathrm{T}}$，$\boldsymbol{e}_y=[e_{y,1},e_{y,2},\cdots,e_{y,N}]^{\mathrm{T}}$，$\boldsymbol{e}_z=[e_{z,1},e_{z,2},\cdots,e_{z,N}]^{\mathrm{T}}$，$\boldsymbol{x}^s=[x_1^s,x_2^s,\cdots,x_N^s]^{\mathrm{T}}$，$\boldsymbol{y}^s=[y_1^s,y_2^s,\cdots,y_N^s]^{\mathrm{T}}$，$\boldsymbol{z}^s=$

$[z_1^s, z_2^s, \cdots, z_N^s]^{\mathrm{T}}$，$\boldsymbol{x}^d = [x_1^d, x_2^d, \cdots, x_N^d]^{\mathrm{T}}$，$\boldsymbol{y}^d = [y_1^d, y_2^d, \cdots, y_N^d]^{\mathrm{T}}$，$\boldsymbol{z}^d = [z_1^d, z_2^d, \cdots, z_N^d]^{\mathrm{T}}$。

设计滑模函数为

$$s_{x,i} = c_x r_{x,i} + \dot{r}_{x,i} \tag{15-6}$$

$$s_{y,i} = c_y r_{y,i} + \dot{r}_{y,i} \tag{15-7}$$

$$s_{z,i} = c_z r_{z,i} + \dot{r}_{z,i} \tag{15-8}$$

式中，$r_{x,i} = x_i - x_i^s$；$r_{y,i} = y_i - y_i^s$；$r_{z,i} = z_i - z_i^s$；c_x，c_y，c_z 是正常数。

备注 15.2：每个无人机的目标轨迹都根据其邻居的信息进行动态调整。因此，编队控制问题被转化为两个部分：

(1) 选择适当的 $g_i(\cdot)$，使得当 $t \to \infty$ 时，$x_i^s - x_d \to x_i^d$，$y_i^s - y_d \to y_i^d$，$z_i^s - z_d \to z_i^d$，$\dot{x}_i^s \to \dot{x}_d$，$\dot{y}_i^s \to \dot{y}_d$，$\dot{z}_i^s \to \dot{z}_d$；

(2) 设计自适应律，当 $t \to \infty$ 时，$x_i \to x_i^s$，$y_i \to y_i^s$，$z_i \to z_i^s$，$\dot{x}_i \to \dot{x}_i^s$，$\dot{y}_i \to \dot{y}_i^s$，$\dot{z}_i \to \dot{z}_i^s$。由于$(X,Y,Z)$方向的分析过程相似，我们采用 $\boldsymbol{\zeta} = \{x, y, z\}$ 来分析系统。

步骤 1. 构造李雅普诺夫函数如下：

$$V_{\zeta,1} = \frac{1}{2}\boldsymbol{e}_\zeta^{\mathrm{T}}\boldsymbol{e}_\zeta + \frac{1}{2}\boldsymbol{\eta}_\zeta^{\mathrm{T}}\boldsymbol{\eta}_\zeta \tag{15-9}$$

式中，$\boldsymbol{\eta}_\zeta = [\eta_{\zeta,1}, \eta_{\zeta,2}, \cdots, \eta_{\zeta,N}]^{\mathrm{T}}$，$\eta_{\zeta,i} = \dot{e}_{\zeta,i} - e_{\zeta,i}^*$，$e_{\zeta,i}^* = -k_\zeta e_{\zeta,i}$，其中 k_ζ 为正常数。

取 $V_{\zeta,1}$ 的导数并使用式(15-4)，得

$$\dot{V}_{\zeta,1} = -k_\zeta \boldsymbol{e}_\zeta^{\mathrm{T}}\boldsymbol{e}_\zeta + \boldsymbol{e}_\zeta^{\mathrm{T}}\boldsymbol{\eta}_\zeta + k_\zeta \boldsymbol{\eta}_\zeta^{\mathrm{T}}\boldsymbol{\eta}_\zeta - k_\zeta^2 \boldsymbol{\eta}_\zeta^{\mathrm{T}}\boldsymbol{e}_\zeta + \boldsymbol{\eta}_\zeta^{\mathrm{T}}(\boldsymbol{L}+\boldsymbol{B})(\boldsymbol{u}_\zeta^s - \ddot{\zeta}_d \cdot \boldsymbol{1}_N) \tag{15-10}$$

式中，$\boldsymbol{u}_\zeta^s = [u_{\zeta,1}^s, u_{\zeta,2}^s, \cdots, u_{\zeta,N}^s]^{\mathrm{T}}$；$\ddot{\zeta}_i^s = u_{\zeta,i}^s \triangleq g_i(e_{\zeta,i}, \dot{e}_{\zeta,i})$，$u_{\zeta,i}^s$ 是稍后设计的辅助控制信号。

使用杨氏不等式和假设 15.1，有

$$\begin{cases} \boldsymbol{e}_\zeta^{\mathrm{T}}\boldsymbol{\eta}_\zeta \leqslant \dfrac{1}{2}\boldsymbol{e}_\zeta^{\mathrm{T}}\boldsymbol{e}_\zeta + \dfrac{1}{2}\boldsymbol{\eta}_\zeta^{\mathrm{T}}\boldsymbol{\eta}_\zeta \\ -k_\zeta^2 \boldsymbol{\eta}_\zeta^{\mathrm{T}}\boldsymbol{e}_\zeta \leqslant \dfrac{k_\zeta^2}{2}\boldsymbol{e}_\zeta^{\mathrm{T}}\boldsymbol{e}_\zeta + \dfrac{k_\zeta^2}{2}\boldsymbol{\eta}_\zeta^{\mathrm{T}}\boldsymbol{\eta}_\zeta \\ -\boldsymbol{\eta}_\zeta^{\mathrm{T}}(\boldsymbol{L}+\boldsymbol{B})\ddot{\zeta}_d \cdot \boldsymbol{1}_N \leqslant \dfrac{\boldsymbol{\eta}_\zeta^{\mathrm{T}}\boldsymbol{\eta}_\zeta}{2a_1} + \dfrac{a_1 N \lambda_1 R_\zeta}{2} \end{cases}$$

式中，a_1 是正常数；λ_1 是（$\boldsymbol{L}+\boldsymbol{B}$）的最小特征值；$R_\zeta$ 是假设 15.1 中期望位置二阶导的上界。设计辅助控制信号 $u_{\zeta,i}^s$ 为

$$u^{s}_{\zeta,i}=-k_{s,\zeta}\eta_{\zeta,i} \tag{15-11}$$

式中，$k_{s,\zeta}$ 是正常数。

然后，式(15-10) 可以改写为

$$\begin{aligned}\dot{V}_{\zeta,1}&\leqslant\left(-k_{\zeta}+\frac{1}{2}+\frac{k_{\zeta}^{2}}{2}\right)\boldsymbol{e}_{\zeta}^{\mathrm{T}}\boldsymbol{e}_{\zeta}+\left(-\lambda_{1}k_{s,\zeta}+k_{\zeta}+\frac{1}{2}+\frac{k_{\zeta}^{2}}{2}+\frac{1}{2a_{1}}\right)\boldsymbol{\eta}_{\zeta}^{\mathrm{T}}\boldsymbol{\eta}_{\zeta}+\frac{a_{1}N\lambda_{1}R_{\zeta}}{2}\\&=-\alpha_{\zeta}\boldsymbol{e}_{\zeta}^{\mathrm{T}}\boldsymbol{e}_{\zeta}-\beta_{\zeta}\boldsymbol{\eta}_{\zeta}^{\mathrm{T}}\boldsymbol{\eta}_{\zeta}+\Gamma_{\zeta,1}\end{aligned} \tag{15-12}$$

式中，$\Gamma_{\zeta,1}=\dfrac{a_{1}N\lambda_{1}R_{\zeta}}{2}$。

选择参数 k_{ζ}、λ_{1}、$k_{s,\zeta}$、a_{1}，使得 $-\alpha_{\zeta}=-k_{\zeta}+\dfrac{1}{2}+\dfrac{k_{\zeta}^{2}}{2}<0$，$-\beta_{\zeta}=-\lambda_{1}k_{\eta}+k_{\zeta}+\dfrac{1}{2}+\dfrac{k_{\zeta}^{2}}{2}+\dfrac{1}{2a_{1}}<0$。设 $\varrho_{\zeta,1}=\min\{2\alpha_{\zeta},2\beta_{\zeta}\}$，我们有

$$\dot{V}_{\zeta,1}\leqslant-\varrho_{\zeta,1}V_{\zeta,1}+\Gamma_{\zeta,1} \tag{15-13}$$

步骤 2. 设计如下自适应律使每架无人机的运动轨迹能够跟踪其目标轨迹：

$$\dot{s}_{\zeta,i}=c_{\zeta}\dot{r}_{\zeta,i}+u_{\zeta,i}+f_{\zeta,i}(\zeta_{i},\dot{\zeta})_{i}-u^{s}_{\zeta,i} \tag{15-14}$$

令 $H_{\zeta,i}(\cdot)=f_{\zeta,i}(\zeta_{i},\dot{\zeta}_{i})$。可以看出，$H_{\zeta,i}(\cdot)$是未知的非线性函数，不能直接用于控制器设计。使用径向基函数神经网络来逼近未知非线性函数，可以得到

$$H_{\zeta,i}(\boldsymbol{Z}_{\zeta,i})=\boldsymbol{W}_{\zeta,i}^{*\mathrm{T}}h_{\zeta,i}(\boldsymbol{Z}_{\zeta,i})+\in_{\zeta,i}(\boldsymbol{Z}_{\zeta,i}) \tag{15-15}$$

式中，$\boldsymbol{Z}_{\zeta,i}=[\zeta_{i},\ \dot{\zeta}_{i}]^{\mathrm{T}}$；$h_{\zeta,i}(\boldsymbol{Z}_{\zeta,i})\in\mathbf{R}^{o_{1}}$，是径向基函数向量（$o_{1}>1$，是神经网络节点数）；理想权重表示为 $\boldsymbol{W}_{\zeta,i}^{*}$；$\in_{\zeta,i}(\boldsymbol{Z}_{\zeta,i})$ 是近似误差，$|\in_{\zeta,i}(\boldsymbol{Z}_{\zeta,i})|\leqslant\overline{\in}_{\zeta,i}$。

然后，式(15-14) 可以改写为

$$\dot{s}_{\zeta,i}\leqslant c_{\zeta}\dot{r}_{\zeta,i}+u_{\zeta,i}+\boldsymbol{W}_{\zeta,i}^{*\mathrm{T}}h_{\zeta,i}(\boldsymbol{Z}_{\zeta,i})+\overline{\in}_{\zeta,i}-u^{s}_{\zeta,i} \tag{15-16}$$

设计中间控制变量 $u_{\zeta,i}$ 为

$$u_{\zeta,i}=-c_{\zeta}\dot{r}_{\zeta,i}-\hat{\boldsymbol{W}}_{\zeta,i}^{\mathrm{T}}h_{\zeta,i}(\boldsymbol{Z}_{\zeta,i})+u^{s}_{\zeta,i}-\alpha_{\zeta,i}s_{\zeta,i}-\beta_{\zeta,i}\operatorname{sgn}(s_{\zeta,i}) \tag{15-17}$$

式中，$c_{\zeta}>0$；$\alpha_{\zeta,i}>0$；$\beta_{\zeta,i}>\overline{\in}_{\zeta,i}$；$\hat{\boldsymbol{W}}_{\zeta,i}$ 是 $\boldsymbol{W}_{\zeta,i}^{*}$ 的估计；$\operatorname{sgn}(\cdot)$ 是符号函数。

定义 $\tilde{\boldsymbol{W}}_{\zeta,i}=\boldsymbol{W}_{\zeta,i}^{*}-\hat{\boldsymbol{W}}_{\zeta,i}$。那么，可以得到

$$\dot{s}_{\zeta,i}\leqslant\tilde{\boldsymbol{W}}_{\zeta,i}^{\mathrm{T}}h_{\zeta,i}(\boldsymbol{Z}_{\zeta,i})-\alpha_{\zeta,i}s_{\zeta,i}-\beta_{\zeta,i}\operatorname{sgn}(s_{\zeta,i})+\overline{\in}_{\zeta,i} \tag{15-18}$$

设计更新律为

$$\dot{\hat{\boldsymbol{W}}}_{\zeta,i}=h_{\zeta,i}(\boldsymbol{Z}_{\zeta,i})s_{\zeta,i}-\rho_{\zeta,i}\hat{\boldsymbol{W}}_{\zeta,i} \tag{15-19}$$

式中，$\rho_{\zeta,i}$ 为正常数。

注意，由式(15-2) 和$\sin^2(\cdot)+\cos^2(\cdot)=1$，可以获得$U_{i,1}^2=u_{x,i}^2+u_{y,i}^2+u_{z,i}^2$，并且实际控制输入$U_{i,1}$ 可以在直接计算后获得，即

$$U_{i,1}=\sqrt{u_{x,i}^2+u_{y,i}^2+u_{z,i}^2} \tag{15-20}$$

此外，由式(15-20) 设计的中间控制变量$u_{x,i}$、$u_{y,i}$ 和$u_{z,i}$ 可以生成四旋翼无人机滚转角（侧倾角）和俯仰角，即 φ_i^s 和 θ_i^s 的目标轨迹。因此，可以解 φ_i^s 和 θ_i^s 为

$$\theta_i^s=\arcsin\left(\frac{\sin\psi_i^s\times u_{x,i}-\cos\psi_i^s\times u_{y,i}}{U_{i,1}}\right) \tag{15-21}$$

$$\varphi_i^s=\arctan\left(\frac{\cos\psi_i^s\times u_{x,i}+\sin\psi_i^s\times u_{y,i}}{u_{z,i}}\right) \tag{15-22}$$

备注 15.3：由位置子系统生成的两个中间信号 φ_i^s 和θ_i^s（即四旋翼无人机的侧倾角和俯仰角的目标轨迹）被传输到姿态子系统。通过姿态控制律可以实现两个欧拉角目标轨迹的跟踪。

第 i 架无人机偏航角 ψ_i^s 的目标轨迹可以通过期望的偏航轨迹 ψ_d 获得，通常预先给出该轨迹作为额外参考。根据式(15-1)，姿态子系统为

$$\begin{cases}\ddot{\theta}_i=U_{i,2}+f_{\theta,i}(\theta_i,\dot{\theta}_i)\\ \ddot{\varphi}_i=U_{i,3}+f_{\varphi,i}(\varphi_i,\dot{\varphi}_i)\\ \ddot{\psi}_i=U_{i,4}+f_{\psi,i}(\psi_i,\dot{\psi}_i)\end{cases} \tag{15-23}$$

式中，$f_{\theta,i}(\theta_i,\dot{\theta}_i)=-l_i^*K_{i,4}\dot{\theta}_i/I_{i,1}$；$f_{\varphi,i}(\varphi_i,\dot{\varphi}_i)=-l_i^*K_{i,5}\dot{\varphi}_i/I_{i,2}$；$f_{\psi,i}(\psi_i,\dot{\psi}_i)=-l_i^*K_{i,6}\dot{\psi}_i/I_{i,3}$。

我们定义每架无人机的目标轨迹 ψ_i^s 和参考信号 ψ_d 之间的偏航角跟踪误差如下：

$$e_{\psi_i}=\sum_{j=1}^{n}a_{ij}(\psi_i^s-\psi_j^s)+b_i(\psi_i^s-\psi_d) \tag{15-24}$$

然后，可以设计多无人机的辅助控制信号为

$$\ddot{\psi}_i^s=u_{\psi,i}^s=-k_{s,\psi}\eta_{\psi,i} \tag{15-25}$$

式中，$k_{s,\psi}$ 为正常数；$\eta_{\psi,i}=\dot{e}_{\psi,i}-e_{\psi,i}^*$，$e_{\psi,i}^*=-k_\psi e_{\psi,i}$，这里的 k_ψ 也为正的常数。那么，我们可以得到

$$\ddot{\boldsymbol{e}}_\psi=(\boldsymbol{L}+\boldsymbol{B})(-k_{s,\psi}\boldsymbol{\eta}_\psi-\ddot{\psi}_d\cdot\mathbf{1}_N) \tag{15-26}$$

式中，$\boldsymbol{\eta}_\psi=[\eta_{\psi,1},\eta_{\psi,2},\cdots,\eta_{\psi,N}]^{\mathrm{T}}$。

构造如下李雅普诺夫函数：

$$V_{\psi,1}=\frac{1}{2}\boldsymbol{e}_{\psi}^{\mathrm{T}}\boldsymbol{e}_{\psi}+\frac{1}{2}\boldsymbol{\eta}_{\psi}^{\mathrm{T}}\boldsymbol{\eta}_{\psi} \tag{15-27}$$

那么，可以得到

$$\dot{V}_{\psi,1}=-k_{\psi}\boldsymbol{e}_{\psi}^{\mathrm{T}}\boldsymbol{e}_{\psi}+\boldsymbol{e}_{\psi}^{\mathrm{T}}\boldsymbol{\eta}_{\psi}+k_{\psi}\boldsymbol{\eta}_{\psi}^{\mathrm{T}}\boldsymbol{\eta}_{\psi}-k_{\psi}^{2}\boldsymbol{\eta}_{\psi}^{\mathrm{T}}\boldsymbol{e}_{\psi}+\boldsymbol{\eta}_{\psi}^{\mathrm{T}}(\boldsymbol{L}+\boldsymbol{B})(-k_{s,\psi}\boldsymbol{\eta}_{\psi}-\ddot{\psi}_{d}\cdot\mathbf{1}_{N}) \tag{15-28}$$

利用杨氏不等式和假设 15.1，得到了 $\boldsymbol{e}_{\psi}^{\mathrm{T}}\boldsymbol{\eta}_{\psi}\leqslant\frac{1}{2}\boldsymbol{e}_{\psi}^{\mathrm{T}}\boldsymbol{e}_{\psi}+\frac{1}{2}\boldsymbol{\eta}_{\psi}^{\mathrm{T}}\boldsymbol{\eta}_{\psi}$，$-k_{\psi}^{2}\boldsymbol{\eta}_{\psi}^{\mathrm{T}}\boldsymbol{e}_{\psi}\leqslant\frac{k_{\psi}^{2}}{2}\boldsymbol{e}_{\psi}^{\mathrm{T}}\boldsymbol{e}_{\psi}+\frac{k_{\psi}^{2}}{2}\boldsymbol{\eta}_{\psi}^{\mathrm{T}}\boldsymbol{\eta}_{\psi}$，以及 $-\boldsymbol{\eta}_{\psi}^{\mathrm{T}}(\boldsymbol{L}+\boldsymbol{B})\ddot{\psi}_{d}\cdot\mathbf{1}_{N}\leqslant\frac{\boldsymbol{\eta}_{\psi}^{\mathrm{T}}\boldsymbol{\eta}_{\psi}}{2a_{\psi,1}}+\frac{a_{\psi,1}N\lambda_{1}R_{\psi}}{2}$，其中 $a_{\psi,1}$ 为正常数。

然后，可以改写式(15-28) 为

$$\dot{V}_{\psi,1}\leqslant-\alpha_{\psi}\boldsymbol{e}_{\psi}^{\mathrm{T}}\boldsymbol{e}_{\psi}-\beta_{\psi}\boldsymbol{\eta}_{\psi}^{\mathrm{T}}\boldsymbol{\eta}_{\psi}+\Gamma_{\psi,1} \tag{15-29}$$

式中，$-\alpha_{\psi}=-k_{\psi}+\frac{1}{2}+\frac{k_{\psi}^{2}}{2}$；$-\beta_{\psi}=-\lambda_{1}k_{s,\psi}+k_{\psi}+\frac{1}{2}+\frac{k_{\psi}^{2}}{2}+\frac{1}{2a_{1}}$；$\Gamma_{\psi,1}=\frac{a_{\psi,1}N\lambda_{1}R_{\psi}}{2}$。选择参数 k_{ψ}、λ_{1}、$k_{s,\psi}$、$a_{\psi,1}$，使得 $-\alpha_{\psi}<0$，$-\beta_{\psi}<0$。设 $\varrho_{\psi,1}=\min\{2\alpha_{\psi},2\beta_{\psi}\}$，我们有

$$\dot{V}_{\psi,1}\leqslant-\varrho_{\psi,1}V_{\psi,1}+\Gamma_{\psi,1} \tag{15-30}$$

将每个无人机姿态角的跟踪误差定义为 $r_{\varphi_i}=\varphi_i-\varphi_i^{s}$，$r_{\theta,i}=\theta_i-\theta_i^{s}$ 和 $r_{\psi,i}=\psi_i-\psi_i^{s}$。对于 $\widetilde{\boldsymbol{\omega}}=\{\theta,\varphi,\psi\}$，可以设计滑模函数为

$$s_{\widetilde{\omega},i}-c_{\widetilde{\omega}}r_{\widetilde{\omega},i}+\dot{r}_{\widetilde{\omega},i} \tag{15-31}$$

式中，$c_{\widetilde{\omega}}$ 是正常数。计算式(15-31) 的导数为

$$\dot{s}_{\widetilde{\omega},i}=c_{\widetilde{\omega}}\dot{r}_{\widetilde{\omega},i}+U_{i,\iota}+f_{\widetilde{\omega},i}(\widetilde{\omega}_i,\dot{\widetilde{\omega}}_i)-\ddot{\widetilde{\omega}}_i^{s} \tag{15-32}$$

式中，$\boldsymbol{\iota}=\{2,3,4\}$，这与 $\widetilde{\boldsymbol{\omega}}=\{\theta,\varphi,\psi\}$ 一一对应。

令复合非线性函数 $H_{\widetilde{\omega},i}(\cdot)=-\ddot{\widetilde{\omega}}_i^{s}+f_{\widetilde{\omega},i}(\widetilde{\omega}_i,\dot{\widetilde{\omega}}_i)$。基于径向基函数神经网络的近似特性，可以将 $H_{\widetilde{\omega},i}(\boldsymbol{Z}_{\widetilde{\omega},i})$ 表示为

$$H_{\widetilde{\omega},i}(\boldsymbol{Z}_{\widetilde{\omega},i})=\boldsymbol{W}_{\widetilde{\omega},i}^{*\mathrm{T}}h_{\widetilde{\omega},i}(\boldsymbol{Z}_{\widetilde{\omega},i})+\in_{\widetilde{\omega},i}(\boldsymbol{Z}_{\widetilde{\omega},i}) \tag{15-33}$$

式中，$\boldsymbol{Z}_{\widetilde{\omega},i}=[\widetilde{\omega}_i,\dot{\widetilde{\omega}}_i,\ddot{\widetilde{\omega}}_i^{s}]^{\mathrm{T}}$；$h_{\widetilde{\omega},i}(\boldsymbol{Z}_{\widetilde{\omega},i})\in\mathbf{R}^{o_1}$，是径向基函数向量（$o_1>1$，作为神经网络节点数）；$\boldsymbol{W}_{\widetilde{\omega},i}^{*}$ 表示理想权重；$\in_{\widetilde{\omega},i}(\boldsymbol{Z}_{\widetilde{\omega},i})$为近似误差，满足 $|\in_{\widetilde{\omega},i}(\boldsymbol{Z}_{\widetilde{\omega},i})|\leqslant\overline{\in}_{\widetilde{\omega},i}$。

设计控制器 $U_{i,\iota}$ 为

$$U_{i,\iota}=-c_{\widetilde{\omega}}\dot{r}_{\widetilde{\omega},i}-\hat{\boldsymbol{W}}_{\widetilde{\omega},i}^{\mathrm{T}}h_{\widetilde{\omega},i}(\boldsymbol{Z}_{\widetilde{\omega},i})-\alpha_{\widetilde{\omega},i}s_{\widetilde{\omega},i}-\beta_{\widetilde{\omega},i}\operatorname{sgn}(s_{\widetilde{\omega},i}) \tag{15-34}$$

式中，$c_{\widetilde{\omega}}>0$；$\alpha_{\widetilde{\omega},i}>0$；$\beta_{\widetilde{\omega},i}>\in_{\widetilde{\omega},i}$；$\hat{\boldsymbol{W}}_{\widetilde{\omega},i}$ 是 $\boldsymbol{W}^{*}$ 的估计。定义 $\widetilde{\boldsymbol{W}}_{\widetilde{\omega},i}=$

$\boldsymbol{W}^{*}_{\widetilde{\omega},i}-\widehat{\boldsymbol{W}}_{\widetilde{\omega},i}$。

然后，可以改写式（15-32）为

$$\dot{s}_{\widetilde{\omega},i}\leqslant\widetilde{\boldsymbol{W}}_{\widetilde{\omega},i}^{\mathrm{T}}h_{\widetilde{\omega},i}(\boldsymbol{Z}_{\widetilde{\omega},i})-\alpha_{\widetilde{\omega},i}s_{\widetilde{\omega},i}-\beta_{\widetilde{\omega},i}\operatorname{sgn}(s_{\widetilde{\omega},i})+\overline{\epsilon}_{\widetilde{\omega},i} \tag{15-35}$$

设计权重更新定律为

$$\dot{\widehat{\boldsymbol{W}}}_{\widetilde{\omega},i}=h_{\widetilde{\omega},i}(\boldsymbol{Z}_{\widetilde{\omega},i})s_{\widetilde{\omega},i}-\rho_{\widetilde{\omega},i}\widehat{\boldsymbol{W}}_{\widetilde{\omega},i} \tag{15-36}$$

式中，$\rho_{\widetilde{\omega},i}$ 为正常数。

定理 15.1：考虑假设 15.1 下的式(15-1) 所给出的多四旋翼无人机系统。设计控制律[式(15-20)、式(15-34)] 和加权更新律 [式(15-19) 和式(15-36)] 以确保跟踪误差 $\zeta_i-\zeta_d\rightarrow\zeta_i^d$，$\theta_i\rightarrow\theta_i^s$，$\varphi_i\rightarrow\varphi_i^s$ 和 $\psi_i\rightarrow\psi_d$。

证明：

考虑以下 Lyapunov 函数来证明跟踪稳定性：

$$V=V_{\zeta,1}+V_{\psi,1}+V_{\zeta}+V_{\widetilde{\omega}} \tag{15-37}$$

式中，$V_{\zeta,1}$、$V_{\psi,1}$ 在式(15-9) 和式(15-27) 中给出；$V_l=\sum_{i=1}^{N}V_{l,i}$，$\boldsymbol{l}=\{\zeta,\widetilde{\omega}\}$。

定义 $V_{l,i}$ 为

$$V_{l,i}=\frac{1}{2}s_{l,i}^{2}+\frac{1}{2}\widetilde{\boldsymbol{W}}_{l,i}^{\mathrm{T}}\widetilde{\boldsymbol{W}}_{l,i} \tag{15-38}$$

结合加权更新定律，可以得到 $V_{l,i}$ 的导数为

$$\dot{V}_{l,i}\leqslant-\alpha_{l,i}s_{l,i}^{2}+\rho_{l,i}\widetilde{\boldsymbol{W}}_{l,i}^{\mathrm{T}}\widehat{\boldsymbol{W}}_{l,i} \tag{15-39}$$

通过三角形不等式得

$$\rho_{l,i}\widetilde{\boldsymbol{W}}_{l,i}^{\mathrm{T}}\boldsymbol{W}_{l,i}\leqslant-\frac{\rho_{l,i}}{2}\widetilde{\boldsymbol{W}}_{l,i}^{\mathrm{T}}\widetilde{\boldsymbol{W}}_{l,i}+\frac{\rho_{l,i}}{2}\boldsymbol{W}_{l,i}^{*\mathrm{T}}\boldsymbol{W}_{l,i}^{*} \tag{15-40}$$

将式(15-40) 代入式(15-39) 得到

$$\dot{V}_{l,i}\leqslant-\alpha_{l,i}s_{l,i}^{2}-\frac{\rho_{l,i}}{2}\widetilde{\boldsymbol{W}}_{l,i}^{\mathrm{T}}\widetilde{\boldsymbol{W}}_{l,i}+\frac{\rho_{l,i}}{2}\boldsymbol{W}_{l,i}^{*\mathrm{T}}\boldsymbol{W}_{l,i}^{*} \tag{15-41}$$

由于 l_i 是有界的，所以连续函数 $\overline{\mu}_i(|l_i|)$有上界 σ。设$\varrho_{l,i}=\min\{2\alpha_{l,i},\rho_{l,i},c_{oi}\}$，$\Gamma_{l,i}=\frac{\rho_{l,i}}{2}\boldsymbol{W}_{l,i}^{*\mathrm{T}}\boldsymbol{W}_{l,i}^{*}$，我们有

$$\dot{V}_{l,i}\leqslant-\varrho_{l,i}V_{l,i}+\Gamma_{l,i} \tag{15-42}$$

从式(15-13)、式(15-30) 和式(15-42)，我们可以得到

$$\dot{V}\leqslant-\varrho V+\Gamma \tag{15-43}$$

式中，$\varrho=\min\{\varrho_{\zeta,1},\varrho_{\psi,1},N\varrho_{l,i}\}$；$\Gamma=\Gamma_{\zeta,1}+\Gamma_{\psi,1}+N\Gamma_{l,i}$。

因此，我们可以进一步得到

$$0\leqslant V\leqslant\left(V(0)-\frac{\Gamma}{\varrho}\right)\mathrm{e}^{-\varrho t}+\frac{\Gamma}{\varrho} \tag{15-44}$$

从式（15-44），我们可以得到 $\lim\limits_{t\to\infty} V \leqslant \frac{\Gamma}{\varrho}$。这意味着误差 $e_{\zeta,i} \leqslant \sqrt{2\frac{\Gamma}{\varrho(1+k_{\zeta}^2)}}$，$\dot{e}_{\zeta,i} \leqslant \sqrt{2\frac{\Gamma}{\varrho}}$，$e_{\psi,i} \leqslant \sqrt{2\frac{\Gamma}{\varrho(1+k_{\psi}^2)}}$，$\dot{e}_{\psi,i} \leqslant \sqrt{2\frac{\Gamma}{\varrho}}$，$r_{l,i} \leqslant \sqrt{2\frac{\Gamma}{\varrho c_l^2}}$和$\dot{r}_{l,i} \leqslant \sqrt{2\frac{\Gamma}{\varrho}}$分别有界并收敛于半径为原点的一个小区域。因此，有 $x_i - x_d \to x_i^d$，$y_i - y_d \to y_i^d$，$z_i - z_d \to z_i^d$，$\psi_i - \psi_d \to \psi_i^d$。证明完毕。

协议设计算法程序可以总结如下：

步骤 1：选择适当的正常数 $k_{s,\zeta}$，然后可以从式(15-11) 中获得辅助变量 $u_{\zeta,i}^s$。

步骤 2：选择适当的正常数 c_{ζ}、$\alpha_{\zeta,i}$、$\beta_{\zeta,i}$ 和 $\rho_{\zeta,i}$，辅助控制信号 $u_{\zeta,i}$、加权更新定律 $\dot{\hat{W}}_{\zeta,i}$ 可以分别由式(15-17) 和式(15-19) 确定。

步骤 3：根据 $u_{\zeta,i}$，可以通过式(15-23) 确定第 i 架无人机的输入 $U_{i,1}$，然后可以通过式(15-21) 和式(15-22) 生成四旋翼无人机的滚转角和俯仰角 φ_i^s 和 θ_i^s 的目标轨迹。

步骤 4：选择合适的正常数 k_{s4}，然后可以从式(15-25) 中获得辅助变量 $u_{\psi,i}^s$。

步骤 5：选择正常数 $c_{\tilde{\omega}}$、$\alpha_{\tilde{\omega},i}$、$\beta_{\tilde{\omega},i}$ 和 $\rho_{\tilde{\omega},i}$，然后第 i 架无人机的输入 $U_{i,\iota}$ 和加权更新定律 $\dot{\hat{W}}_{\tilde{\omega},i}$ 可以分别由式(15-35) 和式(15-36) 确定。

备注 15.4：在文献［254］中假设 $\Theta_{l,i1}(\cdot)$和 $\Theta_{l,i2}(\cdot)$，$\boldsymbol{l}=\{\zeta,\tilde{\omega}\}$已知。但在本章，$\Theta_{l,i1}(\cdot)$和 $\Theta_{l,i2}(\cdot)$被设计为未知函数。

备注 15.5：从滑模面 $s_{l,i}=c_l r_{l,i}+\dot{r}_{l,i}$，$\boldsymbol{l}=\{\zeta,\tilde{\omega}\}$，可以得到 $r_{l,i}=r_{l,i}(0)\mathrm{e}^{-c_l t}$ 和 $\dot{r}_{l,i}=-c_l r_{l,i}(0)\mathrm{e}^{-c_l t}$，它可以使变量最终以指数速度接近零。$c_l$ 的值越大，误差 $r_{l,\iota}$ 收敛到零的速度越快。然而，选择过大的 c_l 值可能会导致过冲和振荡。与自适应定律［式(15-19) 和式(15-36)］相关的参数 $\rho_{l,i}$ 越小，可以实现越快的响应。此外，参数 $\alpha_{l,i}$、$\beta_{l,i}$ 越大，$e_{l,i}$、$r_{l,i}$ 的收敛速度越快。然而，过大的值可能会导致致动器因响应速度过快而发生故障。因此，通过反复试验，选择参数 $\alpha_{l,i}$、$\beta_{l,i}$ 直到获得良好的性能。

15.4 仿真示例

以四架四旋翼无人机($i=1,2,3,4$)为例，证明上述方法的有效性；它们的通信拓扑结构如图 15.2 所示。其中，无人机 1 可以获得虚拟领导者的信号，无人机可以相互通信以完成编队任务。对于模型[式(15-1)]，参数选择如下：

$$m_i=2\text{kg},l_i=0.2\text{m},g=9.8\text{m/s}^2$$

$$K_{i,1}=0.01\text{kg/m},K_{i,2}=0.01\text{kg/m}$$

$$K_{i,3}=0.01\text{kg/m},K_{i,4}=0.012\text{kg/m}$$

$$K_{i,5}=0.012\text{kg/m},K_{i,6}=0.012\text{kg/m}$$

$$I_{i,1}=1.25\text{kg/m},I_{i,2}=1.25\text{kg}\cdot\text{m},I_{i,3}=2.5\text{kg/m}$$

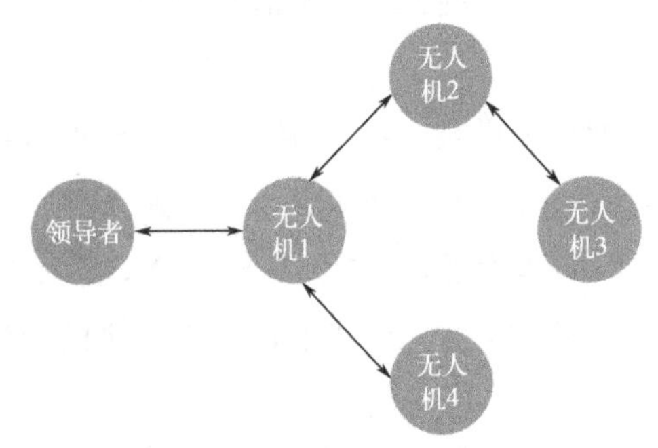

图 15.2　多无人机拓扑

四架无人机的初始位置状态如下：

$$\begin{aligned}[x_{1,0},y_{1,0},z_{1,0}]^{\mathrm{T}} &=[0.5\text{m},1.5\text{m},0\text{m}]^{\mathrm{T}},[x_{2,0},y_{2,0},z_{2,0}]^{\mathrm{T}}\\ &=[-1.1\text{m},-1.1\text{m},-1.1\text{m}]^{\mathrm{T}},\\ [x_{3,0},y_{3,0},z_{3,0}]^{\mathrm{T}} &=[0.6\text{m},0.6\text{m},0.6\text{m}]^{\mathrm{T}},[x_{4,0},y_{4,0},z_{4,0}]^{\mathrm{T}}\\ &=[-2.0\text{m},-2.0\text{m},-2.0\text{m}]^{\mathrm{T}}\end{aligned}$$

选择设计参数为 $c_l=1$，$\alpha_{l,i}=5$，$\beta_{l,i}=20$，$k_{s,l}=2$，$k_l=1$，$\rho_{l,i}=0.5$，$\hat{W}_{l,i}(0)=\mathbf{0}$，其中：$l=x$，$y$，$z$，$\varphi$，$\theta$，$\psi$；$l=x$，$y$，$z$，$\psi$。

仿真结果如图 15.3～图 15.8 所示。其中，图 15.3 给出了基于神经网络自适应分布式滑模控制算法的四架无人机的三维空间轨迹图。由图可以看到队形变化发生在 $t=10\text{s}$。四架无人机从不同的初始位置在预设的几何结构下完成编队任务。图 15.4～图 15.7 给出了多无人机的两种算法的仿真结果。其中，图 15.4 画出了四架无人机的控制输入曲线，其中抖振现象被很好地消除了。四架无人机的自适应律性能如图 15.5 所示。图 15.6～图 15.8 分别给出了四架无人机的位置、速度和姿态角的跟踪误差曲线图。从这些图中，可以看到，当编队在 $t=10\text{s}$ 发生变化时，曲线波动很大，然后趋于稳定。图 15.3～图 15.8 清楚地表明提出的算法的有效性以及可行性。

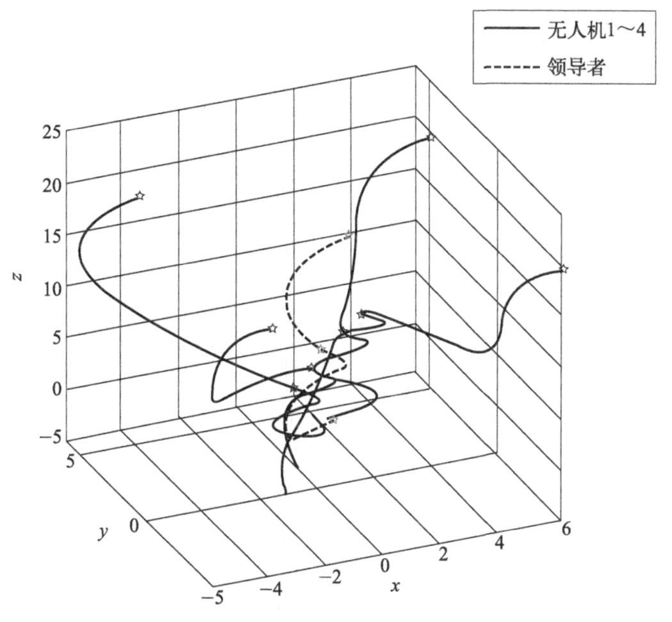

图 15.3　三维编队轨迹

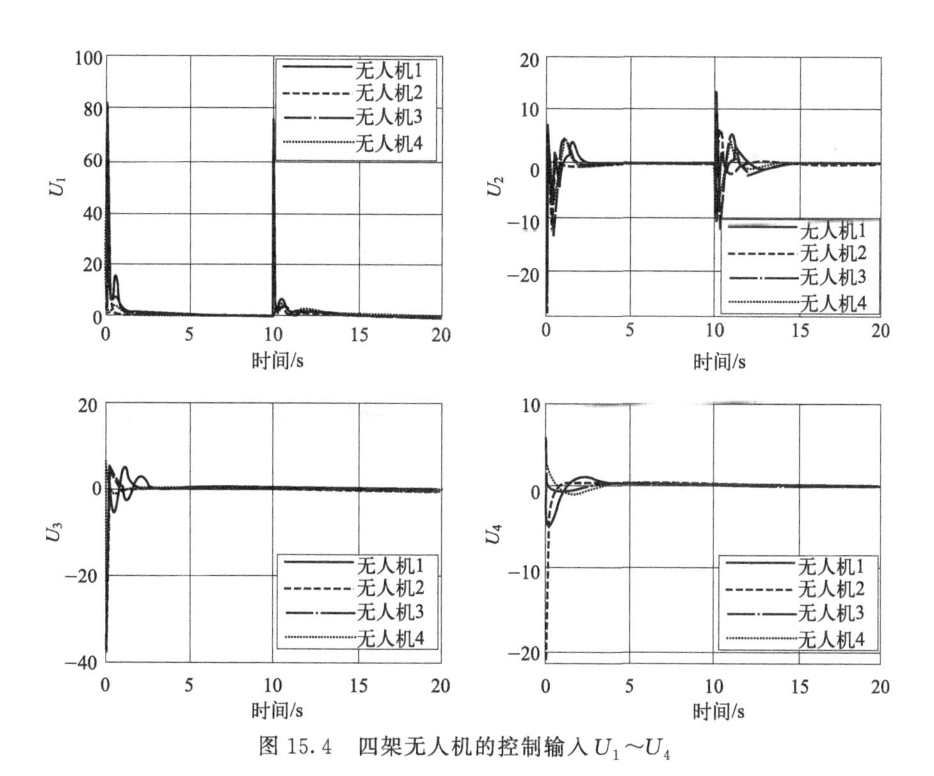

图 15.4　四架无人机的控制输入 U_1～U_4

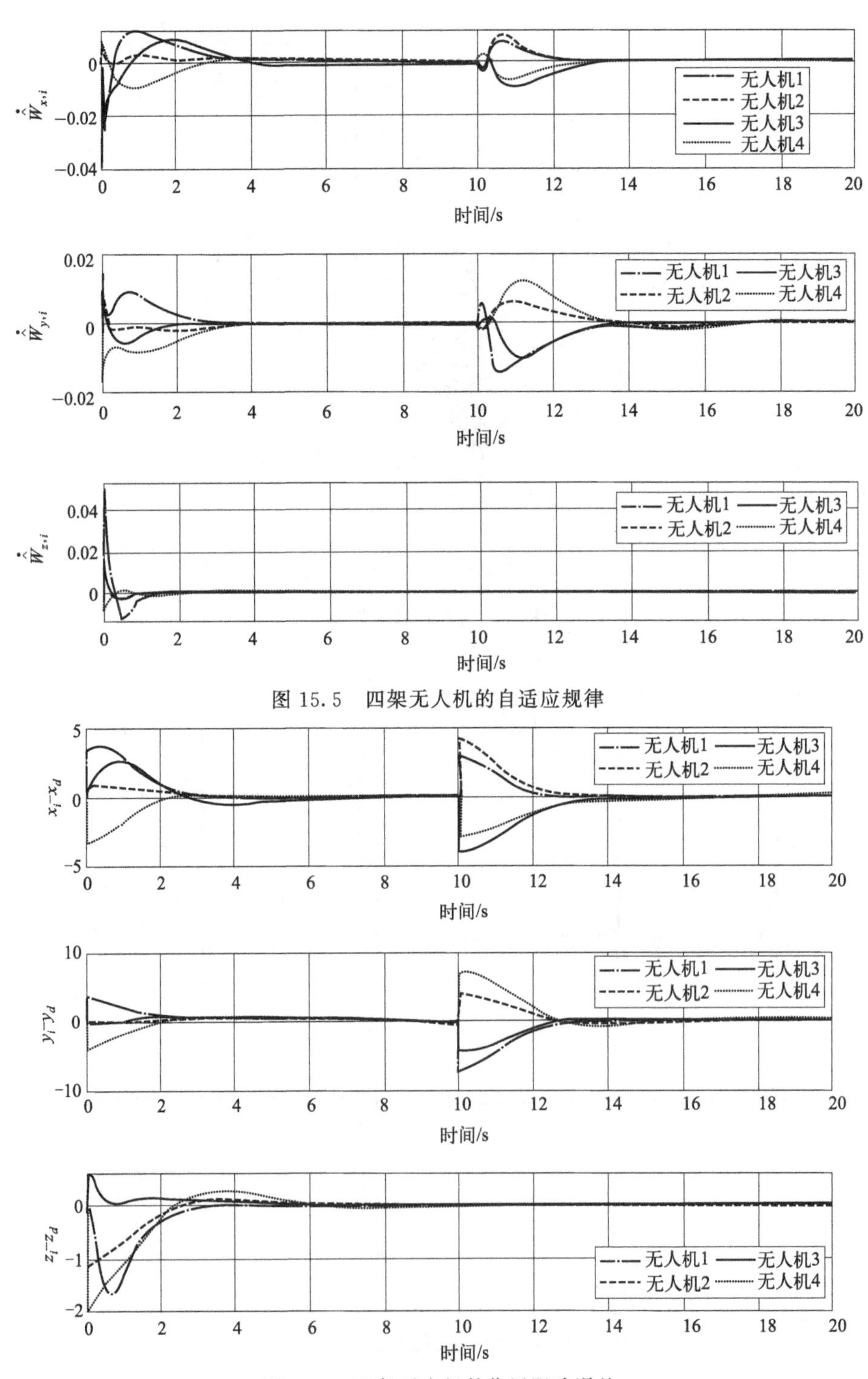

图 15.5 四架无人机的自适应规律

图 15.6 四架无人机的位置跟踪误差

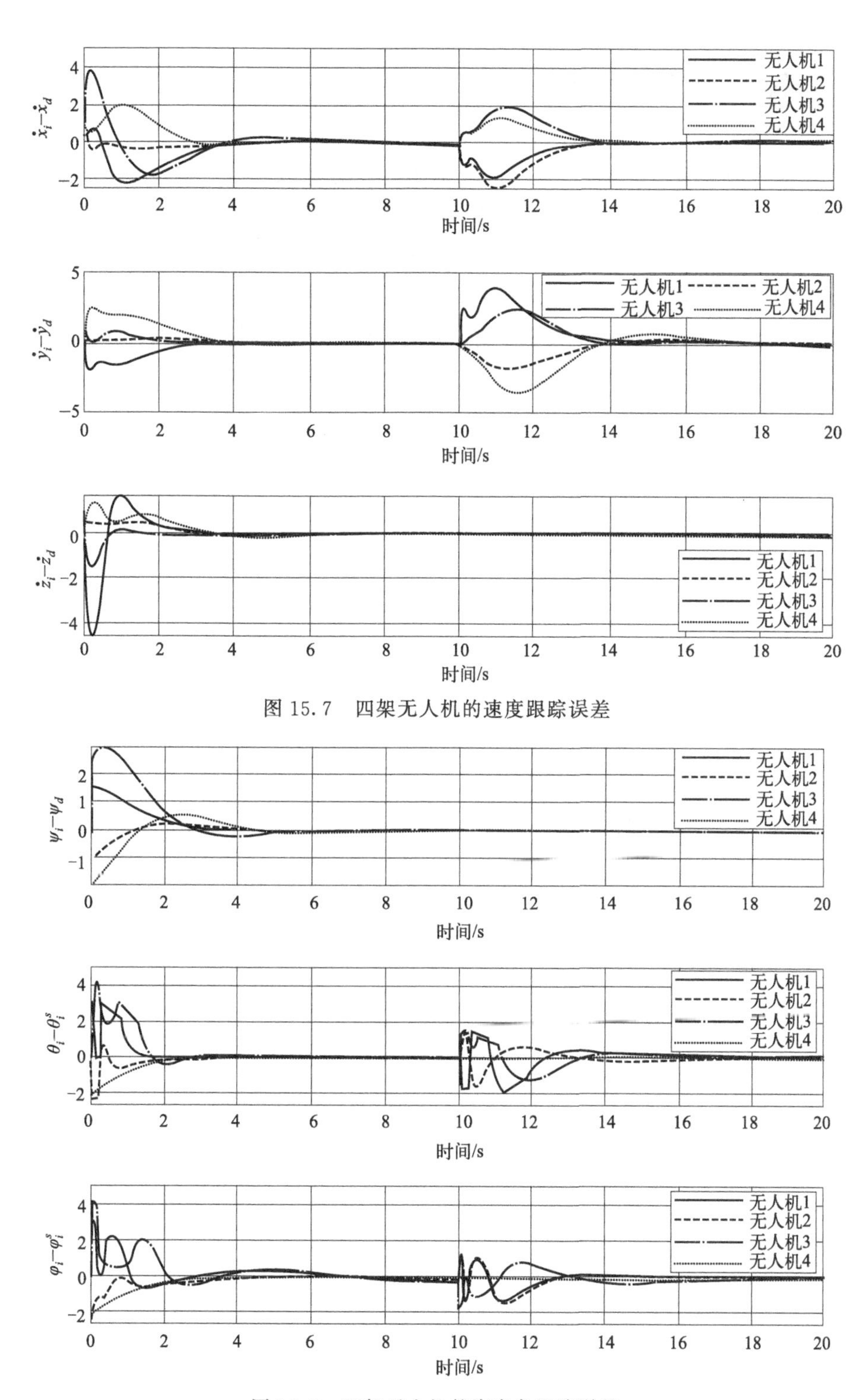

图 15.7　四架无人机的速度跟踪误差

图 15.8　四架无人机的姿态角跟踪误差

15.5 本章小结

本章讨论了多四旋翼无人机系统的神经网络自适应分布式编队控制问题。其中，每个无人机与虚拟领导者之间的通信已通过图论建立。为了确保无人机位置和姿态跟踪性能的稳定性，并形成稳定的多无人机编队，本章设计了神经网络自适应滑模控制算法，使系统具有更快的收敛速度和更小的跟踪误差。理论分析和仿真表明了所设计的神经网络分布式自适应滑模控制算法的有效性。

第16章

多移动机器人的编队控制

16.1 概述

机器人编队可以定义为机器人系统的一个分支，该分支研究的是一组机器人协同运动，形成并保持指定的队形。机器人编队一般用于执行集体任务，包括物体运输、现场检查和环境监测，这些任务在当今社会都有着其实际应用，比如坠机后的救援任务等[260-262]。近年来，机器人已经被应用于多个领域，包括移动传感器网络和医疗手术等。总体来说，多移动机器人提供了许多优于单个机器人的优点，如：能够提高执行任务的效率以及完成更复杂的任务，具有当一个或多个机器人出现故障时的鲁棒性、可扩展性、多功能性和适应性。当然，其中也面临着许多挑战，包括机器人之间的协调与合作、通信协议、控制律的设计以及如何避免碰撞。

近年来，已经有了多种控制策略实现多移动机器人的编队控制，如领导-跟随法、虚拟结构法以及基于行为等方法。领导-跟随法具有便于分析的优点，但当编队中的领航机器人损毁或者跟随者不能及时获得领导者信息时，编队结构容易被破坏[56,263]。文献［264］通过控制领导者和跟随者的相对距离和相对角度实现多机器人的编队控制。基于行为的方法能够整合多机器人系统中的多个目标，不受机器人规模的影响，但在数学上难以进行定量描述[265,266]。而对于多机器人的分布式控制，模型预测控制由于具有优化轨迹和处理物理约束的能力而被广泛运用[267,268]。文献［269］中提出了一种基于领导者-跟随者框架的模型预测控制策略，领导者使用虚拟机器人代替真实机器人，并且成本函数包括终端状态惩罚，可以保证控制策略的稳定性。文献［270］结合分布式模型预测控制研究了存在通信网络时延条件下的多移动机器人编队控制问题。为了减少分布式模型预测控制的计算量，文献［271］结合事件触发机制提出了一种用于多无人机系统的编队控制策略。上述文献提出的方案大多只针对移动机器人的运动学模型，而对于移动机器人非完整动力学的情况，文献［272］使用了独轮车的模型设计了一种编队方案，该方案在避免障碍物和机器人间碰撞的同时保持规定的编队。文献［273］针对具有不确定性的非完整动力学，提出了一类控制方案。文献［274］中介绍了一种滚动时域，以领导-跟随控制框架来解决编队控制问题。针对完整动力学的情况，文献［275］提出了一种有限时间一致性跟踪控制器；针对系统模型参数不确定的情况，文献［276］设计了一种鲁棒自适应编队控制器。在文献［277］中，针对参数不确定性和干扰影响的动力学模型，提出了一种基于滑模控制的目标拦截方案。

本章将介绍多移动机器人的编队控制，主要分为两个部分来介绍：第一部分只考虑移动机器人的运动学模型；第二部分考虑了移动机器人的动力学模型，并将系统转换为了欧拉-拉格朗日动力学模型，并且避开了非完整约束，在动力学参数完全已知和未知的情况下，采取反步法和自适应的方法设计了控制律，最后通过理论分析和仿真验证了系统的稳定性。

本章后续内容安排如下：16.2 节介绍非完整移动机器人的运动学模型和动力学模型，16.3 节介绍在不同模型下的控制器设计，16.4 节给出相关的仿真，16.5 节对于本章内容进行总结。

16.2 多移动机器人模型

在本章中，考虑一个由 n 个机器人组成，在平面上自主移动的机器人系统。图 16.1 描述了第 i 个机器人，其中(X_0, Y_0)代表地面坐标，(X_i, Y_i)表示第 i 个机器人的运动参考坐标系，X_i 轴正方向与其前进方向一致，由角度 θ_i 给出，并从 X_0 逆时针测量。点 C_i 表示机器人的质心，并假设其与机器人旋转中心重合。

假设机器人模型如下：

$$\dot{\boldsymbol{\rho}}_i=\boldsymbol{S}(\theta_i)\boldsymbol{\eta}_i \tag{16-1}$$

$$\overline{\boldsymbol{M}}_i\dot{\boldsymbol{\eta}}_i+\overline{\boldsymbol{D}}_i\boldsymbol{\eta}_i=\overline{\boldsymbol{\tau}}_i \tag{16-2}$$

对于 $i=1, 2, \cdots, n$，式(16-1) 表示机器人的运动学模型，式(16-2) 表示机器人的动力学模型。

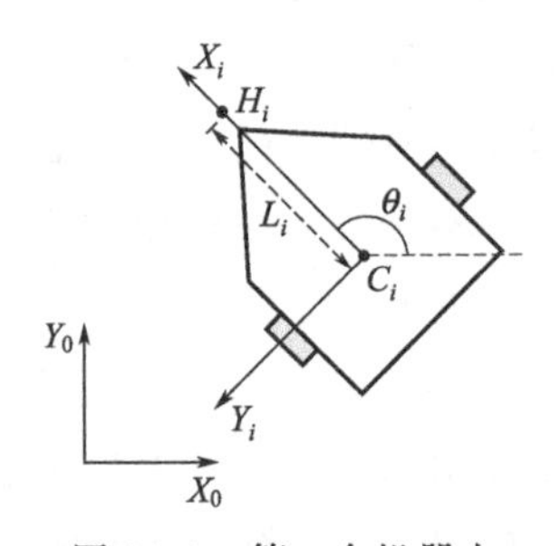

图 16.1　第 i 个机器人

在式(16-1) 中，$\boldsymbol{\rho}_i=[x_{ci}, y_{ci}, \theta_i]^{\mathrm{T}}$ 是机器人在(X_i, Y_i)相对于(X_0, Y_0)的位置和方向；$\boldsymbol{\eta}_i=[v_i, \omega_i]^{\mathrm{T}}$，$v_i$ 和 ω_i 分别是第 i 个机器人的线速度和角速度，并且

$$\boldsymbol{S}(\theta_i)=\begin{bmatrix}\cos\theta_i & 0\\ \sin\theta_i & 0\\ 0 & 1\end{bmatrix} \tag{16-3}$$

在式(16-2) 中，$\overline{\boldsymbol{M}}_i=\mathrm{diag}(m_i,\overline{\boldsymbol{I}}_i)$，$m_i$ 是第 i 个小车的质量，$\overline{\boldsymbol{I}}_i$ 是第 i 个机器人的惯性矩阵；$\overline{\boldsymbol{D}}_i\in\mathbf{R}^{2\times 2}$，表示常数阻尼矩阵；$\overline{\boldsymbol{\tau}}_i\in\mathbf{R}^2$，代表由驱动系统提供的力/转矩水平控制输入。

式(16-1) 描述的运动学模型存在非完整约束，即不能在 Y_i 方向上运动，也就是说非完整约束限制了机器人从初始姿态到最终姿态的路径，从而限制了系统的机动性。从控制的角度看，非完整系统不能使用连续的静态状态反馈来稳定。

16.3 控制器设计

16.3.1 非完整动力学模型

在本章中，我们将考虑两种情况。首先只考虑式(16-1)，并将 $\boldsymbol{\eta}_i$ 作为控制输入来设计控制协议。由于式(16-1) 类似于一个单积分器方程，将其分解如下：

$$\begin{bmatrix}\dot{x}_{ci}\\ \dot{y}_{ci}\end{bmatrix}=\begin{bmatrix}\upsilon_i\cos\theta_i\\ \upsilon_i\sin\theta_i\end{bmatrix}=\begin{bmatrix}\overline{u}_{ix}\\ \overline{u}_{iy}\end{bmatrix} \tag{16-4}$$

$$\dot{\theta}_i=\omega_i \tag{16-5}$$

式中，$\overline{u}_{ix}$ 和 $\overline{u}_{iy}$ 分别是质心 C_i 在 x 和 y 方向上的速度，若可以直接指定这些速度，则式(16-4) 等价于

$$\dot{\boldsymbol{q}}_i=\boldsymbol{u}_i \tag{16-6}$$

式中 $\boldsymbol{q}_i$ 为第 i 个机器人的位置。因此只需将 $\overline{\boldsymbol{u}}_i=[\overline{u}_{ix},\ \overline{u}_{iy}]^{\mathrm{T}}$ 设为

$$\boldsymbol{u}_i=-k_\upsilon\sum_{j\in\mathbf{N}_i(E^*)}\widetilde{\boldsymbol{q}}_{ij}z_{ij} \tag{16-7}$$

式中：

$$z_{ij}=e_{ij}(e_{ij}+2d_{ij}) \tag{16-8}$$

$$\widetilde{\boldsymbol{q}}_{ij}=\boldsymbol{q}_i-\boldsymbol{q}_j \tag{16-9}$$

$$e_{ij}=\|\widetilde{\boldsymbol{q}}_{ij}\|-d_{ij} \tag{16-10}$$

$$d_{ij}=\lim_{t\to\infty}\|\boldsymbol{q}_i(t)-\boldsymbol{q}_j(t)\|\quad i,j\in\boldsymbol{V}^* \tag{16-11}$$

式中，$\widetilde{\boldsymbol{q}}_{ij}$ 为智能体与其邻居之间的距离；d_{ij} 为两个智能体之间期望的距离；e_{ij} 为智能体之间实际距离与期望距离的误差。已知

$$v_i \cos\theta_i = \overline{u}_{ix} \tag{16-12}$$

$$v_i \sin\theta_i = \overline{u}_{iy} \tag{16-13}$$

由式(16-12) 和式(16-13) 可得

$$v_i = \overline{u}_{ix} \cos\theta_i + \overline{u}_{iy} \sin\theta_i \tag{16-14}$$

$$\theta_i = \arctan2(\overline{u}_{ix}, \overline{u}_{iy}) \tag{16-15}$$

由于不能直接指定 θ_i，令 θ_{di} 为 θ_i 的期望值，令 $\tilde{\theta}_i = \theta - \theta_{di}$ 为方向误差，由此可得

$$\dot{\tilde{\theta}}_i = \omega_i - \dot{\theta}_{di} \tag{16-16}$$

式中：

$$\dot{\theta}_{di} = \begin{cases} 0, & \overline{u}_{ix} = \overline{u}_{iy} = 0 \\ \dfrac{\overline{u}_{ix}}{\overline{u}_{ix}^2 + \overline{u}_{iy}^2}\dot{\overline{u}}_{iy} - \dfrac{\overline{u}_{iy}}{\overline{u}_{ix}^2 + \overline{u}_{iy}^2}\dot{\overline{u}}_{ix}, & \text{其他情况} \end{cases}$$

$$\overline{\boldsymbol{u}}_i = \begin{bmatrix} \dot{\overline{u}}_{ix} \\ \dot{\overline{u}}_{iy} \end{bmatrix} = -k_v \sum_{j \in} (z_{ij} + 2\tilde{\boldsymbol{q}}_{ij}^{\mathrm{T}} \tilde{\boldsymbol{q}}_{ij})(\overline{\boldsymbol{u}}_i - \overline{\boldsymbol{u}}_j)$$

根据式(16-16)，可以设计

$$\omega_i = -k_\theta \tilde{\theta}_i + \dot{\theta}_{di} \tag{16-17}$$

使 $\tilde{\theta}_i = 0$ 指数稳定。

16.3.2 完整动力学模型

本小节中，为了绕过式(16-1) 中的非完整约束，我们将机器人视作一个欧拉-拉格朗日系统。为此定义一个沿 X_i 轴与点 C_i 距离为 L_i 的点 H_i，H_i 的位置 $\boldsymbol{q}_i$ 由下式给出：

$$\boldsymbol{q}_i = \begin{bmatrix} x_i \\ y_i \end{bmatrix} = \begin{bmatrix} x_{ci} \\ y_{ci} \end{bmatrix} + L_i \begin{bmatrix} \cos\theta_i \\ \sin\theta_i \end{bmatrix} \tag{16-18}$$

实际上 H_i 的位置可以代表终端执行器或传感器，将式(16-18) 作为被控点的优势在于它的运动学对于任何 $L_i \neq 0$ 都是完整的。由式(16-1)、式(16-3)、式(16-18) 可得

$$\boldsymbol{\eta}_i = \boldsymbol{J}(\theta_i)\dot{\boldsymbol{q}}_i \tag{16-19}$$

式中：

$$\boldsymbol{J}(\theta_i) = \begin{bmatrix} \cos\theta_i & \sin\theta_i \\ \dfrac{-\sin\theta_i}{L_i} & \dfrac{\cos\theta_i}{L_i} \end{bmatrix} \tag{16-20}$$

并且当 $L_i \neq 0$ 时，$\boldsymbol{J}(\theta_i)$是可逆的。这种简化的代价是我们不再控制机器人本

身，而是控制点 H_i，机器人的质心可以在 H_i 周围半径为 L_i 的圆上的任何地方。

取式(16-19) 对时间的导数，并将所得方程与 $\overline{\boldsymbol{M}}_i$ 相乘可得

$$\bar{\boldsymbol{\tau}}_i-\overline{\boldsymbol{D}}_i\boldsymbol{J}(\theta_i)\dot{q}_i=\overline{\boldsymbol{M}}_i\dot{\boldsymbol{J}}(\theta_i)\dot{\boldsymbol{q}}_i+\overline{\boldsymbol{M}}_i\boldsymbol{J}(\theta_i)\ddot{\boldsymbol{q}}_i \tag{16-21}$$

在此期间使用了式(16-2) 和式(16-19)，将式(16-21) 与 $\boldsymbol{J}^{\mathrm{T}}(\theta_i)$ 相乘，可得到类似欧拉-拉格朗日的动态模型，即

$$\boldsymbol{M}_i(\theta_i)\ddot{\boldsymbol{q}}_i+\boldsymbol{C}_i(\theta_i,\dot{\theta}_i)\dot{\boldsymbol{q}}_i+\boldsymbol{D}_i(\theta_i)\dot{\boldsymbol{q}}_i=\boldsymbol{\tau}_i \tag{16-22}$$

式中，$\boldsymbol{M}_i(\theta_i)=\boldsymbol{J}^{\mathrm{T}}(\theta_i)\overline{\boldsymbol{M}}_i\boldsymbol{J}(\theta_i)$；$\boldsymbol{C}_i(\theta_i,\dot{\theta}_i)=\boldsymbol{J}^{\mathrm{T}}(\theta_i)\overline{\boldsymbol{M}}_i\dot{\boldsymbol{J}}(\theta_i)$；$\boldsymbol{D}_i(\theta_i)=\boldsymbol{J}^{\mathrm{T}}(\theta_i)\overline{\boldsymbol{D}}_i\boldsymbol{J}(\theta_i)$；$\boldsymbol{\tau}_i=\boldsymbol{J}^{T}(\theta_i)\bar{\boldsymbol{\tau}}_i$。$\boldsymbol{M}_i(\theta_i)$ 和 $\boldsymbol{C}_i(\theta_i,\dot{\theta}_i)$ 分别为质量矩阵和向心矩阵。

转换后的动力学方程[式(16-22)]满足以下的一些性质。

性质 16.1：质量矩阵是对称正定的，并且有

$$m_{i1}\|\boldsymbol{\mu}\|^2\leqslant\boldsymbol{\mu}^{\mathrm{T}}\boldsymbol{M}_i(\theta_i)\boldsymbol{\mu}\leqslant m_{i2}\|\boldsymbol{\mu}\|^2\quad\forall\boldsymbol{\mu}\in\mathbf{R}^2 \tag{16-23}$$

式中，$m_{i1}=\min\{m_i,\bar{I}_i/L_i^2\}$，$m_{i2}=\max\{m_i,\bar{I}_i/L_i^2\}$，$m_{i2}>m_{i_1}>0$。

性质 16.2：质量矩阵和向心矩阵有式(16-24) 所示反对称关系。

$$\boldsymbol{\mu}^{\mathrm{T}}\left[\frac{1}{2}\dot{\boldsymbol{M}}_i(\theta_i)-\boldsymbol{C}_i(\theta_i,\dot{\theta}_i)\right]\boldsymbol{\mu}=0\quad\forall\boldsymbol{\mu}\in\mathbf{R}^2 \tag{16-24}$$

性质 16.3：满足如下关系时，动力学参数是线性的。

$$\boldsymbol{M}_i(\theta_i)\dot{\boldsymbol{\mu}}+\boldsymbol{C}_i(\theta_i,\dot{\theta}_i)\boldsymbol{\mu}+\boldsymbol{D}_i(\theta_i)\dot{\boldsymbol{q}}_i=Y_i(\theta_i,\dot{\theta}_i,\dot{\boldsymbol{q}}_i,\boldsymbol{\mu},\dot{\boldsymbol{\mu}})\boldsymbol{\phi}_i \tag{16-25}$$

式中：

$$\boldsymbol{\phi}_i=[m_i,\bar{I}_i/L_i^2,[\overline{\boldsymbol{D}}_i]_{11},[\overline{\boldsymbol{D}}_i]_{12}/L_i,[\overline{\boldsymbol{D}}_i]_{21}/L_i,[\overline{\boldsymbol{D}}_i]_{22}/L_i^2]^{\mathrm{T}} \tag{16-26}$$

为常数向量；$\boldsymbol{Y}_i\in\mathbf{R}^{2\times6}$，是观测矩阵，其定义如下：

$$[\boldsymbol{Y}_i]_{11}=[\cos^2\theta_i\quad\sin\theta_i\cos\theta_i]\dot{\boldsymbol{\mu}}+\dot{\theta}_i[-\sin\theta_i\cos\theta_i\quad\cos^2\theta_i]\boldsymbol{\mu}$$

$$[\boldsymbol{Y}_i]_{12}=[\sin^2\theta_i\quad-\sin\theta_i\cos\theta_i]\dot{\boldsymbol{\mu}}+\dot{\theta}[\sin\theta_i\cos\theta_i\quad\cos^2\theta_i]\boldsymbol{\mu}$$

$$[\boldsymbol{Y}_i]_{13}=[\cos^2\theta_i\quad\sin\theta_i\cos\theta_i]\dot{\boldsymbol{q}}_i$$

$$[\boldsymbol{Y}_i]_{14}=[-\cos\theta_i\sin\theta_i\quad\cos^2\theta_i]\dot{\boldsymbol{q}}_i$$

$$[\boldsymbol{Y}_i]_{15}=-[\sin\theta_i\cos\theta_i\quad\sin^2\theta_i]\dot{\boldsymbol{q}}_i$$

$$[\boldsymbol{Y}_i]_{16}=[\sin^2\theta_i\quad-\cos\theta_i\sin\theta_i]\dot{\boldsymbol{q}}_i$$

$$[\boldsymbol{Y}_i]_{21}=[\sin\theta_i\cos\theta_i\quad\sin^2\theta_i]\dot{\boldsymbol{\mu}}+\dot{\theta}_i[-\sin^2\theta_i\quad\sin\theta_i\cos\theta_i]\boldsymbol{\mu}$$

$$[\boldsymbol{Y}_i]_{22}=[-\sin\theta_i\cos\theta_i\quad\cos^2\theta_i]\dot{\boldsymbol{\mu}}-\dot{\theta}_i[\cos^2\theta_i\quad\sin\theta_i\cos\theta_i]\boldsymbol{\mu}$$

$$[\boldsymbol{Y}_i]_{23}=[\sin\theta_i\cos\theta_i\quad\sin^2\theta_i]\dot{\boldsymbol{q}}_i$$

$$[\boldsymbol{Y}_i]_{24}=[-\sin^2\theta_i\quad\sin\theta_i\cos\theta_i]\dot{\boldsymbol{q}}_i$$

$$[\boldsymbol{Y}_i]_{25}=[\cos^2\theta_i \quad \sin\theta_i\cos\theta_i]\dot{\boldsymbol{q}}_i$$

$$[\boldsymbol{Y}_i]_{26}=[-\sin\theta_i\cos\theta_i \quad \cos^2\theta_i]\dot{\boldsymbol{q}}_i$$

16.3.3 基于模型的控制

假设对于每个机器人的状态是完全已知的，可得

$$\dot{\boldsymbol{q}}_i=\boldsymbol{v}_i \tag{16-27}$$

$$M_i(\theta_i)\dot{\boldsymbol{v}}_i=\boldsymbol{\tau}_i-C_i(\theta_i,\dot{\theta}_i)-D_i(\theta_i)\boldsymbol{v}_i \tag{16-28}$$

式中，$\boldsymbol{v}_i\in\mathbf{R}^2$，表示第 i 个机器人相对于 (X_0,Y_0) 的速度，取以下 Lyapunov 函数：

$$W_m(\boldsymbol{e},\boldsymbol{s})=W(\boldsymbol{e})+\frac{1}{2}\boldsymbol{s}^{\mathrm{T}}M(\boldsymbol{\theta})\boldsymbol{s} \tag{16-29}$$

式中：

$$W(\boldsymbol{e})=\frac{1}{4}\sum_{(i,j)\in\boldsymbol{E}^*}z_{ij}^2=\frac{1}{4}\boldsymbol{z}^{\mathrm{T}}\boldsymbol{z} \tag{16-30}$$

$\boldsymbol{s}=\boldsymbol{v}-\boldsymbol{v}_f$，$\boldsymbol{v}_f$ 表示期望的编队速度；$\boldsymbol{\theta}=[\theta_1,\ \theta_2,\ \cdots,\ \theta_n]$；$M(\boldsymbol{\theta})=\mathrm{diag}(M_1(\theta_1),M_2(\theta_2),\cdots,M_n(\theta_n))$。由性质 16.1 可得式(16-29) 相对于 $\boldsymbol{s}$ 是正定的。

对式(16-29) 求导可得

$$\begin{aligned}\dot{W}_m&=\boldsymbol{z}^{\mathrm{T}}R(\widetilde{\boldsymbol{q}})\boldsymbol{v}+\frac{1}{2}\boldsymbol{s}^{\mathrm{T}}\dot{M}(\boldsymbol{\theta})\boldsymbol{s}+\boldsymbol{s}^{\mathrm{T}}\dot{M}(\boldsymbol{\theta})\boldsymbol{s}\\&=\boldsymbol{z}^{\mathrm{T}}R(\widetilde{\boldsymbol{q}})(\boldsymbol{s}+\boldsymbol{v}_f)+\frac{1}{2}\boldsymbol{s}^{\mathrm{T}}\dot{M}(\boldsymbol{\theta})\boldsymbol{s}+\boldsymbol{s}^{\mathrm{T}}[\boldsymbol{u}-C(\boldsymbol{\theta},\dot{\boldsymbol{\theta}})\dot{\boldsymbol{q}}-D(\boldsymbol{\theta})\dot{\boldsymbol{q}}-M(\boldsymbol{\theta})\dot{\boldsymbol{v}}_f]\\&=\boldsymbol{z}^{\mathrm{T}}R(\widetilde{\boldsymbol{q}})\boldsymbol{v}_f+\boldsymbol{s}^{\mathrm{T}}[\boldsymbol{u}-C(\boldsymbol{\theta},\dot{\boldsymbol{\theta}})\boldsymbol{v}_f-D(\boldsymbol{\theta})\dot{\boldsymbol{q}}-M(\boldsymbol{\theta})\dot{\boldsymbol{v}}_f+R^{\mathrm{T}}(\widetilde{\boldsymbol{q}})\boldsymbol{z}]\end{aligned} \tag{16-31}$$

式中，$C(\boldsymbol{\theta},\dot{\boldsymbol{\theta}})=\mathrm{diag}(C_1(\theta_1,\dot{\theta}_1),C_2(\theta_2,\dot{\theta}_2),\cdots,C_n(\theta_n,\dot{\theta}_n))$；$\boldsymbol{u}=[\boldsymbol{u}_1,\ \boldsymbol{u}_2,\ \cdots,\ \boldsymbol{u}_n]\in\mathbf{R}^{2n}$；$D(\boldsymbol{\theta})=\mathrm{diag}(D_1(\theta_1),D_2(\theta_2),\cdots,D_n(\theta_n))$；$R(\widetilde{\boldsymbol{q}})$ 为刚度矩阵。

下面的定理给出了解决编队捕获问题的控制律。

定理 16.1：给定编队 $F(t)=(G^*,q(t))$，令初始条件为 $(\boldsymbol{e}(0),\boldsymbol{s}(0))\in\boldsymbol{\Omega}_1\cap\boldsymbol{\Omega}_2\cap\boldsymbol{\Omega}_3$，基于模型的控制律为

$$\boldsymbol{\tau}=-k_a\boldsymbol{s}+C(\boldsymbol{\theta},\dot{\boldsymbol{\theta}})\boldsymbol{v}_f+D(\boldsymbol{\theta})\dot{\boldsymbol{q}}+M(\boldsymbol{\theta})\dot{\boldsymbol{v}}_f-R^{\mathrm{T}}(\widetilde{\boldsymbol{q}})\boldsymbol{z} \tag{16-32}$$

式中，$\boldsymbol{\Omega}_1=\{\boldsymbol{e}\in\mathbf{R}^l\mid\Psi(F,F^*)\leqslant\delta\}$，$F$ 表示编队过程中的形状，F^* 表示理想编队形状；$\boldsymbol{\Omega}_2=\{\boldsymbol{e}\in\mathbf{R}^l\mid\mathrm{dist}(\boldsymbol{q},\mathrm{Iso}(F^*))<\mathrm{dist}(\boldsymbol{q},\mathrm{Amb}(F^*))\}$，Iso(·) 表示期望编队形状，Amb（ · ）表示非期望的编队形状；$\boldsymbol{\Omega}_3=\{\boldsymbol{e}\in\boldsymbol{R}^l,\boldsymbol{s}\in\mathbf{R}^{mn}\mid W_d\leqslant E_c\}$，$\boldsymbol{s}$ 指速度差，W_d 可看作能量函数，E_c 为能量上

界。$\boldsymbol{\Omega}_1$ 中的 δ 为一个足够小的正数，对于 $\boldsymbol{\Omega}_2$ 和 $\boldsymbol{\Omega}_3$ 来说，对初始位置和初始速度做了一定的约束，也就是说初始位置和初始速度尽量接近期望的位置和速度。$\boldsymbol{v}_f=\boldsymbol{u}_a$，$\boldsymbol{u}_a=-k_v R^{\mathrm{T}}(\widetilde{\boldsymbol{q}})\boldsymbol{z}$，并且使 $(\boldsymbol{e},\boldsymbol{s})=\mathbf{0}$ 指数稳定，满足 $\mathrm{Iso}(F^*)=\lim\limits_{t\to\infty}F(t)$。

证明：将式(16-32) 代入式(16-31) 可得

$$\dot{W}_m=-k_v\boldsymbol{z}^{\mathrm{T}}R(\widetilde{\boldsymbol{q}})R^{\mathrm{T}}(\widetilde{\boldsymbol{q}})\boldsymbol{z}-k_a\boldsymbol{s}^{\mathrm{T}}\boldsymbol{s} \tag{16-33}$$

由式(16-23) 到式(16-29)，可得

$$\begin{aligned}\dot{W}_m&\leqslant-k_v\lambda_{\min}(R(\widetilde{\boldsymbol{q}}))\boldsymbol{z}^{\mathrm{T}}\boldsymbol{z}-k_a\boldsymbol{s}^{\mathrm{T}}\boldsymbol{s}\\&\leqslant-\min\{k_v\lambda_{\min}(\boldsymbol{R}\boldsymbol{R}^{\mathrm{T}}),k_a\}(\|\boldsymbol{z}\|^2+\|\boldsymbol{s}\|^2)\\&\leqslant-\beta W_m\end{aligned} \tag{16-34}$$

对 $e(0)\in\Omega_1$，其中

$$\beta=\frac{\min\{k_v\lambda_{\min}(\boldsymbol{R}\boldsymbol{R}^{\mathrm{T}}),k_a\}}{\max\{1/4,(1/2)\max\limits_i\{m_{i2}\}\}}>0 \tag{16-35}$$

由于在控制器的设计中使用了一个转换模型，所以确保所有系统信号有界是非常重要的。

因为 $(\boldsymbol{e},\boldsymbol{s})$ 指数稳定，由此可得 $\boldsymbol{e}(t),\boldsymbol{s}(t)\in\boldsymbol{L}_\infty$，由式(16-8)、式(16-10) 可得 $\widetilde{\boldsymbol{q}}(t),\boldsymbol{z}(t)\in\boldsymbol{L}_\infty$，由 $\boldsymbol{v}_f=\boldsymbol{u}_a$，$\boldsymbol{u}_a=-k_v R^{\mathrm{T}}(\widetilde{\boldsymbol{q}})\boldsymbol{z}$ 可得 $\boldsymbol{v}_f(t)\in\boldsymbol{L}_\infty$，由 $\boldsymbol{s}=\boldsymbol{v}-\boldsymbol{v}_f$ 可得 $\boldsymbol{v}(t)\in\boldsymbol{L}_\infty$，由 $\dot{\boldsymbol{v}}_f=-k_v\dot{\boldsymbol{R}}^{\mathrm{T}}\boldsymbol{z}-k_v\boldsymbol{R}^{\mathrm{T}}\dot{\boldsymbol{z}}$ 可得 $\dot{\boldsymbol{v}}_f(t)\in\boldsymbol{L}_\infty$。因为 $\boldsymbol{e}$ 和 $\boldsymbol{s}$ 指数收敛到 $\mathbf{0}$，因此 $\boldsymbol{v}$ 也指数收敛到 $\mathbf{0}$，由此可得 $\boldsymbol{q}(t)=\int\boldsymbol{v}(t)\mathrm{d}t\in\boldsymbol{L}_\infty$。由式(16-32) 可知 $\boldsymbol{u}(t)\in\boldsymbol{L}_\infty$。由式(16-20) 可得 $[\boldsymbol{J}(t)]^{-1}\in\boldsymbol{L}_\infty$，由式(16-22) 和式(16-23) 得 $\ddot{\boldsymbol{q}}(t)\in\boldsymbol{L}_\infty$。因为 $\boldsymbol{J}(t)\in\boldsymbol{L}_\infty$，由式(16-22) 可得 $\boldsymbol{\eta}_i(t)\in\boldsymbol{L}_\infty$。由式(16-1) 和式(16-3) 可得 $\dot{\boldsymbol{p}}_{ci}(t)\in\boldsymbol{L}_\infty$。由式(16-2) 可得 $\dot{\boldsymbol{\eta}}_i(t)\in\boldsymbol{L}_\infty$。由于 $\dot{\boldsymbol{q}}_i$ 指数收敛到 $\mathbf{0}$，由式(16-19) 可得 $\boldsymbol{\eta}_i$ 指数收敛到 $\mathbf{0}$，由此从式(16-1) 中可得 $\dot{\boldsymbol{p}}_{ci}$ 和 $\dot{\boldsymbol{\theta}}_i$ 也指数收敛到 $\mathbf{0}$。最后可得到 $\boldsymbol{\theta}_i(t)\in\boldsymbol{L}_\infty$，并且从式(16-18) 可得 $\boldsymbol{x}_i(t),\boldsymbol{y}_i(t)\in\boldsymbol{L}_\infty$。

第 i 个移动机器人的控制输入如下：

$$\begin{aligned}\boldsymbol{\tau}_i=&[D_i(\theta_i)-k_v\boldsymbol{I}_2]\boldsymbol{v}_i+[C_i(\theta_i,\dot{\theta}_i)-(k_vk_q+1)\boldsymbol{I}_2]\sum_{j\in\boldsymbol{N}_i}\widetilde{\boldsymbol{q}}_{ij}z_{ij}\\&-k_qM_i(\theta_i)\sum(z_{ij}\boldsymbol{I}_2+2\widetilde{\boldsymbol{q}}_{ij}\widetilde{\boldsymbol{q}}_{ij}^{\mathrm{T}})\widetilde{\boldsymbol{v}}_{ij}\end{aligned} \tag{16-36}$$

式中，$\widetilde{\boldsymbol{v}}_{ij}=\boldsymbol{v}_i-\boldsymbol{v}_j$，$(i,j)\in\boldsymbol{E}^*$。

16.3.4 自适应控制

在本小节将考虑更符合实际的情况，其中式(16-26)中的参数是不确定的，它们的值在设计时是未知的。

首先，根据性质16.3，式(16-31)可重写为

$$\dot{W}_m=\boldsymbol{z}^{\mathrm{T}}R(\widetilde{\boldsymbol{q}})\boldsymbol{v}_f+\boldsymbol{s}^{\mathrm{T}}[\boldsymbol{u}-Y(\boldsymbol{\theta},\dot{\boldsymbol{\theta}},\boldsymbol{v}_f,\dot{\boldsymbol{v}}_f)\boldsymbol{\phi}+R^{\mathrm{T}}(\widetilde{\boldsymbol{q}})\boldsymbol{z}] \tag{16-37}$$

式中，$Y(\boldsymbol{\theta},\dot{\boldsymbol{\theta}},\boldsymbol{v}_f,\dot{\boldsymbol{v}}_f)=Y_1(\theta_1,\dot{\theta}_1,\dot{\boldsymbol{q}}_1,\boldsymbol{v}_{f1},\dot{\boldsymbol{v}}_{f1})\oplus\cdots\oplus Y_n(\theta_n,\dot{\theta}_n,\dot{\boldsymbol{q}}_n,\boldsymbol{v}_{fn},\dot{\boldsymbol{v}}_{fn})$，$\boldsymbol{\phi}=[\boldsymbol{\phi}_1,\boldsymbol{\phi}_2,\cdots,\boldsymbol{\phi}_n]\in\mathbf{R}^{6n}$。同样地，基于模型的控制器[式(16-36)]可以表示为

$$\boldsymbol{\tau}=-k_a\boldsymbol{s}+Y(\boldsymbol{\theta},\dot{\boldsymbol{\theta}},\dot{\boldsymbol{q}},\boldsymbol{v}_f,\dot{\boldsymbol{v}}_f)\boldsymbol{\phi}-R^{\mathrm{T}}(\widetilde{\boldsymbol{q}})\boldsymbol{z} \tag{16-38}$$

现在存在一个约束，即参数向量 $\boldsymbol{\phi}$ 是未知的，不能用于控制律，因此编队控制器中将包含每个 $\boldsymbol{\phi}_i$ 的动态估计，其自适应律也是控制设计的一部分。因此令 $\hat{\boldsymbol{\phi}}_i(t)\in\mathbf{R}^6$ 为第 i 个参数估计，并将相应的参数估计误差定义为

$$\widetilde{\boldsymbol{\phi}}_i=\hat{\boldsymbol{\phi}}_i-\boldsymbol{\phi}_i \tag{16-39}$$

为了解决这个问题，采用自适应控制：

$$\boldsymbol{\tau}=-k_a\boldsymbol{s}+Y(\boldsymbol{\theta},\dot{\boldsymbol{\theta}},\dot{\boldsymbol{q}},\boldsymbol{v}_f,\dot{\boldsymbol{v}}_f)\hat{\boldsymbol{\phi}}-R^{\mathrm{T}}(\widetilde{\boldsymbol{q}})\boldsymbol{z} \tag{16-40}$$

$$\dot{\hat{\boldsymbol{\phi}}}=-\boldsymbol{\Gamma}Y^{\mathrm{T}}(\boldsymbol{\theta},\dot{\boldsymbol{\theta}},\dot{\boldsymbol{q}},\boldsymbol{v}_f,\dot{\boldsymbol{v}}_f)\boldsymbol{s} \tag{16-41}$$

式中，$\hat{\boldsymbol{\phi}}=[\hat{\boldsymbol{\phi}}_1,\hat{\boldsymbol{\phi}}_2,\cdots,\hat{\boldsymbol{\phi}}_n]$；$\boldsymbol{\Gamma}\in\mathbf{R}^{6n\times 6n}$，是一个常数对角正定矩阵。采用的是确定性等价自适应控制器，因为 $\boldsymbol{\phi}$ 被简单替换为了式(16-39)中的$\hat{\boldsymbol{\phi}}$。下面的定理描述了使用式(16-40)和式(16-41)得到的稳定性结果。

定理 16.2：令 $\widetilde{\boldsymbol{\phi}}=[\widetilde{\boldsymbol{\phi}}_1,\widetilde{\boldsymbol{\phi}}_2,\cdots,\widetilde{\boldsymbol{\phi}}_n]$，$\boldsymbol{\xi}=[\boldsymbol{e},\boldsymbol{s},\widetilde{\boldsymbol{\phi}}]$，$\xi(0)\in\boldsymbol{S}=(\boldsymbol{\Omega}_1\cap\boldsymbol{\Omega}_2\cap\boldsymbol{\Omega}_3)\times\mathbf{R}^{6n}$，并且式(16-40)、式(16-41)满足 $\mathrm{Iso}(F^*)=\lim_{t\to\infty}F(t)$。

证明：

取如下Lyapunov函数：

$$W_a(\boldsymbol{e},\boldsymbol{s},\widetilde{\boldsymbol{\phi}})=W_m(\boldsymbol{e},\boldsymbol{s})+\frac{1}{2}\widetilde{\boldsymbol{\phi}}^{\mathrm{T}}\boldsymbol{\Gamma}^{-1}\widetilde{\boldsymbol{\phi}} \tag{16-42}$$

$W_m(\boldsymbol{e},\boldsymbol{s})$由式(16-29)给出，对式(16-42)求导并代入式(16-40)可得

$$\dot{W}_a=-k_v\boldsymbol{z}^{\mathrm{T}}\boldsymbol{R}\boldsymbol{R}^{\mathrm{T}}\boldsymbol{z}-k_a\boldsymbol{s}^{\mathrm{T}}\boldsymbol{s}+\boldsymbol{s}^{\mathrm{T}}\boldsymbol{Y}\widetilde{\boldsymbol{\phi}}-\widetilde{\boldsymbol{\phi}}^{\mathrm{T}}\boldsymbol{\Gamma}^{-1}\dot{\hat{\boldsymbol{\phi}}} \tag{16-43}$$

式中，使用了式(16-37)。将式(16-41)代入式(16-43)可得

$$\dot{W}_a=-k_v\boldsymbol{z}^{\mathrm{T}}\boldsymbol{R}\boldsymbol{R}^{\mathrm{T}}\boldsymbol{z}-k_a\boldsymbol{s}^{\mathrm{T}}\boldsymbol{s} \tag{16-44}$$

$$\dot{W}_a \leqslant -k_v \lambda_{\min}(\boldsymbol{R}\boldsymbol{R}^{\mathrm{T}})\|\boldsymbol{z}\|^2 - k_a \|\boldsymbol{s}\|^2, e(0) \in \boldsymbol{\Omega}_1 \tag{16-45}$$

由式(16-42) 和式(16-45) 可得 $\boldsymbol{z}(t)$、$\boldsymbol{s}(t)$、$\widetilde{\boldsymbol{\varphi}}(t) \in \boldsymbol{L}_\infty$，由式(16-40) 可知 $\boldsymbol{\tau}(t) \in \boldsymbol{L}_\infty$，因为$[\boldsymbol{J}(t)]^{-1} \in \boldsymbol{L}_\infty$，所以 $\overline{\boldsymbol{\tau}}_i(t) \in \boldsymbol{L}_\infty$。

16.4 仿真

使用以下参数进行 5 个移动机器人的模拟：$m_i = 3.6\mathrm{kg}$，$\overline{I}_i = 0.0405\mathrm{kg} \cdot \mathrm{m}^2$，$\overline{\boldsymbol{D}}_i = \mathrm{diag}(0.3\mathrm{kg/s}, 0.004\mathrm{kg} \cdot \mathrm{m}^2/\mathrm{s})$，$L_i = 0.15\mathrm{m}$。每个机器人的初始位置 $q_i(0)$设置为关于 q_i^* 的扰动，$\theta_i(0)$设置为 0 到 2π 之间的随机值，初始线速度和角速度设置如下：

$$\boldsymbol{v}_i(0) = [0, -0.0393, 0.4816, -0.3436, 0.3555](\mathrm{m/s})$$

$$\boldsymbol{\theta}_i(0) = [-0.1937, 0.0085, 0.0108, 0.3176, 0.2948](\mathrm{rad/s})$$

参数估计向量的初始条件为 $\hat{\boldsymbol{\phi}}(0) = \boldsymbol{0}$，输入控制增益设置为 $k_v = 1$，$k_a = 2$，自适应增益设置为 $\boldsymbol{\Gamma} = \boldsymbol{I}_{30}$。

图 16.2 显示了机器人位置 $q_i(t)$形成期望形状的轨迹；图 16.3 表示距离误差 $e_{ij}(t)$，i，$j \in \boldsymbol{V}^*$；控制输入如图 16.4 所示；图 16.5 表示第一个机器人的参数估计 $\hat{\phi}(t)$。

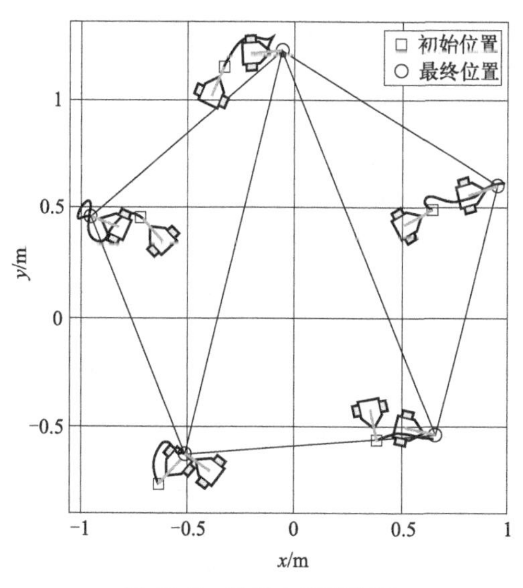

图 16.2　机器人位置轨迹

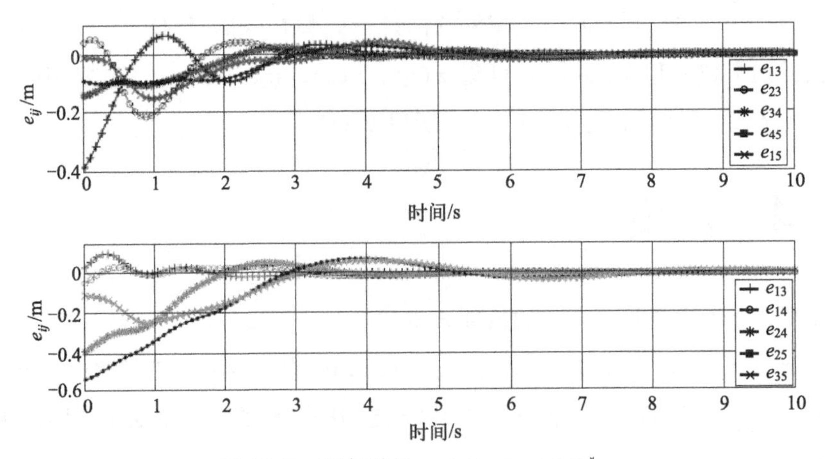

图 16.3　距离误差 $e_{ij}(t)$，i，$j\in\mathbf{V}^{*}$

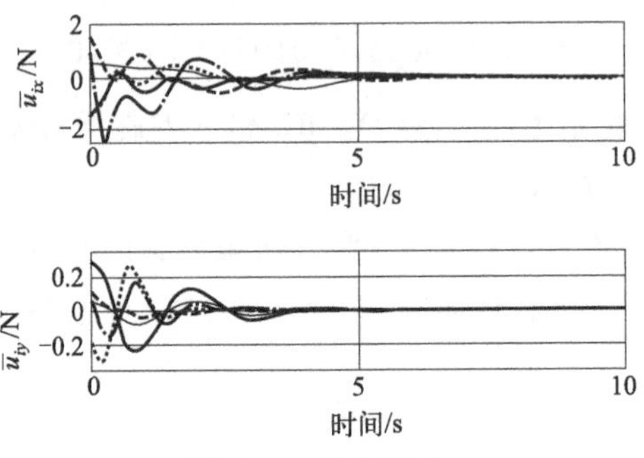

图 16.4　控制输入

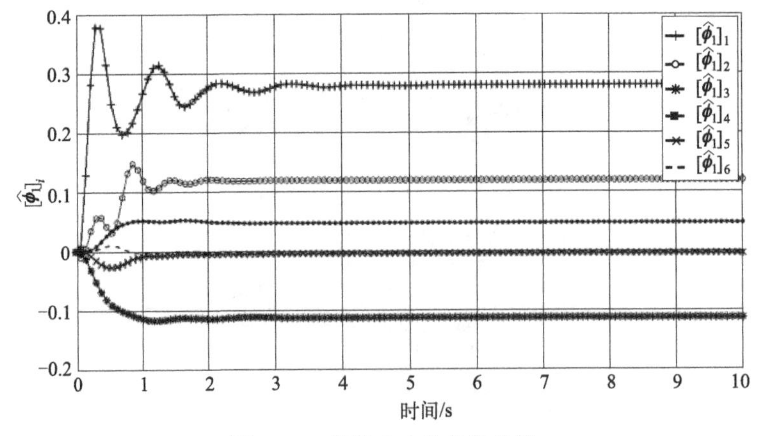

图 16.5　机器人 1 的参数估计

16.5 本章小结

本章介绍了多移动机器人的编队控制，主要分为两个部分。第一部分只考虑移动机器人的运动学模型，控制输入为移动机器人的速度。第二部分考虑了移动机器人的动力学模型，控制输入为力/力矩，在考虑动力学模型时，将系统转换为了欧拉-拉格朗日动力学模型，并且避开了非完整约束，在动力学参数完全已知和未知的情况下，采取反步法和自适应的方法设计了控制律，通过理论分析和仿真验证了系统的稳定性。

第 17 章

智能微电网的分布式协同控制

17.1 智能微电网发展概况

微电网的概念最早是由美国的电气可靠性技术解决方案联合会（Consortium for Electric Reliability Technology Solution，CERTS）提出的。该联合会于 2002 年提出微电网完整的定义，其将微电网定义为一种由分布式电源和用电负荷组成的电力系统，微电网中电力电子开关器件实现电能转换的功能。微电网存在孤岛运行和并网运行两种模式：在微电网处于并网运行模式时上级大电网一块给用户负荷进行供电；在微电网处于孤岛运行模式时，微电网自身作为一个独立的可控单元，同时需要满足用户客户对供电电能质量和供电可靠性等需求。从此以后，微电网在世界范围内受到了广泛的关注和研究，很多国家也建立了相应的微电网示范工程。

各个国家对微电网的研究重点有所不同。美国作为能源消耗大国和科技大国，一直在微电网的相关研究和示范工程领域处于领先地位。美国历史上经历过多次大范围的停电，因此美国对微电网的研究大部分集中于提高电网的供电可靠性以及满足用电客户多种不同的电能质量需求，降低供电成本并使电能供给实现智能化。欧洲对微电网的研究主要在于提高可再生能源的利用率，以应对能源紧缺、气候变化和环境污染等问题。欧盟给微电网的定义为：利用不同种类的微电源构成小型的电力系统，微电源能够进行冷热电三联供，使用电力电子装备进行能量转换并配有储能装置，微电网可以在并网状态及孤岛两种模式下运行[275]。欧洲 DERs（分布式能源）的研究和发展考虑的主要是有利于满足能源用户对电能质量的多种要求以及欧洲电网的稳定和环保要求等。

相比于国外微电网的发展，我国对微电网的相关研究以及示范工程建设比较晚，但是发展的速度比较快，对微电网相关的问题和关键技术也进行了很多的研究。我国对微电网的研究主要用于解决我国高速发展的经济带来的能源紧缺问题，并减少严重的环境污染。在国家相关部门和政策的鼓励下，已经有很多科研机构和企业投入到微电网的研究和示范工程建设中，建成了一批微电网示范工程项目。我国目前建设的微电网示范工程可以分为三类，即城市微电网、边远地区微电网和海岛微电网[278,279]。城市微电网[280]示范工程主要有江苏大丰风电淡化海水微电网、天津生态城能源站综合微电网以及河北电科院光储热一体化微电网等，这些城市微电网主要为用电客户提供多样的可靠性服务。海岛微电网示范工程主要有海南永兴岛微电网和浙江东福山微电网等，由于主网不便于接入海岛给当地居民送电，因此建立海岛微电网的主要目的在于给海岛上的本地居民供电。边远地区微电网示范工程主要包括青海玉树水光互补微电网[281]示范工程、新疆吐鲁番微电网示范工程、西藏吉角村的微电网和内蒙古陈巴尔虎旗的微电网等，由于边远地区的人口密度比较低，而且交通不便、生态脆弱，利用传统的高压送电方式不仅成本较高，而且对环境破坏较大，因此在这些边远的地区建设微电网是合适的。

17.2　问题描述

微电网作为分布式电源的有效接入方式，不仅能提高电能质量与供电可靠性，也有助于解决能源紧缺问题和环境污染问题，因此，与微电网相关的研究受到了广泛的关注。相比于单个分布式发电单元，微电网是由多个分布式能源及相关的监控设备装置和负荷等有机组合而成的一个既可以孤岛运行，又可以并入配电网运行的小型发供用电系统，可以充分利用风电、光伏等分布式电源给配电网和用户带来的价值和效益。

微电网集中式控制结构需要各单元向集中控制器发送微电网各分布式电源及其他单元的状态等信息，这样会增加网络通信数据量，加重通信网络的通信负担，进而增加集中控制器和通信网络的成本，而且适应不了微电网分布式电源即插即用的需求。作为一种分布式结构，多智能体系统[282-284]有良好启发性和自主性，能够适用于动态和分布式的复杂电力系统，尤其适用于微电网的协同控制。相比于传统的集中式控制方法，基于多智能体一致性算法的分布式控制结构仅需要各智能体获取本地单元与邻域智能体的信息，通信网络需要传输的信息量小，优化的时间较短，可以获得较为理想的控制效果。对协同控制方法进行研究，可以充分利用分布式电源的价值，提高微电网运行的经济性，改善微电网孤岛运行时电压和频率指标，保证供电可靠性和电能质量，具有重要的经济效应和社会价值。

17.3 微电网多智能体系统基础理论

17.3.1 微电网中 Agent 的概念

目前，Agent 已经广泛应用到很多项技术中，主要有智能交通、网络优化和分布式计算等领域。尽管现在 Agent 的概念还没有统一的定义，但可以将 Agent 定义为一种特殊的软件，这种软件可以和其他系统通过接口程序互通，且是自主构建的，具有类似人类的行为，能够按照自身的计划为客户端提供一些应用服务。

本章将具有一定的智能行为，可以为微电网中各单元完成任务，并且既能自主执行单独的任务，又可以接收微电网中其他单元传递的信息，与外部微电网环境相互作用，实现微电网全局任务的个体看成 Agent。国内的一些文献将“Agent”翻译成“代理”，但代理的概念并未充分体现 Agent 的内涵，因此本章将 Agent 翻译为智能体，更能体现 Agent 的智能性。智能体（Agent）的特性主要可以分为四种，即自治性、社会性、主动性和反应性。自治性是指 Agent 可以在不与外部环境进行信息交互的情况下，仍然能够进行自我控制；社会性指的是 Agent 可以接受外部环境的命令并积极地参与通信协作；主动性指 Agent 不仅能在特定的环境下采取行动，也能在外部环境改变时做出相应的响应；反应性指 Agent 能实时地从外部环境获得信息，并根据得到的信息做出决策。

Agent 的功能需要内部的各模块实现，基本结构如图 17.1 所示。单个智能体（Agent）主要有四个模块：感知器，通信器，执行器和信息处理器。Agent 通过感知器接收外部微电网环境的信息，更新其内部知识，并传递给信息数据

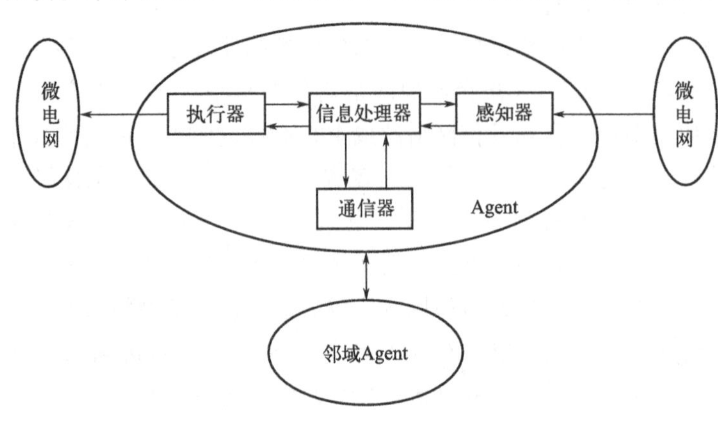

图 17.1　Agent 的基本结构

库；通信器主要通过一定的通信规则与其他 Agent 进行信息交互（通信）；信息处理器作为核心部分，存储了 Agent 需要完成的用户任务以及操作步骤等，并通过获取另外三个模块的信息，基于其数据库和算法进行处理，智能地做出反应，并将计算得到的信息反馈到另外三个模块；执行器接收指令信号，并将信号传递给外部微电网。

17.3.2　微电网中 MAS 的体系结构

多智能体系统（multi agent system，MAS），是由一些在物理或逻辑上分开的智能体组成的，这些智能体通过信息交互，共同协作完成系统分配的任务。多智能体系统的结构图如图 17.2 所示，不同的智能体之间既有一定的独立性，又经信息网络互相联系，系统内的智能体通过合作协同的方式完成任务。

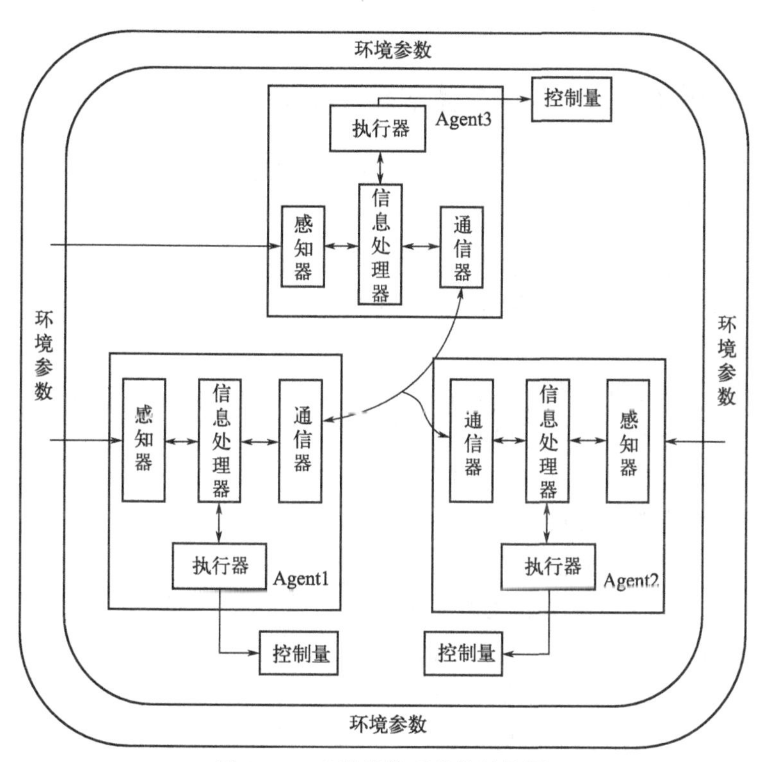

图 17.2　多智能体系统的结构图

多智能体系统的体系结构指的是各 Agent 之间的通信结构和控制模式，体系结构对整个多智能体系统的性能很关键。多智能体系统常见的体系结构如图 17.2 所示，通信网络及其连接的各个智能体组成整个多智能体系统，通信网络包括各智能体之间的通信以及智能体和外部电网间的通信。单个智能体的内部，由感知器、通信器、执行器和信息处理器等模块构成：感知器获取外部参数信息，通信器按照一定通信规则在智能体之间进行信息交换，信息处理器基于其数据库和算法对获取的信息进行处理，执行器执行接收的指令信号。多智能体系统中的各个智能体获取外部微电网环境的参数信息并与其他智能体进行信息交换，协调完成控制任务。

17.4 微电网分布式协同控制

微电网孤岛运行时，存在频率与电压的调节等问题，传统的控制方法难以实现微电网中多个分布式电源间的协调运行、保证微电网的频率和电压质量以及合理的负荷功率分配。本节基于多智能体一致性理论设计微电网的电压和频率的分布式协同控制策略[285]，使微电网各分布式电源的电压和策略达到一致，跟踪至其额度值。

17.4.1 微电网逆变器的基本控制策略

微电网中接口逆变器主要有三种控制策略，即恒压恒频（V/f）控制、恒功率（P、Q）控制和下垂（droop）控制。采用下垂控制的微电网逆变器能够在微电网孤岛运行时提供电压和频率支撑，并且能够根据微电网中的负荷自动调节其输出功率，保证微电网内部的功率供需平衡。本章中，微电网的分布式电源逆变器采用下垂控制策略。

下垂控制是通过模拟传统电力系统中同步发电机下垂外特性，而对逆变器实施的一种控制方法。因为微电网中分布式电源均通过逆变器接入，微电网在孤岛运行时可等效为多逆变器并联运行。图 17.3 为两个分布式电源逆变器并联系统的等效电路示意图，V_1、V_2 和 δ_1、δ_2 分别为两个分布式电源逆变器电压的幅值和相角，X_1 和 X_2 为线路阻抗，$V\angle 0$ 和 Z_0 为负载的电压和阻抗。

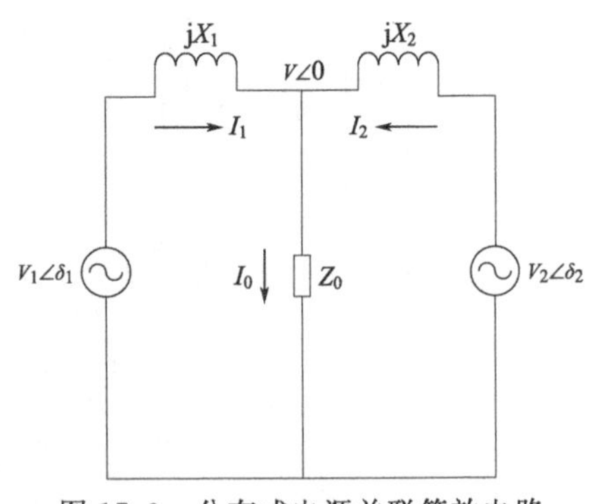

图 17.3 分布式电源并联等效电路

分布式电源逆变器输出的有功功率和无功功率分别为

$$\begin{cases} P_i = \dfrac{VV_i}{X_i}\delta_i \\ Q_i = \dfrac{VV_i - V^2}{X_i} \end{cases} \quad i=1,2 \tag{17-1}$$

由式(17-1) 可知，分布式电源输出的有功功率主要取决于相角 δ_i，而输出的无功功率主要取决于输出端电压的幅值 V_i，即各并联的分布式电源逆变器输出电压的相位与其输出有功功率近似呈线性关系，而输出电压的幅值与其输出无功功率近似呈线性关系。

17.4.2　微电网的控制结构

微电网控制结构的选取对于多个分布式电源构成的微电网的稳定运行十分重要。目前对于多个分布式电源构成的微电网的控制结构主要有三种，即集中式控制、分散式控制和分布式控制[286]。这三种控制结构如图 17.4 所示。图 17.4(a) 表示的是分散式控制结构，该控制结构下分布式电源只需要本地单元的信息，因此其控制的可靠性较高，在分布电源较少的时候分散式控制的效果较好，但在微电网中接入的分布式电源比较多或者微电网功率发生波动的情况下，分散式控制很难协调微电网各分布式电源，可能导致微电网频率和电压超出正常范围。图 17.4(b) 表示的是集中控制结构，集中式控制相当于在本地初级分散控制的基础上加了次级控制，在该控制结构下由一个集中控制器获取和处理微电网所有的分布式电源的信息，并将信息再分配给各分布式电源，这就依赖于较复杂的双向通信网络，对单点发生故障的情况比较敏感，且对于分布式电源地理位置较分散的微电网，通信的实时性和控制可靠性不高。图 17.4(c) 表示的是分布式控制结构，每个分布式电源只需要获取其本地的信息并和其邻域的分布式电源进行信息交换，因此分布式电源的控制不需要依赖集中式控制器，如果某一个分布式电源发生故障，也不会对整个微电网系统的控制产生较大影响，分布式控制的可靠性相比集中式控制要高。分布式控制结构整合了分散式控制和集中式控制的优点，且可与多智能体系统的结构一致，因此，对微电网将基于分布式控制结构，利用多智能体一致性理论设计次级电压和频率协同控制器以维持微电网电压和频率的稳定。

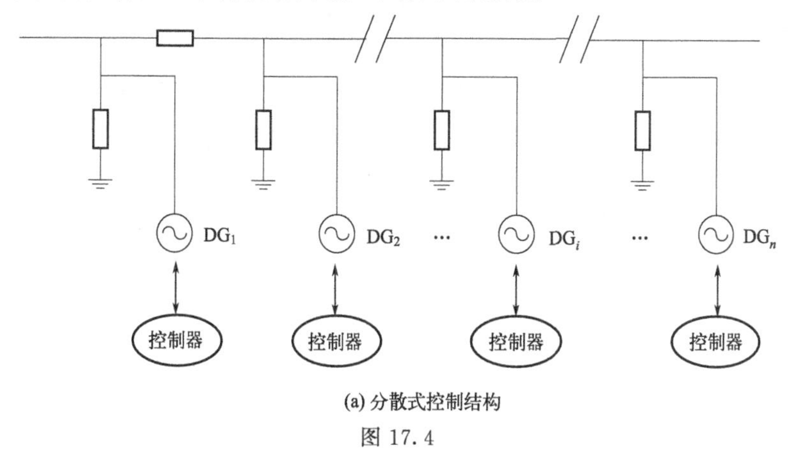

(a) 分散式控制结构

图 17.4

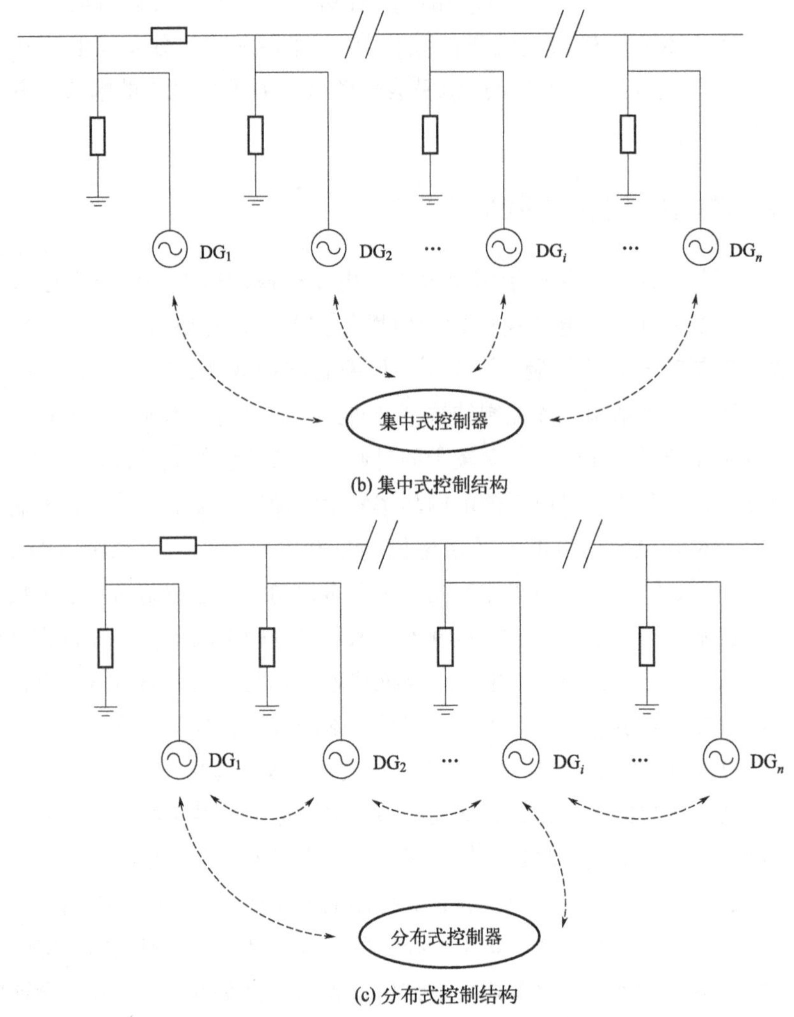

(b) 集中式控制结构

(c) 分布式控制结构

图 17.4　微电网中 3 种不同的控制结构

图 17.4(c) 中的分布式结构相当于多智能体系统网络，分布式控制器可以看成多智能体系统中的领导者智能体，而微电网中各分布式电源的控制器可以看成跟随者多智能体，则微电网分布式协同控制的一般表达式为

$$u_i=\alpha_i(c_{i0}y_0,c_{i1}y_1,c_{i2}y_2,\cdots,c_{in}y_n),i=1,2,\cdots,n \tag{17-2}$$

式中，y_i 是分布式电源 i 的输出变量；y_0 是分布式控制的输出。多智能体通信网络拓扑的关联矩阵 $\boldsymbol{C}=[c_{ij}]$ 为

$$\boldsymbol{C}=\begin{bmatrix} c_{10}(t) & c_{11}(t) & \cdots & c_{1n}(t) \\ c_{20}(t) & c_{21}(t) & \cdots & c_{2n}(t) \\ \vdots & \vdots & & \vdots \\ c_{n0}(t) & c_{n1}(t) & \cdots & c_{nn}(t) \end{bmatrix} \tag{17-3}$$

式中，$c_{ii}(t)=1$ 对所有的 i 成立，即表示分布式电源 i 可以获取自己的信息；$c_{ij}(t)=1$ 表示分布式电源 i 可以得到分布式电源 j 的信息，否则表示为 $c_{ij}(t)=0$；$c_{i0}(t)=1$ 表示分布式电源 i 可以接收领导者智能体的信息，否则表示为 $c_{i0}(t)=0$。考虑两个特殊的情况：如果矩阵 $\boldsymbol{C}$ 中只存在 $c_{ii}(t)=1$，即分布式电源不参与信息交换，那么控制结构就相当于图 17.4(a) 中的分散式控制；如果矩阵 $\boldsymbol{C}$ 的第 1 列元素均为 1，即表示分布式控制器可以得到所有分布式电源的信息，那么控制结构就相当于图 17.4(b) 中的集中式控制。

17.4.3　分布式电源的动态模型

微电网中的初级控制是对分布式电源逆变器的输出电压和频率进行控制。本章采用下垂控制策略，通过模拟电力系统与分布式发电机的有功功率和无功电压幅值之间的关系，以微电网中第 i 个分布式电源为例，其下垂控制特性可以表示为

$$\begin{cases}\omega_i=\omega_{ni}-m_{Pi}P_i\\ V^*_{o,magi}=V_{ni}-n_{Qi}Q_i\end{cases}\tag{17-4}$$

式中，$V^*_{o,magi}$ 为分布式电源输出端电压的幅值；ω_i 是输出电压的角频率；m_{Pi} 和 n_{Qi} 分别是有功功率和无功电压的下垂系数；V_{ni} 和 ω_{ni} 作为初级控制的参考值，分别为分布式电源空载运行时的电压和角频率，可以通过次级控制调节这两个参数。

分布式电源初级控制采用下垂控制的示意框图如图 17.5 所示，主电路包括一个逆变桥、直流电压源（如光伏组件或燃料电池等）、滤波器以及连接电抗器，控制环包括功率控制、电压控制和电流控制，以调节逆变器的输出电压和频率。假设直流电源为理想的电源，可忽略直流母线的动态过程。

所提出的微电网分布式协同控制是根据分布式电源的非线性动态模型设计的，每个分布式电源 i 的非线性动态模型是在其自身的 dq 坐标轴建立的，假设第 i 个分布式电源的坐标轴以大小为 ω_i 的频率旋转，选取其中一个 DG 的坐标轴作为公共参考坐标轴，其旋转频率为 ω_{com}，第 i 个 DG 的坐标轴相对于公共参考坐标轴的角度表示为 δ_i，满足下列微分方程：

$$\dot{\delta}_i=\omega_i-\omega_{\mathrm{com}}\tag{17-5}$$

现对第 i 个分布式电源逆变器的各控制环节进行建模如下。

(1) PQ 功率控制器的动态模型

功率控制器控制框图如图 17.6 所示，该控制器采用下垂控制策略，为电压控制器提供了参考电压 V^*_{odi} 和 V^*_{oqi}，以及逆变桥的运行频率 ω_i。利用两个截止频率为 ω_{ci} 的低通滤波器分别提取输出有功功率 P_i 和无功功率 Q_i 的基波分量，

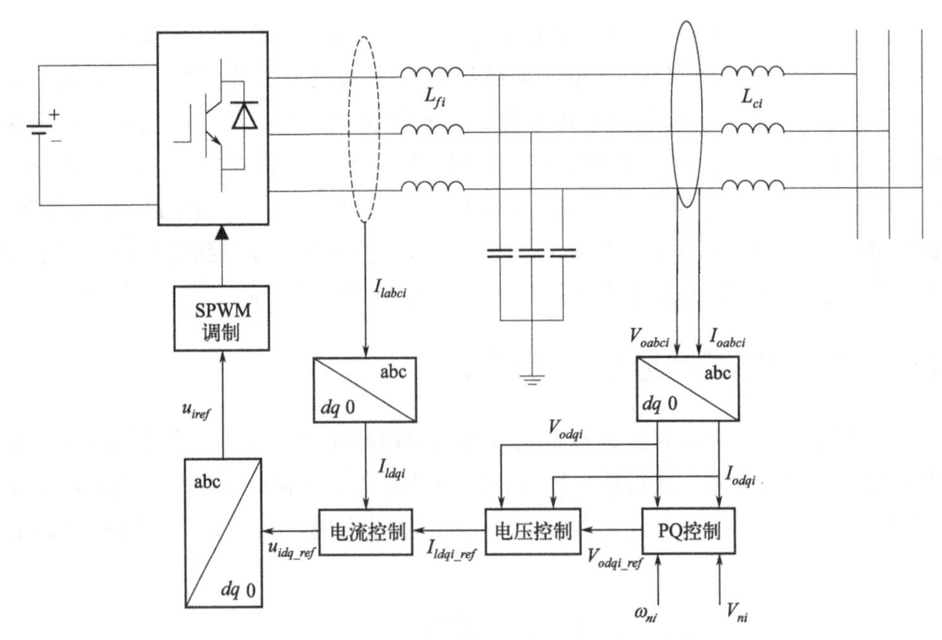

图 17.5　分布式电源逆变器的下垂控制框图

功率控制器的微分代数方程可写为

$$\begin{cases}\dot{P}_i=-\omega_{ci}P_i+\omega_{ci}(V_{odi}^*I_{odi}+V_{oqi}^*I_{oqi})\\ \dot{Q}_i=-\omega_{ci}Q_i+\omega_{ci}(V_{oqi}^*I_{odi}-V_{odi}^*I_{oqi})\end{cases}\tag{17-6}$$

式中，V_{odi} 和 V_{oqi} 分别为逆变器输出电压 V_{oabci} 和电流 I_{oabci} 的 d 轴和 q 轴的分量。由图 17.6 可知，分布式电源输出电压幅值与 d 轴输出电压幅值一致，即

$$\begin{cases}V_{odi}^*=V_{ni}-n_{Qi}Q_i\\ V_{oqi}^*=0\end{cases}\tag{17-7}$$

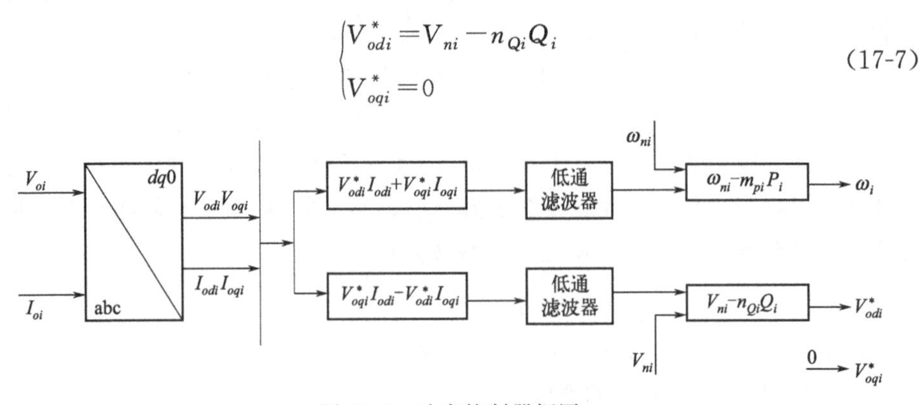

图 17.6　功率控制器框图

(2) 电压控制环的动态数学模型

电压控制环的框图如图 17.7 所示，电压控制环为电流控制环提供参考电流

信号 I_{ldi}^* 和 I_{lqi}^*，其微分代数方程可写为

$$\begin{cases}\dot{\phi}_{di}=V_{odi}^*-V_{odi}\\ \dot{\phi}_{qi}=V_{oqi}^*-V_{oqi}\\ I_{ldi}^*=F_iI_{odi}-\omega_bC_{fi}V_{oqi}+K_{PVi}(V_{odi}^*-V_{odi})+K_{IVi}\phi_{di}\\ I_{lqi}^*=F_iI_{oqi}-\omega_bC_{fi}V_{odi}+K_{PVi}(V_{oqi}^*-V_{oqi})+K_{IVi}\phi_{qi}\end{cases} \tag{17-8}$$

式中，$\dot{\phi}_{di}$ 和 $\dot{\phi}_{qi}$ 为图 17.7 中 PI 控制器中定义的辅助变量；ω_b 是分布式电源的额定角频率；其他参数如图 17.5 和图 17.7 所示。

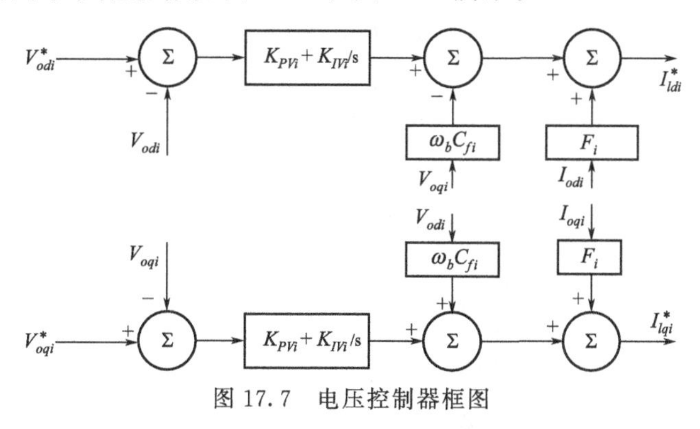

图 17.7　电压控制器框图

(3) 电流控制环的动态数学模型

电流控制环的框图如图 17.8 所示，电流控制器的微分代数方程可写为

$$\begin{cases}\dot{\gamma}_{di}=I_{ldi}^*-I_{ldi}\\ \dot{\gamma}_{qi}=I_{lqi}^*-I_{lqi}\\ V_{ldi}^*=-\omega_bL_{fi}I_{lqi}+K_{PCi}(I_{ldi}^*-I_{ldi})+K_{ICi}\gamma_{di}\\ V_{lqi}^*=\omega_bL_{fi}I_{ldi}+K_{PCi}(I_{lqi}^*-I_{lqi})+K_{ICi}\gamma_{qi}\end{cases} \tag{17-9}$$

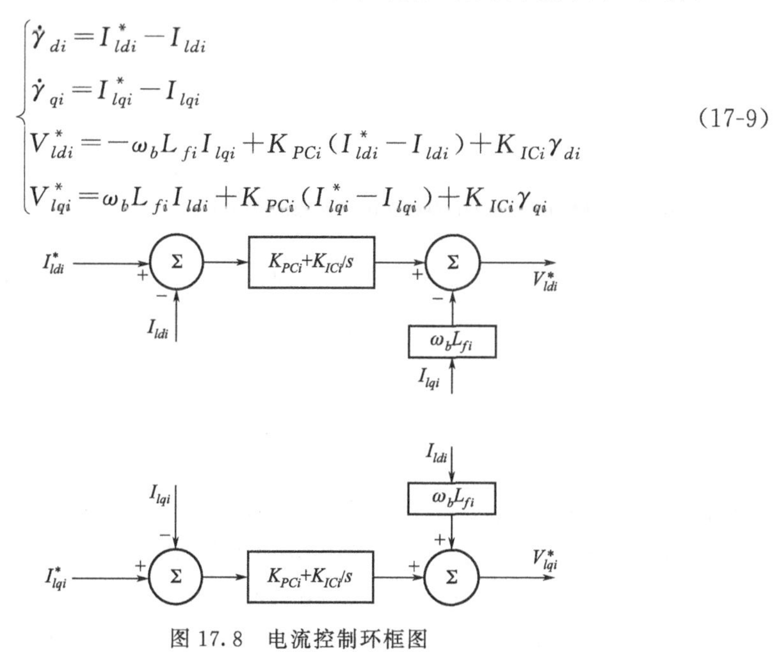

图 17.8　电流控制环框图

式中，$\dot{\gamma}_{di}$ 和 $\dot{\gamma}_{qi}$ 为图 17.8 中 PI 控制器中定义的辅助变量；I_{ldi} 和 I_{lqi} 是图 17.5 中滤波器电感电流 I_{labci} 的 d 轴和 q 轴分量。

(4) 滤波器和输出端连接电抗器数学模型

LC 滤波器和输出端连接电抗器的微分代数方程可表示为

$$\begin{cases}\dot{I}_{ldi}=-\dfrac{R_{fi}}{L_{fi}}I_{ldi}+\omega_i I_{lqi}+\dfrac{1}{L_{fi}}V_{idi}-\dfrac{1}{L_{fi}}V_{odi}\\ \dot{I}_{lqi}=-\dfrac{R_{fi}}{L_{fi}}I_{lqi}-\omega_i I_{ldi}+\dfrac{1}{L_{fi}}V_{iqi}-\dfrac{1}{L_{fi}}V_{oqi}\\ \dot{V}_{odi}=\omega_i\dot{V}_{oqi}+\dfrac{1}{C_{fi}}I_{ldi}-\dfrac{1}{C_{fi}}I_{odi}\\ \dot{V}_{oqi}=-\omega_i\dot{V}_{odi}+\dfrac{1}{C_{fi}}I_{lqi}-\dfrac{1}{C_{fi}}I_{oqi}\\ \dot{I}_{odi}=-\dfrac{R_{ci}}{L_{ci}}I_{odi}+\omega_i I_{oqi}+\dfrac{1}{L_{ci}}V_{odi}-\dfrac{1}{L_{ci}}V_{bdi}\\ \dot{I}_{oqi}=-\dfrac{R_{ci}}{L_{ci}}I_{oqi}-\omega_i I_{odi}+\dfrac{1}{L_{ci}}V_{oqi}-\dfrac{1}{L_{ci}}V_{bqi}\end{cases} \tag{17-10}$$

式(17-5) ～式(17-10) 构成了第 i 个分布式电源的动态模型，其动态模型可以写成如下状态空间的表达式：

$$\begin{cases}\dot{\boldsymbol{x}}_i=A_i(\boldsymbol{x}_i)+B_i(\boldsymbol{x}_i)\boldsymbol{\xi}_i+g_i(\boldsymbol{x}_i)\boldsymbol{u}_i\\ \boldsymbol{y}_i=h_i(\boldsymbol{x}_i)\end{cases} \tag{17-11}$$

式中，状态向量 $\boldsymbol{x}_i$ 为

$$\boldsymbol{x}_i=[\delta_i \quad P_i \quad Q_i \quad \phi_{di} \quad \phi_{qi} \quad \gamma_{di} \quad \gamma_{qi} \quad I_{ldi} \quad I_{lqi} \quad V_{odi} \quad V_{oqi} \quad I_{odi} \quad I_{oqi}]^{\mathrm{T}} \tag{17-12}$$

17.4.4 微电网分布式协同控制策略

微电网电压次级协同控制的目的是选取合适 V_{ni} 使分布式电源输出端电压的幅值与其额定参考值相等，也就是使 $V_{o,magi}$ 同步到 V_{ref}。因为分布式电源输出端电压的幅值为

$$V_{o,magi}=\sqrt{V_{odi}^2+V_{oqi}^2} \tag{17-13}$$

而 $V_{oqi}=0$，因此，为了使分布式电源输出电压的幅值同步到其参考值，只需选取合适的控制输入 V_{ni} 使得分布式电源输出电压的 d 轴分量 V_{odi} 同步到参考值 V_{ref} 即可。因此，电压次级协同控制输入和输出分别为 $y_i=V_{odi}$，$u_i=V_{ni}$。

由式(17-11) 中所示的微电网中分布式电源状态空间表达式可知其是非线性的，可根据非线性控制系统中输出与控制输入间的关系构造适当的反馈控制来实

现输入/输出线性化。在输入/输出反馈线性化中，通过对输出 y_i 连续两次求导可以得到输出 y_i（即 V_{odi}）和控制输入 u_i（即 V_{ni}）之间的直接关系。

$$y_i=L_{f_i}^2 h_i+L_{g_i}L_{f_i}h_i u_i \tag{17-14}$$

$$f_i(x_i)=A_i(x_i)+B_i(x_i)\xi_i \tag{17-15}$$

式中，$L_{f_i}h_i$ 是 h_i 对 f_i 的李函数，定义为 $L_{f_i}h_i=\nabla h_i f_i=[\partial(h_i)/\partial x_i]f_i$。$L_{f_i}^2 h_i$ 定义为 $L_{f_i}^2 h_i=L_{fi}(L_{fi}h_i)=[\partial(L_{fi}h_i)/\partial x_i]f_i$。

定义辅助变量 v_i 为

$$v_i=L_{f_i}^2 h_i+L_{g_i}L_{f_i}h_i u_i \tag{17-16}$$

则由式(17-14) 和式(17-16) 可写成二阶线性系统：

$$\boldsymbol{y}_i=\boldsymbol{v}_i \tag{17-17}$$

电压次级分布式协同控制的目的是设计合适的 $\boldsymbol{v}_i$ 以使各分布式电源的输出 y_i 实现同步，此时，相应的控制输入 $\boldsymbol{u}_i$ 为

$$\boldsymbol{u}_i=(L_{g_i}L_{f_i}\boldsymbol{h}_i)^{-1}(-L_{f_i}^2\boldsymbol{h}_i+\boldsymbol{v}_i) \tag{17-18}$$

下面详细介绍 $\boldsymbol{v}_i$ 的设计过程。首先，$\boldsymbol{y}_i$ 的一阶导可写为

$$\begin{cases}\dot{\boldsymbol{y}}=\boldsymbol{y}_{i,1}\\ \dot{\boldsymbol{y}}_{i,1}=\boldsymbol{v}_i\end{cases} \tag{17-19}$$

写成矩阵形式为

$$\dot{\boldsymbol{y}}_i=\boldsymbol{E}\boldsymbol{y}_i+\boldsymbol{F}\boldsymbol{v}_i \tag{17-20}$$

式中，$\boldsymbol{y}_i=[y_i \quad y_{i,1}]^{\mathrm{T}}$；$\boldsymbol{E}=\begin{bmatrix}0 & 1\\ 0 & 0\end{bmatrix}$；$\boldsymbol{F}=[0 \quad 1]^{\mathrm{T}}$。

利用输入输出反馈线性化可将微电网中每个DG的动态模型都转换成式(17-20)的形式。同样，领导者（虚拟的参考分布式电源）的动态方程也可表达为

$$\dot{\boldsymbol{y}}_0=\boldsymbol{E}\boldsymbol{y}_0 \tag{17-21}$$

式中，$\boldsymbol{y}_0=[y_0 \quad \dot{y}_0]^{\mathrm{T}}$，$y_0=V_{\mathrm{ref}}$，$\dot{y}_0=0$。

假设分布式电源之间能够通过由图 G_r 描述的通信网络交换信息，第 i 个分布式电源可以通过通信网络向其邻域分布式电源传输 y_i。假设只有一个分布式电源能够获取到参考信号 y_0。次级电压分布式协同控制的目标就是设计分布式 v_i 以使得 $y_i\rightarrow y_0$。第 i 个分布式电源的局部跟踪误差为

$$e_i=\sum_{j\in N_i}c_{ij}(y_i-y_j)+g_i(y_i-y_0) \tag{17-22}$$

式中，c_{ij} 是通信图 G_r 邻接矩阵的元素，假设只有一个分布式电源能获得参考信号，即 c_{i0} 中只有一个元素不为0，相应的不为0的 g_i 对是领导者参考信号和该分布式电源之间的通信权重。对于一个由 N 个分布式电源组成的微电网，全局误差可写为

$$e=[(L+G)\otimes I_2](Y-Y_0)\equiv[(L+G)\otimes I_2]\delta \tag{17-23}$$

式中，$Y=\begin{bmatrix}y_1^{\mathrm T} & y_2^{\mathrm T} & \cdots & y_N^{\mathrm T}\end{bmatrix}^{\mathrm T}$；$e=\begin{bmatrix}e_1^{\mathrm T} & e_2^{\mathrm T} & \cdots & e_N^{\mathrm T}\end{bmatrix}^{\mathrm T}$；$Y_0=\mathbf{1}_N y_0$（$\mathbf{1}_N$ 是长度为 N、元素全为 1 的矩阵）；L 为该图的拉普拉斯矩阵；$G=\mathrm{diag}(g_1,g_2,\cdots,g_N)$；$I_2$ 是维数为 2×2 的单位矩阵；δ 是全局误差向量；$\otimes$ 为 Kronecker 积。$\dot{Y}$ 可表达为

$$\dot{Y}=(I_N\otimes E)Y+(I_N\otimes F)v \tag{17-24}$$

式中，$v=\begin{bmatrix}v_1 & v_2 & \cdots & v_N\end{bmatrix}^{\mathrm T}$ 为微电网全局的辅助控制向量。Y_0 可写为

$$\dot{Y}_0=(I_N\otimes E)Y_0 \tag{17-25}$$

选择候选 Lyapunov 函数为

$$V=\frac{1}{2}\delta^{\mathrm T}P_2\delta \tag{17-26}$$

式中，P_2 是正定对称的；δ 是全局误差向量。于是

$$\dot{V}=\delta^{\mathrm T}P_2\dot{\delta}=\delta^{\mathrm T}P_2(\dot{Y}-\dot{Y}_0)=\delta^{\mathrm T}P_2[(I_N\otimes E)\delta+(I_N\otimes F)v] \tag{17-27}$$

得到全局辅助控制 v 如下：

$$v=-a(I_N\otimes K)[(L+G)\otimes I_2]\delta \tag{17-28}$$

将式(17-28) 代入式(17-27) 中得到

$$\dot{V}=\delta^{\mathrm T}P_2[I_N\otimes E-a(L+G)\otimes FK]\delta\equiv\delta^{\mathrm T}P_2H\delta \tag{17-29}$$

选择正定矩阵 P_2，满足下列 Lyapunov 等式关系：

$$P_2H+H^{\mathrm T}P_2=-\beta I_{2N} \tag{17-30}$$

将式(17-30) 代入式(17-29) 可以得到

$$\dot{V}=\delta^{\mathrm T}P_2H\delta=\frac{1}{2}\delta^{\mathrm T}(P_2H+H^{\mathrm T}P_2)\delta=-\frac{\beta}{2}\delta^{\mathrm T}I_{2N}\delta \tag{17-31}$$

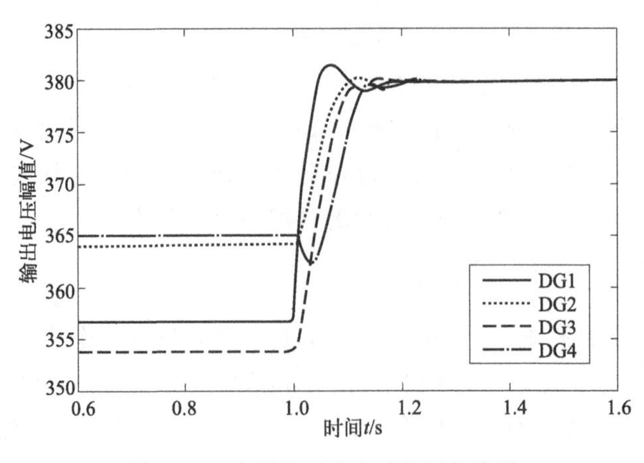

图 17.9　电压次级分布式控制仿真图

由上式可知对 $\boldsymbol{\delta} \neq \mathbf{0}$，都有 $\dot{V}<0$，表明该系统是全局稳定的，分布式电源智能体均可以跟踪领导者，即所有的 y_i 都能同步到 y_0，因此 DG 输出电压的 d 轴分量 V_{odi} 都能同步到 V_{ref}。电压次级分布式控制仿真如图 17.9 所示。

17.5　本章小结

本章基于多智能体一致性理论设计了微电网的电压分布式协同控制策略，使孤立微电网中各分布式电源的电压一致跟踪到其额定参考值。本章首先选择将下垂控制作为微电网分布式电源逆变器的初级控制，并分析了下垂控制的特性，指出其存在的不足；再对比分析了微电网多种控制结构，即分散式控制、集中式控制和分布式控制的特点，采用与多智能体系统的结构一致的分布式控制作为微电网的控制结构；然后，建立包括 PQ 控制器、电压和电流控制器等模块的分布式电源动态数学模型，利用反馈线性化方法和一致性方法设计了电压分布式协同控制器，实现分布式电源电压的一致跟踪到参考值。

参考文献

[1] Olfati-Saber R, Murray R M. Consensus problems in networks of agents with switching topology and time-delays [J]. IEEE Transactions on Automatic Control, 2004, 49 (9): 1520-1533.

[2] Ren W, Beard R W. Consensus seeking in multiagent systems under dynamically changing interaction topologies [J]. IEEE Transactions on Automatic Control, 2005, 50 (5): 655-661.

[3] Borkar V, Varaiya P P. Asymptotic agreement in distributed estimation [J]. IEEE Transactions on Automatic Control, 1982, 27 (3): 650-655.

[4] Reynolds C W. Flocks, herds and schools: A distributed behavioral model [C]. Proceedings of the 14th annual conference on computer graphics and interactive techniques. 1987: 25-34.

[5] Vicsek T, Czirók A, Ben-Jacob E, et al. Novel type of phase transition in a system of self-driven particles [J]. Physical Review Letters, 1995, 75 (6): 1226.

[6] Jadbabaie A, Lin J, Morse A S. Coordination of groups of mobile autonomous agents using nearest neighbor rules [J]. IEEE Transactions on Automatic Control, 2003, 48 (6): 988-1001.

[7] Yu W, Chen G, Cao M, et al. Second-order consensus for multiagent systems with directed topologies and nonlinear dynamics [J]. IEEE Transactions on Systems, Man, and Cybernetics, Part B (Cybernetics), 2009, 40 (3): 881-891.

[8] Yu W, Chen G, Cao M. Some necessary and sufficient conditions for second-order consensus in multi-agent dynamical systems [J]. Automatica, 2010, 46 (6): 1089-1095.

[9] Lin P, Jia Y. Consensus of second-order discrete-time multi-agent systems with nonuniform time-delays and dynamically changing topologies [J]. Automatica, 2009, 45 (9): 2154-2158.

[10] Yu W, Zheng W X, Chen G, et al. Second-order consensus in multi-agent dynamical systems with sampled position data [J]. Automatica, 2011, 47 (7): 1496-1503.

[11] Ni W, Cheng D. Leader-following consensus of multi-agent systems under fixed and switching topologies [J]. Systems & Control Letters, 2010, 59 (3-4): 209-217.

[12] Lin P, Dai M, Song Y. Consensus stability of a class of second-order multi-agent systems with nonuniform time-delays [J]. Journal of the Franklin Institute, 2014, 351 (3): 1571-1576.

[13] Tian Y P, Liu C L. Consensus of multi-agent systems with diverse input and communication delays [J]. IEEE Transactions on Automatic Control, 2008, 53 (9): 2122-2128.

[14] Gao Y, Wang L. Asynchronous consensus of continuous-time multi-agent systems with intermittent measurements [J]. International Journal of Control, 2010, 83 (3): 552-562.

[15] Nuno E, Ortega R, Basanez L, et al. Synchronization of networks of nonidentical Euler-Lagrange systems with uncertain parameters and communication delays [J]. IEEE Transactions on Automatic Control, 2011, 56 (4): 935-941.

[16] 俞辉，蹇继贵，王永骥. 多智能体时滞网络的加权平均一致性 [J]. 控制与决策，2007，22 (5): 558-561.

[17] Sun M, Chen Y, Cao L, et al. Adaptive third-order leader-following consensus of nonlinear multi-agent systems with perturbations [J]. Chinese Physics Letters, 2012, 29 (2): 020503.

[18] Wang J, Tan Y, Mareels I. Robustness analysis of leader-follower consensus [J]. Journal of Systems Science and Complexity, 2009, 22 (2): 186-206.

[19] Huang M, Manton J H. Coordination and consensus of networked agents with noisy measurements:

Stochastic algorithms and asymptotic behavior [J]. SIAM Journal on Control and Optimization, 2009, 48 (1): 134-161.

[20] Li Z, Ren W, Liu X, et al. Consensus of multi-agent systems with general linear and Lipschitz nonlinear dynamics using distributed adaptive protocols [J]. IEEE Transactions on Automatic Control, 2012, 58 (7): 1786-1791.

[21] Ellis P. Extension of phase plane analysis to quantized systems [J]. IRE Transactions on Automatic Control, 1959, 4 (2): 43-54.

[22] Astrom K J, Bernhardsson B M. Comparison of Riemann and Lebesgue sampling for first order stochastic systems [C]. Proceedings of the 41st IEEE Conference on Decision and Control, 2002. IEEE, 2002, 2: 2011-2016.

[23] Miskowicz M. The event-triggered sampling optimization criterion for distributed networked monitoring and control systems [C] //IEEE International Conference on Industrial Technology, 2003. IEEE, 2003, 2: 1083-1088.

[24] Dorf R C, Farren M, Phillips C. Adaptive sampling frequency for sampled-data control systems [J]. IRE Transactions on Automatic Control, 1962, 7 (1): 38-47.

[25] Dimarogonas D V, Frazzoli E, Johansson K H. Distributed event-triggered control for multi-agent systems [J]. IEEE Transactions on Automatic Control, 2011, 57 (5): 1291-1297.

[26] Yi X, Liu K, Dimarogonas D V, et al. Dynamic event-triggered and self-triggered control for multi-agent systems [J]. IEEE Transactions on Automatic Control, 2018, 64 (8): 3300-3307.

[27] Seyboth G S, Dimarogonas D V, Johansson K H. Event-based broadcasting for multi-agent average consensus [J]. Automatica, 2013, 49 (1): 245-252.

[28] Yang Q, Li J, Wang B. Leader-following output consensus for high-order nonlinear multi-agent systems by distributed event-triggered strategy via sampled data information [J]. IEEE Access, 2019, 7: 70799-70810.

[29] Liu Y, Guo X. Event-triggered consensus for unknown nonlinear multiple agents with disturbances [C]. 2017 4th International Conference on Systems and Informatics (ICSAI) . IEEE, 2017: 24-28.

[30] Weng Y, Hu W. Event-triggered robust H∞ consensus control of uncertain linear multi-agent systems [C]. 2020 Chinese Automation Congress (CAC) . IEEE, 2020: 3497-3502.

[31] Khoo S, Xie L, Man Z. Robust finite-time consensus tracking algorithm for multirobot systems [J]. IEEE/ASME Transactions on Mechatronics, 2009, 14 (2): 219-228.

[32] Li S, Du H, Lin X. Finite-time consensus algorithm for multi-agent systems with double-integrator dynamics [J]. Automatica, 2011, 47 (8): 1706-1712.

[33] Nedic A, Ozdaglar A, Parrilo P A. Constrained consensus and optimization in multi-agent networks [J]. IEEE Transactions on Automatic Control, 2010, 55 (4): 922-938.

[34] Chang T H, Hong M, Wang X. Multi-agent distributed optimization via inexact consensus ADMM [J]. IEEE Transactions on Signal Processing, 2014, 63 (2): 482-497.

[35] Bagley, R. L. On the Fractional calculus model of viscoelastic behavior [J]. Journal of Rheology, 1998, 30 (1): 133-155.

[36] Cao Y, Li Y, Ren W, et al. Distributed coordination of networked fractional-order systems [J]. IEEE Transactions on Systems Man & Cybernetics Part B Cybernetics, 2010, 40 (2): 362-370.

[37] Shen J, Cao J, Lu J. Consensus of fractional-order systems with non-uniform input and communication

delays [J]. Proceedings of the Institution of Mechanical Engineers Part I Journal of Systems & Control Engineering, 2011, 226 (2): 271-283.

[38] Ravanshadi I, Boroujeni E A, Pourgholi M. Centralized and distributed model predictive control for consensus of non-linear multi-agent systems with time-varying obstacle avoidance [J]. ISA Transactions, 2023, 133: 75-90.

[39] Tan G, Zhuang J, Zou J, et al. Coordination control for multiple unmanned surface vehicles using hybrid behavior-based method [J]. Ocean Engineering, 2021, 232: 109147.

[40] Huang Y, Liu W, Li B, et al. Finite-time formation tracking control with collision avoidance for quadrotor UAVs [J]. Journal of the Franklin Institute, 2020, 357 (7): 4034-4058.

[41] Desai J P, Ostrowski J, Kumar V. Controlling formations of multiple mobile robots [C]. Proceedings. 1998 IEEE International Conference on Robotics and Automation (Cat. No. 98CH36146). IEEE, 1998, 4: 2864-2869.

[42] Qu Z. Cooperative control of dynamical systems: Applications to autonomous vehicles [M]. Springer Science & Business Media, 2009.

[43] Ren W, Beard R W. Distributed consensus in multi-vehicle cooperative control [M]. London: Springer London, 2008.

[44] Zhang X, Liu X. Containment of linear multi-agent systems with disturbances generated by heterogeneous nonlinear exosystems [J]. Neurocomputing, 2018, 315: 283-291.

[45] Fax J A, Murray R M. Information flow and cooperative control of vehicle formations [J]. IEEE Transactions on Automatic Control, 2004, 49 (9): 1465-1476.

[46] Olfati-Saber R, Murray R M. Distributed cooperative control of multiple vehicle formations using structural potential functions [J]. IFAC Proceedings Volumes, 2002, 35 (1): 495-500.

[47] Olfati-Saber R, Murray R M. Graph rigidity and distributed formation stabilization of multi-vehicle systems [C]. Proceedings of the 41st IEEE Conference on Decision and Control, 2002. IEEE, 2002, 3: 2965-2971.

[48] Eren T, Belhumeur P N, Morse A S. Closing ranks in vehicle formations based on rigidity [C]. Proceedings of the 41st IEEE Conference on Decision and Control, 2002. IEEE, 2002, 3: 2959-2964.

[49] Vidal R, Shakernia O, Sastry S. Formation control of nonholonomic mobile robots with omnidirectional visual servoing and motion segmentation [C]. 2003 IEEE International Conference on Robotics and Automation (Cat. No. 03CH37422). IEEE, 2003, 1: 584-589.

[50] Toner J, Tu Y. Flocks, herds, and schools: A quantitative theory of flocking [J]. Physical Review E, 1998, 58 (4): 4828.

[51] Cortés J, Bullo F. Coordination and geometric optimization via distributed dynamical systems [J]. SIAM Journal on Control and Optimization, 2005, 44 (5): 1543-1574.

[52] Paganini F, Doyle J, Low S. Scalable laws for stable network congestion control [C]. Proceedings of the 40th IEEE Conference on Decision and Control (Cat. No. 01CH37228). IEEE, 2001, 1: 185-190.

[53] Lynch N A. Distributed algorithms [M]. Amsterdam: Elsevier, 1996.

[54] Yamaguchi H, Arai T, Beni G. A distributed control scheme for multiple robotic vehicles to make group formations [J]. Robotics and Autonomous systems, 2001, 36 (4): 125-147.

[55] Mesbahi M, Hadaegh F Y. Formation flying control of multiple spacecraft via graphs, matrix inequalities, and switching [C]. Proceedings of the 1999 IEEE International Conference on Control Applications (Cat. No. 99CH36328) . IEEE, 1999, 2: 1211-1216.

[56] Desai J P, Ostrowski J P, Kumar V. Modeling and control of formations of nonholonomic mobile robots [J]. IEEE Transactions on Robotics and Automation, 2001, 17 (6): 905-908.

[57] Lawton J R T, Beard R W, Young B J. A decentralized approach to formation maneuvers [J]. IEEE Transactions on Robotics and Automation, 2003, 19 (6): 933-941.

[58] Mesbahi M. On a dynamic extension of the theory of graphs [C]. Proceedings of the 2002 American Control Conference (IEEE Cat. No. CH37301) . IEEE, 2002, 2: 1234-1239.

[59] Helbing D, Farkas I, Vicsek T. Simulating dynamical features of escape panic [J]. Nature, 2000, 407 (6803): 487-490.

[60] Liu Y, Passino K M, Polycarpou M M. Stability analysis of m-dimensional asynchronous swarms with a fixed communication topology [J]. IEEE Transactions on Automatic Control, 2003, 48 (1): 76-95.

[61] Gazi V, Passino K M. Stability analysis of swarms [J]. IEEE Transactions on Automatic Control, 2003, 48 (4): 692-697.

[62] Saber R O, Murray R M. Flocking with obstacle avoidance: Cooperation with limited communication in mobile networks [C] //42nd IEEE International Conference on Decision and Control (IEEE Cat. No. 03CH37475) . IEEE, 2003, 2: 2022-2028.

[63] Chang D E, Shadden S C, Marsden J E, et al. Collision avoidance for multiple agent systems [C]. 42nd IEEE International Conference on Decision and Control (IEEE Cat. No. 03CH37475) . IEEE, 2003, 1: 539-543.

[64] Tanner H G, Jadbabaie A, Pappas G J. Stability of flocking motion [J]. University of Pennsylvania, Technical Report, 2003.

[65] Reza O S, Richard M M. Flocking with obstacle avoidance: Cooperation with limited communication in mobile networks [C]. 42th IEEE Conference on Decision and Control (CDC 03), 2003, 2: 2022-2028.

[66] Saber R O. A unified analytical look at Reynolds flocking rules [R]. California Inst of Tech Pasadena Control and Dynamical Systems, 2003.

[67] Saber R O , Murray R M . Consensus protocols for networks of dynamic agents [C]. American Control Conference, 2003. Proceedings of the 2003. IEEE, 2003.

[68] Biggs N, Biggs N L, Norman B. Algebraic graph theory [M]. Cambridge: Cambridge University Press, 1993.

[69] Godsil C, Royle G F. Algebraic graph theory [M]. Berlin: Springer Science & Business Media, 2001.

[70] Horn R A, Johnson C R. Matrix analysis [M]. Cambridge: Cambridge University Press, 2012.

[71] Qin J, Gao H, Zheng W X. Second-order consensus for multi-agent systems with switching topology and communication delay [J]. Systems & Control Letters, 2011, 60 (6): 390-397.

[72] Su Y, Huang J. Two consensus problems for discrete-time multi-agent systems with switching network topology [J]. Automatica, 2012, 48 (9): 1988-1997.

[73] Zhang L, Gao H. Asynchronously switched control of switched linear systems with average dwell time [J]. Automatica, 2010, 46 (5): 953-958.

[74] Zhao X, Zhang L, Shi P, et al. Stability and stabilization of switched linear systems with mode-dependent average dwell time [J]. IEEE Transactions on Automatic Control, 2011, 57 (7): 1809-1815.

[75] Wang X, Yang G H. Distributed reliable H∞ consensus control for a class of multi-agent systems under switching networks: A topology-based average dwell time approach [J]. International Journal of Robust and Nonlinear Control, 2016, 26 (13): 2767-2787.

[76] Liu H, Karimi H R, Du S, et al. Leader-following consensus of discrete-time multiagent systems with time-varying delay based on large delay theory [J]. Information Sciences, 2017, 417: 236-246.

[77] Yu J, Wang L. Group consensus in multi-agent systems with switching topologies and communication delays [J]. Systems & Control Letters, 2010, 59 (6): 340-348.

[78] Zhao H, Park J H. Group consensus of discrete-time multi-agent systems with fixed and stochastic switching topologies [J]. Nonlinear Dynamics, 2014, 77 (4): 1297-1307.

[79] Gao Y, Yu J, Shao J, et al. Group consensus for second-order discrete-time multi-agent systems with time-varying delays under switching topologies [J]. Neurocomputing, 2016, 207: 805-812.

[80] Xiao F, Wang L. Asynchronous consensus in continuous-time multi-agent systems with switching topology and time-varying delays [J]. IEEE Transactions on Automatic Control, 2008, 53 (8): 1804-1816.

[81] Su Y, Huang J. Stability of a class of linear switching systems with applications to two consensus problems [J]. IEEE Transactions on Automatic Control, 2011, 57 (6): 1420-1430.

[82] Wen G, Duan Z, Chen G, et al. Consensus tracking of multi-agent systems with Lipschitz-type node dynamics and switching topologies [J]. IEEE Transactions on Circuits and Systems I: Regular Papers, 2013, 61 (2): 499-511.

[83] Ren W, Atkins E. Second-order consensus protocols in multiple vehicle systems with local interactions [C]. AIAA Guidance, Navigation, and Control Conference and Exhibit, 2005: 6238.

[84] Wen G, Duan Z, Yu W, et al. Consensus in multi-agent systems with communication constraints [J]. International Journal of Robust and Nonlinear Control, 2012, 22 (2): 170-182.

[85] Abdessameud A, Tayebi A. On consensus algorithms design for double integrator dynamics [J]. Automatica, 2013, 49 (1): 253-260.

[86] Li H, Liao X, Huang T, et al. Event-triggering sampling based leader-following consensus in second-order multi-agent systems [J]. IEEE Transactions on Automatic Control, 2014, 60 (7): 1998-2003.

[87] Ren W. High-order and model reference consensus algorithms in cooperative control of multivehicle systems [J]. Journal of Dynamic Systems Measurement and Control, 2007, 129 (5): 678-688.

[88] He W, Cao J. Consensus control for high-order multi-agent systems [J]. IET Control Theory & Applications, 2011, 5 (1): 231-238.

[89] Xin Y, Li Y, Huang X, et al. Consensus of third-order nonlinear multi-agent systems [J]. Neurocomputing, 2015, 159: 84-89.

[90] Cao Y, Sun Y. Consensus analysis for third-order multiagent systems in directed networks [J]. Mathematical Problems in Engineering, 2015, 2015 (PT. 12): 1-9.

[91] Kim B Y, Ahn H S. Consensus of multi-agent systems with switched linear dynamics [C]. Control

Conference, 2015: 1-6.

[92] Zhou S, Liu W, Wu Q, et al. Leaderless consensus of linear multi-agent systems: Matrix decomposition approach [C] //2015 7th International Conference on Intelligent Human-Machine Systems and Cybernetics (IHMSC) . IEEE, 2015: 327-332.

[93] Liu W, Zhou S, Qi Y, et al. Leaderless consensus of multi-agent systems with Lipschitz nonlinear dynamics and switching topologies [J]. Neurocomputing, 2015, 173 (JAN. 15PT. 3): 1322-1329.

[94] Cervantes-Herrera A, Ruiz-Leon J, Lopez-Limon C, et al. A distributed control design for the output regulation and output consensus of a class of switched linear multi-agent systems [C]. IEEE Conference on Emerging Technologies & Factory Automation, 2012.

[95] Wang X, Hong Y. Finite-time consensus for multi-agent networks with second-order agent dynamics [J]. IFAC Proceedings Volumes, 2008, 41 (2): 15185-15190.

[96] Martin S, Girard A, Fazeli A, et al. Multiagent flocking under general communication rule [J]. IEEE Transactions on Control of Network Systems, 2014, 1 (2): 155-166.

[97] Das A, Lewis F L. Cooperative adaptive control for synchronization of second-order systems with unknown nonlinearities [J]. International Journal of Robust and Nonlinear Control, 2011, 21 (13): 1509-1524.

[98] Poonawala H A, Satici A C, Eckert H, et al. Collision-free formation control with decentralized connectivity preservation for nonholonomic-wheeled mobile robots [J]. IEEE Transactions on Control of Network Systems, 2014, 2 (2): 122-130.

[99] Hong Y, Hu J, Gao L. Tracking control for multi-agent consensus with an active leader and variable topology [J]. Automatica, 2006, 42 (7): 1177-1182.

[100] Ren W, Beard R W, Atkins E M. Information consensus in multivehicle cooperative control [J]. IEEE Control Systems Magazine, 2007, 27 (2): 71-82.

[101] Li Z, Duan Z, Chen G, et al. Consensus of multiagent systems and synchronization of complex networks: A unified viewpoint [J]. IEEE Transactions on Circuits and Systems I: Regular Papers, 2009, 57 (1): 213-224.

[102] Ding Z. Consensus disturbance rejection with disturbance observers [J]. IEEE Transactions on Industrial Electronics, 2015, 62 (9): 5829-5837.

[103] Li Z, Liu X, Fu M, et al. Global $H\infty$ consensus of multi-agent systems with Lipschitz non-linear dynamics [J]. IET Control Theory & Applications, 2012, 6 (13): 2041-2048.

[104] Ding Z. Consensus control of a class of Lipschitz nonlinear systems [J]. International Journal of Control, 2014, 87 (11): 2372-2382.

[105] Su Y, Huang J. Cooperative adaptive output regulation for a class of nonlinear uncertain multi-agent systems with unknown leader [J]. Systems & Control Letters, 2013, 62 (6): 461-467.

[106] Ding Z. Adaptive consensus output regulation of a class of nonlinear systems with unknown high-frequency gain [J]. Automatica, 2015, 51: 348-355.

[107] Sun J, Geng Z. Adaptive consensus tracking for linear multi-agent systems with heterogeneous unknown nonlinear dynamics [J]. International Journal of Robust and Nonlinear Control, 2016, 26 (1): 154-173.

[108] Li Z, Ren W, Liu X, et al. Distributed containment control of multi-agent systems with general linear dynamics in the presence of multiple leaders [J]. International Journal of Robust and

Nonlinear Control，2011，23（5）：534 -547.

[109] Wen G，Duan Z，Zhao Y，et al. Robust containment tracking of uncertain linear multi-agent systems：a non-smooth control approach [J]. International Journal of Control，2014，87（12）：2522-2534.

[110] Li Z，Duan Z，Chen G，et al. Consensus of multiagent systems and synchronization of complex networks：A unified viewpoint [J]. IEEE Transactions on Circuits and Systems I：Regular Papers，2009，57（1）：213-224.

[111] Gu K，Kharitonov V L，Chen J. Stability of time-delay systems [M]. Boston：Birkhäuser Boston，2003.

[112] Wang Q，Ma Q，Zhou G. Distributed PI control for consensus of multi-agent systems with time-delay under directed topology [C]. 2019 Chinese Control Conference（CCC）. IEEE，2019：2629-2634.

[113] Ao D，Yang G，Wang X. H∞ consensus control of multi-agent systems：A dynamic output feedback controller with time-delays [C]. 2018 Chinese Control and Decision Conference (CCDC). IEEE，2018：4591-4596.

[114] Yu S，Yu Z，Jiang H，et al. Leader-following guaranteed performance consensus for second-order multi-agent systems with and without communication delays [J]. IET Control Theory & Applications，2018，12（15）：2055-2066.

[115] Song Q，Liu F，Wen G，et al. Distributed position-based consensus of second-order multiagent systems with continuous/intermittent communication [J]. IEEE Transactions on Cybernetics，2017，47（8）：1860-1871.

[116] Qian W，Gao Y，Yang Y. Global consensus of multiagent systems with internal delays and communication delays [J]. IEEE Transactions on Systems Man & Cybernetics Systems，2019，49（10）：1961-1970.

[117] Zhou B，Lin Z. Consensus of high-order multi-agent systems with large input and communication delays [J]. Automatica，2014，50（2）：452-464.

[118] Yoon S Y，Anantachaisilp P，Lin Z. An LMI approach to the control of exponentially unstable systems with input time delay [C] //52nd IEEE Conference on Decision and Control. IEEE，2013：312-317.

[119] Wang C，Zuo Z，Lin Z，et al. Consensus control of a class of Lipschitz nonlinear systems with input delay [J]. IEEE Transactions on Circuits and Systems I：Regular Papers，2015，62（11）：2730-2738.

[120] Li Z，Duan Z. Cooperative control of multi-agent systems：A consensus region approach [M]. CRC Press，2017.

[121] Carli R，Fagnani F，Speranzon A，et al. Communication constraints in the average consensus problem [J]. Automatica，2008，44（3）：671-684.

[122] Siami M，Bolouki S，Bamieh B，et al. Centrality measures in linear consensus networks with structured network uncertainties [J]. IEEE Transactions on Control of Network Systems，2017，5（3）：924-934.

[123] Li T，Zhang J. Mean square average-consensus under measurement noises and fixed topologies：Necessary and sufficient conditions [J]. Automatica，2009，45（8）：1929-1936.

[124] Xiao L，Boyd S，Kim S J. Distributed average consensus with least-mean square deviation [J]. Journal of Parallel and Distributed and Computing，2007，67（1）：33-46.

[125] Huang M，Manton J H. Coordination and consensus of networked agents with noisy measurement：Stochastic algorithms and asymptotic behavior [J]. SIAM Journal on Control and Optimization，2009，8 (1)：134-161.

[126] Huang M，Manton J H. Stochastic Lyapunov analysis for consensus for consensus algorithms with noisy measurements [C]. Americain Control Conference，New York，2007，1419-1424.

[127] Huang M，Manton J H. Stochastic approximation for consensus seeking：mean square and almost sure convergence [C]. IEEE Conference on Decision and Control，New Orleans，LA，USA，2007，306-311.

[128] Huang M，Manton J H. Stochastic consensus seeking with measurement noise：convergence and asymptotic normality [C]. American Control Conference，Seattle，WA，USA，2008，1337-1342.

[129] Huang M，Dey S，Nair G N，et al. Stochastic consensus over noisy networks with Markovian and arbitrary switches [J]. Automatica，2010，46 (10)：1571-1583.

[130] Hu J，Feng G. Distributed tracking control of leader-follower multi-agent systems under noisy measurement [J]. Automatica，2010，46 (8)：1382-1387.

[131] Ma C，Li T，Zhang J. Leader-following consensus control for multi-agent systems under measurement noises [J]. IFAC Proceedings，2008，41 (2)：1528-1533.

[132] Wang Y P，Cheng L，Hou Z G，et al. Necessary and sufficient conditions for solving the leader-following problem of multi-agent systems with communication noises [C]. 25th Chinese Control and Decision Conference，Guiyang，China，May 2013.

[133] Ke X，Zong X. Formation control of second-order multi-agent systems with multiplicative noises [C]. IEEE International Conference on Unmanned Systems (ICUS)，2021：919-924.

[134] Liu S，Xie L，Zhang H. Mean square formation and containment control of multi-agent systems under noisy measurements [J]. 52nd IEEE Conference on Decision and Control，2013：2181-2186.

[135] Dong X，Hu G. Time-varying formation tracking for linear multiagent systems with multiple leaders [J]. IEEE Transactions on Automatic Control，2017，62 (7)：3658-3664.

[136] Xie G，Liu H，Wang L，et al. Consensus in networked multi-agent systems via sampled control：fixed topology case [C] //2009 American Control Conference. IEEE，2009：3902-3906.

[137] Ding L，Zheng W X. Consensus tracking in heterogeneous nonlinear multi-agent networks with asynchronous sampled-data communication [J]. Systems & Control Letters，2016，96：151-156.

[138] Cao Y，Ren W. Multi-vehicle coordination for double-integrator dynamics under fixed undirected/directed interaction in a sampled-data setting [J]. International Journal of Robust and Nonlinear Control：IFAC-Affiliated Journal，2010，20 (9)：987-1000.

[139] Cao Y，Ren W. Sampled-data discrete-time coordination algorithms for double-integrator dynamics under dynamic directed interaction [J]. International Journal of Control，2010，83 (3)：506-515.

[140] Tang Z J，Huang T Z，Shao J L，et al. Leader-following consensus for multi-agent systems via sampled-data control [J]. IET Control Theory & Applications，2011，5 (14)：1658-1665.

[141] Hu J. Second-order event-triggered multi-agent consensus control [C] //Proceedings of the 31st Chinese Control Conference. IEEE，2012：6339-6344.

[142] Hu W，Liu L，Feng G. Consensus of linear multi-agent systems by distributed event-triggered strategy [J]. IEEE transactions on cybernetics，2015，46 (1)：148-156.

[143] Fan Y，Yang Y，Zhang Y. Sampling-based event-triggered consensus for multi-agent systems [J]. Neurocomputing，2016，191：141-146.

[144] Ding Lei，Guo Ge，Han Qinglong. A distributed event-triggered transmission strategy for sampled-data consensus of multi-agent systems [J]. Automatica，2014，50 (5)：1489-1496.

[145] Feng Gang，Fan Yuan，Song Cheng，et al. Distributed event-triggered control of multi-agent systems with combinational measurements [J]. Automatica，2013，49 (2)：671-675.

[146] Anta A，Tabuada P. To sample or not to sample：Self-triggered control for nonlinear systems [J]. IEEE Transactions on automatic control，2010，55 (9)：2030-2042.

[147] Zhang X M，Han Q L，Zhang B L. An overview and deep investigation on sampled-data-based event-triggered control and filtering for networked systems [J]. IEEE Transactions on industrial informatics，2016，13 (1)：4-16.

[148] Ge X，Han Q L，Ding D，et al. A survey on recent advances in distributed sampled-data cooperative control of multi-agent systems [J]. Neurocomputing，2018，275：1684-1701.

[149] 张协衍．网络化多智能体系统的一致性研究 [D]. 长沙：湖南大学，2015.

[150] 安宝冉，刘国平．带时延与丢包的网络化多智能体系统控制器设计 [J]. 物理学报，2014，63 (14)：36-43.

[151] He W，Xu W，Ge X，et al. Secure control of multiagent systems against malicious attacks：A brief survey [J]. IEEE Transactions on Industrial Informatics，2021，18 (6)：3595-3608.

[152] Lu A Y，Yang G H. Distributed consensus control for multi-agent systems under denial-of-service [J]. Information Sciences，2018，439：95-107.

[153] Kang W，Yeh H H. Coordinated attitude control of multisatellite systems [J]. International Journal of Robust and Nonlinear Control：IFAC-Affiliated Journal，2002，12 (2-3)：185-205.

[154] Abdessameud A，Tayebi A. Formation control of VTOL unmanned aerial vehicles with communication delays [J]. Automatica，2011，47 (11)：2383-2394.

[155] Raza H，Ioannou P. Vehicle following control design for automated highway systems [J]. IEEE Control Systems Magazine，1996，16 (6)：43-60.

[156] Consolini L，Morbidi F，Prattichizzo D，et al. Leader-follower formation control of nonholonomic mobile robots with input constraints [J]. Automatica，2008，44 (5)：1343-1349.

[157] Lewis M A，Tan K H. High precision formation control of mobile robots using virtual structures [J]. Autonomous robots，1997，4 (4)：387-403.

[158] Balch T，Arkin R C. Behavior-based formation control for multirobot teams [J]. IEEE transactions on robotics and automation，1998，14 (6)：926-939.

[159] Mohamed E F，El-Metwally K，Hanafy A R. An improved tangent bug method integrated with artificial potential field for multi-robot path planning [C] //Innovations in Intelligent Systems and Applications (INISTA)，2011 International Symposium. IEEE，2011：555-559.

[160] Li T H S，Chang S J，Tong W. Fuzzy target tracking control of autonomous mobile robots by using infrared sensors [J]. Fuzzy Systems IEEE Transactions，2004，12 (4)：491-501.

[161] Mahjoubi H，Bahrami F，Lucas C. Path planning in an environment with static and dynamic obstacles using genetic algorithm：a simplified search space approach [C] //IEEE Congress on Evolutionary Computation. IEEE，2006：2483-2489.

[162] Habib M K，Asama H. Efficient method to generate collision free paths for an autonomous mobile

robot based on new free space structuring approach [C]. IEEE/RSJ International Workshop on Intelligent Robots & Systems 91 Intelligence for Mechanical Systems，1991：563-567.

[163] Lozano-Perez，Tomas. Automatic planning of manipulator transfer movements [J]. IEEE Transactions on Systems，Man and Cybernetics，1981，11 (10)：681-698.

[164] Colledanchise M，Dimarogonas D V，Ogren P. Obstacle avoidance in formation using navigation-like functions and constraint based programming [C]. IEEE/RSJ International Conference on Intelligent Robots & Systems. IEEE，2014：5234-5239.

[165] 代冀阳，殷林飞，杨保建，等．一种矢量人工势能场的多智能体编队避障算法 [J]. 计算机仿真，2015，32 (3)：388-392.

[166] Sun X T，Peng Y，Yin Q J，et al. Multi-agent formation control based on artificial force with exponential form [C]. Proceeding of the 11th World Congress on Intelligent Control and Automation，Shenyang，China，2014：3128-3133.

[167] Ramdane H，Faisal M，Algabri M，et al. Mobile robot navigation with obstacle avoidance in unknown indoor environment using matlab [J]. International Journal of Computer Science & Network，2013，2 (6)：25-32.

[168] Zhao R，Lee D H，Lee H K. Fuzzy logic based navigation for multiple mobile robots in indoor environments [J]. International Journal of Fuzzy Logic and Intelligent Systems，2015，15 (4)：305-314.

[169] Chatrai A，Javidian H. Formation control of mobile robots with obstacle avoidance using fuzzy artificial potential field [C]. Electronics，Control，Measurement，Signals and Their Application To Mechatronics. IEEE，2015：1-6.

[170] 仇国庆，李芳彦，吴建．基于多智能体遗传算法的多机器人混合式编队控制 [J]. 青岛科技大学学报（自然科学版），2017，38 (2)：107-111.

[171] 胡永仕，张阳．基于遗传模糊算法的智能车辆避障路径规划研究 [J]. 福州大学学报（自然科学版），2015，43 (2)：219-224.

[172] 邱杰．基于自由空间法的航迹规划方法研究 [D]. 武汉：华中科技大学，2015.

[173] 卢晓军，李焱，贺汉根．一种基于自由空间法的虚拟人行走规划方法 [J]. 计算机工程与科学，2005，27 (8)：60-61.

[174] 刘娅．基于可视图法的避障路径生成及优化 [D]. 昆明：昆明理工大学，2012.

[175] Ma Y，Zheng G，Perruquetti W. Cooperative path planning for mobile robots based on visibility graph [C]. Control Conference. IEEE，2013：4915-4920.

[176] Khatib O. Real-time obstacle avoidance for manipulators and mobile robots [J]. The International Journal of Robotics Research，1986，5 (1)：90-98.

[177] Zhang Q，Chen D，Chen T. An obstacle avoidance method of soccer robot based on evolutionary artificial potential field [J]. Energy Procedia，2012，16 (part-PC)：0-1798.

[178] Lee M C L M C，Park M G P M G. Artificial potential field based path planning for mobile robots using a virtual obstacle concept [C]. //IEEE/ASME International Conference on Advanced Intelligent Mechatronics. IEEE，2003，2：735-740.

[179] 陈艳燕．基于多智能体的机器人队形协调控制 [D]. 合肥：合肥工业大学，2015.

[180] Ma J，Zheng Y，Wang L. LQR-based optimal topology of leader-following consensus [J]. International Journal of Robust and Nonlinear Control，2015，25 (17)：3404-3421.

[181] 陈世明，化俞新，祝振敏，等．邻域交互结构优化的多智能体快速蜂拥控制算法 [J]. 自动化学报，2015，41 (12)：2092-2099.

[182] 季虹菲，席裕庚，李晓丽．多智能体一致性预测控制算法及其仿真研究 [J]. 计算机仿真，2010 (12)：186-190.

[183] Powell W B. Approximate Dynamic Programming：Solving the curses of dimensionality [M]. John Wiley & Sons，2007.

[184] Werbos P. Approximate dynamic programming for realtime control and neural modelling [J]. Handbook of Intelligent Control：Neural，Fuzzy and Adaptive Approaches，1992：493-525.

[185] Al-Tamimi A，Lewis F L，Abu-Khalaf M. Discrete-time nonlinear HJB solution using approximate dynamic programming：Convergence proof [J]. IEEE Transactions on Systems，Man，and Cybernetics，Part B (Cybernetics)，2008，38 (4)：943-949.

[186] Liu D，Wei Q. Policy iteration adaptive dynamic programming algorithm for discrete-time nonlinear systems [J]. IEEE Transactions on Neural Networks and Learning Systems，2013，25 (3)：621-634.

[187] Kiumarsi B，Lewis F L，Modares H，et al. Reinforcement Q-learning for optimal tracking control of linear discrete-time systems with unknown dynamics [J]. Automatica，2014，50 (4)：1167-1175.

[188] Abouheaf M I，Lewis F L，Vamvoudakis K G，et al. Multi-agent discrete-time graphical games and reinforcement learning solutions [J]. Automatica，2014，50 (12)：3038-3053.

[189] Vamvoudakis K G，Lewis F L，Hudas G R. Multi-agent differential graphical games：Online adaptive learning solution for synchronization with optimality [J]. Automatica，2012，48 (8)：1598-1611.

[190] Zhang J，Wang Z，Zhang H. Data-based optimal control of multiagent systems：A reinforcement learning design approach [J]. IEEE transactions on cybernetics，2018，49 (12)：4441-4449.

[191] Peng Z，Hu J，Ghosh B K. Data-driven containment control of discrete-time multi-agent systems via value iteration [J]. Science China Information Sciences，2020，63 (8)：1-3.

[192] Yang Y，Modares H，Wunsch D C，et al. Optimal containment control of unknown heterogeneous systems with active leaders [J]. IEEE Transactions on Control Systems Technology，2018，27 (3)：1228-1236.

[193] Wang H，Han Z，Xie Q，et al. Finite-time chaos control of unified chaotic systems with uncertain parameters [J]. Nonlinear Dynamics，2009，55 (4)：323-328.

[194] Li S H，Ding S H，Li Q. Global set stabilization of the spacecraft attitude control problem based on quaternion [J]. Int J of Robust and Nonlinear Control，2010，20 (1)：84-105.

[195] Jiang F，Wang L. Finite-time information consensus for multi-agent systems with fixed and switching topologies [J]. Physica D，2009，238 (16)：1550-1560.

[196] 张小华，刘慧贤，丁世宏，等．基于扰动观测器和有限时间控制的永磁同步电机调速系统 [J]. 控制与决策，2009，24 (7)：1028-1032.

[197] Zhang X H，Liu H X，Ding S H，et al. PMSM speeding adjusting system based on disturbance observer and finite time control [J]. Control and Decision，2009，24 (7)：1028-1032.

[198] Bhat S P，Bernstein D S. Finite-time stability of continuous autonomous systems [J]. SIAM J on Control and Optimization，2000，38 (3)：751-766.

[199] Hong Y，Huang J，Xu Y. On an output feedback finite-time stabilization problem [J]. IEEE Transactions on Automatic Control，2001，46 (2)：305-309.

[200] Yu S，Yu X，Man Z. Robust global terminal sliding mode control of SISO nonlinear uncertain systems [C]. IEEE Conference on Decision and Control，2000，3：2198-2203.

[201] Feng Y，Yu X，Man Z. Non-singular terminal sliding mode control of rigid manipulators [J]. Automatica，2002，38 (12)：2159-2167.

[202] Khoo S，Xie L，Yu Z，et al. Finite-time consensus algorithm of multi-agent networks [C]. International Conference on Control，Automation，Robotics and Vision，2008：916-920.

[203] Defoort M，Polyakov A，Demesure G. Leader-follower fixed-time consensus for multi-agent systems with unknown non-linear inherent dynamics [J]. Control Theory & Applications LET，2015，9 (14)：2165-2170.

[204] 王源，王钊，尹怀强．基于加幂积分方法的 AUV 的点镇定 [J]. 信息与控制，2017，46 (06)：1240-1245.

[205] Lin W，Qian C. Adding one power integrator：A tool for global stabilization of high-order lower-triangular systems [J]. Systems & Control Letters，2000，39 (5)：339 - 351.

[206] Qian C，Lin W. A continuous feedback approach to global strong stabilization of nonlinear systems [J]. IEEE Transactions on Automatic Control，2001，46 (7)：1061-1079.

[207] Feng Xiao，Long Wang，Jie Chen，et al. Finite-time formation control for multi-agent systems [J]. Automatica，2009，45 (11)：2605-2611.

[208] Samko S G，Kilbas A A，Marichev O I. Fractional integrals and derivatives and some of their applications [M]. Yverdon-les-Bains，Switzerland：Gordon and Breach Science Publishers，Yverdon，1993.

[209] D Baleanu，Z Guvenc，J Machado. New trends in nanotechnology and fractional calculus applications [M]. New York：Springer Publication，2010.

[210] Cohen I，Golding I，Ron I G，et al. Biofluiddynamics of lubricating bacteria [J]. Mathematical methods in the applied sciences，2001，24 (17-18)：1429-1468.

[211] Petras I. Fractional-order memristor-based Chua's circuit [J]. IEEE Transactions on Circuits and Systems II：Express Briefs，2010，57 (12)：975-979.

[212] Cao Y，Ren W. Distributed formation control for fractional-order systems：Dynamic interaction and absolute/relative damping [J]. Systems & Control Letters，2010，59 (3-4)：233-240.

[213] Sun W，Li Y，Li C，et al. Convergence speed of a fractional order consensus algorithm over undirected scale-free networks [J]. Asian Journal of Control，2011，13 (6)：936-946.

[214] Shen J，Cao J. Necessary and sufficient conditions for consensus of delayed fractional-order systems [J]. Asian Journal of Control，2012，14 (6)：1690-1697.

[215] Yin X，Yue D，Hu S. Consensus of fractional-order heterogeneous multi-agent systems [J]. IET Control Theory & Applications，2013，7 (2)：314-322.

[216] Yin X，Hu S. Consensus of fractional-order uncertain multi-agent systems based on output feedback [J]. Asian Journal of Control，2013，15 (5)：1538-1542.

[217] Gong P. Distributed consensus of non-linear fractional-order multi-agent systems with directed topologies [J]. IET Control Theory & Applications，2016，10 (18)：2515-2525.

[218] Yu Z，Jiang H，Hu C，et al. Necessary and sufficient conditions for consensus of fractional-order

multiagent systems via sampled-data control [J]. IEEE transactions on cybernetics, 2017, 47 (8): 1892-1901.

[219] Ping Gong. Distributed tracking of heterogeneous nonlinear fractional-order multi-agent systems with an unknown leader [J]. Journal of the Franklin Institute, 2017, 354 (5): 2226-2244.

[220] Gong P, Lan W. Adaptive robust tracking control for uncertain nonlinear fractional-order multi-agent systems with directed topologies [J]. Automatica, 2018, 92: 92-99.

[221] Mei J, Ren W, Chen J. Consensus of second-order heterogeneous multi-agent systems under a directed graph [C]. 2014 American Control Conference. IEEE, 2014: 802-807.

[222] I Podlubny. Fractional differential equations [M]. San Diego: Academic Press, 1999.

[223] Duarte-Mermoud M A, Aguila-Camacho N, Gallegos J A, et al. Using general quadratic Lyapunov functions to prove Lyapunov uniform stability for fractional order systems [J]. Communications in Nonlinear Science and Numerical Simulation, 2015, 22 (1-3): 650-659.

[224] Gong P, Lan W. Adaptive robust tracking control for multiple unknown fractional-order nonlinear systems [J]. IEEE transactions on cybernetics, 2018, 49 (4): 1365-1376.

[225] S Boyd. Linear matrix inequalities in system and control theory [M]. Philadelphia, PA: SIAM, 1994.

[226] L Huang. Linear Algebra in System and Control Theory [M]. Beijing: Science Press, 1984.

[227] Song Q, Cao J, Yu W. Second-order leader-following consensus of nonlinear multi-agent systems via pinning control [J]. Systems & Control Letters, 2010, 59 (9): 553-562.

[228] Yu W, Ren W, Zheng W X, et al. Distributed control gains design for consensus in multi-agent systems with second-order nonlinear dynamics [J]. Automatica, 2013, 49 (7): 2107-2115.

[229] Olfati-Saber R. Flocking for multi-agent dynamic systems: Algorithms and theory [J]. IEEE Transactions on automatic control, 2006, 51 (3): 401-420.

[230] Tanner H G, Jadbabaie A, Pappas G J. Flocking in fixed and switching networks [J]. IEEE Transactions on Automatic Control, 2007, 52 (5): 863-868.

[231] Egerstedt M, Hu X. Formation constrained multi-agent control [J]. IEEE Transactions on Robotics and Automation, 2001, 17 (6): 947-951.

[232] Olfati-Saber R, Fax J A, Murray R M. Consensus and cooperation in networked multi-agent systems [J]. Proceedings of the IEEE, 2007, 95 (1): 215-233.

[233] Fan Y, Liu L, Feng G, et al. Virtual neighbor based connectivity preserving of multi-agent systems with bounded control inputs in the presence of unreliable communication links [J]. Automatica, 2013, 49 (5): 1261-1267.

[234] Liu L. Robust cooperative output regulation problem for non-linear multi-agent systems [J]. IET Control Theory & Applications, 2012, 6 (13): 2142-2148.

[235] Ren W, Beard R W. Decentralized scheme for spacecraft formation flying via the virtual structure approach [J]. Journal of Guidance, Control, and Dynamics, 2004, 27 (1): 73-82.

[236] Ihle I A F, Jouffroy J, Fossen T I. Formation control of marine surface craft: A Lagrangian approach [J]. IEEE Journal of Oceanic Engineering, 2006, 31 (4): 922-934.

[237] Peng Z, Wang D, Chen Z, et al. Adaptive dynamic surface control for formations of autonomous surface vehicles with uncertain dynamics [J]. IEEE Transactions on Control Systems Technology, 2012, 21 (2): 513-520.

[238] Fahimi F. Sliding-mode formation control for underactuated surface vessels [J]. IEEE Transactions

on Robotics, 2007, 23 (3): 617-622.

[239] Do K D. Formation control of underactuated ships with elliptical shape approximation and limited communication ranges [J]. Automatic, 2011, 48 (7) .

[240] Do K D. Global robust adaptive path-tracking control of underactuated ships under stochastic disturbances [J]. Ocean Engineering, 2016, 111: 267-278.

[241] Lafferriere G, Williams A, Caughman J, et al. Decentralized control of vehicle formations [J]. Systems & Control Letters, 2005, 54 (9): 899-910.

[242] Caughman J S, Veerman J J P. Kernels of directed graph Laplacians [J]. The Electronic Journal of Combinatorics, 2006, 13 (1): 39.

[243] Leonard N E, Fiorelli E. Virtual leaders, artificial potentials and coordinated control of groups [C]. Proceedings of the 40th IEEE Conference on Decision and Control (Cat. No. 01CH37228) . IEEE, 2001, 3: 2968-2973.

[244] Ghasemi M, Nersesov S G. Finite-time coordination in multiagent systems using sliding mode control approach [J]. Automatica, 2014, 50 (4): 1209-1216.

[245] Fossen T I. Guidance and control of ocean vehicles [M]. University of Trondheim, Norway, Printed by John Wiley & Sons, Chichester, England, ISBN: 0 471 94113 1, Doctors Thesis, 1999.

[246] Madani T, Daachi B, Djouani K. Finite-time control of an actuated orthosis using fast terminal sliding mode [J]. IFAC proceedings volumes, 2014, 47 (3): 4607-4612.

[247] Yu S, Yu X, Shirinzadeh B, et al. Continuous finite-time control for robotic manipulators with terminal sliding mode [J]. Automatica, 2005, 41 (11): 1957-1964.

[248] Ghasemi M, Nersesov S G, Clayton G. Finite-time tracking using sliding mode control [J]. Journal of the Franklin Institute, 2014, 351 (5): 2966-2990.

[249] Cai G, Chen B M, Tong H L. An overview on development of miniature unmanned rotorcraft systems [J]. Frontiers of Electrical & Electronic Engineering in China, 2010, 5 (1): 1-14.

[250] Leishman J G. The Breguet-Richet quad-rotor helicopter of 1907 [Z]. Alexandria, America: AHS International Directory, 2001.

[251] Long T, Chen Y, Huo X H, et al. Dynamic tasks scheduling of multiple unmanned aerial vehicle in battlefield environment [J]. Computer Engineering, 2007, 33 (19): 36-38.

[252] Yanushevsky R. Guidance of unmanned aerial vehicles [M]. CRC Press, 2011.

[253] Murphey R, Pardalos P M. Cooperative control and optimization [M]. Netherlands: Kluwer Academic Publishers, 2002.

[254] 王祥科，李迅，郑志强．多智能体系统编队控制相关问题研究综述 [J]. 控制与决策，2013 (11): 1601-1613.

[255] Slotine J J, Sastry S S. Tracking control of nonlinear systems using sliding surfaces with application to robot manipulator [J]. International Journal of Control, 1983, 38 (2): 465-492.

[256] Tong S, Li Y, Shi P. Fuzzy adaptive backstepping robust control for SISO nonlinear system with dynamic uncertainties [J]. Information Sciences, 2009, 179 (9): 1319-1332.

[257] Chang Y H, Chang C W, Chan W C. Fuzzy sliding-mode consensus control for multi-agent systems [C]. Proceedings of the American Control Conference, 2011.

[258] ChangY, Chang C, Chen C, et al. Fuzzy sliding-mode formation control for multirobot systems: Design and implementation [J]. IEEE Transactions on Systems, Man and Cybernetics, Part

B-Cybernetics. 2012, 42 (2SI): 444-457.

[259] Chang Y, Yang C, Chan W, et al. Adaptive fuzzy sliding-mode formation controller design for multi-robot dynamic systems [J]. International Journal of Fuzzy Systems. 2014, 16 (1): 121-131.

[260] Chang Y H, Yang C Y, Chan W S, et al. Leader-following formation control of multi-robot systems with adaptive fuzzy terminal sliding-mode controller [C]. IEEE International Conference on System Science and Engineering (ICSSE), 2013.

[261] Jiang Y, Liu J, Wang S. Robust integral sliding-mode consensus tracking for multi-agent systems with time-varying delay [J]. Asian Journal of Control, 2016, 18 (1): 224-235.

[262] Issa B A, Rashid A T. A survey of multi-mobile robot formation control [J]. International Journal of Computer Applications, 2019, 181 (48): 0975-8887.

[263] Loria A, Dasdemir J, Jarquinalvarez N. Leader-follower formation and tracking control of mobile robots along straight paths [J]. IEEE Transactions on Control Systems Technology, 2016, 24 (2): 727-732.

[264] Hua C C, Li Y F, Guan X P. Leader-following consensus for high-order nonlinear stochastic multiagent systems [J]. IEEE Transactions on Cybernetics, 2017, 47 (8): 1882-1891.

[265] Dong J, Chen H T, Liu S. A behavior-based policy for multi-robot formation control [J]. Applied Mechanics and Materials, 2012, 220: 1181-1185.

[266] Antonelli G, Arrichiello F, Chiaverini S. Experiments of formation control with multirobot systems using the null-space-based behavioral control [J]. IEEE Transactions on Control Systems Technology, 2009, 17 (5): 1173-1182.

[267] Lu X, Chen H, Gao B, et al. Data-driven predictive gearshift control for dual-clutch transmissions and FPGA implementation [J]. IEEE Transactions on Industrial Electronics, 2014, 62 (1): 599-610.

[268] Yang J, Zheng W X, Li S, et al. Design of a prediction-accuracy-enhanced continuous-time MPC for disturbed systems via a disturbance observer [J]. IEEE Transactions on Industrial Electronics, 2015, 62 (9): 5807-5816.

[269] Gu D, Hu H. A model predictive controller for robots to follow a virtual leader [J]. Robotica, 2009, 27 (6): 905-913.

[270] Rahimi F, Esfanjani R M. Distributed predictive control for formation of networked mobile robots [C]. The 6th RSI International Conference on Robotics and Mechatronics (IcRoM) . Piscataway: IEEE, 2018: 70-75.

[271] Cai Z H, Zhou H, Zhao J, et al. Formation control of multiple unmanned aerial vehicles by event-triggered distributed model predictive control [J]. IEEE Access, 2018, 6: 55614-55627.

[272] Liang Y, Lee H H. Decentralized formation control and obstacle avoidance for multiple robots with nonholonomic constraints [C] //2006 American Control Conference. IEEE, 2006: 6.

[273] Gazi V, Fidan B, Ordonez R, et al. A target tracking approach for nonholonomic agents based on artificial potentials and sliding mode control [C]. Asme, 2012.

[274] Chen J, Sun D, Yang J, et al. Leader-follower formation control of multiple non-holonomic mobile robots incorporating a receding-horizon scheme [J]. The International Journal of Robotics Research, 2010, 29 (6): 727-747.

[275] Pereira A R, Hsu L, Ortega R. Globally stable adaptive formation control of Euler-Lagrange agents

via potential functions [C] //2009 American Control Conference. IEEE, 2009: 2606-2611.

[276] Yao J, Ordonez R, Gazi V. Swarm tracking using artificial potentials and sliding mode control [C]. American Control Conference. IEEE, 2007: 749-754.

[277] Heo Sewan, Park Wan Ki, Lee Ilwoo. Microgrid island operation based on power conditioning system with distributed energy resources for smart grid [J]. The Journal of Korean Institute of Communications and Information Sciences, 2017, 42 (5) .

[278] Guanglei Li, Dehua Wang, Zheng Xu, et al. Research on optimal allocation for island microgrid based on state of charge [C] //Proceedings of the 2nd International Conference on Environmental Prevention and Pollution Control Technologies (EPPCT2020), 2020: 1021-1024.

[279] 曹宇. 海岛微电网的运行策略与综合评价研究 [D]. 上海: 上海交通大学, 2020.

[280] Abanda F H, Sibilla M, Garstecki P, et al. A literature review on BIM for cities Distributed Renewable and Interactive Energy Systems [J]. International Journal of Urban Sustainable Development, 2021, 13 (2) .

[281] Guanjun Liu, Hui Qin, Rui Tian, et al. Non-dominated sorting culture differential evolution algorithm for multi-objective optimal operation of Wind-Solar-Hydro complementary power generation system [J]. Global Energy Interconnection, 2019, 2 (4) .

[282] 宋天华. 多智能体系统分布式协调控制在电力系统中的应用 [J]. 机电信息, 2020 (32): 133-134.

[283] 徐鹏坤. 基于多智能体的微电网电压稳定性协调控制策略研究 [D]. 镇江: 江苏大学, 2019.

[284] 王蒙, 吕智林, 魏卿. 基于一致性算法的微网群协调控制 [J]. 广西大学学报 (自然科学版), 2020, 45 (05): 1143-1153.

[285] Tungadio Diambomba Hyacinthe, Sun Yanxia. Energy stored management of islanded distributed generations interconnected [J]. Journal of Energy Storage, 2021, 44 (PA) .

[286] 杨珺, 侯俊浩, 刘亚威, 等. 分布式协同控制方法及在电力系统中的应用综述 [J]. 电工技术学报, 2021, 36 (19): 4035-4049.